现代景观创意

周武忠　著

东南大学出版社
·南京·

图书在版编目(CIP)数据

现代景观创意 / 周武忠著. —南京：东南大学出版社，2014.9(2017.7 重印)

ISBN 978-7-5641-5158-4

Ⅰ.①现… Ⅱ.①周… Ⅲ.①景观设计—文集 Ⅳ.①TU986.2-53

中国版本图书馆 CIP 数据核字(2014)第 190783 号

现代景观创意

著　　者	周武忠		
出版发行	东南大学出版社	**出 版 人**	江建中
社　　址	南京市四牌楼 2 号	**邮　　编**	210096
销售电话	(025)83794121/83795801		
网　　址	http://www.seupress.com	**电子邮箱**	press@seupress.com
经　　销	全国各地新华书店	**印　　刷**	虎彩印艺股份有限公司
开　　本	787 mm×980 mm　1/16	**印　　张**	21.75
字　　数	386 千字		
版 印 次	2014 年 9 月第 1 版　　2017 年 7 月第 3 次印刷		
书　　号	ISBN 978-7-5641-5158-4		
定　　价	59.00 元		

本社图书若有印装质量问题，请直接与营销部联系。电话：025-83791830。

目　录

景观学："3A"的哲学观[①]

1 "3A 哲学观"的提出

景观学作为一门新兴的交叉学科，一直致力于协调社会经济发展和自然环境之间的关系，从其发展历程来看，景观学始终与 3A 即农学（Agriculture）、建筑学（Architecture）和艺术学（Arts）存在着千丝万缕的联系。景观学的发展过程正是"3A"不断融合，从而形成崭新的景观哲学观的过程。鉴于当代景观学体系不清、内涵含混，景观行业内呈现出的无序性现状，当代景观学的发展更需要这三者的共同驱动，因此，笔者在多年前提出了关于景观学的"3A 哲学观"，可以作为景观评价标准的一种选择思路。

"3A 哲学"及其指导下的景观学的提出，建立在理论层面、实践层面以及学科发展层面的依据之上。我国的景观事业在经历了近代的战乱和动荡之后，直到新中国建立才重新复苏。当时的园林专业主要设置在一些农业院校的园艺系和一些工科院校的建筑系中，前者主要教授观赏植物的栽培、应用和一些造园理论，后者则主要从空间布局、建筑艺术的角度教授园林和相关的工程知识。这种学科设置也从一个侧面反映了景观和农学、建筑学的紧密联系。在当时，由于国家经济还比较落后，人民群众仍然致力于解决温饱问题，景观建设主要停留在植树造林和城市绿化阶段。如今，随着我国经济的发展和生活水平的提高，简单的绿化已经远远不能满足大众对于环境的需要，人们除了要在园林绿地中休憩外，还要满足精神上的审美需求。这要求景观的设计者和建设者具有更高的艺术品位和美学修养，不仅要懂得如何建造景观，还要懂得如何将景观建造得更有美学品位，这就需要艺术学的介入，形成农学、建筑学和艺术学三位一体的景观学科构架。

① 本文发表于 2013 年 3 月 28 日上海交通大学新闻网"学者笔谈"栏目。

1.1 理论层面上的“3A 哲学观”

伴随着景观学学科本身的复杂性，行业内呈现出了极为广泛的无序化表现，各行各业都在争相挺进景观行业。从景观名称、到内涵、到学科体系，争论得不可开交。建筑学人士认为，景观是建筑的景观，而建筑也是景观的建筑，两者发展到今天已经不可分割了，所以景观建筑(Landscape Architecture)就是普遍意义上的景观，所以把它译成景观根本无可厚非；农学人士认为，作为景观重要组成部分的园林，实质上就是从园艺发展而来的，作为景观的鼻祖，Landscape Garden 或者 Landscape Gardening 被翻译成景观也是可取的，同时农学的科技内容也是景观的植物环节必不可少的内容；艺术学人士认为，景观一词在中国，本身已经具有了现代意义，而作为景观艺术代表的公共艺术就是景观(尤其是公共景观)的标志，由此以 Landscape Art 或者 Landscape Design 作为景观的代名词再合适不过。

笔者以为，在此问题上争论谁包含谁并无太大意义。不妨就从名字上来直译每个专业门类，我们发现 Landscape Design 是景观设计，Landscape Art 是景观艺术，Landscape Architecture 是景观建筑，Landscape Gardening 是景观园艺。直译之后，整个线索变得明晰起来，其实它们谁也不能包含景观学科的全部。我们鼓励学科间的渗透和学科融合，但是并不代表可以以偏概全，从高校的学科背景角度看，我们必须归纳这个体系，从而从更高的层次上提出对景观学的理解。鉴于笔者常年的 3A 领域研究实践，深切地体会到三者之间紧密而微妙的联系，为避免景观学的学科体系继续长时间混乱，景观学业内亟须一种理论体系来规范自身的发展。美国哲学家尼古拉斯·雷舍尔在《复杂性——一种哲学概观》一书中就曾提及：“复杂性是实在(reality)的一种深刻的特性。我们生活于其中的世界就是一个巨大的复杂系统——它复杂到自然的复杂性就是无穷无尽。”吴良镛在《人居环境科学与景观学教育》中论及景观学学科体系时说：“多学科融贯思想更为明显”，杨建辉等学者也指出：“景观学在我国还是一个全新的专业，既不同于以往的风景园林，也不等同什么环境艺术，而是知识背景宽广，多学科交叉，理工文史知识都有所涉猎的复杂学科。”詹姆斯·科纳在《复兴景观是一场重要的文化运动》一文中亦云：“一个综合各学科知识的观点对于理解当代景观现象是至关重要的，这是因为跨学科的思想交流长期以来影响着设计实践、表现模式和建成环境外观的性质。”同时，景观学的研究对象也完全具备“复杂性”所界定的“兼备多种组分要素、结构要素和功能要素”，由此，我们可以将“3A 哲学观”引申为一种在本质上是以“复杂性”为核心而建构的系统化整体观的景观哲学。

1.2 实践层面的“3A 哲学观”

“3A 哲学观”从理论到实践的应用并不是机械生硬的，其中体现着顺畅的过渡——因为现在我们从事一个广义的景观作品的时候，其本身就包括了三方面的内容：自然科学的、工程技术的和艺术审美领域的。

我们知道，3A 哲学的第一个 A 就是农学，这里面包含着景观生态、景观园艺、景观植物等一系列内容。从自然科学角度来研究景观，那就回到了景观最初的源头上——从景观植物的生长与保护、景观环境的优化、生态的可持续发展与最大化利用等等，农学的存在有着切实的实际意义，在现代园艺科技与植物文化的完美结合方面、园艺植物栽培学方面以及园艺景观化方面都起到了重要的推动作用，一方面满足了景观的内容要求，同时对人的食用植物需求以及景观的植物维护与配备都不无裨益。而时下从事园艺者的就业形势持续向好，也正是这个原因，在欧洲园艺师也常常与艺术家划为约等号，优秀的园艺师在别墅等范围内往往承担景观师的责任，加拿大园艺师 Nick 认为，园艺师不仅担负着城市环境的建设，更间接影响到城市居民的健康生活，因此地位自然与“人类灵魂的工程师”无异。园艺界的著名期刊 *Garden Design* 就是一本充满艺术气息的园艺专刊，事实上这也是 3A 中的两 A（Agriculture、Art）结合的成功典范。同时也很好地印证了 3A 理论中这两者的结合。问题在于，中国的景观学截至目前对于自然属性方面的考虑过于强调，以至于我们几乎缺失了从艺术审美角度来考虑的景观，农学几乎和艺术“老死不相往来”。

此消彼长，我国景观工程实践方面对于审美领域的不重视，导致了两者间的极度割裂与不均衡。特别是在我们中国的建设中，景观内“放什么”和“如何放”几乎都由自然科学部门与工程技术部门说了算。最为典型的例子就是 20 世纪六七十年代前后，我国每一个城市的景观设计都是同一个模式，从小区到学校到商业办公楼环境。其根本原因是大多数设计费被包含在工程费之中，而由于景观建设相较于建筑设计而言，其技术的指标含量相对较弱，于是很多工程队伍甚至不配备专职的设计师，图纸套用、混用成风的现象普遍。个性差异被降到最小，景观的艺术与审美被降到了中国近代的最低点。而在同一时期的美国却恰恰相反，政府通过相关法律要求特大城市的建设管理部门和建筑师、景观师们特别注意保持和完善城市及其附属区域的个性，在成片改造时，也力求分解出城市各区域的独特的历史风貌。虽然是现代化的改建，但建筑师们仍然花大力气去设计出各式各样，具有多种风格的建筑方案，而景观设计师也被配备了丰厚的设计费用，设计出了一批又一批提升城市形象的城市公共景观艺术。与美国相比，我国的公共艺术几乎没有发展，直到 20 世纪 90 年代末我国的景观艺术才逐渐走上历史舞台。景观艺术应该是在自然科学与工程技术支持下人类特有的一种高级的、复杂的精神活动与实践活动。

说到工程技术，就说到了“3A 哲学”的第三个 A——建筑。3A 中的建筑也是广义的建筑，它包含了建筑、土木工程以及建筑材料等等，此处把它归结为与景观有关的工程技术。改革开放以来，尤其是 20 世纪 90 年代后，我国的建筑业在全国各地进入了繁盛期。工程技术经验越积越厚，在国际化浪潮的驱使下完全突破了传统理念的束缚，为景观学的工程部分奠定了可靠的基础。但是，中国的建筑市场成了某些外国建筑师的试验场，许多造型新奇、怪异的建筑在大城市中出现，这些造型新奇的庞然大物是不是真的契合于环境、融合于景观却并不是他们考虑的内容。于是，景观学的第三个 A，在对工程技术方面的充分利用之外，更要考虑的就是建筑与景观环境、人文环境、精神环境的关系问题。否则这些外表新鲜的建筑，久而久之便会变得空洞而苍白无力，等待它们的只有陈旧与落后，最后变成一座座建筑垃圾。在“3A 哲学”考虑下的建筑，作为人造空间是人与自然的中介——自然、美、技术是紧密联系、不可分割的。

1.3 “3A 哲学观”与学科的发展

在进入新世纪之后，许多艺术学院在原来设计艺术、环境艺术的基础上培养园林景观设计人才，这正是对园林建设实践中艺术诉求的回应。当代的景观艺术是 3A 学科的综合，相比较建筑，它多了分自然；相比较自然，它又多了分艺术，唯有从农学、建筑学和艺术学中去广泛地吸收营养，中国景观事业才有可能重新创造辉煌。而在“3A 哲学观”引导下的景观学领域是由农学、建筑学、艺术学这三大学科系统的交叉融合，旨在人与环境之间建立均衡、和谐的人类聚居景观环境系统，须在“景观设计、景观建设、景观维护”这三个方面遵循我们一直重点强调的系统化设计思路与方法。而在具体的实践对象尺度上，从设计学的视角来审视又可分为三个层次：微观意义上的景观设计、中观意义上的景观规划和宏观意义上的景观策划，这三大层面的实践行为互相嵌套、关联与协调，尺度的跨越相当宏巨，但是从宏观、中观到微观的研究路径却不能截然分开。因此，系统化的整体设计思维在实践层面的内在需要动力驱动下也在呼唤“3A 哲学观”指导的新景观学的诞生。

2 “3A 哲学观”引领下景观学理论的建构

2.1 广义的农学介入景观学

广义的农学为研究农业发展的学科，而农业是关于利用土地来栽种、畜养有用的动植物，以产生人类所必需之物品的生产部门。因此，土地与人的关系至为密切，而土地可分山上、地面及水中三部分，农学即利用此三部分为经营的对象。景观学的研究对象之一亦为土地经营——注重土地的实质设计和规划，以及自然作用、经济力和社会力等塑造环境的因素，为一综合的土地经营技艺。以 3A 为核心的景观学系统的分支理论之一就是探讨广义的农学以何种途径介入景观学的问题，或者说景观学是如何从广义的农学中汲取自身学科系统所需要的营养以求得学科理论来源的多样化、科学化与学科理论体系的独立性。从广义的农学中获取的理论支持主要指景观生态系统的自然因素，包括地质、土壤、水文、地形、气候、植被、野生动物及彼此之间生态作用关系，仅就技术操作层面而言，亦包括植物生长与生态演替、土壤科学、水文和污水处理、微气候控制、地表排水、冲蚀控制、硬体地表面的维护等等。

2.2 广义的建筑学融入景观学

就中国古典园林而言，它隶属于中国古典建筑体系，它是中国建筑的一个独特分支，而我们今日亦将中国古典园林纳入景观学的研究视野，从某种程度上就将建筑学融入至“大景观”的范畴内，冯仕达在《景观学的相互关系与文化》一文中即说：“中文的‘园’通常是指结合了带有建筑物的室外空间和有屋顶的环境。”而戴维·莱瑟巴罗也明确提出了“建筑与景观共有地平线”的鲜明论点，并指出：“近来关于城市生态学的讨论暗示对景观的思考将使建筑师重新思考设计建筑的本质和任务，将把建筑物看作整体环境的一部分，而不只是建筑学的。”莱瑟巴罗的建筑学就是广义的建筑学，是根植于整体环境的总体设计方法论，遵循了系统设计思维的“把景观和建筑理解为地形的艺术”，安妮·威斯顿·斯本在《景观中的建筑：走近统一视觉》一文中亦极力倡导建筑融入景观的“整体视野”，并发出了强烈批判的声音：“景观是原始的住宅。建筑的起源在于建造遮棚，创造庇护所。建筑是一个适应环境的强大工具，但是现在变成了一种疏远自然的工具。”大设计视野中的“建筑”应是“景观中的建筑”，“景观”也是“地形中的景观”，景观与建筑共同融会于地形之中，消失在地平线上，如同马赫·赫瑞本在《自然的回归》中论及的景观不能再被认为仅仅是建筑基地的装饰，它恰恰是融入文脉、提升经验，将时间与自然结合进入筑成世界的深层次角色。

2.3 广义的艺术学导入景观学

广义的艺术学与那种将艺术只限定在视觉艺术（如书法、绘画等）或造型艺术（如雕塑等）的狭窄视野是截然不同的，它泛指所有艺术门类（设计学、电影学、舞蹈学、音乐学、戏剧戏曲学、文学等）在艺术原理性这一层面应该全面导入景观学的学科理论体系，并立足于景观学的系统特质，可将各门类的艺术知识运用到景观学的实践中去。但是，这种“导入”不同于一成不变的“套搬”，也不是艺术符号或风格的简单挪用，而是有意图、有选择性地提炼，在艺术创作原则与方法论的层面上的借鉴，例如于晓南即强调“艺术引导”在植物识别、植物生态习性和植物配置等方面的运用等。广义的艺术学导入景观学系统更是一种艺术与设计思维的导入，“发散”、“动态”、“联结”、“想象”的创造性思维体系的置入，注重对景观营造美学品质的感性与理性之间的平衡掌控。同时，景观学中的“艺术”是一个永恒的议题，然而一旦我们将艺术与环境整体性、人类文化研究联系起来并在景观学理论架构中建立起密切关联，那么社会文化与艺术人类学意义上的新景观将得以建构，此时，广义的艺术学将触引着新意义、新价值的景观学理论与实践形态的共同呈现。广义的艺术学导入景观学，从本质上说就是以“艺术”的镜头聚焦于艺术学之逻辑、形态、情感、观察方法、分析和整体感等基本艺术原则问题在景观学系统中的创造性生发。

3 “3A 哲学观”导向下景观学教育体系的构想

随着中国城市化进程的步伐加快及随之而来的中国城市景观建设的快速推进，景观学在数年间已发展成为一门十分重要的实践性极强的学科，景观学体系的“复杂性”决定了景观学教育是一个多层次多领域的整体系统，但其学科发展与理论建构显得相对滞后，当前国内开设景观学专业的院校不可避免地出现了诸多问题，钱学森同志就曾对目前我国高校景观学专业（园林专业）布局和课程设置的现状相当不满，“我觉得这个专业应学习园林史、园林美学、园林艺术设计。当然种花种草也得有知识，英文的 Gardening 也即种花，顶多称‘园技’；Horticulture 可称‘园艺’，这两门课要上，但不能称‘园林艺术’。正如书法家要懂制墨，但不能把研墨的技术当做书法艺术。我们要把‘园林’看成是一种艺术，而不应看成是工程技术，所以这个专业不能放在建筑系，学生应在美术学院培养。”

就我国景观学高等教育的历史与现状而言，景观艺术家(或园林设计师、园林工程师)的培养不仅可以在美术院校，还可以在任何类型院校进行，其关键是要以“3A的哲学观”来指引景观学人才的培养，要从学科观念、支撑专业、培养方案、实践主体等方面进行完整科学的专业教育体系的细致研究。可以说，用3A的理论来制定、指导我们的景观学教育体系，本质上就是景观学本身错综复杂、涉及面极广的客观需要。同时，在景观学人才培养这一最为核心的教育课题中，师资队伍的建设占据着绝对主导的地位，它直接决定了科学教育观念的施行效果、课程体系与课程结构的合理与否等重要的衍生问题。景观学人才可以在任何类型院校中培养的前提就是景观学的硬件办学条件、软性师资条件均应符合3A的教育理论的要求，即教师队伍中必须要有农学、建筑学、艺术学这三方面的人才作为景观学的教学骨干。而且，景观学的学科带头人必须要有这种整体观和系统意识，不管是在什么类型的院校，景观学学科建设均应当从这三个方面来配备专业教师、设计课程体系。

中国景观艺术研究现状及展望①

景观艺术是一个新兴的研究领域，正逐渐受到我国学术界的关注。本文在分析国内关于景观艺术研究成果的基础上，提出了该领域未来的研究重点。

景观(Landscape)一词，作为一个专业术语，在不同的学科中有着各自不同的含义。艺术设计中的景观概念是从视觉艺术以及风景园林学科中“风景”、“景观”的概念发展而来，指具有审美意义的城市环境及含有审美的视觉体验②。景观艺术是体现与科学结合的实践性设计艺术，既包含理性的科学分析，又包含感性的审美创造，是功能性和审美性，技术性和艺术性的结合，是一门涉及面非常广的“综合艺术”。

1　研究概况

目前关于“景观艺术”的论著基本为2000年以后出版，内容主要集中于景观艺术设计方面，比如刘蔓(2000)的《景观艺术设计》、周敬(2006)的《景观艺术设计》、史明(2008)《景观艺术设计》和郑阳(2009)的《景观艺术设计基本理论、原理与方法》。此外，汤晓敏、王云(2009)的《景观艺术学：景观要素与艺术原理》虽然分别阐述了景观的组成要素和相关的艺术原理，但主要内容仍是围绕景观艺术设计来展开。

在中国学术期刊网络出版总库里，以“景观艺术”为关键词进行检索，所收录的文章均为2000年以后发表，共计117篇。从其出版来源看，主要发表于建筑、艺术、大学学报三大类学术期刊，其中仅有一篇获得国家自然科学基金资助。

研究生学位论文反映较高的学术研究水平。通过对中国优秀博士学位论文和优秀硕士学位论文全文数据库以“景观艺术”为关键词进行检索，结果表明，2000年以

① 国家“211工程”三期“艺术理论创新与应用研究”项目阶段性成果之一。全文发表于《艺术学界》2009年第2期。

② 卢世主.城市景观艺术设计研究的主要内容及其意义.华中科技大学学报(城市科学版)，2006(6)

来，有 7 位硕士研究生和 1 位博士研究生以景观艺术为学位论文的研究对象。

尽管我国景观园林界的技术交流和学术会议十分活跃和频繁，然而，在中国重要会议论文全文数据库里，没有关于景观艺术的重要会议论文集收录。由此可见，景观艺术在中国还是一个新兴的研究领域，具有广阔的研究前景。

2 主要研究成果

到目前为止，关于景观艺术的研究成果主要集中于以下五个方面：

2.1 关于景观艺术发展现状的研究

王静(2006)回顾了中西方景观艺术的历史沿革，并对中国景观艺术的发展现状进行了着重介绍。认为改革开放以来，许多城市在大搞景观建设，提升城市形象的同时，也出现了急功近利，盲目照搬西方城市景观的做法[①]。刘彦红(2007)认为虽然当代中国景观建设的规模和热情是空前绝后的，但同时也呈现出种种的盲目、混乱和迷惑，并尝试通过对当代景观的存在与内涵、表现与特征、现象与本质进行深度和广度的分析，来论述“与人舒适、与自然和谐”才是当代景观设计的原则和立场[②]。蔡强(2003)以改革开放前沿城市——深圳为例，介绍了深圳从 20 世纪 80 年代以来的城市景观的建设成就，概括了深圳城市景观的四大艺术特色[③]。

2.2 关于景观与艺术关系的研究

曹磊、董雅(2003)认为艺术与景观之间的交融始终伴随着它们的发展。在艺术与景观的种种联系中，形式只是其中的一个方面，更重要的是它们在观念上是相通的，都受哲学、美学观念的影响[④]。林潇(2003)认为设计先于艺术，设计有单纯的设计，也有融合了艺术的设计，只有加上人文情趣，融合了艺术的设计，才是真正的景观设计。虽然艺术及其思想有不同的流派和形式，但美是评判艺术的重要标准[⑤]。龙赟(2004)分析了解构主义与景观艺术的关系，并通过法国拉维莱特公园实例指出了解

---

① 王静.中国景观艺术发展初探.河北大学[硕士学位论文]，2006

② 刘彦红.景观艺术新秩序——对当代景观艺术现状发展的总体研究.南京林业大学[硕士学位论文]，2007

③ 蔡强.论当代城市的景观艺术——兼谈深圳的城市景观发展特征.东南文化，2003(6)

④ 曹磊，董雅.艺术与景观.装饰，2003(3)

⑤ 林潇.景观设计和艺术的讨论——兼与王向荣老师商榷.中国园林，2003(4)

构主义哲学在景观设计领域的运用①。刘聪和陈柳均将目光投向大地艺术和现代景观的关系。刘聪(2005)认为西方现代景观设计师在工作中积极借鉴大地艺术的创作思想和方法,经常直接运用自然材料创作出富含哲理的景观艺术作品②。陈柳(2007)从分析景观含义和现代艺术的特点入手,针对大地艺术这一景观与现代艺术的交叉学科,并结合具体作品,归纳出现代景观与艺术关系相互影响和发展的趋势③。沈实现(2006)认为,现代艺术与现代景观设计虽然处于不同的领域,但却属于同一层面的行为模式,它们是彼此互动,同构发展的④。Jean Pierre Le Dantec(2006)论述了欧洲从古代到近代,景观概念伴随着绘画等艺术及其他社会文明的产生和演变的发展历程,就从古至今园林与社会、人与自然的关系问题,提出了自己的看法⑤。游娟(2007)认为现代景观设计从一开始,就从现代艺术中吸取了丰富的形式语言。对于寻找能够表达当前的科学、技术和人类意识活动的形式语言的设计师来说,艺术无疑提供了最直接最丰富的源泉⑥。汪海峰(2007)通过分析动态艺术的创作模式,研究了动态景观的发展趋向,其中包含真实运动的景观、观察者或体验者视点移动造成的动态景观、景观效果随着时间的变化而变化及需要使用者参与的动态景观⑦。冯军(2007)通过对西方园林景观设计发展的回顾以及分析著名景观设计师玛莎·施瓦茨的作品,研究了艺术对西方园林景观的影响,并且预示其走向现代艺术的趋势⑧。刘博新(2008)重点介绍了当代艺术三个重要流派——波普艺术、极少主义、观念艺术的涵义及特征,并结合实例分析了它们对景观设计的产生的思考和借鉴意义⑨。吴婷(2009)认为现代艺术不仅在形式的层面上丰富着现代园林的形态,而且在观念和意义的层面上拓展着现代园林的表现空间⑩。

2.3 关于中西方景观艺术相互影响的研究

韦鸿雨(2004)认为中国现代艺术受西方艺术影响极深,并呈现出西方化倾向,但

① 龙赟.解构主义与景观艺术.山西建筑,2004(8)
② 刘聪.大地艺术在现代景观设计中的实践.规划师,2005(2)
③ 陈柳.从大地艺术看景观与现代艺术的关系.山西建筑,2007(7)
④ 沈实现.现代艺术的创作思想对现代景观设计的影响.建筑师,2006
⑤ Jean Pierre Le Dantec;张春彦,译.欧洲景观及其理论与绘画艺术的渊源.城市环境设计,2006
⑥ 游娟.景观与艺术——从艺术的角度来理解景观设计.湖北美术学院[硕士学位论文],2007
⑦ 汪海峰.动态艺术与动态景观.新建筑,2007(1)
⑧ 冯军.走向现代艺术的西方园林景观设计.城市建筑,2007(5)
⑨ 刘博新.西方当代艺术与景观设计.北京林业大学[硕士学位论文],2008
⑩ 吴婷.现代艺术视野中的现代园林景观设计.中南林业科技大学学报(社会科学版),2009(3)

从西方的艺术中亦可寻觅到中国传统艺术的踪迹，两种艺术实际上是相互交融的[①]。张纵(2005)以西方当代艺术与设计思潮此起彼伏的更迭发展作为西方景观艺术的主线，针对我国园林建设盲目引进西方模式的现状，探讨了我国园林应如何借鉴西方当代景观艺术这一敏感而又亟待重视的课题[②]。于雷(2004)阐述了国内对西方现代景观艺术借鉴的必要性，并根据西方现代景观艺术的本质特征提出了合理借鉴的方法[③]。鲁俊(2007)认为在新的时代环境下，景观设计既要考虑继承传统，又要考虑有所创新。古今结合、古为今用、洋为中用，取西方之长补中国园林之短，融会中国文化思想内涵与西方现代观念，才能创造具有中国特色的现代景观[④]。

2.4 关于景观艺术设计的研究

在景观艺术设计方面的研究，除了前文所提到的一些论著外，张平、王世永(2005)从审美的角度，对景观艺术的概念、特征、设计主旨和任务进行了论述，并从四个层次对景观艺术设计进行思考[⑤]。卢世主(2006)认为，景观艺术是体现与科学结合的实践性设计艺术，通过审美创造，再现自然和表达情感的一种艺术形式。从城市景观艺术设计的角度来说，城市建设艺术的景观渊源、风景园林文化的发展、现代艺术思潮对城市环境景观的影响是景观艺术的核心内容。刘文忠(2006)认为景观设计，是由历史、现状、未来组成的，具有历史性、民族性、地方性、人文性和实用性特征，是一个长期的，不断完善的过程。设计师要承担起社会责任，本着对中国传统文化自觉的意识、文化自尊的态度和文化自强的精神，以特有的艺术洞察力，用全新的城市可持续发展思想，尽早建立“中国城市景观识别系统理论”[⑥]。于宁(2006)将人的感受和设计景观的原因和方法联系起来，探讨了如何使城市更具有人性并符合人们对大环境的审美要求[⑦]。向旭(2007)以主题景观艺术设计为研究对象，通过大量实例研究，重点研究了景观主题的类型与实现，以及主题景观设计的过程[⑧]。史明(2007)分析了居住区景观中存在的城市广场化、重展示而轻使用、材料滥用等现状通病，提出人类

---

① 韦鸿雨.基于中西艺术关系的现代景观探索.华中科技大学学报(城市科学版)，2004(3)

② 张纵.中国园林对西方现代景观艺术的借鉴.南京艺术学院[博士学位论文]，2005

③ 于雷.借鉴西方现代景观艺术促进中国景观多元化发展的研究.东北农业大学[硕士学位论文]，2004

④ 鲁俊.中西方景观艺术比较及研究.武汉理工大学[硕士学位论文]，2007

⑤ 张平，王世永.对景观艺术设计的几点思考.南京艺术学院学报(美术与设计版)，2005(2)

⑥ 刘文忠.中国当代城市景观艺术设计理念的研究.南京艺术学院学报(美术与设计版)，2006(1)

⑦ 于宁.浅析城市景观艺术设计的审美价值取向.四川建筑，2006(2)

⑧ 向旭.当代主题性景观艺术设计的理性思考.四川大学[硕士学位论文]，2007

梦寐以求的诗意家园的营造，必然要以全方位最大程度对人性的关怀为基本原则[①]。范静、杨大禹(2008)以特定的思维模式为基点，在对科学的创造性思维机制“逻辑重构”进行阐释的基础上，分析了现代景观艺术设计创作中存在的“逻辑重构”现象及其意义，并对现代景观艺术设计中的思维认知问题，特别是创作思维问题作了初步的探讨[②]。李羽羽(2008)认为，席卷全球的生态主义浪潮促使人们站在科学的角度重新审视环境艺术，这使得景观设计师将生态主义作为内在的和本质的考虑。尊重自然发展过程，倡导能源与物质的循环利用和场地的自我维持，发展可持续的处理技术等思想已经贯穿于景观设计、建造和管理的始终[③]。

2.5 关于景观艺术教育的研究

史明(2004)提出，作为一个年轻的应用型专业方向，城市景观艺术设计教学体系亟待建立[④]。文中引用了艺术教育家和理论家张道一先生提出的设计教育的“谋”、“道”、“法”理论，并以“谋”、“道”、“法”为载体，分析了当今城市建设的背景以及城市景观艺术设计和教学现状，着重讨论了城市景观艺术设计教学的内容和方法，试图建构一个具有时代特色的城市景观艺术设计教学体系。郑阳(2005)提出，景观艺术设计是一门新兴的综合性艺术学科，是一门建立在广泛的人文与艺术学科和自然学科基础上的应用性学科，同时，就该学科的学科特点、办学理念及学科的内涵在理论上进行了系统的论述[⑤]。刘志强(2006)认为，景观艺术设计学是一门多元综合的艺术设计学科，其外延和内含涉及园林、美术、建筑和城市规划等多个专业，是一门跨学科的交叉型和应用型学科；针对景观艺术设计专业的学科特点和学科架构，提出了新型景观艺术设计专业课程体系与教学模式，以及培养职业化景观设计师的最终目标[⑥]。

3 研究展望

从上述所列的主要研究成果不难看出，我国“景观艺术”研究具有以下几个特征：

第一，研究起步较晚。由于“景观”真正作为专业学科名称主要是2000年之后的

① 史明.论住区景观艺术设计的基本原则.美术大观，2007(5)

② 范静，杨大禹.现代景观艺术设计中“逻辑重构”的初探.艺术探索，2008(4)

③ 李羽羽.景观艺术之生态问题初探.美术大观，2008(12)

④ 史明.试论城市景观艺术设计教学体系的建构.江南大学学报(人文社会科学版)，2004(6)

⑤ 郑阳.论景观艺术设计学科的内涵.装饰，2005(3)

⑥ 刘志强.时代需求下的应对和发展——谈景观艺术设计专业的学科构建.山东艺术学院学报，2006(4)

事，而各方对该名称又存在颇多争议，因此将“景观”与“艺术”联系起来加以研究则从近些年才开始。理论研究上的滞后，也直接影响到我国的城市景观建设水平，使其从20世纪末到21世纪初一度走过不少弯路，无论是大都市还是小城镇都出现过不少品位低俗、缺乏美感的景观作品。但同时也应看到，近些年来随着对“景观艺术”研究的逐渐加深，我国的城市景观建设也正在逐步改观，各地也相继出现了一些功能与形式均令人称道的优秀作品。

第二，研究层次较低。纵观近些年“景观艺术”方面的研究成果，大多还停留在景观设计层面，主要是将园林、环境、建筑等领域的设计理论直接用于景观设计，即使研究景观与艺术之间的关系，也主要是将西方艺术思潮对景观设计的影响介绍给国人，缺乏对当代景观内含的深入剖析。景观艺术形式的产生，不仅仅是艺术家或设计师个人的创作，也不仅仅是受到某些思潮的影响，它要受自然环境和社会环境方方面面的影响和制约，只有深入挖掘这些方面的因素，才能更加透彻地理解各种景观形式背后的真正内涵。

通过对当前关于景观艺术研究成果的总结，我们认为未来该领域研究的前沿问题应该包括以下六个方面。

3.1 景观艺术的概念与分类研究

景观和艺术，两者都是当代社会生活中常用的词汇，然而各自作为独立的学科名称，却至今没有人能赋予它们准确的定义。首先，景观是一个很宽泛的概念，其涵盖面非常广，在不同的学科领域也有不同的定义；而艺术则是一个不断发展的历史概念，由于每一代艺术家都努力颠覆传统、突破创新，这使得艺术的概念也随着艺术实践的不断发展而发展。因此，景观和艺术至今都是存在争议的概念，作为这两个学科交集的景观艺术，要给它下一个准确的定义就更加困难。与景观艺术概念相伴的是它的分类问题。景观艺术作为一个偏正短语，无疑重点落在艺术二字，强调的是景观设计中的艺术成分。因此，景观艺术也应该属于艺术范畴的一个门类。但由于景观艺术概念出现较晚，所以目前在诸多艺术分类方法中，并没有提到景观艺术，这也意味着景观艺术尚未名正言顺地成为艺术家族中的一员。因此，无论是景观艺术的概念还是其分类，都应该成为将来研究的重点工作。

3.2 景观艺术与相关学科的关系研究

景观艺术说到底，其实就是处理土地上自然元素和建筑元素之间关系的艺术。

因此，它的核心可以归纳为三个“A”——Agriculture、Architecture 和 Art。也就是说，农学、建筑学和艺术学是与景观艺术最密切相关的三门学科。追溯人类景观发展史，不难发现人类最初在自己的庭园中种植植物，主要是为了满足自己对瓜果蔬菜等农产品的需要，最早的水池也是为了满足灌溉需要，只是到了后来社会中出现富裕阶层之后，庭园中的植物等自然元素才从实际的农业用途转向观赏用途。由此可见，农学和景观在本质上存在着密不可分的联系。同时，景观又不仅仅包括自然元素，它也包括建筑元素和建造技术。无论是从宏观城市景观的尺度，还是从微观住宅景观的尺度来看，优秀的景观作品都是将自然与建筑有机结合而产生的，而两者关系能否处理好，则是一个艺术问题。此外，历史上优秀的景观作品也都从艺术中汲取营养，比如英国的自然风景园就从欧洲的风景绘画中获取了大量灵感，中国的古典园林也与中国的山水诗和山水画密不可分。因此，只有围绕上述提到的三个 A 来研究它们与景观之间的相互关系，才有可能深入理解景观艺术的内涵。

3.3 景观艺术创作规律研究

艺术创作活动是人类特有的一种高级的、复杂的精神活动与实践活动。对于不同的艺术门类、不同的艺术家、不同的艺术创作方法来讲，艺术创作的过程可以说是千差万别，很难找出一个共同的固定模式。但从总体上说，艺术创作过程又可大致分为艺术体验活动、艺术构思活动和艺术传达活动这三个方面或三个阶段。当然，这三个阶段并不是截然分开的，这种划分只具有相对意义，在每个阶段时常会融入其他阶段的活动。景观艺术作为艺术范畴的一个艺术门类，其创作方法在总体上也呈现出艺术创作的总体规律，但也存在其自身的独特性。景观设计师的创作活动不可能像画家、雕塑家那样自由。纯艺术领域的创作活动通常是由艺术家自己支配的，可以自由地表现艺术家的个性，但景观设计师在进行创作时必须对业主和使用者的需要、工程预算、建造技术、生态环境保护等方面负责。因此，景观艺术的创造者并不是景观设计师扮演的唯一角色，景观设计师有着比“为艺术而艺术”更高的价值理念。因此，景观艺术创作既有和其他门类艺术创作共同的地方，也有自身的独特性，研究景观艺术的创作规律对于丰富艺术创作理论将有重要意义。

3.4 景观艺术审美和批评研究

接受美学认为，艺术作品的审美价值在欣赏过程中才能产生并表现出来。换句话说，艺术家创作出来的艺术品，必须通过欣赏主体的审美再创造活动，才能真正发挥它的社会意义和美学价值。而景观艺术的审美和绘画、雕塑等纯艺术审美又存在不同，它不仅要满足视觉观赏需要，还要能够满足使用者的功能需要，景观设计师也常常需要在视觉美感和使用功能之间取得平衡，一件优秀的景观艺术作品也必须是形式和功能的完美结合。此外，由于现代社会人们对美的认识和评判更加多元化，每个人心目中都有自己理想的伊甸园形象，这也使得景观艺术审美问题变得更加复杂。一方面，这促使了我国景观设计出现了百花齐放、百家争鸣的局面，丰富了景观设计的形式和手法，推动了景观设计行业的发展；但另一方面，这也造成我国景观设计作品良莠不齐的现象。设计师往往为了满足一些业主低层次的审美趣味而创作出一些低劣的景观作品，甚至直接照搬国外或他人的形式和风格，使得许多形式丑陋、缺乏思想的作品充斥于各个城市之中。为了避免这种情况的蔓延，将艺术批评引入景观艺术领域势在必行。只有引入艺术批评，才能使景观真正成为艺术，才能使景观艺术具有灵魂。但就目前而言，专门针对景观艺术领域的艺术批评还较少，内容也比较零散，尚未形成科学完整的景观艺术评价体系，这对于将来景观行业的发展也极为不利。因此，景观艺术的审美和批评应该成为未来景观艺术理论研究的重点之一。

3.5 景观艺术与现代社会关系研究

景观艺术与社会之间一向都有着密切的关系。社会的政治经济、文化状况对景观艺术的发展有着深刻的影响。回顾历史，正是工业革命带来的社会进步，导致传统园林的内容和形式发生了巨大变化，促使了现代景观的产生。此后，社会经济的发展、社会文化意识的进步，又促进了现代景观设计领域的不断扩展，也产生了完全不同于传统意义的景观形式和风格。可以说，社会的发展改变着今天景观艺术的面貌，社会因素是景观艺术发展的深层原因。反过来，现代景观艺术对社会的积极作用也许已经超过了历史上的任何时期。今天，景观设计师面对的场地越来越多的是那些看来毫无价值的废弃地、垃圾场或其他被人类生产生活破坏了的区域。这与我们的先辈选择那些具有良好潜质的地块进行造园活动完全不同。他们是在具有造园价值的土地上进行锦上添花，为自己营造充满诗情画意的生活空间。然而，今天的景观设计师更多的是在用景观的方式修复城市的疮疤，促进城市各个系统的良性发展，为大众创造舒适的生活和工作环境。这样的景观，其积极意义已远不止于创造了什么形式的风景，而在于它对社会发展和公众生活起到了积极作用。由此看来，景观艺术和现代社会之间的相互关系要比历史上任何时期都更加密切，而这也是当前景观艺术理论所急需研究和探讨的问题。

3.6 景观艺术教育研究

随着我国城乡建设的突飞猛进，各种类型的景观设计项目也不断涌现。大量的设计项目需要大量高素质的景观设计人才，建立培养高素质景观设计人才的景观艺术教育体系成为当务之急。目前，我国从事景观设计的专业人员主要来自园林、环境艺术、建筑等一些专业。事实上，从学科专业知识结构要求来看，任何一个专业都难以全面胜任景观艺术设计的工作。园林专业学生对植物比较了解，但设计能力有所欠缺；建筑专业学生侧重于硬质单体设计，但对植物等自然元素缺乏了解；而环境艺术专业学生虽然有较强的设计能力，但由于长期以来和室内设计专业之间的界限比较模糊，许多环境艺术专业学生不擅长处理室外较大尺度的景观设计工作。此外，目前的景观艺术教育大多还设置在本科和专科层次，相关的研究生专业中很少开设这一方向，这也使得高素质的景观艺术理论人才稀缺。因此，如何建立科学合理的景观艺术教学体系，如何通过相关课程的设置培养出高品位、高素质的景观设计和理论人才仍然是一个需要探索的研究重点。

4 结语

总的来看，一方面，我国"景观艺术"的研究还处于起步阶段，而城市建设却以前所未有的速度发展，因此出现了理论滞后，难以满足实践需要的情况。但另一方面，该领域也存在着巨大的研究潜力，将来随着对景观艺术各个环节研究的进一步深化、细化，一定可以对我国的景观建设起到积极的指导意义，促进我国景观建设迈上一个新的台阶。

新中式景观设计创意分析[①]

中国园林具有世界上最古老的持续的园林设计传统，这与任何其他类型的园林不同。随着时代的发展而在此基础上形成的新中式景观是一种融合了现代元素与传统文化的设计风格，它不仅能充分满足现代人的审美需求，而且能在最大程度上保留中国传统文化的精髓，是中国古典园林在现代景观设计中的新的表现形式。

1 新中式景观概述

1.1 新中式景观概念

新中式景观，从名称上理解，就是中式景观的创新。中国古典园林具有世界上最古老的持续的园林设计传统，中式景观所表现的天人合一的思想是其精髓，但繁复的设计风格已越来越不适合现代城市快节奏的生活方式，并在西方园林的冲击下逐渐被淡忘。近年来，随着中国景观设计行业的日趋成熟，设计师在探索寻求新时代中国园林之路、重拾古典园林精髓、创造城市精神的实践与尝试中，一批极具中式风格的景观项目应运而生，虽然还不够成熟，但也初步形成了我国本土地域化的新中式景观。

新中式景观不仅仅只是一种设计风格，它承载着对中国古典园林继承与创新的使命，在设计风格上，保留了中国古典园林的造园基本手法，取其精华，用现代的语义诠释中国传统文化，在景观设计中力求体现传统与现代的契合，摒弃从前在传统景观设计过程中一贯的模仿，以简洁创新的手法演绎中国传统景观的精髓，传递中国园林的艺术特色。其实，"现代建筑下的东方情趣"就是新中式的关键词，本质上仍是现代艺术下的市场与情感需求。

① 本文合作者为东南大学旅游与景观研究所周晖晖博士研究生。

1.2 新中式景观研究现状

关于新中式景观的研究，由于其特定的风格限制，主要还是集中在我国范围内，近年来，随着新中式景观设计的发展，国内的学者也随之做了大量的工作，理论研究方面，龙金花的《传统与现代的邂逅——谈"新中式"景观设计》，胡洋、刘红薇的《生命与精神的设计——解读新中式景观设计》分别对新中式景观的设计风格、基本特征以及对中国传统景观的传承进行详细分析，张研、张轩的《新中式景观在居住区景观设计中的应用》，郭岚的《新中式居住区空间景观设计研究》以及陶改平、禤健榕的《谈"新中式"景观设计及应用》对新中式景观的造园手法及实际应用加以详解，认为新中式景观是对中国传统园林及传统艺术的升华。

以上研究为国内目前对新中式景观设计的普遍性选题，大部分局限于对风格特征的一般性叙述、对比，视野多集中于宏观的泛泛而谈，没有从景观设计的创意角度进行比较分析、作深层次的比较研究。虽然也有对目前新中式景观的代表作万科第五园的风格分析，但仍有很多不足之处。

1.3 新中式景观设计风格

在中国，新中式景观大多运用在现代住宅区的景观设计中，也有很多中式民风题材的食街，在设计过程中既保留了传统文化，又体现了时代特色，较为成功的有"万科第五园"以及后来的"万科棠樾"，成功的关键就在于对中国传统艺术精髓的尺度把握以及如何与现代生活相衔接。新中式的设计风格主要包括两个大方向，一是对当代文化有深刻的认识和掌握之后在此基础上展开的当代设计，二是在当前时代的大背景下熟识并且能诠释出中国传统风格的文化内涵。关于新中式景观的风格特征，已有很多作者从植物配置、色彩运用以及造园手法上进行过详细分析，这里就不多重复，本文主要从新中式景观的景观意境的视角来理解其独具韵味的风格特征。

2 新中式景观的意境营造

在中国古典美学中，意境是最引人注目的命题之一，按《辞海》的解释，意境是文艺作品中所描绘的生活图景和表现的思想情感融合一致而生成的一种艺术境界，即我们通常所说的"情景交融"。景观艺术尽管有别于其他艺术种类，但毕竟仍是一门艺术，因此，一件优秀的景观艺术作品应当具有意境，也就是首先要做到情景交融。

作为一门为人类美化生活场所的艺术，它的意境美不仅仅是形式上的美观，还包含着人们在生活方式和价值观念上的追求。

2.1 自然与人文

自然有两种意思，一种是指自然界，另一种是指给人以自然而然、本性流露的感觉，景观中的自然属于后者。《园冶》中“虽由人作，宛自天开”的精妙总结所表达的意思就是要在人工构筑的空间中营造一种平和的感受。新中式景观的造景营建，努力遵循大自然自由多变的法则，同时又给以典型化的提炼加工，达到浑然天成的艺术效果。植物是景观视觉系统中最能体现“自然”的元素，新中式景观在植物配置上利用其不同的自然属性与精神品格对建筑进行空间点缀，从大量运用竹为代表的常绿树（图 1、图 2），到多品种的多层种植，以及用规则种植槽限定的水生植物（图 3），高低层次配合恰当，立体组合良好，营造出具有中国文化意境的景观空间感。

图 1

图 2

景观的人文性是指景观体现出一个民族或群体共同具有的符号手法和价值观念，与中国古典园林中用具象的雕塑、匾额直接表现不同，新中式景观中人文意境多是通过对中国古代传统符号的提炼运用来表达。这些符号拥有的典故或文献都是它们的历史文化象征，中国宝贵的文字中如福、禄、寿等都是代表吉祥的概念（图 4）。石榴、荷花、牡丹等都是具有美好寓意的中国传统植物，文化底蕴深厚，往往作为文化符号应用于景观设计中，以此来彰显中国传统文化的内涵。以万科第五园为例，在设计中将传统符号进行简化，运用在景墙、大门、廊架、景亭、地面铺装、座凳上（图 5、图 6）；或以雕塑小品的形式出现；或与灯饰相结合（图 7），从而达到了美化生活环境、提高环境质量的目的。

图 3

图 4

图 5

图 6

2.2 静态与动态

运动和静止是事物的两种相对应的存在方式，是一对对立统一的范畴。景观开放的空间使它同时拥有动态和静态两种属性，分别体现出不同的美感。景观的静态美，主要表现为空灵、清静，徜徉其中令人与景互相交流，心情和身体都彻底放松，获得一种安逸的享受。新中式景观的静态美从呈现方式上可以分为两种。

（1）空间环境的安静

在万科第五园内，随处可见大量的绿色植物装点着小区的建筑空间，营造出远离尘世的静谧安详的氛围

图 7

(图 8),这种环境的静态美满足了人们忙里偷闲的愿望,宋代程颢《秋日偶成》诗"闲来无事不从容",追求闲适安逸的心态也是促成新中式景观在现代城市景观中快速发展的原因。

图 8

(2) 心理环境的娴静

园林景观所营造的静态美,往往不是绝对意义上的静止,一声不响的死寂会让人觉得压抑,事实上,这种状态很难在自然环境中实现,因此,新中式景观的静态美并不排斥声响与动景,而是巧妙地借用寂处闻音、静中见动的对比效果,来反衬环境的静谧。枝头的鸟鸣不仅没有吵闹的嫌疑,反而更能说明幽静。心理环境的娴静既是新中式景观所营造的氛围,也是景观欣赏的前提条件之一,休闲的心境往往寄托于安静的环境,安静的环境又能催生休闲的心境,"万物静观皆自得"(程颢《秋日偶成》),实现了从美化生活环境到转变心理境界的自然过渡。

景观中的动态美往往要在运动中获得,沿着不同的游览线路,所看到的是不断变换的景观,各种景色依次进入视野,才能形成对景观整体的认识。新中式景观的动态美同样也表现在两个方面。

（1）运动变化的景物

任何一处景观，都离不开水景，水池、喷泉、溪流都会为景观增添许多生趣，除去流水外，各种昆虫、飞禽也是新中式景观中生机盎然的点缀，鱼类、水鸟等动物也是动态美的一部分，其动态的形象与静止的建筑物形成强烈的动静对比。

（2）运动变化的观看视野

景观是立体的艺术，观者的视点是固定的，而新中式景观的构景从不同的视点与视角展开，这就要求观者在游览中纵观全景，这也是动态美形成的另一个原因。

2.3 时间与空间

景观艺术是一门结合时间和空间的艺术，由建筑、植物工程等多种元素构成，不仅有空间形态上的变化，还有时序上的季相变化，散发出持久的场所吸引力。在新中式景观设计过程中，规律性的天象变化都会事先考虑到，用来衬托建筑的空间感，如太阳升落引起植物的光影转化（图 9）。时间意识本身就是对生命的一种体验，具有时间意识的新中式景观就是传统哲学天人合一、物我交融理念的最好证明。

图 9　植物的光影

就空间形式来说，新中式景观更多情况下作为住宅或其他建筑的附属空间，范围有限，因此它在空间安排上借鉴了中国古典园林的一些经典造园技巧，在景观空间中大量使用对景、障景、框景、夹景、借景、添景、漏景、抑景等方法（图 10～图 12），达到了人、景、物呼应的效果，在有限的现实空间中营造出无限的想象和回味。

图 10　框景手法的运用

图 11　漏景手法的运用

图 12　对景手法的运用

3　新中式景观设计未来的发展方向

深圳万科第五园获得了巨大的成功，成为目前中国新中式景观的代表，并不是偶然。在万科第五园的景观系统中，我们可以看到中国传统文化和古典园林的影子。但是最重要的是，它并没有盲目地将西方或是古典的东西生搬硬套，而是扬弃式继承，将传统与现代、中式与西式很好地嫁接和借鉴，既营造出适合中国人居住的传统居住环境，又符合现代人的生活习惯。比如在小区已经看不到传统园林中的假山叠石、亭台楼阁等与现代生活脱节的表现手法，取而代之的是将传统文化经过提炼简化的景观小品，譬如密集的青竹林、天井绿化、青石铺就的小巷、半开放式的庭院、承载文化的牌坊、可增加通透性的漏窗、富有文化色彩的三雕(石雕、砖雕、木雕)等与现代生活不背离的设计手法则得到了继承。正是对传统元素的灵活运用,使万科第五园的景观极具中国古典园林的精髓,既唤起人们向往过去民居生活的心理共鸣,在传承与发扬中国传统文化的同时又不与现代价值观相背离,真正做到传统与现代的融会贯通,传统的中式建筑需要这样的提升、进化和嫁接,现代的中式景观更需要传统文化的支撑。

中国古典园林于今人而言,不仅仅是一份宝贵的财富,更是当代中国景观能够立足于世界的一个根本。在新中式景观以后的设计过程中,我们的传统园林研究不仅不应该放弃,还需要加强,要推广和弘扬对一些传统造园手法、造园意境的追求,并一代代传承下去。因为只有在全面理解中国传统文化、中国古典园林的基础上,才能在今后的设计中真正做到有的放矢。无论我们当今的景观如何发展,都需要传统园林的一些精髓作为支撑,就像孟兆祯先生经常说的"天人合一"一直是我们的指导思想。

纵观世界设计史的发展,设计经历了一个从艺术转向技艺的过程,这种转向本身就说明了设计是传统走向时尚的一个过程。同时,这种设计流派的推陈出新也表明了设计必须要紧跟时代的步伐。我们认为新中式景观设计不应该成为一种模式,而应该成为一种思想,所要发扬的是中国传统文化中的写意精神,倡导的是一种"天人合一"的生存状态或是生存美学。设计应该创造出一个和谐的生存环境,让人们能够实现艺术化的生存,这是新中式景观设计发展的大趋势。

4 结语

新中式景观设计是一种将中国传统文化完美融入现代设计中的设计理念,运用现代语言来表现,融入中国传统文化风骨,一个现代的景观作品,当你慢慢了解品味它的时候,你会发现它在用所有可以调动的语汇讲述着关于中国文化的故事。

在新的时代背景下,反观我们的社会生活,对传统文化的中式还存在一定缺失,新中式景观把传统作为一个可以借鉴和利用的行为体系去实践,为今天的生活服务,创造未来中国的历史,这种新的景观形式,使现代景观和古代园林完美地融合、混搭,虽然还不成熟,但却是中国景观设计行业未来努力的方向,这是对中国传统文化的传承,同时也是对现代文化的创造,间接推动新时期中国园林的发展。

参考文献

[1] 周武忠.理想家园——中西古典园林艺术比较[M].南京:东南大学出版社,2012.

[2] 周武忠.园林美学[M].北京:中国农业出版社,2011.

[3] 郭岚.新中式居住区空间景观设计研究[D].中国优秀硕士学位论文全文数据库,2010.

[4] 龙金花.传统与现代的邂逅——谈"新中式"景观设计[J].园林,2009(1):38-41.

[5] 吴纯,吴越.谈居住区景观设计的中国元素[J].中外建筑,2008(7):83-85.

[6] 胡洋,刘红薇.生命与精神的设计——解读新中式景观设计[J].中国园艺文摘,2011(12):98-99.

[7] 张研,张轩.新中式景观在居住区景观设计中的应用[J].现代园艺,2011(17):88-89.

[8] 陶改平,禤健榕.谈"新中式"景观设计及应用[J].价值工程,2010(24):122.

图片来源

百度图片

http://image.baidu.com/i?tn=baiduimage&ct=201326592&lm=-1&cl=2&fr=ala0&word=%D0%C2%D6%D0%CA%BD%BE%B0%B9%DB

旅游景观的嬗变与视觉范式的转向①

当代旅游景观有一种从“冷媒介型景观”向“热媒介型景观”转变的趋向，即负载信息越来越多而要求人们深入理解却越来越少。引起景观形式变化的原因并不是简单的企业自主行为，根本上是由于当代人观看需求的变化，由于人们视觉范式发生了明显的转向。这种转向具体表现在视觉关注结构上从重内容向重形式，视觉行为形态上由理性静观向感性动观，视觉审美品位上由追求意象美向冲击美的转变三个方面。引起人们视觉范式转变的时代背景则是：西方文化产业的影响、消费社会带来的景观商品化和后现代主义对感官美学的推崇。

当代新兴的旅游景观表现了一种明显不同于传统景观的特点，即负载的信息越来越多，要求旅游者深度理解和介入却越来越少。借用麦克卢汉(Mcluhan)对媒介的分类概念，可以认为它正在从“冷媒介型景观”向“热媒介型景观”转变[1]。引起景观形式变化的原因并不是简单的企业自主行为，根本上是由于当代人观看需求的变化，由于人们视觉范式发生了明显的转向。

因此，深入地分析当代人们视觉范式结构的变化才能对新兴旅游景观的变迁作出合理的解释。而进一步分析人们视觉范式转变的背景则要从当代社会文化因素着手。

1　当代旅游景观的嬗变

如果将旅游活动作为一种涉及经济、社会、文化等诸多方面的综合现象来看的话，旅游景观无疑占据这种现象的核心地位。虽然旅游活动包含了丰富的社会文化意义，但旅游者追寻的根本却在于通过对旅游景观的欣赏产生某种视觉愉悦及内心

①　本文发表于《旅游学刊》2011 年第 8 期。第一作者为无锡商业职业技术学院赵刘博士。

体验，一切活动均围绕这种景观体验而衍生展开。旅游景观主要是指旅游者在旅游活动中所观看、欣赏的任何有价值的对象，这种对象既包括自然景观也包括人文景观。社会经济的发展对旅游活动提出了进一步的要求，不但激励人们对传统景观进行维护，也带来对新兴旅游景观的开发、兴建的热潮。传统上，我国旅游景观形成了以北京、西安、南京等古都为代表的历史名城景观；以上海、香港、深圳等为代表的现代化都市型景观；以黄山、西湖、桂林山水、五岳等为代表的自然山水型景观；以江浙水乡、苏杭园林等为代表的江南园林村镇景观；以及西部地貌和少数民族景观等等类型。当代旅游的蓬勃发展促发各地兴建了许多新兴景观，这些景观蕴含了时代的特色，体现了景观形式的嬗变。我们发现当代新建景观与传统景观有诸多相异之处，从实践出发可以将当代景观的变迁总结为以下几点。

1.1 追求体量上的更高更大

如上海20世纪90年代兴建的东方明珠(高468米，亚洲第一高电视塔)，三亚建造了世界最高海上观音像(高108米)，无锡的灵山大佛(88米，号称世界第一露天青铜大佛)，以及南昌、北京、广州等地竞相兴建的摩天轮，为追求世界第一而高度被一再刷新。如果考虑到全国各地兴建的许多大体量的体育馆、城市公园、歌剧院等这些兼具城市生活与旅游功能的景观，我们可以发现当代旅游景观明显存在一种追求高度、重量、体积、面积等最大化的特征。通过追求巨大的体量，当代旅游景观有一种期望以外在形式给游客带来震撼感觉的倾向。同时，通过世界第一、中国第一乃至地区第一的名号，来维护当地景观的唯一性和独特性。

1.2 对异域景观符号的移植现象突出

不但中国城市的建造充分学习西方城市的形式，旅游景观对西方符号的移植现象也表现得十分明显。比如各地兴建的世界之窗，往往通过将世界各地有特色的景观进行微缩，从而实现在有限空间内盛放所有代表性景观的想法。此外，我们在许多公园或城市景观中会发现各种罗马柱、凯旋门、仿希腊雕塑、哥特式建筑、波西米亚风格等等景观符号要素的拼贴。这种景观设计上的拿来主义，与传统景观基于历史文化脉络的思路完全不同，景观形式上的奇观化追求超越了对文脉和历史的探求。

1.3 动态演艺景观异军突起

我国的旅游演艺活动始于20世纪80年代西安的《仿唐乐舞》，开始仅仅作为静态景观的一种补充形式，但这种将音乐、舞蹈、诗歌、杂技等融于一体的新兴动态景观形式受到市场的追捧，并获得愈加重要的地位。2003 年以来，旅游演艺的表演手法更加成熟，高科技手段运用更加高超，舞台效果突破传统疆域、主题特色更加鲜明、创作思路宏大，出现了大型山水实景演出《印象·刘三姐》、历史文化主题展演《宋城千古情》、原生态民族歌舞演出《云南印象》和宗教展演无锡的《灵山吉祥颂》等典型形式。据不完全统计，目前在全国重点旅游景区进行的旅游文化演出达 200 场以上，一大批制作精美、格调高雅、演出精湛的演艺作品已经成为各旅游景区一道独特风景。

1.4 虚拟类景观广受欢迎

此处的虚拟类景观指的是景观内容和创意来自非现实存在的一种景观形式，尤以部分主题公园为代表。典型的有以影视作品为创意来源的无锡三国水浒影视城、浙江横店影视城、上海车墩影视城等；有以童话、动漫为创意来源的迪斯尼乐园等；有以狂欢娱乐为主题的北京欢乐谷、常州恐龙园等。这类主题公园最大的特点是完全经由一些虚拟的符号而创生演化出一系列景观实在。迪斯尼乐园中的建筑和场景都是根据好莱坞卡通图景来构建的，从米老鼠到白雪公主无不如此；而无锡三国水浒影视城的所有场景均是依据电视电影拍摄需要所建构。相对于对现实改造的传统景观，此种主题公园完全脱离时空线索，依据幻想、小说或漫画，来凭空建造偌大的景观空间，其间全是虚构的符号。但是当游客在这种主题公园游览时，景观的虚拟化却被遮蔽了，游客产生一种本当如此的感觉和似乎观赏到原真景观的幻觉。

1.5 热衷于对传统景观的“再发明”

这里的发明指的是为了吸引游客而仿造的各类景观，它们并没有相应的历史或文化联系，仅仅为了经济效益而被生硬地“发明”出来。现实表现为各地兴建的明清街、古建筑、仿古公园，甚至根据传说而对莫须有的名人遗迹进行再现。这种景观相对于历史沿革下来的景观最大的不同在于其失去了历史文脉性，以一种十分突兀的方式呈现在现代化的社会中。

以上 5 种景观嬗变类型，虽然形式表现各异，但从传递信息的媒介角度来看，他们全都体现出传递信息越来越多，同时却要求人们参与理解程度越来越低的特点。这与麦克卢汉在《理解媒介——论人的延伸》中将媒介分为冷媒介和热媒介的观念十分相像。他认为，“热媒介是一种感觉延伸，它具有‘高清晰度’。高清晰度是资料完备的状态。电视是一种冷媒介，或者说低清晰度的媒介，因为它给耳朵提供的信息量少得可怜，大量的信息还得听话人自己去填补。相反，热媒介并不留下这么多空白让接受者去填补或完成。因此，热媒介要求的参与程度低；冷媒介要求的参与程度高，要求接受者完成的信息多。”[1]根据麦克卢汉在《理解媒介》中的媒介分类法，发现当代景观嬗变的一个十分明显的趋势是从“冷媒介型景观”向“热媒介型景观”转变。如第一类景观演变，体现了景观外表形式上信息量的增加；第二种形式景观实质是西方景观符号在中国景观中的拼贴，这些舶来品经过移植在新国度中以“奇观”的形式被游客所观看；第三类的旅游演艺景观将民族的、传统的、地方的文化艺术资源借助现代化的舞美手段、服装效果、灯光音响等，以恢宏的气魄和壮观的景象带给人视听的震撼；第四类虚拟景观借助影视小说、动漫童话等虚拟符号再创造了一系列的景观符号，给人们创造了一个梦幻般的童话世界；第五类景观则是根据当代旅游者的审美需要，将历史上的文化符号，在现实中予以重新展现，或以新的角度进行阐释。

由此可见，当代旅游景观体现出以下新的特点：一是在空间维度上，当代景观从高度、体积、面积、色彩等方面凝聚了更多的信息量；二是在时间维度上，当代景观刻意忽略了历史联系与内在文脉，转而采纳古今中外的符号信息进行重新拼贴；三是在形式上，景观向奇观化方向发展，在追求感性好看的目标下，注重各种异域景观符号的大量移植；四是人们在当代景观的欣赏中，要求主动参与和理解的程度越来越少。相对于旅游景观信息量的增加，旅游者进行理解和认知的程度却成反比，更加注重的是即时性的感官享受。联系到麦克卢汉对冷媒介与热媒介的定义正是基于信息量和参与程度成反比的标准。因此借用麦氏的概念，我们可以认为当代旅游景观正发生由“冷媒介型景观”向“热媒介型景观”的嬗变。

2 基于视觉范式转向的解释

当代旅游景观的嬗变体现了景观形式上的一种变化，然而，更为重要的问题则是，为什么会出现从冷媒介型景观向热媒介型景观的变化？表面上看起来，旅游景观的建造是一种企业的自发行为，反映了经营者的一种主观意志，实际上，在市场经济和旅游产业的视域下，旅游景观的形式必定要符合其消费者——旅游者的需求，因此，当代旅游景观的嬗变实际上反映了旅游者的一种观看需求的转变。然而，旅游者对景观的观看并不是随意性的，视知觉心理学告诉我们，观看需求其实受到自身内在观看范式的制约。正是在这个意义上，伯格写道：“我们只会看到我们想看的东西。想看乃是一种选择行为。其结果是我们所见之物带入了我们的目力所及范围。”[2]

什么是视觉范式呢？“视觉范式即特定时代人们的‘看的方式’，它蕴含了特定时期的所知或所信仰之物，因此塑造了与特定时代和文化相适应的眼光。”[3]参考贡布里希(Gombrich)对画家视觉特点的研究，我们可以更深入地认识旅游者的视觉特点。贡布里希认为，画家在学习和专业锻炼之下，并不是看到什么画什么，而是总在寻找可以成为他画的对象。“绘画是一种活动，所以艺术家的倾向是看到他要画的东西，而不是画他所看到的东西。”[4]贡布里希认为画家的目光是主动探索型的，并不是像镜子一样被动地反射，而是主动地投射和寻找，画家心中预存的图式决定了画家看待世界的方式，比如对于同一处风景，中国和英国的画家各自画出来的就会截然不同[4]。同样，旅游者对景观的观看也不是被动的观看，而是主动的寻找，正如伯格(Berger)所言“看不同于看见”，旅游者真正看见的景观实际上由个人的“视觉范式”所决定。阿恩海姆(Arnheim)认为视知觉有类似理性思考的功能，它是一个场，一个“格式塔”，一个组织过程。看是一种“格式塔”的完形过程，在高度的选择性中，眼睛在不停地“构造形状”[5]。所以，从格式塔心理学的角度，也可以得出结论：人们对于景观的视觉审美，来自感知器官与景观形式之间的异形同构，从而产生共鸣和美感。由此可见，旅游者对景观观看的方式并不是一种随意的浏览，其对景观的选择与喜爱与否受到大脑“图式”的影响，对景观的观看是一种在视觉范式主导下的主动探寻过程。

因此，旅游景观形式上的嬗变实际上反映的是当代游客的视觉范式的变化。我们可以认为，正是由于当代旅游者的视觉范式发生了变化，即由适应冷媒介型景观的观看范式向由适应热媒介型景观观看范式的转向，才产生了现实中旅游景观形式的变迁。为了深入探讨这个问题，我们将焦点集中于以下三个层面，来揭示出景观视觉范式的转向：首先，从旅游者对景观的视觉关注结构上说，有一个从重内容向重形式的转变；其次从旅游者对景观的视觉行为形态上说，有一个从传统的理性静观向当代的感性动观的转变；再次，从旅游者对景观的视觉审美品位上说，有一个从追求意象美向追求冲击美的转变。

2.1 视觉关注结构上，从重内容向重形式转向

人们对传统景观(如园林、古城、宫殿、陵寝等)的评价标准，往往在于这种景观体现了多少历史知识、有多少文化内涵、有哪些名人遗迹、有多少科考价值。景观本身所含有内容决定了人们对它的评价尺度。从符号学的观点来看，传统景观作为一种符号体系出现，能指与所指紧密地结合在一起，其意义和价值并不主要取决于自身形

式。人们追求的是景观背后的意义,获得的历史文化的知识和对个人的启迪。观者习惯于主动参与,通过个人的体悟去填补景观留给观者的空缺,去寻找"背后的故事"。观赏者正是将自己置于景观所涉及的时空联系中,才能确认自身在独特情境中的位置。换句话说,传统观赏者习惯于进入景观的历史文脉中,在景观的召唤下,共同完成一种深度介入型的观赏。当代景观观赏者恰恰与之相反,他们不再将内容作为根本评判标准,而是专注于形式上的多姿多彩。当代景观大胆地遗弃了符号学上的能指对应所指的关系,甚至将景观形式作为一种带有终极色彩的自我存在。即当代景观不再去表现背后的事物,它仅仅表现自己,带有一种"自指性"。当代观赏者似乎厌倦了与传统景观的那种"猜谜游戏",更喜欢直接地对景观进行形式上的欣赏。如深受当代旅游者青睐的迪斯尼乐园的景观就完全脱离实际生活,而是通过将虚幻的童话、虚构的影视形象进行"物化",以现实的方式呈现在旅游者面前。游客在观看中找不到符号的所指以及与实际的连接方式,他们完全沉浸在一种虚幻的、非本真化的景观中。所以,当代旅游者更习惯于矗立在景观的面前,通过对其形式所附着信息的消费,完成一种浅度介入型的观赏。

2.2 视觉行为形态上,从理性静观向感性动观的转向

传统旅游者的欣赏主要是一种静观形态,观者往往保持固定的观景视角,以富有逻辑性的目光去看和思索眼前的景观。静观允许旅游者不断欣赏景观的文化意蕴,反复沉思。观者往往将自己置于景观的历史文脉之中,希望在理解中体悟景观的意蕴、在思考中感悟景观对个人的意义和价值,因此这是一种理性主义的欣赏方式。之所以说当代旅游者的视觉范式是一种感性动观,原因在于一方面当代旅游者习惯于以运动的形式去观赏,如当代旅游者往往短时间内游览大量景观,接触许多信息和符号;另一方面景观也往往以动态形式去吸引观者,如许多演艺景观和嘉年华表演。当代旅游者追求的是感官在最短时间内的最大量异质信息的刺激,产生最优的"刺激性价比"。这种视觉范式遮蔽了理性主义的体悟和理解,转为感性主义的即时享受和快乐。从体验的角度也可以认为,当代旅游者追求的不再是一种深入却单一的认知体验,而是包括视、听、触、味等肤浅却全方位的感官体验。

2.3 视觉审美品位上,从意象美向冲击美的转向

从视觉审美品位上来说,意象美是传统观者对景观审美追求的最高境界,是审美主体在观照对象的基础上创造出来的"新世界"。意象由主体在客体的基础上创造产

生，位于主体与客体之间，供主体思忖之咀嚼之，主体完全沉浸其中。从美学的角度看，传统景观的审美讲究观者在一定氛围下与景观的情感交流。借助文化的理解和视觉的感悟，观者与景观之间往往产生一种情景交融的感觉，完全沉浸在景观情境中，主体与客体之间的距离消失了，在主体与客体之间产生一种"意象美"。观者通过这种意象达到跨越个人与自然、主体与客体、有限与无限之间的界限，达到胡塞尔(Husserl)要求的事物在直观中出场的本来面貌，"如所存而显之"。与之形成鲜明对比的是，当代旅游者的审美品位追求的是更强大的感官冲击之美，本雅明曾经将之形容为"子弹穿透身体"的感觉[6]。比如在对《印象·刘三姐》、《宋城千古情》、《灵山吉祥颂》的旅游演艺的欣赏中，人们感受到的是演艺景观借助高科技所产生的连续不断的强烈刺激。在多样的艺术表现形式和强大的视听震撼作用下，当代旅游者追求的是一种新颖而又有穿透力的、多样却又统一的美感冲击。片刻的、当下的快感往往使主体忘却了自身的存在，全身心被景观对象所占有，主体的欲望直接进入对象情境中。一种即时的、强烈的感官刺激超越了观者感官极限。显然当代旅游者的视觉品位已经转化为以追求这种冲击美为目标，因此对景观的评价也以是否刺激为终极标准。

正是在视觉关注结构上、视觉行为形态上和视觉审美品位上都发生了显著的变化，才使得旅游者的视觉范式从总体上体现出一种与传统视觉截然不同的特点。值得注意的是，由于旅游活动的普及，旅游者的视觉范式也代表了当代社会大众的视觉特点。所以，旅游者的视觉范式的转向，从很大程度上揭示了当代社会大众的观看特点发生了重要的变化。那么到底是什么原因引起了人们视觉范式的变化呢？

3 重塑视觉范式的原因探析

正如伯格所言，人们观看事物的方式受到人们所知或所信仰的东西之影响。旅游者观看范式的形成背后是文化和精神层面的因素。所以，人怎么观看景观和看到什么景观实际上受到社会文化的制约，并不存在纯洁无瑕、"未受污染"的本真眼光。正是由于当代社会独特的文化背景与消费特点，才重塑了当代旅游者的视觉范式。以下三方面对于当代人视觉范式的构建发挥了重要影响：西方文化产业的强势传播、消费社会带来的景观商品化、后现代主义对感官美学的推崇。

3.1 西方文化产业的强势传播

当前的全球化实际上处于发展中国家向发达国家全面学习的单方面过程。文化领域尤其如此，西方发达国家的文化产业占领了时尚制高点，对发展中国家取得了压倒性优势。其工业产品、文化消费、生活方式、审美品位都通过电影、电视、广告、广播等媒介来全方位地进行传播。发展中国家以“低档次文化”的实际角色，来承受大量西方文化产品的强势注入，同时引起的是发展中国家社会时尚、审美品位和价值观在进行文化消费之后的相应变化。也就是说，当代全球审美品位有向发达国家的趋同现象。典型的如美国好莱坞大片讲求高成本制作、大牌明星加盟、高科技手段运用，使得人们在欣赏过程中形成范式化的审美品位，在色彩、音响、图像的狂轰滥炸中，其神经阈限也不断提高。根据心理学家伯拉因(Berlyne)的研究，人对外在事物的感知有一个“最佳激活水平”[3]。即人总是根据已经掌握的关于事物的复杂程度和新颖程度来判断新的对象并引起注意。在追求感官冲击的西方文化产品的影响下，当代旅游者的感官神经阈限有不断提高的趋向。这样，当旅游者形成了这种“提高版”的神经阈限后，自然产生对那些能带来更强刺激、具有高密度信息的当代景观的视觉需求。

3.2 消费社会带来的景观商品化

一些社会学家认为，20 世纪以来，有一个从生产型社会向消费社会的转变。鲍德里亚(Baudrillard)认为，消费社会就是物质财富的惊人增长和消费[7]。此时，整个社会围绕着消费活动和行为来组织。一切物质或服务都成为一种可以消费的商品而存在，旅游景观也不例外。在消费的过程中，商品不仅作为实用价值存在，更作为交换价值而存在。从政治经济学的角度来看，对于旅游景观的消费体现了人们的社会地位与角色。社会学家尤里(Urry)指出，旅游所具有的大众性与现代性，往往构成某种公众压力，它促使公众形成某种旅游观念[8]。如旅游有益于身心健康，定期旅游是白领阶层和生活小康的标志，出国旅游是生活富裕和社会地位的表现。人们目前交流的很大一部分围绕旅游展开，出游过的地方和距离、范围成为人们经历阅历是否丰富的标志，这就带有强烈的社会学意义。在这个本真意义日趋衰落的消费时代，人们不仅把消费品看做商品，同时也是一种社会定位的手段，一种确定自我和实现集体认同的途径，具有强烈的符号意味。人们通过消费过程中所实现的符号交流，完成了自我身份的确认和显现。因此，当代旅游者将景观作为一种商品类型进行消费，对商品表面的符号性需求超越了其他更深层的理解或体悟的目的。在视觉消费过程中，更关注的是他者的目光而不是内心的体验，更关注景观的形式意义而不是过程内容。

3.3 后现代主义对感官审美的推崇

费瑟斯通(Featherstone)认为当代社会具有一种后现代性[9],并对其社会特征进行了深刻总结:“首先,后现代主义攻击艺术的自主性和制度化特征,否认它的基础和宗旨。其次,后现代主义发展了一种感官审美,一种强调对初级过程的直接沉浸和非反思性的身体美学。第三,后现代主义无论是处在科学、宗教、哲学、人本主义、马克思主义中,还是在其他知识体系中,它都暗含着对一切元叙述进行着反基础论的批判。以微小叙事取代宏大叙事。第四,在日常文化体验层次上,后现代主义暗含着将现实转化为影像,将时间碎化为一系列永恒的当下片段。第五,后现代主义所喜好的就是对以审美的形式呈现人们的感知方式和日常生活。”[9]在全球化影响下,我国社会也逐渐体现出一种后现代特征。改革开放不仅带来生产力的大幅度提高,也带来人们价值观的深刻变革,即从革命时代的简朴节约的生活方式,向世俗享乐主义转变。人们明显地热衷于消费社会中的快乐主义,体验与娱乐成为当前文化的主导潮流。这种体验是对世界表象的紧张体验,即生动、直接、孤立和充满激情的体验,或者说是一种感官审美。

可以说,西方文化、消费社会、后现代主义构成了当代社会文化三个非常重要的方面,影响了人们的视觉观念,并从根本上重塑了旅游者的视觉范式,从而最终导致了当代景观的实际嬗变。

4 结语

当代社会的新兴旅游景观表现了纷繁的新特点,与传统景观明显的不同促使我们对之作出经验总结与深入思考。结合当代社会文化的转变,可以发现二者存在某种一致的审美诉求和消费特点。在理论上选择视觉范式作为解读现实的旅游景观与上层社会文化之间关系的中介,可以从新的角度对景观与文化问题进行深入分析。社会文化的普遍变化必然导致人们观看模式与品位的相应改变,通过市场的传导作用又会进一步影响旅游景观的具体形式向其趋于一致。当然从一种辩证的观点来看,人们的视觉范式与社会文化、旅游景观,乃至各种视觉媒介都存在一种复杂的互动关系,然而相对稳定的视觉范式往往对其他因素产生更深刻的影响。

本文揭示出的从“冷媒介型景观”向“热媒介型景观”的转变趋向,实际上反映出在当代感官文化与市场资本的共同作用下,人们总体视觉特点与审美需求的新趋势。

这集中体现在当代人视觉范式的变化上，这种变化不光在旅游景观上体现出来，在电影、电视、文学等文化产品上也明显反映出来。如果人们的视觉范式沿着这种追求感官美学和浅层理解的趋向盲目发展下去，将不得不引起我们的担忧。在接受美学看来，人们正是依靠对文学的深度介入和主动参与，才发展了个人的理解与反省能力，而这种能力对于确保社会平衡和人的全面发展十分必要。可以肯定的是，旅游景观不仅仅是大众感官娱乐的选择，也是人们文化交流、感悟人生的重要方式。发展类型多样、富有文脉与内蕴的旅游景观不但对于文化传承具有重要意义，对于丰富游者的旅游体验也将提供更全面的选择。

参考文献

[1] Mcluhan M; He Daokuan trans. *Understanding Media: The Extensions of Man*[M]. Beijing: Commercial Press, 2000:34.[马歇尔·麦克卢汉;何道宽,译.理解媒介——人的延伸[M].北京:商务印书馆,2000:34.]

[2] Berger J.*Ways of Seeing*[M].New York:Penguin,1972:8.

[3] Zhou Xian. *Shift of Visual Culture*[M].Beijing: Peking University Press,2008:43.[周宪.视觉文化的转向[M].北京:北京大学出版社,2008:43.]

[4] Gombrich E H. *Art and Illusion*[M].Hangzhou:Zhejiang Photographic Press,1987:101.[贡布里希 E.H.艺术与错觉[M].杭州:浙江摄影出版社,1987:101,108.]

[5] Arnheim R;Teng Shouyao trans.*Visual Thinking*[M].Beijing:Guangming Daily Press,1987.56－58.[鲁道夫·阿恩海姆;滕守尧,译.视觉思维[M].北京:光明日报出版社,1987:56－58.]

[6] Benjamin W; Wang Caiyong trans. *Age of Mechanical Reproduction of Works of Art*[M]. Hangzhou: Zhejiang Photographic Press,1993.41.[瓦尔特·本雅明;王才勇,译.机械复制时代的艺术作品[M].杭州:浙江摄影出版社,1997:41.]

[7] Baudrillard R. *Consumer Society*[M]. Nanjing:Nanjing University Press.2008.1－4.[让·鲍德里亚.消费社会[M].南京:南京大学出版社,2008:1－4.]

[8] Urry J. *The Tourist Gaze*[M]. London:Sage,2002.43－44.

[9] Featherstone M; Liu Jingming trans. *Consumer Culture and Postmodernism*[M]. Nanjing: Yilin Press,2000.179.[迈克·费瑟斯通;刘精明,译.消费文化与后现代主义[M].南京:译林出版社,2000:179.]

景观园艺："绿色"与"艺术"提升城市品质[①]

园艺是最古老的艺术门类之一，是联结绿色与艺术、物质与精神的纽带。本文以城市景观中的园艺问题为切入点，对景观园艺在城市景观建设过程中所能起到的作用从不同方面进行了深入系统的分析。城市中的景观园艺，实为"绿色"与"艺术"的结合体，其存在能有效提升城市品质。本文先概括了近年来城市景观发展过程中绿色艺术的研究与应用，再分析了其中所产生的相关问题，随之阐述园艺影响城市的直观层面：从城市生态系统过渡到景观与园艺对于提升城市品质的重点之所在。最后以完善城市功能的视角，从城市的生态与环保功能、社会与文化功能以及审美与艺术功能层面分析了景观园艺对于城市品质提升所能起到的作用。

在快速发展的全球化所带来的影响之下，世界范围内的城市化进程都发展得如火如荼，人类对于城市居住地的规划与构建技术也在不断提高，而随着城市的不断发展，城市景观品质也越来越受到人们的关注与重视。2005 年 10 月，联合国教科文组织就在《维也纳备忘录》的基础上通过了《关于保护城市历史景观的宣言》，并于 2011 年讨论并最终通过了《关于保护城市历史景观的建议》，在这些文件之中，除却对于历史景观的保护保存，对于如何将城市历史景观与城市现代景观更好融合的问题得到了相当的重视，足见世界各国对于城市景观品质要求的重视程度。国内方面，在科学发展观等思想理念的指导之下，在刚刚结束不久的中国共产党第十八次全国代表大会上，生态文明建设，尤其是城市生态文明的营造就被提上了议事日程。实际上，早在本世纪之初，绿化水平的高低就已成为当今世界判断一个城市文明程度和居民生活质量的重要标准之一，当时国内的各级政府也已经逐步地开始重视起了城市生态环境保护，而城市居民对于人居环境改善的迫切要求更是从未改变。以上种种，都充分说明了城市景观品质的重要性已经深入人心。

---

① 本文发表于《中国园林》2013 年第 7 期，合作者为上海交通大学博士生周之澄。

而在专家学者的一些研究成果之中，也可以窥一斑而见全豹。在国外相关研究文献中，主要有两种趋势，美国的学者由于国家在专业技术上的领先地位更多的是研究具体实例与实用技术，尝试着通过研究将绿色景观理念与技术融入日常生活，如美国景观建筑师协会(ASLA)的费城“绿城”计划(GreenPlan Philadelphia)等专业文献都体现出了美国学者们在这个方面所做出的努力；以英国、法国为代表的欧洲学者们，则由于其历史景观遗产丰富的特征，更多地将研究重点放在保护城市环境、依托历史景观营造城市历史氛围等方面，如著名的伦敦“绿网”(GreenNets Plan)城市规划方针以及巴黎的卢浮宫、巴黎圣母院等历史景观保护研究等都是围绕着城市景观保存与更新这一核心而进行的。此外，日本、韩国等亚洲国家在节能、低碳、环保等方面也都有自己的研究贡献。国内方面，由于我国悠久的园林园艺历史以及较短的全球化进程年限，虽然在城市景观方面的研究数量近几年有大幅提升的趋势，但除却借鉴国外“绿色城市”、“生态环保”先进城市景观建设经验之外，其中相当一部分还是将城市景观建设的研究重心建立在园林园艺的基础之上，如刘秀晨的《六十年城市园林回首》、严玲璋的《从园林城市走向生态城市的理念探讨》、王亚军与郁珊珊的《生态园林城市规划理论研究》等，都体现出了园林园艺技术在中国景观建筑史上的悠久沿革脉络与现今城市规划与建设中的重要地位。

在这些研究成果之中不难发现，“绿色景观”的概念对于城市景观建设而言无疑是至关重要的，这符合城市居民的功能与审美需求，也满足了人类亲近自然、优化人居环境的要求。在这些研究基础之上，关于中国式城市景观建设的思考也接踵而来，什么才是提升中国城市品质的关键？

1 景观园艺：绿色、艺术与技术的契合

在城市的建设过程之中，当一个个城市怀抱“绿水、蓝天”的美好理想，努力追求城市的色彩斑斓，当中国的城市对环境品质的要求越来越高，我们不难发现景观园艺——这个“绿色”与“艺术”的结合体，在城市绿化、城市农业等多方面起着决定性的作用，因为城市景观之美最直观的体现就是绿化景观的生态艺术与和谐。伴随着人类城市生活纷繁焦躁的感触，以及对自然日益高涨的渴望和呼声，城市景观艺术越来越多地和“绿色”走到了一起，进而衍生出一系列与“绿色”有关的城市景观艺术体裁和艺术形式。在中国 2010 年都市优势排行榜中，“十佳城市风貌排行榜”前三位的城市，也往往在“最具幸福感城市排行榜”、“和谐发展城市排行榜”、“高效政府排行榜”、

“创新城市排行榜”、“创富城市排行榜”、“文化品牌城市排行榜”、“省、区综合竞争力排行榜”等榜上名列前茅。这也恰恰印证了著名城市设计师、研究学者查尔斯·兰德利的观点:环境对城市的强力塑形作用,以及环境对激发集聚地人才的智力潜能、工作效率、身心健康的激发作用[1]。由此可见,今天的“都市园艺”将以中国古老悠久而充满生命力与创造力的园艺园林技术为基础,与现代城市景观建设相结合,以生态、绿色、健康的态势将城市的艺术、文化、生活品质等都提升到新的层面,这也是城市环境价值提升的关键所在。而这些要素恰恰是目前中国城市发展最为缺乏的。

2　景观园艺的必要性:中国城市景观问题

在国家发展和改革委员会社会发展司一项名为“构筑以生活品质为导向的评价体系”研究课题里,课题组组长、发展改革委宏观经济研究院研究员丁元竹说:“提高生活品质,既是每个普通人的当下愿望、日常需求,也是城市发展的根本出发点和根本目标。”[2]课题组选择杭州为范本进行了为期一年的研究,并搜集了全世界主要国家生活品质的评价体系,在此基础上形成了一套适应中国要求的生活品质评价体系,提出了包括自然环境与居住条件、生活出行与公共安全、社会福利与医疗健康、教育与文化娱乐、社会参与与社会公平在内的五大类45个指标的生活品质评价体系,其中主观指标有20个,城市的生态、自然环境与居住条件则是其中的重中之重。然而现今的中国城市景观设计,却存在着很多问题,这些问题的难以解决也直接导致了城市品质的无法提高。现阶段的问题集中体现在以下几个方面:

2.1　生态失衡

许多城市景观建设项目,仅仅单一地考虑项目自身效果,而不顾及整个城市所在的生态圈的平衡,为了追求美观与新奇,在没有先期研究与保障的情况下就以盲目引进外来物种、大肆破坏原有景观体系、无目的性“东拼西凑”等错误手段试图构建全新的城市景观,最终导致城市生态破坏、环境恶化等严重后果。特别是华东、华北的一些城市,为了追求原本应该在热带、亚热带城市才有的植物景观,引种棕榈科植物,结果会因气候不适不能存活,或是给养护管理造成很大负担。景观园艺却可以运用其取自于自然而亲近自然的园林艺术手段,因地制宜,很好地构建城市生态系统,使得城市生态圈中的生态景观系统得以良好构建。

2.2 文化个性欠缺

由于许多国外城市在城市景观营造建设上的领先，国内很多项目会出现“崇洋媚外”的不良现象，生搬硬套甚至全盘照抄，不因实际情况而区别对待，会产生如“国际风格”风靡一时所带来的“千城一面”的后果，满城尽是现代化高楼大厦与宽敞马路街道，或是不考虑整体风格与景观效果，以突兀的某些景观节点来生硬的指代(象征)城市精神，让城市丧失自身文化特色与独特个性。由于博大传统文化的深远影响，中国人自古以来对于山川草木等自然资源都投注了不一般的热情，甚至每个城市都根据自身所处的地理位置等自然条件而拥有着自己的市花市树，这就使得景观园艺在很大程度上可以通过在城市景观构建过程中灵活运用独特自然环境解决城市的文化个性问题。

2.3 技术落后、功能不足

由于改革开放的年数有限以及现代设计发展的时间较短等因素，我国在城市景观规划与设计的技术上较为落后，而建成城市景观系统也屡次出现功能缺失等严重问题，这是规划设计与施工阶段的科学性不够所引起的。在规划设计阶段，由于思虑不周、理念不先进等问题会导致整体设计规划出现设计环节遗漏、设计功能不足、景观技术运用不当的错误，如某些城市道路中央绿化隔离带就因为栽种植被过高而导致行车视线受阻，从而使得交通事故发生概率大大加强；而设计方案技术表现手段的落后也使得城市景观效果表现欠缺，项目委托双方在大多数时候仅能达成较为模糊而勉强的共识，这直接导致了建设成果的不尽如人意。在施工阶段，除上述衔接问题外，专业人员素养水平低下、不健全的监管体制以及材料、土木等工艺技术的落后或运用不当也在相当程度上影响着大到整体小到局部的城市景观营造效果，并随之影响着城市景观品质的提升。

2.4 审美缺失、艺术性差

实际上，归功于中华民族源远流长的文化历史脉络，中国对于城市景观的建设，尤其是在于其艺术与审美价值上，理当是为世人所称道的。但近年来国内经济的腾飞、城市的飞速发展、城市圈的极度膨胀等因素都使得城市景观发展水平远远跟不上城市进步的脚步。在物质生活大飞跃的基础之上，人们对于城市生活的精神品质追求也逐年上升，在自身造诣不断提升的过程之中，对于城市景观艺术性、审美性的要求也在不断提升，而所谓“众口难调”，如此一来，现阶段的城市景观营造，就出现了众多的艺术性审美问题。饱受非议的“裤衩”形央视大楼、苏州争议地标建筑“东方之门”等热点项目的褒贬不一也佐证了这一现象，但除去这些尚存疑问的项目，城市景观建设也存在着许多艺术性“硬伤”，比如一味追求方便而破坏原有地形地势的长直马路让城市道路通畅但与周边景观契合度低下，或是为容纳大量游客而铺设的大量广场式铺装破坏了原有和谐生态环境等，这些问题的产生无疑也引发了人们对于功能与审美、技术与艺术的思考，很显然，兼具技术性与艺术性、合理思考功能与审美关系的景观园艺在这一方面大有用武之地。

3 城市品质提升：景观园艺之于城市功能的完善

现代意义上的景观园艺，是结合中国传统园艺技巧与现代城市设计思想方法而形成的新的景观设计理念与技术。其对于城市品质的提升，在本文中主要从对城市功能完善的角度进行分析，并在这一前提之下尝试解决上述城市景观设计问题。景观园艺之于城市功能的完善，主要从城市的生态功能、社会功能以及审美功能三个方面来进行补足。其对于城市生态功能的优化对应解决生态失衡问题，对于社会功能的完善对应解决了文化个性欠缺问题与技术、功能不足等科学性问题，对于审美功能的改善则针对的是审美缺失等艺术性问题。

3.1 城市的生态功能

近年来席卷全球的生态主义浪潮促使人们开始站在科学的角度重新审视景观设计艺术，景观设计师们也开始自觉将自己的使命与整个地球生态系统联系起来，生态主义俨然成为现代景观设计艺术得以付诸实践的根本前提之一。

针对现代景观设计艺术中的生态错位问题，西方学术界很早之前就曾试图用客观分析法来合理解决：如麦克哈格的“设计结合自然”、泰勒的可持续性景观理念等。中国现代景观设计艺术领域推崇的是：将西方科学的理念加上中国尊重自然、强调整体性的传统哲学思想，即是将二元分离拆解的科学分析法和东方合二为一隐逸固守的传统哲学模式组合起来，其必然会产生一加一大于二的效应，这无疑更有益于中国现代景观设计艺术生态错位问题的处理。

首先，必须正确认识生态的真正涵义，树立合理的生态伦理观。对自然的掌控并非人类的权利，任何设计都应该顺应自然法则。正确的生态伦理观是一种全新的自然道德观，它在理论上要求当代人要牢固树立生态意识和长远利益，强调可持续性在实践上，提倡人们用对自然的“道德良知”与“生态良知”来进行服从生态规律的科学生活、绿色消费，将伦理学中人的“德性”、爱、节制、和谐等理念扩展到整个自然界，将人与人之间的关系延伸到人与自然之间的关系，以扩大人类的责任范围，承担自然的责任和义务。生态的景观往往意味着生命力更顽强的景观，但这并非指完全忽视生物生境的不同需求，如在炙热的旱地广场上种植喜湿或水生植物，又抑或在狭小的城市风口硬生生挺立一颗孱弱的景观树，这并非改善环境的生态手法，因为不仅人是价值主体，其他生命和自然物体也是价值主体，同样有着受尊重和获得满足的需求，同样需要人文关怀，一切生命都具有生存权利，在共享地球生态资源上人与一草一木都是平等的，植物也有权利争取更适合自身的生存环境[3]。

其次，利用合理的技术手段，构建合理的现代景观生态系统。其一，充分利用生态系统的循环和再生功能，构建可持续性的景观系统，如养分和水的循环利用，尽可能避免对不可再生资源的利用。例如，柏林波茨坦广场的水景为都市带来了浓厚的自然气息，形成充满活力的适合各种人需要的城市开放空间，这些水都来自于雨水的收集。地块内的建筑都设置了专门的系统，收集约 5 万平方米的屋顶和场地上接收的雨水，用于建筑内部卫生洁具的冲洗、室外植物的浇灌及补充室外水面的用水。其二，强调植物造景，打造乡土性、本土性的景观。乡土物种的应用不再被看做是粗野的景观，美国著名的延龄草公园就依托了这一重要的生态观念，在该园区内根据自然植物的种群关系，设计师将乡土植物配置在一起，这些看似缺乏设计的设计常常是通过分析科学的生态过程而来的，其合理而又富艺术效果的景观形式和植物布置，在突出了艺术性的同时，也遵循了生态的原则。

3.2 城市的社会功能

景观设计艺术是社会发展不可缺少的内容之一，它不仅是改善、美化环境的重要措施，而且还具有保护环境、防灾避难等其他明显的生态及社会效益。由古今中外的景观发展史观之，现代景观设计艺术更偏重于景观的美化功能，环保、抗灾、为老年人和残疾人服务的特种园艺等社会功能被极大地削弱。汶川大地震等自然灾害不仅引起社会的高度重视与人文观照，亦唤起了学术界对景观设计艺术功能残缺这一问题的重新审视，景观设计艺术能否对生态环境保护、防灾避难、保护生命、关爱特殊人群起更多的实际作用？

追溯历史，早在 1860 年，奥姆斯特德设计了人类历史上的第一个现代公园——

纽约中央公园。中央公园在城市和社会的改变方面发挥了很大的作用。奥姆斯特德认为公园主要有两种功能：其一，它们是环保清洁的机器，因为它们有非常好的土壤，可以降低气压、吸收二氧化碳、散发氧气。这位大师认为，城市环保功能和景观设计的外观功能是平等的，也就是说景观设计的外观也是有用的，认为这种外观的体验再加上景观设计的物理的特性和感官的特性会改变人的精神心理状态，也就是说，美丽是有用的，美丽可以改变人。其二，城市景观既是体验也是环境，它们能够延续文化和文明，也能够持续生物和物理环境[4]。景观是社会经济发展下的必然产物，更是平和安逸生活中的重要公共开放空间，其所扮演的角色是多元的。撇开众所周知的景观的美化功能不谈，景观在环境保护方面，宏观上可以维护地区生态系统、引导区域发展形态；微观上可以调节小气候、抑制都市公害。至于景观可以调节洪水、防止崩塌、抑止延烧及提供收容避难场所等防灾避难方面的功能，则更不容人忽视。但现代景观设计艺术的理论研究和实践成果大多停留在更关注外观美化的层面，或许这些"美的景观"也会因为其中或多或少的绿色植物而起到一定的生态调节作用，但无论何时，生态环保、防灾避难这两大功能都很难与景观的美化功能处于同一高度，在诸多现代景观设计方案中"多功能的设计目标"仍似一纸空谈。比如，中国很多决策部门考虑更多的是如何建设东方"曼哈顿"的决心，决策层的态度也导致从业者不得不舍弃一些专业原则，绿地景观一味追求形式的美观，很少考虑环保、防灾的需要。另外，景观建设成果没有突显环保与防灾的功能。如 2003 年 10 月北京市建设的第一个防震城市公园——北京元大都城垣遗址公园。该避难场所占地面积 67 公顷，拥有 39 个疏散区，可容纳 25 万余人紧急避难，具备应急避难指挥中心、应急供水装置、应急直升机坪、应急广播等 10 种应急避难功能。但是，一般民众似乎对此没什么感觉，人们几乎都无法感知该公园也是应急避难场所。中国的唐山大地震、日本的阪神大地震，乃至近年的汶川大地震等自然灾害对人类生命的肆虐则再度唤起人们对于景观中本应存在的环保、防灾功能的重视。

3.3 城市的审美功能

在城市景观领域，地理学、生态学的研究成果为现代景观设计艺术的长足发展提供了科技动力，在理性主义的旗帜下，现代景观设计艺术中出现了唯功能主义和理性科学主义的倾向，造成现代社会对景观设计艺术理解的彻底客观化，特别是在地理学和生物学对现代景观设计艺术领域的渗透，人性在"景观"的内涵中被消解，艺术性的感性特色被忽视，总体而言现代景观设计艺术的美学意义、审美价值被选择性地忽视[5]。

城市景观中的植物，是城市园艺审美的主体，它不但是“绿化”的染料，而且也是万紫千红的渲染手段——因为植物可以实现同大自然现实一样的四季变化，表现季相的更替：花果树木春华秋实，四时更替之花，春芽、夏荫、秋叶、冬枝……无不为城市繁忙生活增添了一缕自然的情趣。而花木的姿态与种类也与城市视觉景观息息相关，“以曲为美，直则无姿；以疏为美，密则无态”的梅花，“轻盈袅袅占年华，舞榭妆台处处遮”的垂柳，或劲拙或柔和，无不体现着不同的艺术风格，同时也迎合各城市彼此差别有序的审美意象。事实上，城市景观中的植物还涉及听觉、嗅觉等自然感官，春夏秋冬、雨雪阴晴等季节、气候的变化以植物为媒介，将改变的空间意境送往人们的内心世界，以清香溢远、松风阵阵等其他官能感受深深地打动着身处其中的市民们。此外，世界范围内，从欧洲兴起的花木整形术，在现代城市景观中已经广泛使用，花木的修剪已经升华为一种真正的艺术，而不仅仅是一种技艺。它通过创作者的某种主观构思，以有生命的花木为材料。通过精巧的设计、细致的修剪，将优美的造型与城市艺术趣味联系起来，给观者以不同的启示，获得美的心理享受。如同生命的雕塑、绿色的艺术[6]。

从景观与都市园艺的角度看，城市艺术设计学指导下的工程实践应该以绿色为基底、艺术为导向，构建新型的高品质城市景观。在这一点上，2009 年首尔的公共艺术设计竞赛使得首尔的江南区城市面貌焕然一新。芬兰的城市艺术设计实践还在规章上得到了保证。阿尔托大学艺术设计学院位于被称为“艺术设计之城”的 Arabianranta。赫尔辛基市要求所有在 Arabianranta 地区的开发商将 1%～2%的房屋建筑投资投入到该位置的艺术作品。这条规定从 2002 年起在该地区执行，而现在，在 Arabianranta中的 50 个艺术项目进入了不同阶段的建设。艺术是形成一个地区特色的重要因素，艺术设计学院现在运营着 Arabia 这座旧工厂的设施，和在该地区的其他与艺术相关的教育机构。

中国的城市传统景观艺术设计创新可以深圳万科第五园为经典案例。中国园林的自然古典写意主义传统亘古未变，自从深圳万科第五园的诞生，将骨子里的中国情结得以充分地释放，“新中式”景观设计风格也随着它的诞生而逐渐走向成熟并被大众所青睐。“新中式”景观设计是目前把中国传统风格揉进现代时尚元素的一种流行趋势。这种风格既保留了传统文化，又体现了时代特色，突破了中国传统风格中沉稳有余、活泼不足等常见的弊端。其特点是常常使用传统的造园手法，运用中国传统韵味的色彩、中国传统的图案符号、植物空间的营造等来打造具有中国韵味的现代景观空间，倡导中国传统哲学思想精髓在现代景观设计艺术中的内涵体现。可以通过优秀传统建筑、园林意境与当代科技、工艺、审美、功能的完美结合、创新，设计创造出契合本民族生活习惯、审美情感、价值观念、精神需求，以及具有时代特征的人性化诗意空间环境，实现多元文化复合中城市记忆与文化 DNA 在当代建筑与景观中的标志性识别延展[7]。

与园艺相比，城市景观更多地作为现代城市不可或缺的绿色要素，无时无刻不发挥着其审美要素及其艺术角色作用。现代城市景观的一个重要特性就是"公共"，因为公共，而具有了极大的人口流动性和受众的广泛性。所以，城市景观一方面起到了愉悦市民内心、拉近大自然与人类之间的关系，使市民在忙碌紧张的工作之余，有一隅僻静优雅的散步小憩之所；另一方面，又是在无形之中宣传城市形象，强化城市精神，增加城市凝聚力和自豪感，提升城市文化与知名度的一张名片。在这里，城市景观首先可以作为城市历史文脉、特有自然景观、传统风俗遗存的梳理者，挖掘其内在属性，合理组织安排，提炼主题突破时空界限，将传统的造园理论、造景手法运用于现代景观园林之中，使古今相合、忆古思今，串联起时空的美好想象。其次，可以作为新兴艺术、审美趣味的缔造者，或者通过城市绿地中引人注目的雕塑，或者通过亭匾辞赋，或者积极采用现代科技和材料展现时代的技术水平和特色，使市民在欣赏艺术作品的同时领悟设计者所要表达的文化思想，进而不断延伸出新的审美趣味和景观意境。

4 结语

园艺是一门古老的艺术，是"绿色"与"艺术"的最佳结合体，对于城市景观的重要性不言而喻。在治学和景观规划设计过程中，笔者近年来逐渐形成的"3A 哲学观"就是要唤醒决策者们重视绿色和艺术在城市规划、建设和管理中的崇高地位。景观设计师应该在广义的农学(Agriculture)、广义的建筑学(Architecture)与广义的艺术学(Arts)交互共生思想的指导下创建新景观。农学家(包括园艺学家)、建筑师(包括景观建筑师)、艺术家(包括人文科学学者)应该在无限广义的层面上联合，创立城市设计艺术学，构建城市艺术综合体[8]。

无论是现在还是未来，景观园艺将是促进城市健康发展、提升城市文化品质的永恒主题。城市不能没有绿色，也不能没有艺术，城市景观建设过程，就是对城市人居环境不断改善的过程，也就是通过景观园艺这一手段以"绿色"与"艺术"不断提升城市生活品质的过程。

参考文献

[1] [英]查尔斯·兰德利.创意都市:如何打造都市创意生活圈[M].北京:清华大学出版社,2009:351-354.

[2] 国家发展计划委员会.中国可持续发展战略研究[M].北京:新华出版社,2002

[3] 周武忠.文化遗产保护和旅游发展共赢——文化遗产保护与旅游发展国际研讨会综述[J].艺术百家,2006(7):73-79.

[4] 伊丽莎白·梅尔.景观设计学:外观表现的恒久之美[J].城市环境设计,2008(1):10-11

[5] 王绍增.动态与关注[J].中国园林,2003(11):53-54.

[6] 周武忠,翁有志.现代景观设计艺术问题与对策[J].南京社会科学,2010(5):122-129.

[7] Zhou Wuzhong. The role of horticulture in human history and culture[J].ISHS Acta Horticulturae, 1995,391:41-52.

[8] 周武忠.景观学:3A的哲学观[J].东南大学学报(哲学社会科学版),2011,13(1):87-94.

古林艺术公园创意策划[①]

分析篇

1　公园区位分析

本案规划范围为南京市古林公园。古林公园位于南京城市西面，是南京的老城市公园之一。公园东面紧靠城市南北向主干道虎踞北路，向北连接长江大桥，向南连接赛虹桥立交，交通极为便利，有多路公共汽车经过，并设有公交车站；南侧与南京艺术学院相接，有专用出入口与其相通；西侧与江苏科学宫和电视塔交界，有出入口相通，并依次与秦淮风光带相连；北面与中国电子科技集团第十四研究所(简称十四所)宿舍区及南京信息职业技术学院相邻，有出入口通向北面的城市东西向主干道模范西路，有公交车停靠站，公园可达性较强。

2　公园文脉分析

古林公园因其地原有古林寺而得名。据史载，古林寺最早称观音庵，为梁代高僧宝志创建。南宋淳熙(1174—1189年)中改称古林庵。明万历十二年(1584年)，由高僧古心法师改庵为寺，拓基增建，遂成一巨刹。万历四十一年(1613年)，古心因助雪浪洪恩大师修报恩寺琉璃塔顶有功，由官府奏报皇帝，御赐“古林律寺”额和十宝：紫衣、龙藏、观音像、轩辕镜、金香炉、紫金钵、玉蒲团、乌金板、量天尺、混天球及万寿戒坛匾。

清康熙四十二年，赐名“古林律院”，乾隆二十四年赐称“古林律寺”，当时已是峰

---

① 本文为作者主持的南京古林公园改造规划成果的一部分，委托单位为：南京市园林局。完成单位为：江苏东方景观设计研究院。

峦环抱，水木清华。殿后凿石为壁，高数丈，满山遍植海棠，花开时灿如云锦。清咸丰年间，寺毁于兵变，后有僧人东山建殿八十余间。光绪庚子九月，火药库爆炸，寺宇毗连遭轰毁，后经僧人辅仁次第募建大殿、斋堂、东西极堂、戒台、藏经楼等共计万余间，古林律寺又复旧观。

近百年来，由于战火不断，几经兴废，至新中国成立初期，古林寺颓废不堪，成为农民菜地。1959 年为省级机关园艺场，残墙断壁的古林寺就不复存在了。1964 年拨交市园林主管部门辟为古林苗圃。古林沟壑高下，地形多变，具有创建公园的自然环境。1981 年 1 月正式批准建园，1984 年 4 月 23 日纪念南京解放 35 周年时对外开放。

3 公园现状分析

3.1 场地现状分析

古林公园面积为 227 722 平方米，水面为 3 500 平方米，绿地率达 95.67%。园内自然地形起伏，然而并不陡峭，并有“三山六洼”之称。古林公园以牡丹、梅花为主要特色，其金陵盆景也堪称一绝。其中牡丹园是南京市最大的牡丹专类园，面积达 21 000平方米，栽培牡丹 100 多种，4 000 余株。梅花岭面积达 18 174 平方米，种植梅花 3 000 多株，180 多品种，成为南京城内最大的赏梅基地，是南京国际梅花节的赏梅分会场。新建的古林盆景园，是一处较好的展示盆景的佳地，也是金陵盆景的一个研发和培育中心。另外，园内还有四方八景阁、远香榭与花茶坞、烧烤场、彩弹射击中心、儿童游乐园、嬉水园等景点。园内主路、支路已成形，基本满足现有游人的需求。园内厕所、茶室等服务设施基本能满足游人需求，目前尚无电话亭、饮水机等设施，小卖部较少。

3.2 周边环境分析

古林公园被称为南京艺术学院的“后花园”，目前只是简单地成为南京艺术学院师生的游憩场所，与师生之间缺少积极的互动。十四所宿舍区与古林公园一墙之隔，成为相互独立的个体，缺少互通性。江苏南京广播电视塔上挂着巨幅的五粮液广告，影响景观的艺术性，发射塔以及周围的地方一直近乎闲置。“水木秦淮”，又称为南艺后街，目前店面多为餐饮，结构单一，人气不旺，从古林公园到“水木秦淮”的可达性不强。古林公园同周边的环境几乎是静止的，缺少互惠互荣的互动发展。

3.3 经营现状分析

平常公园游人集中于早晨和傍晚，以锻炼身体为主；双休日全天游人较多，大多为家庭的休闲游览和年轻人的聚会，大部分游人出入以东出入口为主，少量由北出入口进出。

公园现有项目较多，但并未充分利用，总体发展情况并不健康。四方八景阁是公园的主体建筑，位于公园最高处，但建筑单体简单，吸引力有待加强。牡丹园虽已成为南京赏牡丹的最佳去处，但由于季节性太强，并不能保证公园的持久的吸引力。儿童游乐场内原设有儿童赛车、旋转飞象亭、激光打靶、穿山隧道小火车、碰碰车、攀登架等设施，现部分设施已经荒废，游玩的人很少。嬉水园占公园的场地较大，现已经成为完全荒废的场地，整个嬉水园用铁栅栏围住，不让游人靠近。而烧烤场要面临国防园烧烤园的强烈竞争，胜算并不大。目前古林公园生存状况十分不佳，亟待改进。

4 公园的潜力和问题

4.1 公园的发展潜力

4.1.1 地理位置优越

公园交通便利，距市中心新街口约 4 千米，距最近的商业中心——山西路仅 1.5 千米(直线距)，东侧紧临的虎踞北路(城西干道)是市内南北向的主干道，向北连接长江大桥，向南连接赛虹桥立交，不仅为南京市民提供休憩场所，而且江北的居民来此也很方便。公园西侧则与外秦淮河遥相呼应，在现有市属公园中离河西新区最近，加上周围稠密的居住楼群，具有良好的游人基础。在公园周围 500～1 000 米范围内，用地大多为学校、居住区和科研、政府部门，工矿企业较少，工业污染源几乎没有，居民素质较好，环境条件十分优良。

4.1.2 自然条件优越

公园地形以丘陵为主，土层深厚，土壤条件好，地形起伏较大，空间变化丰富，站在山顶可俯看秦淮河及河西开发片区，且和清凉山、石头城遥遥相望，景观丰富，层次分明。

公园自然植被生长良好，又经苗圃、科研所多年经营，尤其是园林科技人员在此引种、驯化，繁育多种国内外优良园林植物，茶花、高杆茶梅、红花檵木、梅花、牡丹、芍药在南京公园中首屈一指，除了各类花卉，公园现有的林地也非常丰富，有水杉林、香樟林、木兰科植物区、桂花、枫香林、竹林、杉木林、槭树林、黑松林、雪松林、板栗林、合欢林、梅林、海棠类等特色观赏植物，一年四季花开不断，景色幽雅。

4.1.3　文化资源丰富

古林公园由原古林寺而得名，现公园位置是原寺庙的后院，年代久远。园内曾是南朝名士陶弘景的隐居处，陶弘景是南朝时期道教思想家、书法家、书法理论家，现园内建有以他命名的弘景轩。公园还有"鲍元拜梅"的民间传说，传承着中国几千年尊老敬老的美德。

目前公园与南京艺术学院合作，作为艺术学院的教育基地。南京艺术学院是江苏省唯一的综合性高等艺术教育学府，拥有雄厚的师资力量和专业实力，在全国享有极高的知名度。利用艺术院校的雄厚资源和艺术氛围，也可为公园发展注入新的活力。

4.2　公园存在的问题

4.2.1　建设资金短缺

古林公园与其他南京市公园一样，面临建设和维护资金的缺乏，虽然拥有彩弹射击场、儿童乐园和网球场等游乐设施，但缺乏吸引力，经营收益不理想，使得古林公园的发展长期处于一种被动地位。

4.2.2　管理模式落后

古林公园是由政府建设和维护管理的，资金基本上来自政府财政，但是也并不能完全保证，公园又缺乏筹资渠道，所以只有通过销售门票和其他营利性设施来解决公园的维护资金问题。但这样却使得城市公园在一定程度上失去了其基本属性——公共福利性，且仍难以为继。

4.2.3　与周边区域的联系不够紧密

古林公园作为城市环境的重要组成部分，必然要符合大众公共生活的需要，并与周围环境(包括物质实体环境和社会形态环境)保持整体上的协调。但目前古林公园和周边的电视塔、秦淮风光带及其他城市区域都缺乏很有效的联系。

4.2.4　基础设施不够完善

目前，公园的各主要出入口均没有大型集散广场及停车场，既影响交通又无法满足游客需求，对今后公园的发展影响较大。另外，公园受地形条件的限制，硬质铺地及活动场地面积不够，游客的活动对绿化尤其是草坪地被破坏较大。

4.2.5　景观质量亟待提升

公园景观缺乏特色，与其他城市公园雷同，彩弹射击场、儿童乐园和网球场等游乐设施的景观效果亦不理想。公园对于现有的一些主要景点的细部处理还需要加强,建筑、小品需要出新、提升,植物配置还要更进一步改善。

4.2.6 对历史文脉的挖掘不足

古林公园场地有着深厚的历史积淀,但由于历史变迁、几经兴废,原有的历史遗迹已经荡然无存,使得公园在风貌上难以体现人文特色。

理念篇

1 公园主题定位

1.1 主题定位

以艺术为主题的开放性城市公园。

1.2 规划目标

让艺术走进生活,让生活融入艺术,推动城市的可持续发展。

1.3 定位依据

1.3.1 区位优势

古林公园位于南京市鼓楼区,属于城市的次中心地带,周边交通条件便利。公园用地毗邻南京艺术学院、水木秦淮、江苏南京广播电视塔等重要城市地段,具有发展成重要城市开放空间的潜力。

1.3.2 资源优势

古林公园南面紧靠南京艺术学院,南京艺术学院是江苏省唯一的综合性高等艺术教育学府,拥有雄厚的师资力量和专业实力。古林公园拥有可以开展各类艺术活动的场地空间,并且具有优美的自然环境,本身也有很好的园林艺术传统,加上周边完备的配套服务功能,使得公园具备发展为"以艺术为主题的开放性城市公园"的潜力。

1.3.3 群众需求

随着当前人民生活水平的不断提高,大众对于城市休闲空间的要求也越来越高,缺乏特色的公园绿地已经很难引起人们的兴趣。将艺术融入大众休闲，让艺术走进城市生活，不仅可以形成古林公园自身的特色，而且对于满足人民群众休闲生活的需要，提升大众的艺术审美情趣都将发挥积极的作用。

1.3.4 多方共赢的需要

将古林公园打造为“以艺术为主题的开放性城市公园”，一方面可以让象牙塔中的艺术通过公园这个平台，渗入百姓的生活，形成公园特色，提升公园人气；另一方面也可以为学院的艺术展示和艺术创作提供所需的场地空间，通过各类艺术活动及展示，与公园游人产生互动；此外还能以此为契机，对城市文化艺术的传承、公园周边城市区域的发展产生积极的意义。

2 相关案例分析

2.1 美国佛罗里达州好莱坞市艺术公园（Arts Park at Young Circle，Hollywood）

公园位于充满活力的佛罗里达州好莱坞市中心，被认为是一个整体艺术作品，它将有机的景观转化为建筑景观，将自然和艺术联结在一起。艺术公园为广大公众提供互动式文化体验，同时还专门设计了无障碍活动空间，包括一个可以闭目养神的场所以及一个高互动性的儿童游乐场。公园的绿色空间和宽阔的步道为市民散步或慢跑而设置，在儿童游乐区中也有由国际知名的日本公共艺术家律子多宝设计的壮观的互动喷泉。

公园一周的活动项目包括艺术家提供 100 小时的展示，如玻璃吹制、首饰制作、雕塑创作等，还提供 25 小时以上的健身和艺术类课程以及在展览馆观看 35 个小时的杰出艺术品。音乐是艺术公园的主要娱乐项目，每月的第三个星期四与节日和特别活动日晚上均举行音乐会，如蓝调、乐队、乡村，古典等等。在平日里，公园欢迎街头艺人的表演和手工艺人的现场创作。

2.2 英国纽纳姆 Paddox 艺术公园（Newnham Paddox Art Park）

纽纳姆 Paddox 艺术公园——英国最美丽的景观之一，公园的湖泊和园林景观由英国著名造园家万能布朗在 1745 年至 1753 年之间建造。现在，它拥有了成熟的景观之美——混合着绿色、黄色和红色叶片的许多珍稀和古老树木，而地面上的水仙、风信子、杜鹃花和令人眼花缭乱的睡莲显示了季节的变幻。在公园的橡树林地和宁静的湖泊旁边，亚历山大和苏姗创造了一个30亩的当代雕塑园，它是英国最大的开放露天艺术画廊之一，在那里有着100多件优秀的现代和古典风格的雕塑作品。该公园的主要目的是提醒人们重新认识享受大自然的价值，享受鼓舞人心的雕塑艺术，欣赏园林野生动植物的参观者和那些考虑购买艺术作品的人一样受到热烈欢迎。

公园旨在呼吁广大受众和作品在慷慨、幽默、抽象和传统中找到平衡，同时确保所有作品的艺术水准。展出的作品是由两个国际知名的艺术家根据艺术品质和自身经济能力而寻找到的，每件作品经过精心选址，以满足立地的自然条件以加强而不是削弱其园林环境。

2.3 日本札幌艺术公园：达尼悉数(Sapporo Art Park:Dani Karavan)

札幌艺术公园坐落于札幌南郊起伏的绿色森林中，在这样一个由诸多功能空间组成的很大区域里，几乎每个人都可以找到感兴趣的东西。在入口附近，有各种工艺工作室，在那里可以看到玻璃吹制、陶瓷生产和木工艺工作室。在这里，还可以找到当代艺术博物馆。在雕塑园的入口处，游客可以得到一个关于展示对象的背景和相关信息的小册子。因为每个对象都被编号，所以很容易了解所看到的一切。

让这个公园很有意思的最大原因就在于“雕塑融于大自然”，它们的象征意义常常相当丰富，就在于因为它们在自然中得以凸显。因此，尽管展品的艺术风格各不相同，公园却是一个各种风格的完美组合体，每一个雕塑也真正将其优势充分地发挥出来。在公园的一侧，可以找到该公园的最具代表性的艺术作品——隐藏的花园之路·达尼悉数(Way to the Hidden Garden, Dani Karavan)。

规划篇

1 规划原则

1.1 多方合作，谋求共赢

古林公园、南京艺术学院以及周边城市区域应当在公园改造中紧密合作，形成城市艺术公园规划建设的综合力量，使艺术得到推广，使公园获得重生，使区域经济得以发展。

1.2 尊重现状，因地制宜

尊重公园现有的地形、交通、植被及基础设施状况，充分利用现有的用地资源进行新的功能区布局，避免对公园现有环境造成破坏。

1.3 全面开放，转变形象

新的古林公园应当向社会全面开放，并与周边城市区域加强合作、形成整体，以艺术为契机，将公园自身发展与城市旅游休闲、城市经济发展紧密结合，形成当代中国城市公园和艺术空间的新形象。

1.4 以人为本，打造品牌

古林公园功能的转化，意味着会不断地注入新的艺术元素，必须注重在不断融入新的艺术元素的同时，保证公园各项设施和服务满足人性化需要，保持公园作为城市公共休闲场所的性质，从而形成优质的城市品牌。

1.5 艺术特色，激活城市

新的古林公园应当成为一个理想的平台，将学院的艺术氛围辐射到城市区域，使艺术走进生活，让生活融入艺术，推动公园、学院及周边城市的共同发展。

2 规划依据

《中华人民共和国城乡规划法》(2008)
《中华人民共和国土地管理法》(2004)
《中华人民共和国环境保护法》(2002)
《公园设计规范》(CJJ 48—1992)
《南京市城市总体规划(2007—2020)》
《南京市主城绿地系统规划》
《古林公园总体规划》
南京市园林局提供的相关规划要求

3 功能结构规划

3.1 空间现状

古林公园目前在空间结构上主要分为一心五片区。

一心:以四方八景阁为中心。

五片区:盆景园片区,梅岭片区,牡丹园片区,嬉水园片区,南艺南门片区。

3.2 规划思路

尽量利用公园现有资源,针对目前公园一些闲置地块进行功能置换,主要对嬉水园(21 000 m^2)、生活区(4 600 m^2)、网球场(7 422 m^2)、儿童游乐场(10 858 m^2)等四块区域作重点改造,同时结合原有的园艺和盆景用地,打造公园的主题特色。

3.3 功能分区

3.3.1 入口景观区

保留现有的东入口和北入口,同时建议增设西入口,与电视塔、科学宫以及南艺后街连通,从而真正做到以公园为核,向周边辐射。

入口区域拆除现有围墙,以绿地、植被与城市区域衔接,使公园和城市有机交融。同时结合入口区域的绿地,放置著名雕塑大师的雕塑作品,使人从街道望过来就可以感受到公园的艺术氛围。

考虑到未来古林艺术公园访客人数增多,所以在入口处应当增加停车场面积,在将来应当建造地下停车场,既满足公园的停车需要,也可缓解周边城市区域的停车压力。同时应当扩大入口的广场空间,以利于公园的人流集散。

进一步完善游客服务中心的功能,为游客提供问讯咨询、紧急救护、设备租用、导游、车票订购、活动预约、特色旅游纪念品选购等配套服务,满足游客的各类需要。

3.3.2 艺术创意区

利用目前公园生活区用地加以建设。

依山就势,设小体量1~2层建筑,作为艺术家创作室,为艺术家的艺术创作提供场所。建筑风格有特定的艺术韵味,尽可能通透,无实墙及遮拦物,保持游人和艺术家创作行为的视觉互动。建筑布局上借鉴江南园林建筑相互穿插渗透的空间布局手法，使得建筑相互联系并且与景观有机融合。建筑应当注重功能合理，考虑不同艺术家的创作需要。

艺术家创意区应当引入一些能够与游客产生互动的创意工作室，使游客可以参与体验艺术家的创作过程，从而对艺术产生更加直观和深入的认识。比如绘画和雕塑创作室可以让游客现场感受艺术家的创作过程，陶艺和木工创作室可以让游客在艺术家指导下亲自动手参与艺术创作，各类设计创作室可以向游客展示诸如服装设计、日常用品设计或各类工艺品的设计制作过程，并且可以为游客度身定做一些纪念品。

开放形式：租赁给艺术家进行艺术创作；完全自由开放。

3.3.3　艺术表演区

利用目前公园嬉水园用地建设。

主要满足戏曲歌舞等表演类艺术活动的需要。利用嬉水园的平坦用地结合周边坡地，设置相应的观演平台或露天剧场，并布置艺术化的坐椅、亭架等休息设施，主要为艺术家或南艺师生的各种形式的艺术表演以及艺术比赛或艺术节开幕提供场地。同时可以结合灯光效果和多媒体技术，使这里在晚间也可以成为舞台，在没有文艺表演的时候也可以进行群众性的文娱活动，满足市民晚间休闲活动需要。

为了降低表演音响对公园其他区域的影响，应当在周围密植各类植物，做到乔灌木多层复合搭配，以保证表演类艺术活动不对公园环境产生影响。

开放形式：预约式使用；免费开放。

3.3.4　艺术交流区

利用目前公园网球场用地建设。

建造艺术性景观建筑，主要为艺术家及社会各界人士提供相互交流研讨的场所。内设接待服务区、艺术珍品展示区、学术交流活动区、配套的住宿及餐饮区等。建筑风格与艺术创意区的建筑既要统一，又应体现自身特色，同时要满足参观、艺术展示、住宿及学术交流活动的需求。建筑外部景观以绿色、自然的设计为主，使建筑与环境有机相融。

开放形式：接待服务区和艺术珍品展区自由开放；其他部分限制。

3.3.5　艺术体验区

利用目前公园儿童游乐场用地建设。

这是一处以自然为平台，让游客与艺术充分融合、产生互动的区域，它既是各类艺术灵感和创意得以发挥的空间，也是普通群众直观地理解和体验艺术的场所。区内主要设置涂鸦花园、雕塑花园、美术花园、动漫花园、生态艺术花园和亲子艺术花园等，使游客和各类艺术形成互动，增强游客的艺术体验。

涂鸦花园提供可重复涂写的景墙，供艺术家或业余爱好者进行创作；雕塑花园可以陈列南艺师生及社会各界的优秀雕塑作品或相关的创意作品；美术花园可建造小型简易画廊，展示一些优秀的绘画作品，结合布置，画廊风格要与自然环境和谐相融；动漫花园既可以展示最新的动漫艺术成果，也可以组织时尚的动漫艺术表演；生态艺术花园主要体现自然生态与艺术相结合的时代要求，放置一些由艺术家创作的体现环境保护和可持续发展的景观小品，比如用枯树或废弃材料制作的艺术品等；亲子艺术花园在原儿童游乐场的基础上设置一些造型新颖而又充满童趣的活动设施，使孩子们在游戏的同时受到艺术的熏陶。

各花园中的一些展品可以定期更换，保证公园始终保持新的艺术面貌，始终给游客带来新的艺术体验。各花园区块之间采用植被、地形、花篱等景观要素加以分隔，并用不同的植物花卉品种加以点缀，形成各具特色的景观效果。

开放形式：自由开放、提供收费的创作材料。

3.3.6　园艺观赏区

将公园原有的盆景园、牡丹园、梅岭等区域加以整合，形成综合性园艺观赏区域。

继续保持公园在牡丹、梅花等品种方面的园艺优势，开发创新性的盆景艺术产品，将原有的几处园艺区域加以整合，打造成精致优雅、充满诗情画意的园艺观赏环境。

园艺观赏区一方面要展示园艺精品，提升园艺水平，形成园艺爱好者的交流场所，传承和发扬我国优秀的园林艺术传统，与其他艺术门类齐头并进；另一方面要着力打造清雅幽静的自然景观，为游客提供漫步、观赏、休息、交流的理想环境，使该区域成为各艺术功能区之间的自然黏结剂，同时也可以将一些反映公园历史文脉的文化小品放置其中，增强公园的历史文化底蕴。

在园艺观赏区中还可以开辟艺术家纪念林，当一些国内外知名的艺术家来访时，由其亲手栽下具有纪念意义的植物，并配以石刻标注艺术家的签名，随着时间的流逝，这里将成为承载着人类文化记忆的艺术圣境。

开放形式：自由开放、免费参观、自由选购园艺产品。

3.3.7　中心景观区

主要包括原四方八景阁及其周边的半山亭、小路、山坡等区域，该区域居于公园中心，是公园的重要景观点和观景点。该区基本保持原有格局，四方八景阁是全园最高观景点，在此可登高远眺四周风光，这里是观景、休憩、登山活动的理想场所。

应注意的是，从四方八景阁眺望时，各个方向上的植物景观应体现不同特色，应通过不同形态、不同季相、不同色彩的搭配，营造出丰富多样的景观效果。

4 道路交通规划

4.1 出入口及停车场规划

古林艺术公园规划有四个出入口，分别为东、西、南、北出入口。其中东、西、北为城市主要出入口，南面为南艺的专用出入口。在东、北出入口均设有机动车停车场，西出入口通过整合可以借用科学宫及电视塔的停车场，东出入口停车场由于用地限制只停放小型车辆，西、北出入口可停放旅游大客车，远期在东出入口附近规划地下停车场。此外，还应扩大出入口广场面积，以满足人流集散的需要。

4.2 园内道路规划

公园道路交通应充分考虑功能要求和行人的活动规律，结合园林建筑、景区景点、水体、植物景观、各种活动场地和设施灵活布置，使得整个道路交通系统流畅自然，特色分明，功能与形式完美结合。公园中既有开敞的主要通道，也有曲折幽深的游憩小径；既有开阔简洁的活动广场，也有意境深远的道路节点。

古林公园道路骨架现已基本成形，规划主要利用现有的道路系统，根据改造建设需要适当增补游憩小路。园内道路分为三级道路，即主路、支路和小路。主路宽 4.0 米，路面材料为水泥和块石，可行走车辆；支路宽约 2.0～2.5 米，连接各主要景点；小路宽 1.0～2.0 米，是景点内部的游憩型景观路和一些登山步道，可采用各种艺术处理手法，结合道路路面铺装材料和线形的变化，塑造充满艺术情趣的园林道路景观。

5 竖向规划

根据公园四周城市道路规划标高和园内主要内容，充分利用原有的地形地貌，提出主要景物的高程及对其周围地形的要求，地形标高需适应拟保护的现状物和地表水的排放。古林公园属于丘陵地，平地较少，多为山坡地。园内最高点是晴云亭所在山头，海拔 41.85 米；其次是四方八景阁和梅桩园所在山头，海拔 39.85 米及38.43米。

规划对原地形不做大的调整，只是在景点设计及道路设计时按照需要在竖向上稍作调整，出入口的标高和城市道路标高平缓顺接。

6　视廊控制保护规划

古林公园位于石城风景区中部，由于地形较高，与周边的公园和风景区可相互借景，因此在规划时需考虑制高点视线走廊的控制。站在公园制高点四方八景阁上，公园的南面与清凉山、石头城相望，目前视线通道尚可，尤其是清凉山规划在北面制高点建一望江楼，正好可以与古林四方八景阁相互借景，规划在此视线范围内控制高层建筑；向北可以看到八字山、城墙绿带以及狮子山阅江楼，但目前阅江楼东侧已建有高层建筑，视线有部分阻挡，在以后的建设中要留足和阅江楼的视廊宽度，另外在城墙的东南面建筑的高度不应超过六层；西面可看到日新月异的河西新城区，目前还可极目远眺长江，看到水天一色的景观，但在以后的建设中要注意保留和长江的视线通道。

7　种植规划

公园现有绿化状况较好，现有很多木本花卉如：梅花、茶花、海棠、玉兰、牡丹、樱花等，这些花卉在园内拥有一定的数量和规模，并且各自在品种上也很丰富。另外还有鸡爪槭林、雪松林、桂花林、板栗林、竹林、水杉林等也是公园的特色林木，在特色景观的塑造上起着很大的作用，使得公园的植物景观有了一个良好的基础。

公园的丘陵、坡地创造了各种植物生长的环境，为植物多样性创造了良好的条件。规划对公园的植物进行整理、优化，增加林下地被的品种和数量，在保证游人活动的前提下，丰富园内植物品种，同时使公园的生态环境和景观效果上升到一个新的高度。

入口景观区：种植香樟、银杏、榉树等姿态优美的高大乔木作为上层植被，配置鸡爪槭、桂花、红叶石楠、栀子花等与雕塑作品相结合，形成开敞大气的入口景观。

艺术创意区：配植竹类、芭蕉、鸡爪槭、南天竹等颇有风致的植物，点染艺术氛围，为艺术家创作提供清新优雅的环境。

艺术表演区：利用现有植被，补植松柏类乔木，并种植桂花、红叶李等植物形成绿色背景，减少表演音响对周围环境的干扰，同时多种植杜鹃、金丝桃、花叶长春蔓、麦冬、花叶玉簪、红花酢浆草等林下植被，加固山体边坡。

艺术交流区：配植龙爪槐、樱花、乌桕、蜡梅、竹类等形态优美的植物，为艺术家们的交流营造舒心的外部环境。

艺术体验区：在现有植被基础上，多种植观赏类花卉，如杜鹃、含笑、栀子花、玉簪、鸢尾、月季、矮牵牛、月见草、一串红、美人蕉等，用不同的花卉营造不同艺术花园的主题，使每个花园都有自己的特色。

园艺观赏区：对已形成一定规模的梅花、牡丹、茶花、海棠等主要加强其品种的引进和养护管理，同时按照植物的特性进行其他植物品种的搭配，延长其观赏期，做到一年四季皆有景可观。

中心景观区：利用现有植被，在各方向上增加一些不同季相、不同色彩的植物，丰富视觉观赏效果。

8 公共设施规划

未来的古林艺术公园将成为全国唯一的以艺术为主题的城市公园，并将和周边区域连成一体，成为南京乃至全国性的文化艺术中心，必将吸引大量的专业人士和游客，因此必须配备完善的公共服务设施，以体现出公园对大众的人性关怀。对于目前的公园，应该增设饮水器、洗手池等设施，休闲坐椅、亭廊花架、小型餐饮部、电话亭和厕所的数量也应适当增加。同时考虑到晚间艺术表演的需要，还需要增设适量的照明设施。各类环境设施的造型要富有创意，风格统一，充满艺术气息，可邀请南艺师生参与设计和制作，体现出艺术公园的风貌特色。

愿景篇

在城市·艺术·公园的耦合中获得发展

艺术如何介入城市空间，几乎所有的城市无不注重城市文化艺术环境建设，它直接影响到一个城市的形象。巴黎、汉堡、纽约，人们都会因它们那既有传统文脉又有现代美感的市容所感动。城市公共艺术空间的成功营造在其中起了重要作用，从发展的角度讲，城市是变化的，公众对城市的需求也是不断变化的。在现代城市的发展历程上，以经济为核心的现代主义世界观使许多城市失去了它们曾经拥有的人文精神资源，而新兴的城市由于缺少文化的积淀，也逐渐沦为环境和精神的沙漠。有专家指出，21 世纪世界经济发展的中心将向有文化积累的城市转移，艺术开始走向更广大的人群，走向生活本身，而艺术则代表了艺术与生活、艺术与城市、艺术与大众的一种新的取向与融合。

城市公园是城市人群汇集、交流信息与情感、放松身心的场所，而艺术，无疑是沟通融合这种关系的最自然而又有能量的媒介与纽带。当代艺术的介入首先从设计层面与城市公园设计融为一体，在城市公园和节点上运用艺术化的语言进行规划设计，使当代艺术渗透到广阔的空间环境中，形成生动的、可体验、可阅读的艺术环境；现代艺术作品不断突破传统的边界与固有的定义，以更加开放与融合的姿态参与到公园中，与空间、与环境、与人形成更强的互动体验；艺术介入城市公园，主要通过人文景观雕塑等形式融入其中。

没有文化的城市是没有灵魂的城市，世界上的城市千差万别，根本的差别就在于城市文化的不同。例如巴黎的城市文化是设计艺术之都，而纽约的城市文化是世界的时尚之都，上海的城市文化是商业文化本身。艺术主题营造场所氛围，南京在城市主题艺术方面，已经走在了许多国内城市的前面，“博爱之都”这一民国文化主题，使人们对南京的城市公园，产生了非常美好与自然的联想，山镶雪松路串梧桐，就是城市公园的场所氛围。其次可以形成视觉中心，城市公园类型多样，通过多样性的艺术主题表现，形成视觉中心，包括人物雕塑等各种不同主题造型，这些主题性突出的人文景观雕塑，对城市各功能公园有一定的引导作用。例如老城区有民国的主题，城墙有明文化的主题，现代商业区有现代艺术的主题，而滨水区有水木秦淮的主题，这些主题通过艺术手法创作形成视觉公园区域，这些局部的区域性的主题艺术呈现，增加了城市公园的文化性，会形成一些特定的视觉语言。艺术主题活动以其特有的魅力，吸引着人们聚集、参与，培育着公园的文化与精神。所有这一切，有效地改善了人们的感性环境，重建了人与公园的联系，增强了人们对公园环境的认知感和依赖性，创造出对城市情感与精神的新感受。

南京城市品质的提升，已经迫切需要将艺术介入和渗透在城市公园中。以艺术为主导的开放性城市公园建设实践，在理解的基础上取其“形”、延其“意”、从而传其“神”，用传统文化精粹，以现代化国际化语言来表达，把艺术家的原创性及精神元素融入古林公园中，使民族的文化精神和世界的设计语言，融会成南京城市公园的艺术主题，成为古林公园最闪亮的名片。

论意大利花园的“第三自然”[①]

意大利花园的“第三自然”是艺术和自然相结合而成的，是对自然的一种否定（与中国园林“虽由人作，宛自天开”的“第三自然”不同），它起源于古罗马文明，影响遍及整个欧洲；由于不同地区的文化表达存在着差异，这种“第三自然”在不同地区便会有不同方式的释义（在不同地区的具体发展演变进程及呈现的不同形式），但它已奠定了所谓意大利花园的思想基础。

无论在古代中国，还是在古代和近代的西方，历史上出现的园林艺术风格均是以一定的思想为内容的。著名景观建筑师西尔维娅·克劳威（Sylvia Crowe）说：“要理解15—16世纪意大利中部和北部的园林艺术为何如此兴盛完美，首先应当了解意大利文艺复兴思潮这一现象背后的所有历史的和动人的原因。”[1] 美国的汤姆林逊（Tomlynson）1982年在美国《园林》杂志5月号上发表的《20世纪的园林设计——始于艺术》一文中写道：“在整个西方世界的历史上，园林设计的精髓表现在对同时期艺术、哲学和美学的理解……”因此，要真正理解一种园林艺术的风格、特色和精髓，就不仅要了解当时的园林思想，更要了解这种思想赖以产生的自然、社会、历史、经济、文化和宗教背景。本文试图在这些方面对意大利的园林风格做初步的分析。

1　模仿并赞美自然

在意大利，15世纪园林的一个明确的设计思想是模仿并赞美自然，并把这种思想融入宏伟壮丽的花园建设中，就像一个世纪后的花园一样，丰富的想象和生动的造型主宰了整个花园，并使之生机勃勃，富有寓意，同时对天然材料的巧妙使用到了自然不得不完全折服于人工技巧这样一个境界。

① 原载：《中国园林》2003年第3期。

花园的概念(即如何构思和创造花园)来源于14世纪和15世纪时人们对农村与城市之间所存在的差异的认识,安详有序的乡村生活与杂乱无章的城市生活形成了对照,乡村生活充满了欢声笑语、安详静谧,是一个属于博学者间进行谈论、密友间进行交谈以及人们与大自然交流的地方;而城市则充满了混乱、阴谋、激烈的政治斗争,而事实上城市不是一个真实的世界。这种论述的思想基础是众所周知的,即彼特拉克主义孤独的生命的梦想。洛伦佐(Lorenzo)曾写道:“谁会愿意把生命的荣耀和尊严置于城市的广场、庙宇和高楼大厦中去?”在1543年,特里芬·加布里埃勒(Triffon Gabriele)写道:“我们被城市的喧嚣和浮躁包围着,我们要逃离城市,只有自然才能给予我们所向往的那种静谧、安宁的生活,只有孤独才令我满足”,“而不是里艾尔托(意大利的一个商业中心)、斯蒂马克和威尼斯的广场……”[2]

显然,当时很多的作家和哲学家,不管在理论还是实践方面,都普遍把花园定义为一个休憩之地,一个庇护所;老普利尼(Pliny the Elder)在他的十则铭文中写道:“花园生来便为快乐之地。”14世纪和15世纪整整两个世纪的作家普遍信奉了上述观点。

花园的布局十分重要,在风格上与它所围绕的别墅相近,应力图简洁明了。篱笆环绕着花园,花园内园亭、果园、喷泉等显得错落有致。一道拱廊连接着别墅和花园,别墅院子走下两步阶梯便是花园,花园的两边是些日常使用的小屋,花园里有许多果树,如苹果树、梨树、石榴树、布拉斯李树以及茂盛的藤蔓;别墅旁,有一片小小的梧桐林,篱笆在此开了个口子,还有一棵美丽的月桂树和一股比玻璃还透明的清泉,一切均献给神圣的缪斯女神。这就是一个完美的花园。15世纪文化中的某种特别因素,给这些花园赋予了设计思想,并转换成了一种与同时代的花园相互匹配的风格。花园的设计思想当然受到了当时社会思潮的影响,既减少使用一些装饰性艺术手法,如灌木修剪、雕刻、建筑装潢,又表现在花园布局力图简单化,即每个方面都要尽量避免对自然的破坏。无疑,这些花园的设计都会遵循一定的形式,通过富有寓意的绝妙刻画,反映出主人的品质、修养、地位及个人抱负。

2 自然与艺术结合

就在人们崇尚并模仿自然的同时,反对者的声音也愈加明显。阿尔伯蒂(Alberti)首先提示要把人工技艺引入自然。他想通过巧妙的人工布景,使来访者感觉亦幻亦真,难辨真伪,甚至通过一些有趣而新奇的设置逗来访者开心。同样,伯纳多・鲁西莱尔(Bernardo Rucellai)在嘎拉奇(Quaracchi)的花园里,艺术性地布置了一些设计巧妙、形象逼真的人工景物,并将植物修剪雕刻成奇特怪异的模样。而菲拉里特(Filarete)把普卢西亚波里斯(Plusiapolis,意大利)附近的花园描绘成了一个奇妙无比、寓意丰富的人间乐园。弗朗西斯科・戴・乔吉奥(Francesco di Giorgio)则毫不犹豫地抛弃了那种纯自然式的设计思想,而崇尚人工技艺的应用。在讨论有关皇家贵族们的宫室及其花园的设计方案时,他强调别墅与其周围的花园必须巧妙融合,相得益彰,并特别列举了一些人工技巧,如:喷泉、鱼池、水渠、凉亭及或隐或明的人行小道。人行道与长廊需成一直线,并互为平行或成直角;还要有草地和沼泽,有各种常青树。在戴・乔吉奥(Francesco di Giorgio)的设计思想中,我们很容易发现早期的那种几何秩序和精确细致的花园设计观,但很显然,此时的新式花园的首要目的,不再只是简单地用几何图形来支配自然,而是要创造一种令人心旷神怡的效果。

从《论园圃》(*Hortus Conclusus*)一书中,我们能看出,在威尼托区(Veneto,意大利)这个有着悠久文化历史的地方,人们无比热爱他们快乐的乡村生活,他们似乎已经从僵硬保守的几何规则和对透视法的顺从中解放了出来。在《美丽的世界》(*Hypnerotomachia Poliphili*)一书中,对维纳斯与波利亚花园的描述告诉人们:不只是那些美丽的树和灌木,而且也是一些人工景观给花园增添了魅力。在这个时期,从国王、王子,到教会高级神职人员和富有的贵族们,在设计他们的花园时,会采用一切可能的方式和技巧,以使他们的花园成为权贵和显赫的象征。通过弗朗西斯科・冈扎格(Francesco Gonzaga)对罗马著名的翠绿花园的建造和发生于15世纪80年代、15世纪90年代有关那里秘园设计问题的有趣的谈话,科芬(Coffin)和维维特(Vivit)充分证实了上述论证。这些论述同时也显示了,在多大程度上人工技艺已成为花园设计中的一个必不可少的部分,以及表明任何企图回到纯净的乡村田园,回归伊甸园般花园的努力都不可能成功;但这种人工技艺和自然奋争的结果,也许是达成某种折衷,两种方式的任一种都不可能完全战胜对方。目前尚能找到的有关那些属于阿方索和阿拉贡所有的花园的描写,也使这一点变得十分明了:为了炫耀花园主人的财富和权力,设计者们会由此采用最令人叹为观止的方法和各种能想象到的人工技巧,以达到这一目的。

戏剧艺术和城市文化在不断地发展和演变,而同时,花园设计上的人工艺术也愈加绚丽多彩,这样的共同发展也许绝不只是巧合,就像赛里奥(Serlio)宣称的那样:与世界万物的创造及艺术作品对人类灵魂的触动一样,它们同样能够满足人们的视觉和精神。克劳迪奥・托洛梅(Claudio Tolomei)在1543年7月26日写给江巴蒂斯塔·格里马尔迪(Giambattista Grimaldi)的信,具有启蒙意义。在信中,他谈到了艺术和自然缔结以后,人们便再也无法辨别自然与艺术的界限。正是格里马尔迪在不久以后委托加利亚佐·阿利斯基(Galeazzo Alessi)用这样的概念去重新设计他的花园,并要求在花园里设计一系列的洞穴(这一创作思想来自于对火山岩浆的利用)。对水的巧妙应用,也是这类人造花园的重要组成部分,尤其当它与周围的环境交相辉映、相得益彰时。

用邦法迪奥(Bonfadio)的话来讲"把自然与艺术结合起来,自然便成了精美的作品,为此我已付了许多努力。而一种'第三自然'也从此诞生,但我却不知如何称呼它"。就如泰吉奥(Taegio)认为的那样,这种"第三自然"是自然与艺术某种巧妙结合的结果。布拉曼特(Bramante)为位于梵蒂冈的观景花园(1504 年受教皇朱利叶斯二世委托而兴建)所作的规划设计,对 16 世纪意大利及其他地区的造园艺术发展产生了重要影响。布拉曼特在位于教皇皇宫和他们的豪华府邸(位于卡斯特洛附近的山上,旧教皇伊纳森特八世在 1485 年兴建)之间的大片空地上,得以成功地实施了他复杂的设计规划。它的花园各部分的合理分界和室外露天长椅的设计(花园的一个亮点),以及通过台阶把处于不同水平面的花园各部分衔接在了一起,这样的台阶以及水渠、植物的巧妙安排,形成了一个富有旋律的完美结合,而在这种完美的背后,建筑艺术的应用扮演了非凡的角色。而这些完美结合的灵感,来自于人们渴望重回古代世界、永不泯灭的梦想,如富贵园遗址(Nero's Domus Aurea),位于帕勒斯特里那(Palestrina)的圣殿花园,位于蒂沃里(Tivoli)的哈德良别墅。古代遗址的广泛利用,以及在观景花园中精心设计的,专为当时文化精英们思考和谈论人文主义哲学的场所(而这样的消遣方式,在那时已经替代了那些挥霍无度的娱乐方式,比如参加酒会、跳舞、马上比武等),以上这些也进一步证实了古代世界是产生这样的完美结合的主要灵感源泉。

在同时期的其他花园中也能发现这样的人工景观。设计中,园艺师们极力再现花园主人的宽广胸怀,并颂扬了那种由公正的人性和精湛的建筑艺术合而铸就的美丽。可以说,16 世纪的花园中,人工技艺占据主导地位。

1552 年在设计博马佐(Bomarzo)的圣林花园时,维奇诺·奥西尼(Vicino Orsini)尽管受到了当时对阶梯和水渠设计上的种种规则的限制,却成功地创造了一个无与伦比的迷幻世界。树丛中耸立着一些巨大的怪兽般的异石,试图借此表达维奇诺·奥西尼内心最深处的情感。今天我们仍能见到那些神秘的石兽,但那些有关它们身份的碑文已无法辨认。博马佐的花园里,人工技艺应用到了极致,以至极大地迷惑和欺骗了那些来访者的眼睛，所以这个花园也许便是邦法迪奥所谓的“第三自然”的最好例子。如果这种作为艺术和自然相结合而成的“第三自然”果真是对自然的一种否定，那么它的历史、文化联系也很难确定，这也许正是邦法迪奥不得不承认不知道该如何称呼它的原因。有一点很明确，即这种“第三自然”起源于古罗马文明，而且它的影响甚至触及了整个欧洲；由于不同地区的文化表达存在着差异，这种“第三自然”在不同地区便会有不同方式的释义（在不同地区的具体发展演变进程及呈现的不同形式），但它已奠定了所谓意大利花园的思想基础①。

3 “第三自然”分析

从15世纪人文主义者“模仿并赞美自然”的造园思想，到16世纪造园盛期“人工技艺占据主导地位”，意大利的园林景观为什么会出现“那种由公正的人性和精湛的建筑艺术合而铸就的美丽”，连树木都要修剪成“绿色雕塑”和“绿色建筑”，成为建筑化的自然呢？

这种风格的形成，除了其古典原型是几何规则式的，还与园林环境、建筑特征和审美理想有关。

众所周知，中国江南一带的私家园林，大多造在城市里，围着高高的粉墙。偶然在墙头可以见到一角山峰半截塔，就成了宝贵的“借景”。因此，为了慰藉对自然美的渴望，就只好在花园里剪裁提炼，片断地再现典型化了的山水风光。而意大利的别墅园林都造在贵族的乡村庄园里或是面临大海的山坡上，选的是风景最好的地方。即使造起围墙，也要能在别墅的院子里和阳台上越过墙头欣赏园外的优美景观。花园不大，紧挨着别墅建筑物，从花园里或者别墅里放眼四望，都是天然美景。因此，意大利人并不需要欣赏花园里的自然，而是要从花园欣赏四外的广阔的大自然。当然也就没有必要在花园里象征性地模仿自然。它要考虑的问题是：“第一，要把花园当做露天的起居场所；第二，要把它当做建筑跟四周充满野趣的大自然之间的过渡环节。”[3]意大利气候温和，人们习惯于户外活动。贵族们到别墅小住，便把花园当做露天的起居室。它是建筑物的延伸，是建筑物的一部分，由建筑师按照建筑的规则

① 有一点应该被提及：威尼托地区并没有受到这种“第三自然”思想的影响，在那里，任何想把艺术和自然相结合的努力都受到抵制，他们希望在别墅和宫殿的周围，创造一个纯自然的环境，以进一步装点和突出别墅和宫殿的光彩，而不是建造更多的人工景观去与它们互比高下，甚至超过它们的美丽。这就是他们的设计思想，如罗马公式般一成不变。花园是给人们创造快乐，但在威尼托地区，这一概念都变成了：花园服务于它所包绕的别墅，自然须远离艺术。

设计。

至于把花园当做建筑与自然之间的过渡环节的原因，主要有以下两点：一是由意大利建筑特征所决定的，意大利建筑是砖石结构的，相当封闭和沉重。它不像中国江南园林中的木构建筑，门窗虚敞，玲珑剔透，又便于进退曲折，化整为零，因而很容易跟花园互相穿插渗透，基本上没有两者之间的过渡问题。而封闭、沉重的砖石建筑，即使添一列柱廊，也很难跟花园融为一体。同时，砖石建筑的几何性很强，跟自然形态的树木、山坡、溪流等也不大协调。二是与欧洲人的审美理想有关。欧洲人的审美理想是使各部分协调统一，造成和谐的整体。谢弗德(Shiffeld)和杰利柯(Jellico)曾说："自然的不规则性可以是美丽而妥帖的，房屋的规则性也一样；但如果把这二者放在一起而没有折衷妥协，那么，二者的魅力就会因为尖锐的对比而失掉。"所以，"设计一座花园，最重要的就是推敲这二者的关系。"要协调二者之间的关系就应当有一个过渡环节。园林史家格罗莫尔(Gromoll)说："这个过渡就是它，叫做花园！"

花园作为一个过渡环节，就应当兼有建筑和自然双方的特点，最方便的办法就是把自然因素建筑化，也就是把山坡、树木、水体等都图案化，服从于对称的几何构图。原材料是自然的，形式处理是建筑的。既然起过渡作用，那么，花园离别墅越近的部分，建筑味就要越浓，越远越淡，到接近边缘的地方，就渐渐有一些形态比较自然的树木或树丛，跟外面的林园野景呼应。正像高围墙里模拟自然景色的中国私家园林，逼出了一手"咫尺山林"的绝技一样，意大利花园建造者练出了一手协调建筑和自然的本领。所以法国作家司汤达(Stendhal)在《罗马漫步》里写道，意大利花园是"建筑之美和树木之美最完美的统一"。赫拉克利特(Heracleitus)①说过："自然不是借助相同的东西，而是借助对立的东西形成最初的和谐。因为艺术模仿自然，显然也是如此：绘画混合白色和黑色、黄色和红色，描绘出酷似原物的形象；音乐混合不同音调的高音和低音、长音和短音，形成一致的曲调；文法混合元音和辅音，由它们构成完整的艺术。"[4]在欧洲古典园林中如画的树木修剪术也正是对统一艺术和自然的渴望的响应。几何式花园还在其他方面反映了意大利人当时的审美理想。毕达哥拉斯(Pythagoras)和亚里士多德(Aristotélēs)都把美看做是和谐，和谐有它的内部结构，这就是对称、均衡和秩序，而对称、均衡和秩序是可以用简单的数和几何关系来确定的。古罗马的建筑理论家维特鲁威(Marcus Vitruvius Pollio)和文艺复兴时期的建筑理论家阿尔伯蒂都把这样的美学观点写进书里，当做建筑形式美的基本规律。花园既

① 赫拉克利特：Heracleitus，约公元前540—约前480。古希腊哲学家，唯物主义者和辩证法的奠基人之一。

然是按建筑构图规律设计的,数和几何关系就控制了它的布局。意大利花园的美在于它所有要素本身以及它们之间比例的协调,总构图的明晰和匀称。修剪过的树木,砌筑的水池、台阶、植坛和道路等等,它们的形状和大小、位置和相互关系,都推敲得很精致。连道路节点上的喷泉、水池和被它们切断的道路段落的长短宽窄,都讲究恰当的比例。要欣赏这种花园的美,必须一览无余地看清它的整体。所以,花园不能很大,也不求曲折。意大利台地园是与这种欣赏要求相一致的。

参考文献

[1] Sylvia Crowe.Garden Design[M].New York:Hearthside Press,Inc.1959.

[2] Lionello Puppi.Nature and Artifice in the Sixteenth-Century Italian Garden.Monique Mosser and Georges Teyssot.The Architecture of Western Gardens[M].Cambridge, Massachusetts:The MIT Press,1991.

[3] 陈志华.北窗集[M].北京:中国建筑工业出版社,1992.

[4] 杨身源,张弘昕.西方画论辑要[M].南京:江苏美术出版社,1990.

基于游憩者需求的郊野公园发展分析和体系构建[①]

以游憩者需求为切入点，针对游憩者游憩倾向和游憩者对郊野公园功能需求方面，对国内部分重点城市的城市居民进行了问卷调查。基于调查分析结果，明确了以满足游憩者需求为主题的郊野公园开发条件，并在此基础上提出了构建郊野公园开发体系的6个要素，包括以人为本的开发理念，规划先行的开发原则，完善的法律体系和管理体制的制度保障，多样性和个性化的开发形态，人性化的服务观念，以及多元化的开发模式。

2007年中国城市化水平持续加快，城市化水平达到44.9%。城市化进程的加快在给城市居民带来生活质量提升、就业机会增多及居民素质提高的同时，也使中国“城市病”提前到来。一系列日趋严峻的生态环境危机和经济社会矛盾，包括环境污染、噪声污染、交通拥挤、能源紧张等，成为国内一些城市亟待解决的问题。城市由此被称为“水泥沙漠”和“热岛”。居民长期生活在这样的环境中，工作和生活压力较大，身体处于亚健康状态，因此对休闲空间的需求旺盛。目前，城市居民的日常游憩活动往往集中在城市公园中。但是从城市公园当前的环境状况来看，到处充斥着噪音，弥漫着浑浊的空气，种种此类因素促使城市居民向往城市的郊野区域。

同时由于城市居民时间紧张，市民对郊野游憩区域的选择会考虑一定的距离因素，使得这些郊野游憩区域大都环绕其所居住的城市，且集中在环境优美、生态保护较好的区域。国内城市居民对郊野游憩空间需求量的提升，以及城市郊野自然环境和生态条件的优势，使得国内郊野公园的建设成为必然的选择。

① 原载《西北林学院学报》2009年第1期，第一作者为义乌工商学院尚风标。

1 郊野公园发展及研究现状

1.1 国外

西方郊野公园的发展和研究始于 20 世纪 60 年代。Michael Dower(1965)研究了人们对休闲的需求,他把人们对休闲的需求称为继工业革命、铁路发展、汽车蔓延之后的第四次浪潮(The Fourth Wave)[1]。1966 年英国出台了名为《乡村休闲》(Leisure in the Countryside)的白皮书,建议设立郊野公园,并明确了郊野公园的功能和目的:为人们提供便利的休闲场所;缓解人们各种压力;减少去乡村休闲所遇到的风险[2]。1968 年在《乡村公园》白皮书基础上,英国出台了第一部有关乡村休闲法律——《乡村法令》(The Countryside Act),并把郊野公园作为其主要议题。Zetter 对郊野公园的角色进行了研究,认为设置郊野公园的主要目的是供人们"消遣(recreation)"和"放松(relaxation)"[3]。随着人们对郊野公园需求的增加,大量的人群涌向环境优美的郊野公园内,使郊野公园面临人流量过大的压力。Bertuglia 等分析了人流量过大给郊野公园带来的负面影响,并利用数学模型分析了郊野公园内人流的理想分配模式[4]。Carter(1985)[5]、Brook[6]、Hampton[7] 讨论了郊野公园对环境的保护,尤其对水土的保护和对被破坏生态环境的修复。Andrew Maliphant 等通过调查问卷形式对英国的 267 处郊野公园进行了研究,分析了英国郊野公园的生存现状及趋势、资金使用及融资方式、公园使用及管理状况[8]。Andy Maginnis 等对郊野公园游客安全的管理进行了研究[9]。David Lambert 分析了郊野公园在英国的起源及其产生的背景,并分析了 1968—2005 年间不同阶段郊野公园发展的特点[10]。

1.2 国内

国内郊野公园的发展最早可以追溯到 20 世纪 60 年代的香港地区。1965 年,结合当时国外比较成熟的国家公园制度体系,香港决定以开发郊野公园作为保护郊野生态环境的途径,并于 1976 年制定了郊野公园条例。1977—1998 年香港先后开发了 23 个郊野公园。目前,1 104 km^2 的香港拥有 416 km^2 的郊野公园土地利用面积,占香港总体面积的 38%。香港郊野公园开发的成功为内地郊野公园建设提供了借鉴。20 世纪 90 年代,鉴于香港郊野公园建设的成功经验,深圳把郊野公园建设提上了议事日程。到 2010 年,深圳将开放 13 个郊野公园。内地其他一些城市,如成都、武汉、南京等,近几年也加快了郊野公园建设的步伐。2005 年,成都开放了 5 大郊野公园,其中“五朵金花”在国内反响尤为强烈。南京 2006 年出台了《关于郊野公园建设的实施意见》,并计划用 3 年时间建造 15 个郊野公园。北京 2007 年起也开始致力于郊野公园的建设,计划建造 10 个郊野公园。

国内对郊野公园的研究晚于西方国家。通过中国知网(CNKI)对“郊野公园”(以标题形式)进行搜索,共有 73 篇相关论文。从发表年限进行分析,主要集中在 2000 年以后,共有 70 篇;从研究的城市对象来看,香港和深圳占有绝对数量,分别为 19 篇和 21 篇;从研究的内容看,主要集中在对香港郊野公园建设和管理经验的介绍及应用方面。如,张骁鸣[11],陈培栋[12],庄荣,陈萃[13]等着重对香港郊野公园的建设和管理进行分析研究,尤其对香港郊野公园的法律制度,行政管理体制及环保机制进行了详细探讨。基于香港郊野公园的建设和研究,官秀玲,胡卫华[14]等对内地深圳、成都、南京、北京等城市的郊野公园现状、规划、建设和管理进行了分析探讨;丛艳国[15]等探讨了郊野公园对城市空间生长的影响。

通过对国内外现有研究成果的分析发现,国外研究多以游憩者需求为切入点。相比,国内研究者主要是从景观生态学角度对郊野公园进行分析,对游憩者需求研究较少。主要表现在以下几个特点:

首先,研究仍处在对香港、深圳等城市郊野公园开发建设经验的介绍层次,对郊野公园的理论性研究较少。

其次,对郊野公园的研究内容主要集中在郊野公园对城市生态环境的积极影响,以及郊野公园对野生动植物的保护作用等层面。

再次,研究甚少涉及郊野公园需求主体——游憩者,尤其对游憩者的需求特点、倾向和需求量等方面研究甚少。

2 郊野公园需求调查与分析

2.1 调查及分析方法

上述分析表明,要科学的研究郊野公园的发展,必须对游憩者的需求心理、特点及需求倾向等要素进行分析。为此笔者有针对性地设计了网络调查问卷和纸质调查问卷,对国内重点城市,如北京、上海、杭州、苏州、南京、温州、厦门、合肥等地城市居民进行了网络和实地问卷,并采取定量和定性分析相结合的方法,对国内城市居民郊野游憩倾向和郊野公园功能需求进行了分析。

2.2 游憩者郊野游憩倾向分析

调查分析显示，目前市民主要的休闲方式是“在家看电视报纸”、到“KTV休闲中心”，以及“到郊区游玩”，分别有66%、35%和32%的被调查者把它们作为主要的休闲方式。对最感兴趣的游乐环境的调查分析显示，88%的被调查者把“与大自然亲密接触，拥有清新的自然空间”作为最感兴趣的游乐环境。对现有城市公园的评价中，90%的被调查者表示“一般”甚至“不满意”。对郊野公园游玩意愿的调查分析显示，92%的被调查者表示“愿意”甚至“非常愿意”去郊野公园游玩。

对游憩者休闲倾向的调查表明，目前城市居民日常休闲方式较为单调，大多待在家里看电视、报纸，而且他们对现有的主要游憩场所城市公园并不满意。清新自然，能够与大自然亲密接触的空间，是他们最感兴趣的游憩环境，在这个环境中他们尤其对拥有交通便利，设施完善的郊野公园最为中意。但是目前来看，仅有少数人有过到郊野公园游憩的经历。

2.3 郊野公园功能需求分析

对“郊野公园具有的吸引力”的调查，65%的被调查者认为郊野公园“可以缓解疲劳，放松身心”，66%的被调查者认为能够实现他们“与大自然亲密接触，回归自然”的愿望(图1)；对于“郊野公园过程中最重要是什么”的调查，59%的被调查者认为是“人性化的服务”，48%的被调查者认为是“完善的休闲设施”，42%的被调查者认为是“便利的交通条件”；对于现有郊野公园存在的问题，49%的被调查者认为是“设施不完善”，46%的被调查者认为是“交通不便”，33%的被调查者认为“门票太贵”；对“最为

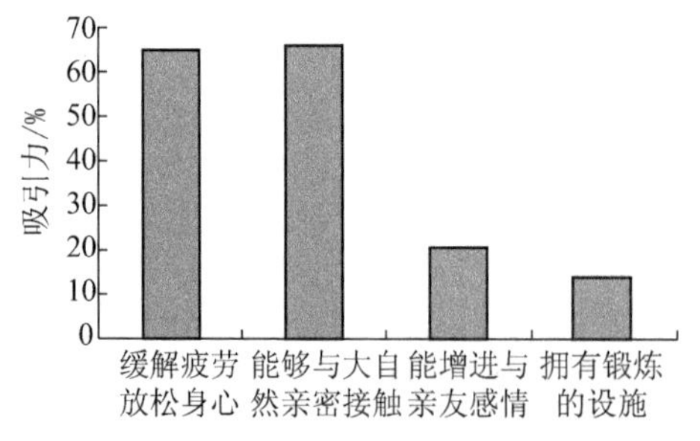

图1　郊野公园具有的吸引力

Fig.1　Country park attractions

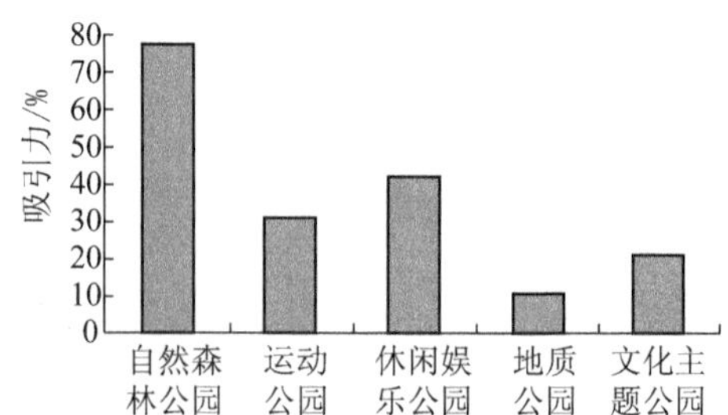

图2　感兴趣的郊野公园类型

Fig.2　Interested country park’s types

感兴趣的郊野公园类型"的调查,77%的被调查者认为是"自然森林公园",41%的被调查者认为是"休闲娱乐公园",31%的被调查者认为是"运动公园"(图2)。

对郊野公园功能需求的调查表明,城市居民之所以向往郊野公园是因为郊野公园能够使他们暂时摆脱压抑的生活和工作环境,回到大自然的怀抱,缓解疲劳,放松身心。因此他们对自然森林公园、休闲娱乐公园和运动公园的需求量大。同时,调查表明游憩者在郊野公园游憩过程中最想得到的是人性化的服务、完善的休闲设施,以及便利的交通条件,而这些恰恰正是现有郊野公园存在的问题。

3 基于游憩者需求的郊野公园开发条件与体系构建

近年来,国内一些城市逐步认识到郊野公园对城市生态环境保护和城市居民日常游憩的重要性,逐渐加大了郊野公园的开发力度。尤其像深圳、成都、武汉、南京等大城市,郊野公园的建设规模和速度呈现飞速发展的态势。文章通过调查问卷分析,明确了居民日常游憩过程中对郊野公园的需求倾向和功能需求特征。这些基于居民游憩需求的调查分析结果对我国郊野公园开发建设具有理论和现实指导意义。结合以上分析,文章明确了我国郊野公园的开发条件,并在此基础上提出了构建郊野公园开发体系的6个要素。

3.1 基于游憩者需求的郊野公园开发条件

3.1.1 创新开发理念,注重人文关怀

郊野公园的建设秉承了美国国家公园建设的使命:"为人民世世代代的享受,保护自然和历史景观及野生动物,以免其受到损害。"[16]并在此基础上,把为市民提供日常游憩空间作为其存在的社会价值。为市民提供日常游憩空间,体现了郊野公园建设过程中"以人为本"的人文价值观。这种体现人文关怀的郊野公园开发理念标志着郊野公园建设体系的成熟。

对于国内郊野公园建设而言,郊野公园在城市形态转换和空间发展中起到越来越大的作用,这点在城市生态优化配置过程中体现得尤为明显。因此加强对城市生态环境和自然资源的保护仍是我国郊野公园开发的首要原则。同时随着城市居民对郊野游憩需求的不断增加,我国郊野公园开发过程中应更加强调"以人为本"的开发理念,强调其存在的社会价值。先前仅从保护角度考虑建造郊野公园的理念,应该被保护自然为先,同时积极为居民提供日常游憩空间场所,体现人文关怀的开发理念所

替代。

3.1.2 要拥有完备的法律体系和完善的管理制度

1976 年香港颁布了《郊野公园条例》，共分 8 部 28 条。该条例历经港英政府和特别行政区政府的多次修改完善，对郊野公园的规划、建设、管理和违反条例的行为及处罚进行了严格界定，为日后郊野公园建设开发提供了法律保障。《郊野公园条例》是第一部有关郊野公园筹备、建设和管理的正式法律文件，为国内外郊野公园的建设提供了法律借鉴。同时，在《郊野公园条例》的指导下，构建了一套完整的行政管理体系。香港郊野公园行政管理体制的形成，尤其是 1995 年郊野公园及海岸公园委员会的成立标志着郊野公园管理体制的成熟(图 3)。

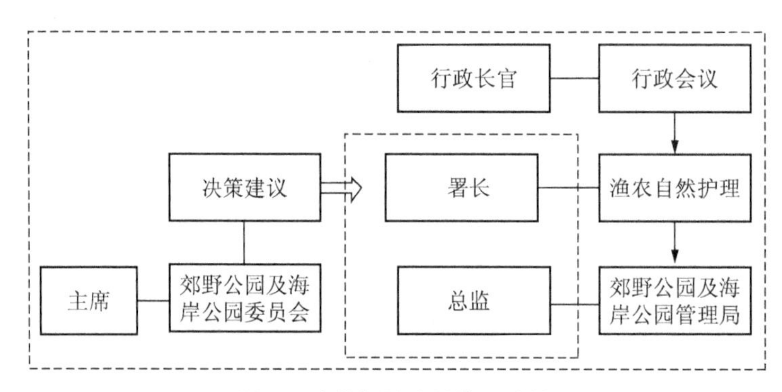

图 3 香港郊野公园管理结构

Fig.3 Management structure of Hong Kong country park

目前，内地针对郊野公园的建设和管理还没有出台一套完整的法律体系和管理制度。多数公园仅从自身情况出发出台一些相对简单的管理条例，而这些条例在执行过程中又难以落实。调查分析也暴露出目前我国郊野公园存在设施不完善、对外交通不便，以及管理不完善的弊端。随着郊野公园开发数量规模的不断增多，城市居民对郊野公园需求量的增加，完善的法律体系和管理制度将不断出台，作为郊野公园开发和管理的法律依据和制度保障。

3.1.3 要有科学的规划，坚持规划先行

规划先行的原则应在未来郊野公园开发建设中得以明确体现。郊野公园是重要的生态保护地和城市居民游憩场所，开发建设的前期要有一套科学的规划作为指导依据。科学、高起点的规划能够确保郊野公园建设的有序性，从而避免建设的盲目性和随意性。

3.1.4 建造具有多样性、个性化、人性化的郊野公园

调查显示,游憩者在郊野公园游憩过程中最向往的是个性化的公园和人性化的服务。目前国内郊野公园的开发还仅局限于郊野森林公园的开发,使得郊野公园类型较单一,个性化不突出,服务缺少人性化。随着技术条件的成熟,郊野公园开发的类型将呈现多样性和个性化,主要体现在对开发土地类型的选择上,不仅仅局限于郊区条件优越地带,一些郊野劣地、废弃工业地,甚至垃圾场都可能成为郊野公园开发的土地利用形态[17]。同时,郊野公园也将呈现类型个性化和服务人性化的特点,单一的郊野森林公园模式将被主题鲜明的郊野运动公园、郊野森林公园、郊野休闲公园、郊野自然公园、郊野文化公园所替代。

3.1.5 多元化的郊野公园开发模式

目前国内包括香港郊野公园的开发模式是以政府主导型为主,体现在政府出资规划、政府出资建设、政府统一经营和管理的单一开发模式。随着经济社会的发展和政府角色的转换,政府在郊野公园开发中的角色将从主导者转变成引导者。政府引导企业或其他投资主体投资开发郊野公园的模式将成为未来国内郊野公园开发的主流。

3.2 基于游憩者需求的郊野公园开发体系构建

通过对郊野公园开发条件的分析可以看出,郊野公园开发建设是一个系统工程,不应该仅仅从郊野公园对城市生态环境的影响、郊野公园对野生动植物的保护等层面去定位郊野公园的功能,也不能单纯依靠政府去主导郊野公园的开发建设。而是要从开发理念的创新着手,明确郊野公园的开发原则和服务职能,同时依托科学规划的理论支撑和政府的政策引导优势,丰富郊野公园的开发类型,并逐步完善法律体系和管理体制。由此,文章提出构建郊野公园开发体系的6个要素:

开发理念——以人为本。以人为本的郊野公园开发理念不仅仅关注郊野公园存在的生态价值意义,而是更加注重郊野公园存在的社会价值意义。以人为本的郊野公园开发理念的确立是郊野公园开发体系的主导要素,是统领郊野公园开发系统的核心价值取向。

开发原则——规划先行。科学合理的规划为郊野公园的开发提供了理论支持,使郊野公园的开发目标、功能定位、开发方式、开发手段,以及开发过程中应该注重的问题等在规划层次上得以明确。同时,规划在保护自然生态和满足游憩者需求之间起到平衡作用,是指导郊野公园开发的理论基石。

制度保障——法律体系保障和管理体制保障。完善的法律体系为郊野公园的开发建设提供了法律保障，是郊野公园开发系统中实现“法治”的基础，而完善的管理体制保障了郊野公园“法治”的实现和可持续性运营。

主题形态——多样性和个性化。多样性强调由于先天自然条件的限制而导致郊野公园开发类型的多样，个性化则强调郊野公园开发的差异性。多样性和个性化是实现因地制宜开发郊野公园和满足游憩者个性化游憩需求特征的基础，是国内郊野公园开发的必然趋势。

服务观念——人性化服务。人性化服务是基于郊野公园以人为本的开发理念而衍生出的郊野公园的服务观念。人性化服务是以人为本开发理念在郊野公园运营过程中的具体体现，是郊野公园开发系统中服务理念的核心。

开发模式——政府引导为主，企业或其他投资主体投资开发和经营管理的多元化开发模式。多元化模式实现了郊野公园从规划设计、资金投入、开发建设，到后期的经营管理整个过程中参与建设和利益分配主体的多元化，摆脱了政府主导模式下，郊野公园投资开发和经营管理过程中呈现出来的政府负担重、资金投入难以保障、经营管理混乱等弊端，是未来主导国内郊野公园开发的重要模式。

6 个要素是郊野公园开发体系的核心支撑，其中开发理念、开发原则和制度保障贯穿郊野公园开发的整个过程，主题形态和服务观念表现为郊野公园开发的外在形态和内在服务理念，开发模式则表现为郊野公园开发机制的选择。

4 展望

郊野公园对于城市而言，不仅仅是保护生态环境的一种空间形态，更是城市居民返璞归真、与大自然亲密接触的重要空间场所。文章通过对香港及内地部分城市郊野公园建设经验的总结，以及对城市居民郊野游憩需求倾向和居民郊野公园功能需求特征调查分析的基础上，明确了我国郊野公园开发的条件，并提出构建我国郊野公园开发体系的 6 个要素。随着政府对城市生态环境和自然资源保护力度的加大，城市居民对郊野游憩空间需求的增加，我国在未来几年内必将迎来一次郊野公园建设高峰。

参考文献

[1] Dower M. Fourth Wave, the Challenge of Leisure: a Civic Trust Survey [M]. London:

Civic Trust, 1965.

[2] HMSO. Leisure in the Countryside: England and Wales [S]. London: HMSO, 1966.

[3] Zetter J A. The Evolution of Country Parks Policy [M].London: CCP, 1971.

[4] Bertuglia C S, Tadei R. Stochastic Model for the Use of a Country Park[J]. Ecological Modelling, 1982, 15(2): 87 - 106.

[5] Carter J A, Cresswell P J. Design and Development of the Flood Storage and Amenity Reservoirs of the Rother Valley Country Park [J]. Journal of the Institution of Water Engineers and Scientists, 1984, 38 (3):403 - 423.

[6] Brook C, Cresswell P J. Environmental aspects of opencast mining with reference to the Rother Valley Country Park [J]. MINENG(London), 1989, 338: 191 - 196.

[7] Hampton M. Recreation and conservation in English Country Parks [M]. London: Unpublished BA Dissertation, 1991.

[8] Andrew Maliphant, Wendy Thompson. Towards a Country Parks Renaissance[J]. Countryside Recreation, 2003, 11(2):2 - 9.

[9] Andy Maginnis. Managing Visitor Safety in a Country Park [J]. Countryside Recreation, 2003, 11(2) :10 - 13.

[10] David Lambert. The History of the Country Park, 1966 - 2005: Towards a Renaissance? [J]. Landscape Research, 2006,31, (1): 43 - 62.

[11] 张骁鸣.香港郊野公园的发展与管理[J].规划师,2004,20(10):90 - 94.

[12] 陈培栋.香港的郊野公园[J].中国林业,1997(7):5 - 6.

[13] 陈苹,杨际明.生生不息——香港郊野公园[J].广东园林,2003(4):42 - 44.

[14] 胡卫华,王庆.深圳郊野公园的旅游开发与管理对策[J].现代城市研究,2004(11):58 - 63.

[15] 丛艳国,魏立华,周素红.郊野公园对城市空间生长的作用机理[J].规划师,2005,21(9):88 - 91.

[16] 杨锐.美国国家公园规划体系评述[J].中国园林,2003,19(1):44 - 47.

[17] [英]曼纽尔·鲍德-博拉,弗雷德·劳森.旅游与游憩规划设计手册[M].北京:中国建筑工业出版社,2004.

北美旅游景观对扬州瘦西湖新区规划建设的启示[①]

通过对美国、加拿大部分旅游景点景区开发和建设的专题调研，总结、提炼出景观精品理念、系统开发理念、产品创新理念、优质服务理念和整体营销理念等五方面的成功经验，值得扬州市瘦西湖新区乃至我国风景旅游区规划建设时借鉴。并对一些具体可供直接借鉴的项目进行了分析。

1 考察概况

扬州瘦西湖新区的旅游开发是凭借“瘦西湖”这一具有国际影响的旅游品牌，充分利用新区内的文化旅游资源和护城河文化湿地、笔架山地热等特有的自然旅游资源条件，根据瘦西湖新区在扬州旅游产品布局中的主导地位和省、市旅游规划的定位要求，本规划以生态为基础，以文化为灵魂，以市场为导向，以休闲体验为主题，把瘦西湖新区规划建设成为“国内一流、国际叫得响、融文化、休闲、生态于一体”的国家5A级旅游景区。它的建成将迅速改变和优化扬州旅游产品结构，成为生态度假、文化休闲的天堂。

这个具有顶级旅游资源价值、高品位建设的新区，在规划之初就遇到了诸如文物保护与旅游开发、生态建设与项目安排等一系列难题。为了借鉴美国、加拿大进行旅游开发和景区建设方面的成功经验，进一步提高扬州市瘦西湖新区的规划建设水平，2004年12月20日至2005年1月2日，扬州市人民政府派出了以扬州市政协副主席、瘦西湖新区建设指挥部常务副指挥王克胜为团长的“扬州市园林考察团”，对美国、加拿大的有关旅游景区和园林进行了为期14天的考察。王克胜一行6人主要参观考察了旧金山的黑鹰小镇和金门公园、洛杉矶的迪斯尼乐园和好莱坞环球影城、拉

① 原载《东南大学学报(哲学社会科学版)》2006年3月第8卷第2期，合作者为扬州市瘦西湖新区建设指挥部王克胜、孙传余、徐宝林、汤卫华。

斯维加斯的度假酒店设施和米德湖国家度假区、纽约的中央公园和城市建设、加拿大多伦多美加边境的尼亚加拉大瀑布、温哥华格鲁斯山滑雪场和布查花园、夏威夷的城市景观建设、神殿谷纪念公园和珍珠港亚利桑那纪念馆。这些景点景区,看似与瘦西湖新区建设风马牛不相及,但每到一处,考察团每一位成员通过认真调研、类比、分析、挖掘,令大家原本不清晰的思路豁然开朗,灵感不断,收获极大。由于时间所限,尽管临时取消了参观科罗拉多大峡谷和考察芝加哥城市公园和市容的游程,考察团依旧取得了丰硕成果。

2 几点启示

2.1 景观精品理念

布查花园由一座私人花园发展为一座精品花园,得益于其四座风格迥异的花园和美丽如画的四季景色。其精品意识体现在,不惜代价将成千上万吨土壤运输到此地,并悉心从世界各地搜集和培育上千种植物花卉。加上土壤改良和精心培育,用技术弥补先天不足,用对园艺的热爱感染游客,打造出了令人瞩目的旅游胜地。此外,四座花园——玫瑰园、日本园、意大利园、石矿园也体现了世界园艺之精品,既有传统元素,也有现代风格;既有东方韵味,也有西方经典。从园艺、景观到艺术风格,都融入了精品意识,可以说是园林精品中的精品。

迪斯尼乐园是世界上最大的综合游乐场。迪斯尼世界把严肃的教育内容寓于娱乐形式之中,丰富而有趣,每年都要吸引游客近 2 000 万人次。在迪斯尼世界中,设有中央大街、小世界、海底两万里、明天的世界、拓荒之地和自由广场等,从建筑、环境、园艺到陈设,都十分精致。“世界陈列馆”更为有趣,这里有埃及的金字塔、意大利的宫殿、日本的神社、巴黎的埃菲尔铁塔,还有中国的天坛,它的大小虽只有北京天坛的一半,但是雕刻精细,十分逼真。

拉斯维加斯属于旅游资源贫乏、自然环境恶劣的西部沙漠,尽管它的繁荣主要归功于博彩业,但其完善的配套设施、精美绝伦的环境景观也是重要因素。现在的拉斯维加斯已拥有全世界顶尖的度假酒店和世界一流的大型表演及高科技的娱乐设施。即使是不赌博的观光客,也都要来此感受世界顶级的城市旅游景观。

因此,在新区建设中,景观建设必须以高品质为要求,高技术做支撑,要避免重复、老调,打造一流特色景观,从视觉上给人近乎完美的感受。

尽管如此，北美的各处旅游景观建设精致而不奢华，体现出经济、实用，却又非常人性化的风格。由于大部分旅游景区景点建设是靠社会力量捐助的，因此，从设计到建设，都非常讲究项目的经济性。建筑及构造物讲究实（适）用性，满足人体工学的要求。即使是被誉为“20 世纪之新闻故事”中位居第三的珍珠港亚利桑那纪念馆也是如此。

2.2 系统开发理念

旅游是一种融吃、住、行、游、购、娱为一体的活动，所以旅游开发就要强调一种系统开发的理念。黑鹰广场其实是一座以水景为中心的旅游景观小镇，其主题建筑是位于山坡上的黑鹰博物馆（Blackhawk Museum），这座环状建筑物造型别致，居高临下，成为整个景观的中心。博物馆前的瀑布水景成为整个景区的水源，顺势而下，绵延不断，形成带状水景。两侧依次布置商铺、饭店、超市、酒吧等建筑，吃、住、行、游、购、娱融为一体，是一个功能齐全的城市旅游街区。黑鹰广场系统的旅游开发形成了一个鲜明的整体形象，这里虽然没有什么特别的旅游资源，但人气很旺。

因此，系统开发有助于景区运作顺利畅通，形成统一协调的风格、减少不合拍因素，提高游客的感知度，在旅游市场中树立整体和鲜明的旅游形象。从黑鹰广场到好莱坞，从迪斯尼到拉斯维加斯，都是系统开发的旅游项目。在新区建设中，就要强调这种从整体上把握，进行系统开发的理念，从而打造出一个鲜明的旅游形象。

2.3 产品创新理念

此次参观的各处景点个性化、主题性非常明显，参与性强。给我们的启示在于，个性化与参与性的完美结合是这些旅游产品开发成功的秘诀。旅游是寻找异质文化的过程，提到迪斯尼，首先让人想到是美国。好莱坞也不用说，就是美国现代影视文化的象征，环球影城、星光大道都无人不晓。提到拉斯维加斯，浮现脑海的无一例外的是装饰豪华、气氛热烈的大大小小的赌场，金碧辉煌、令人叹为观止的高级饭店，以及在夜晚，沙漠中那一片璀璨耀眼霓虹包裹下的城市景观。所到之处，都能让游客身临其境，被其参与性的项目和产品吸引，不由自主地加入。迪斯尼作为全球最成功的主题公园，其参与的主体是儿童，但实际上它还吸引了儿童的父母、年轻人等不可估量的成人市场。参与性强，每个游乐项目都有一个神秘或精彩的故事来做支撑，寓教于乐，寓文化于游乐，与以前单纯的游乐相比更具有新意与生命力。深圳欢乐谷之成功相当程度上也是借鉴了迪斯尼的设计理念。再看珍珠港亚利桑那纪念馆，同样也是一个非常具有特点的事件旅游产品。其设计简洁,不像一般纪念馆那样沉重和呆板。还通过详细科学的旅游解说系统,利用标牌、图示、展示手法为游客提供了非常有价值的了解珍珠港事件的途径。瘦西湖新区的产品设计要紧扣个性化产品。

如果撇开主题公园不谈,对一般性的以自然景观为基础的旅游产品,如何让人能参与体验呢?目前我们国内有相当一部分旅游产品属于观光型,大家都说参与性不强,看看就过了。因此就需要撇开原有资源的局限性,对产品进行更新、再次创新。比如米德湖国家度假区,就是沙漠中的一个人工湖,但游客在这里异常的放松和休闲。湖区有一块水域,专门供游客给鸟喂食,手中的面包瞬间就会吸引成群的海鸥飞来。看它们停落、起飞,轻盈的身体滑过纯净的蓝色湖面,心情也会随之飞扬起来,顿时倍感轻松愉快!游客都深深迷恋上这种完全自然和单纯的体验,长时间逗留不肯离开。身处大自然的开阔空间,清澈纯净的湖水,加上与鸟亲密接触的美好体验,能给游客久久不能忘怀的回忆。其成功之处就在于设计与定位鲜明独特,非常重视游客参与。以简洁的环境营造和给游客提供与鸟和谐相处的方式成功地创造了自然、动物与人的亲密接触条件。瘦西湖内的小型水域,就可以以这样个性化的主题设计来出彩。

2.4 优质服务理念

旅游业是出售服务的产业,优质服务理念是衡量旅游业服务水平的关键。对于我国旅游服务业来讲,旅游产品和旅游景区的建设都已经达到一定的水平,某些硬件设施甚至优于发达国家。但是,我们的服务水平、软环境的培育远远落后。

布查花园与扬州个园、何园性质相似,但它的旅游服务意识很强。不仅按一定游程设置坐憩设施,入口处的雨伞配备、宾馆式的用餐环境、咨询服务中心、园史展览等,从硬件上为游客提供了人性化的星级服务设施。

迪斯尼、环球影城这样的主题公园虽然主要靠硬件建设来吸引游客,但其软件服务也是一流的,用最优质、最人性的服务最大限度地提升了公园的价值。尽管这里游人如织,但是组织井然有序,所有的工作人员都热情洋溢,游客各得其乐,处处都能感受到周到的服务和工作人员的亲切友善。同时,景区讲解员的讲解更是绘声绘色、引人入胜。环球影城的神秘乐园一方面得益于旅游项目设计的新颖,另一方面就是精彩的讲解抓住了游客,让游客感觉惊险不断。走在迪斯尼世界中,还经常会碰到一些演员扮成的米老鼠、唐老鸭、白雪公主和七个小矮人,他们都会以可爱、友善的态度凑上前来与游客合影,不仅给喜欢它们的来自全球各地的孩子带来快乐,也给成年人一个感受童趣冲击的喜悦。

在珍珠港亚利桑那纪念馆，水上游览的组织给我们留下了很深的印象。由于纪念馆是免费供人参观的，因此游客非常多，队伍也很长。但组织却丝毫不乱，每次只允许一定数量的人去参观水下沉船亚利桑那号，减少了人群拥挤，也没有影响人们的游兴。由于重视旅游项目的服务品质，每年依旧吸引了150万来自世界各地的游客。

人是贯穿景区的灵魂，服务水平的高低直接影响着游客的满意度。有了出彩的服务，我们的资源才能真正发挥最大价值。因此，微笑服务，保持高度热情与积极性，主动服务的意识，关注游客感受和需求，注重细节和人性化需求都是我们的景区要努力做到的。

2.5 整体营销的理念

在美国和加拿大，各个景区和旅游项目的市场推广都非常注重整体营销。一个城市或地区都有一个非常鲜明的形象，其景区和旅游项目的设计——从小的标志设计到景区整体风格的把握，都服从于这个整体形象。

例如在美国，进入各个州的时候，都会有一个旅游信息中心，为游客提供咨询、交通等服务。同时借助统一的口号、标志给游客一个关于本州的整体旅游形象，有效地传达了整个城市的旅游风貌。在细节方面，车牌也承担了宣传城市的功能，非常有新意，也很有效，如加拿大卑诗省的汽车车牌上都印有“Beautiful British Columbia”（美丽的哥伦比亚）这样一句话，而夏威夷的汽车车牌上也都印有“Aloha State”（阿罗哈州）的字样。

在扬州瘦西湖新区建设中，需要借鉴国外这方面的成功经验，从建设初期到最后的市场推广，都要有一个整体营销的理念，使扬州城处处都成为吸引旅游者的要素，不仅包括各大景区，而且包括街头景观、百姓生活、特色街巷，只要是能体现扬州特色的，都可以成为吸引眼球的资源，总体上体现扬州的特色与旅游价值。

3 项目借鉴

3.1 布查花园与花文化园

扬州是著名的花城。但“十里栽花算种田”的传统并没有转化为旅游吸引物。布查花园的主人则完美地把自己对园艺的热爱传递给了每一位游客，这个占地仅50英亩、曾经是私人庄园、只靠花卉每年吸引了来自世界各地的75万游客。历史并不长，建筑也不多(仅园主的住宅)，靠的是依不同主题布置的花园(玫瑰园、日本园、意大利花园和石矿花园)和精美绝伦的园艺技术、悉心的栽培养护。特别需要说明的是，布查花园今天能成为旅游胜地就连园主人当初也没有想到，花园只有经过精心栽培、形成气候，才能得到社会认可。

3.2 冒险乐园与动物之窗

迪斯尼乐园的冒险乐园是最吸引游客的景点之一。紧张、刺激、冒险的乐趣尽在其中。游客乘坐游船环游，这个旅行的特点在于整个过程中，都贯穿着一个"热带丛林人与动物"的故事，或惊险曲折，或神秘有趣。游客在游船上，不仅眼睛能看见各处奇异的"动物"(各种类型的标本)景象，耳中还听到讲解员对故事情节的渲染，加上游船不时触"礁"，险象环生，身心都处于一个营造出来的神秘氛围中。这种做法可以使"动物之窗"项目既生态自然又富有参与性吸引力，成为地道的旅游项目。

3.3 米德湖喂鸟与小鸟天堂

瘦西湖新区规划中的小鸟天堂的设计，本意是要创造一处生态环境好的鸟类栖息地，对游客来讲，感觉上是一处静谧、生态、自然的天地，也更像一块只可远观不可近游的禁地。那么，米德湖的设计很能给予我们启发，人与动物在景区可以和谐共处的，参与性的活动与生态环境的保护可以如此自然和美好。因此，我们可以在创造小鸟天堂优质生态基础上，开辟为游客提供与鸟类、鱼类或其他动物喂食的区域，将现在推崇的生态旅游和体验旅游结合起来，既为游客欣赏大自然、享受大自然提供环境，同时也让他们获得与大自然和动物和谐相处的美好体验。

3.4 沙漠走廊与傍花村温泉

傍花村温泉是要创造一个以温泉沐浴为中心导向，集休闲、娱乐于一体的度假中心。一般而言，度假中心是一个开放的、有着各种休闲场所的地方。而传统意义上的沐浴活动则是一种在相对封闭的空间中进行的私人活动。因此，首先就要把沐浴从一个单一的封闭空间释放出来，在一个更大的空间来让游客参与更多的开放性活动，比如购物、享受美食、朋友露天咖啡吧聊天等等。拉斯维加斯阿拉丁饭店(Aladdin)的沙漠走廊(Desert passage)和人造天空就非常值得借鉴。人造天空可以解决傍花村温泉不利的气候及室内生态自然化的难题，使游客身在室内而感觉像在户外。我们可以在傍花村温泉这个封闭的小空间里，构建一个完整的小天地，让游客身在其中而感觉与自然融为一体。同样，我们也可以构建一个“沐浴文化村”，让游客一进门就感觉进入一个沐浴的世界，首先是强烈的视觉冲击，然后是亲身体验，——类似一个一个作坊式的车间，也可以流水线一样地对人体的一些部位进行“沐浴加工”。

3.5 美洲之河与里下河风情

在迪斯尼乐园的神秘乐园区（Frontier Land）有一个项目是美洲之河，是一个环岛游项目，其人工岛屿大小与水系长度恰好与项目策划中的艺术休闲岛及其水系相似。所不同的是贯穿了美洲之河的故事和场景。扬州瘦西湖新区可以开挖的人工岛屿为载体，设计成以“里下河风情”为主题的参与性民俗水上游项目，与乾隆水上游览线的主题相对照，以一个故事为主线，设计环岛或岛上的设施或景观，游客乘船游览，从一个连续的起伏的情节发展中获得视觉、听觉乃至全身心的体验。

3.6 神殿谷纪念陵园与小茅山公墓改造

这次北美之行的最后一站是夏威夷。由于旅行社安排的是常规景点，与考察目的不符，团长临时要求改变行程，参观伟大的爱国者张学良先生夫妇的长眠地——神殿谷纪念陵园。这里山峦起伏，绿草如茵，鲜花遍野（节日供奉），简直是“人间天堂”！由于在极目所致的范围内墓碑平放，不像我国公墓墓碑林立的景观，而是美如高尔夫球场。来访者每人还要购买 2 美元的门票。这对瘦西湖新区内小茅山公墓的改造提供了范例。

总而言之，这次美加之行不仅汲取了一些世界级旅游景区开发的先进理念和成功经验，还解决了瘦西湖新区旅游产品策划和项目规划设计过程中遇到的不少具体问题，通过现场调研、讨论、策划，还形成了一些新的想法和具体做法，这必将坚定瘦西湖新区整体开发的信心，提升瘦西湖新区的规划建设水平，加快瘦西湖新区旅游开发的进程。

文化生态平衡之于瘦西湖新区国际化的意义[①]

旅游目的地作为旅游业的重要载体，面临着旅游带来的诸多影响，现实中的文化生态保护与旅游发展之间的矛盾日益突出。本文总结分析了文化生态学理论与我国旅游发展的研究状况，并以扬州瘦西湖新区为例，提出从维护现存的文化生态、再生已失的文化生态、建设新的文化生态三方面入手，重构瘦西湖新区文化生态平衡，是其走向国际化的关键。

扬州瘦西湖新区是借助国家重点风景名胜区——蜀冈—瘦西湖风景名胜区核心景区——瘦西湖公园的品牌效应，在“科学保护、有效整合、合理开发、永续利用、可持续发展”的思想指导下，在保持生态特色、展示历史风貌、挖掘文化内涵的基础上，结合现代人的旅游需求，建设成为“国内一流、国际知名，融文化、休闲、生态于一体”的著名旅游景区。但这个具有顶级旅游资源价值、高品位建设的新区，在规划之初就遇到了诸如文物保护与旅游开发、生态建设与项目安排等一系列难题。一方面，旅游业的发展可以运用产业的手段和优势，将一些濒临破败和灭绝的人文资源，如历史遗迹、古代建筑、民居村落，进行保护、修复和开发，在一定程度上对人文资源的保护和利用起到积极的作用。另一方面，由于商业化的旅游开发，其最终目的是赢利。因此，在开发的过程中，如果没有相应的法规、制度相配套，进行约束和监管，可能会造成资源的过度开发和掠夺性开发，造成文化生态的失衡，给人文资源带来不可挽回的损失。

如何在文化遗产保护与旅游开发之间寻找平衡点，成为全世界都在关注的问题。而有效的旅游规划就是寻找这个平衡点的具体措施之一。在旅游规划中坚持文化生态观的理念，保持旅游目的的文化生态平衡能使旅游地遗产资源得到有效保护和利

---

① 原文发表于《中国名城》2008年第3期和《艺术百家》2009年第4期。合作者为张中波博士。

用,既能造福于当代,又能较为真实和完整地传承给后人,满足文化遗产保护与社会发展的双重需求,实现遗产保护和旅游发展的共生。

本文在分析扬州瘦西湖新区文化生态现状的基础上,对于新区的旅游规划建设进行了思考,提出在旅游规划中贯彻文化生态观,从维护现存的文化生态、再生已失的文化生态、建设新的文化生态三方面入手重构瘦西湖新区文化生态平衡,是打造个性化旅游产品以及实现景区国际化的根本保证。

1　文化生态学理论与旅游发展研究

1.1　文化生态学理论研究评述

美国学者斯图尔德(Julian H. Steward)在1955年出版的《文化变迁理论》专著中完整阐述了其主张的文化生态学(Cultural Ecology)理论。他首次将生态学原理引入文化研究中,发现了文化与环境因果关系并系统论证了其对于人类社会组织的作用、类型与意义,具有重要的实际指导意义。随着文化生态学理论的不断完善与发展,现代文化生态学趋向于研究区域人群(族群)在创建区域文化过程中,如何通过感知地理环境、开发与利用资源、改造自然界形成区域文化的特质与风格;这一过程的不同阶段,以区域文化为中介,人地关系的协调程度如何;在肯定和谐一面的同时,主要揭示不和谐一面的文化潜因,为地方政府在资源利用、文化建设、旅游开发、人口控制、产业规划等方面提供决策参考,从而有益于区域社会、经济、文化可持续发展目标的实现。

1.2　文化生态学理论在旅游发展中的应用研究

文化是人类创造的精神财富,是人类思维活动和实践活动的结晶,体现着人类成长过程中的力量、能力和智慧。人类在不同的历史发展阶段创造着不同特质、不同品种的文化,不同地区的人们在不同或相同的历史阶段也会创造出不同特质、不同品种的文化。然而,这些不同特质、不同品种的文化并不是孤立的,它们和其他文化相互比较而存在,相互吸收而发展,每一种文化都是一个动态的生命体,各种文化聚合在一起,形成各种不同的文化群落、文化圈甚至类似生物链的文化链,并共同构成了人类文化的有机整体,即文化生态。随着现代工业文明的发展,人类对于自然环境的破坏日趋严重,自然界的生态平衡遭到了破坏;同样,随着工业文明的侵染,大量地方性的传统文化也已经消失或濒临灭绝，人类文化圈内的文化种类在急剧地递减，人类社会所创立的文化生态平衡也遭到了破坏，人类文化的多样性和完整性保护问题迫在眉睫。可以说，21 世纪人们关注的焦点不再仅仅是自然生态平衡的问题，更重要的还有一个文化生态平衡的问题。如何维护人类社会文化的多样性，保持人类文化生态的平衡正逐渐成为文化生态学的一个主要研究内容。

随着旅游业的发展，旅游目的地的文化遗产资源作为旅游发展的重要物质载体，面临着旅游带来的诸多负面影响，现实中的文化生态保护与旅游发展之间的矛盾日益突出，旅游发展所带来的文化生态失衡问题愈演愈烈。文化生态学理论在旅游发展中的应用研究日益受到学术界的重视和关注。通过检索相关学术文章，发现国内关于文化生态学理论在旅游发展中的应用研究主要集中在文化生态观在旅游开发规划中的应用研究以及对于文化生态旅游的研究。前者针对旅游发展带来的旅游地文化生态失衡问题，主要强调在对文化遗产进行旅游开发的过程中要贯彻生态文化观的理念，处理好文化遗产保护和旅游开发的关系，维持区域文化生态平衡，实现旅游的可持续发展；后者则主要从开展文化生态旅游这一特殊的旅游方式入手，对文化生态旅游的概念、内涵、资源基础、文化生态旅游产品设计原则、文化生态旅游的管理等方面进行了研究。

2　瘦西湖新区重构文化生态平衡是其走向国际化的关键

2.1　文化生态平衡

自然生态平衡是指，在一定时间内生态系统中的生物和环境之间、生物各个种群之间，通过能量流动、物质循环和信息传递，使它们相互之间达到高度适应、协调和统一的状态。自然生态平衡有两个特点即动态性和相对性。生态平衡的动态性是指，生态平衡是一种动态的平衡而不是静态的平衡，这是因为变化是宇宙间一切事物的最根本的属性，生态系统这个自然界复杂的实体，当然也处在不断变化之中，它总会因系统中某一部分的改变，引起不平衡，然后依靠自我调节能力使其又进入新的平衡状态。正是这种从平衡到不平衡到又建立新的平衡的反复过程，推动了生态系统整体和各组成部分的发展与进化；生态平衡的相对性是指，生态平衡是一种相对平衡而不是绝对平衡，因为任何生态系统都不是孤立的，都会与外界发生直接或间接的联系,会经常遭到外界的干扰。当外来干扰超越生态系统的自我调控能力而不能恢复到原初状态时,生态系统就会衰退,甚至崩溃。

此外,许多物种在生态区位和功能上具有互补甚至替代的性质,所以生态系统中的物种越丰富,其自我调控能力也就越强,它所能够承受的内外压力也就越大,整个生态系统也就越稳定。因此,保护生物多样性对于维持、快速重构自然生态平衡有着至关重要的意义。

人类的文化生态系统也是一个由各种文化种类组成的有机系统。随着人类社会实践的不断发展,文化生态平衡也具有动态性和相对性两个特性。人类应从自然界中受到启示,自觉维护人类文化的多样性和完整性,提高文化生态系统的自我调控能力,维持文化生态平衡。此外,文化生态平衡的动态性和相对性特点决定了维护文化生态平衡不应只是保持其原初稳定状态。人类可以充分发挥主观能动性,在维护好原有文化生态形态的基础上,建立适合人类需要的新的文化生态形态,构建新的文化生态平衡,达到更合理的结构、更高效的功能和更好的文化生态效益。

2.2、瘦西湖新区文化旅游资源现状与文化生态平衡

1) 旅游业发展现状

随着旅游业的蓬勃发展,无节制的旅游活动,游人的大量介入,使旅游目的地的社会文化受到了极大的冲击和干扰,旅游不仅对旅游地文化发展带来了很多负面效应,同时不合理的旅游开发与建设也使很多文化遗址遭到破坏。盲目的建设、仿效,千篇一律的建设格调使许多区域文化的文脉正在丧失,文化生态景观正在遭受破坏。维护旅游目的地的文化生态平衡和文化生态的完整性成为人们日益关注的问题。

而在旅游规划实践中,旅游目的地文化遗产如何保护与发展,如何维持旅游目的地的文化生态平衡,亦成为热门话题。特别是像位于瘦西湖新区内的扬州城遗址这样的全国重点文物保护单位,在旅游开发过程中遇到了文化遗产保护与旅游发展这一世界性难题。这类旅游景区的旅游开发必须在文化遗产的有效保护和科学规划的前提下,贯彻文化生态观的理念,保持区域文化生态的平衡,维护文化多样性的存在,实现文化遗产地旅游的可持续发展。

2) 瘦西湖新区文化旅游资源现状

瘦西湖新区规划用地为蜀冈—瘦西湖风景名胜区的一部分。用地界限为:东自

友谊路(南起点)、扬菱路(至双塘路交叉点);南自(污水泵站)沿湖小道、来鹤桥、柳湖路、大虹桥路(自大虹桥向西至念四路交叉点);西自念四路(与大虹桥路交叉点)、扬子江北路(与平山堂路交叉点)、平山堂路(至大明寺西围墙交叉点)、平山北路(至平山乡政府北侧 10 m 外,与西华门延伸路段交叉点)、平山村苗圃场(自平山茶场门市部向北)乡间土路尽头再向北自然延伸至铁路交会处;北自该铁路向东延伸段(雷塘垃圾转运场东南南侧)、双塘路。规划范围总面积 9.22 km^2。

区内人文景观荟萃、历史遗存丰厚。现有两个 4A 级旅游景区,一个全国重点文保单位,14 个省、市级文保单位。用地内具有丰富的历史遗迹和文化遗存,主要有:

湖上园林——瘦西湖景区;

寺观园林——大明寺、西园、观音山、铁佛寺等;

文人胜迹——平山堂、谷林堂、欧阳祠等;

陵墓祠庙——鉴真纪念堂、汉墓博物馆、石涛墓园等;

历史古迹——唐罗城垣遗址、唐子城遗址、宋宝祐城遗址、宋夹城遗址、古桥遗址等。

特别是用地内涉及的扬州城遗址(隋—唐—宋)为全国重点文物保护单位。根据考古发掘,扬州城始建于公元前 486 年,吴王夫差为了北上争霸中原,在蜀冈上修筑了"邗城"(即扬州之始),后城址虽经变迁,但演变过程较为明确。唐子城利用的是原有的隋江都宫城的地势和位置,是唐代扬州官衙府署所在地,后经宋代改筑为宋宝祐城。

这些文化遗产,具有文物保护级别高、文保单位占地广、景观可视程度低、地下遗产尚未明确、人为侵占破坏多等特点。如果不对其进行有效的保护和开发利用,这些宝贵的文化遗产就很有可能濒临破败和灭绝,造成当地的文化生态的失衡,给人文资源带来不可挽回的损失,文化遗产旅游的可持续发展也就无从谈起。

2.3 文化生态平衡与国际一流景区

旅游业是推进城市国际化的先导性产业,是关联度高、带动性强的综合性产业。扬州自古人文荟萃,旅游资源十分丰富,历史上就是一座文化氛围浓厚、国际文化交流频繁的大城市,具备旅游国际化的基础条件。旅游国际化战略是扬州加快旅游业发展的个性化战略,是提升城市国际竞争力的重大举措,是推进扬州经济社会协调发展的有效手段。

旅游国际化的涵义大致包括：客源市场国际化，即国际旅游者占有较大比例；旅游产品国际化，即旅游产品符合国际旅游者的口味，为国际旅游者首选；旅游服务国际化，即旅游服务水平与国际接轨，服务标准符合国际惯例。其他如旅游市场营销、旅游管理等方面也应与国际潮流相符。目前，扬州国际化旅游尚处于起步阶段，入境游客总量不大，2006 年扬州入境游客量约为 30 万人次，旅游效益也不够高。但扬州实施旅游国际化战略正面临着前所未有的难得机遇，包括国际旅游市场的不断升温，国家加大消费拉动力度，加入 WTO 以后我国旅游市场的进一步开放，扬州城市旅游综合竞争力不断增强等等。所以，大力实施旅游国际化战略，把扬州打造成一座国际认知度高、可识别性强、主要旅游产品达到国际水准、城市综合环境可基本满足境外游客各种需求的城市，将是扬州近期旅游业发展的重点。

旅游景区是旅游活动的重要物质载体，是旅游产业链的基础。扬州要实施旅游国际化战略，建设旅游国际化城市，首先就要建设一批具有国际知名度和影响力的旅游景区，以点带面，通过核心旅游景区的带动作用拉动整个扬州旅游国际化的发展进程。而文化是旅游业的灵魂，在旅游的整个过程中，无时不渗透着文化因素。具有特色文化内涵与历史信息的文化旅游资源是旅游活动赖以生存的基础和保持旺盛生命力的源泉，旅游规划最重要的基础就是文化。因此，旅游景区规划建设成功与否，能否成为地区级、国家级甚至是世界级的景区，在很大程度上取决于其区域文化的特色性、原真性的保护状况。面对如今掀起的旅游景区开发热潮，旅游景区要在激烈的竞争中脱颖而出，就一定要有竞争对手所没有的东西，要保护好自身文化资源，保持文化生态的平衡，深入挖掘区域的文化资源，找到自己的个性，形成自己的品牌优势，引导旅游者建立对旅游地的形象感知，进而触发其旅游动机。蜀冈—瘦西湖风景名胜区作为为扬州推进旅游国际化建设的先导区，要实现景区的国际化就必须要强化“文化性、生态性、本土性、民族性”，设计出富有扬州地方特色的个性化旅游产品，必须以区内资源的文化原真为基础，维持文化生态的平衡。可以说，保持好瘦西湖新区的文化生态平衡是打造个性化旅游产品及其走向国际化的根本保证。

3 瘦西湖新区重构文化生态平衡三部曲

文化生态是一个多种文化共存、多种文化和谐统一的有机整体，任何文化的缺失都会影响文化生态的完整性和多样性。而文化的多样性存在又是发展旅游业的一个重要前提，因此，需要采取切实措施，建立多样性文化共生共长的良好机制，维护好文化的多样性存在。此外，文化生态平衡又是一种动态性的平衡，这就要求人们不应简单地认为保持文化生态平衡就是保持文化遗产的现状，或对现有的文化遗产不加利用。相反，人们完全可以在尊重保护好原有文化遗产的基础上，创造发展新的文化形态，建立对人类更加有益的新的文化生态平衡，实现文化遗产保护和旅游的协调发展。具体到瘦西湖新区的规划建设上，就是要在规划建设过程中贯彻这种文化生态观的理念，重构瘦西湖新区的文化生态平衡。

表1　瘦西湖新区功能分区及项目一览表

序号	功能分区	项目名称
Ⅰ	艺术体验区	五亭花园、梅苑花仙、芳树长林（芍药圃）、绿色人居论坛（西墅桃坞）、“盛世古扬州”虚拟展示馆、水竹居主题茶楼、扬州八怪画家村、森林绿洲—名人雕塑园、石壁流淙、锦泉花屿、临水红霞
Ⅱ	傍花村生态岛	花文化园、几山楼、红叶山庄、超级生态美食公园 、邗上农桑、杏花村舍 、水上乐园（生态湿地植物园）
Ⅲ	游憩商务区	香味体验馆、绿杨度假村、旅游购物街、游客服务中心、歌堂舞阁（形体训练馆）、绿杨花市（花鸟虫鱼展示区）、平冈艳雪、庖丁美食
Ⅳ	汉宫秋韵区	汉墓博物馆 、汉陵苑、汉文化村
Ⅴ	大唐遗风区	盛唐古街、唐风文化村、遗址博物馆、西华门（瓮城）、隋宫遗址碑亭、唐节度使衙门遗址、商胡驿楼、成象苑、崔致远纪念馆、铁佛寺、品翠茶庄
Ⅵ	宗教文化区	鉴真文化园、大明寺、石涛墓园、观音禅寺
Ⅶ	康体休闲区	运动疗法养生中心、乡村俱乐部、野营基地、汽车营地、纪念林（婚礼纪念林）
Ⅷ	世界动物之窗	商务会所、主题公园
Ⅸ	月亮神卡通玩具城	月亮神卡通世界、玩具王国、儿童游乐中心、小鸟天堂

资料来源：江苏东方景观设计研究院.扬州瘦西湖新区总体规划，2005

3.1　维护现存的文化生态

维护现存文化生态存在三个层次：一是抢救和保护濒临消亡和灭绝的文化种类；二是保护正在萎缩的文化生态；三是维护好文化多样性的存在。在瘦西湖新区的旅游开发规划中，尤其注重对整体环境、文化和生态的保护，统筹规划和保护扬州的历史文化资源，以重构瘦西湖新区的文化生态平衡。

表 2 瘦西湖新区现存人文资源一览表

类型	景源名称	地点	备注
胜迹	双峰云栈	蜀冈风景区	原有地势地貌完好
	西华门	唐子城风景区	遗址保存完好，现为国家级文物保护单位
	石涛墓园	蜀冈风景区	亟待整修
	汉墓博物馆	唐子城风景区	保存基本完好，现为省级文保单位
	南门(瓮城)	唐子城风景区	遗址保存完好，现为国家级文保单位
	唐子城古城垣	唐子城风景区	保存完好，现为国家文保单位
园景	西园	蜀冈风景区	园内除植物长势欠佳外，其余保存基本完好
	堡城花木场	唐子城风景区	盆景园、月季园、鲜插花基地等
	平山茶园	唐子城风景区	
建筑	观音禅寺	蜀冈风景区	保存基本完好，现为市级文保单位
	大明寺	蜀冈风景区	保存基本完好，现为省级文保单位
	鉴真纪念堂	蜀冈风景区	保存基本完好，现为省级文保单位
	栖灵塔	蜀冈风景区	始建于隋代，1994 年重建
	平山堂	蜀冈风景区	
	成象苑	蜀冈风景区	保存基本完好
	十字街	唐子城风景区	主要有节度使衙门、遗址碑亭、商胡驿楼等遗址，现为堡城村所在
	西游幻宫	笔架山风景区	
风物	民风民俗、民间文艺、地方物产等		

资料来源：江苏东方景观设计研究院.扬州瘦西湖新区总体规划，2005

瘦西湖新区现存的这些文化遗产是扬州悠久历史文化的物质展现载体，保护好这些宝贵的文化遗产对于维护扬州历史文化脉络的完整性有着重要意义。同时，这些文化遗产还是扬州重要的人文旅游资源，更是扬州参与激烈的旅游市场竞争的王牌。所以，新区规划在对区域人文资源进行全面详查的基础上，结合国内外人文旅游资源保护的成功经验，制定了适合新区实际的人文旅游资源保护规划和实施规划，具体要做好以下几个方面的工作。

1）开展瘦西湖新区范围内文物古迹的清点、申报和保护工作

新区管委会负责风景区范围内的文物古迹清查和保护工作，成立专门的领导小组，进行风景区范围内文物古迹的调查、清理和登记，积极开展文物古迹的鉴定、评级与申报工作；划定文物古迹的保护范围，以此为基础，加强对文物古迹的管理。

2）文物保护与旅游开发相结合，变被动保护为积极保护

文物古迹是蜀冈—瘦西湖风景名胜区重要的资源依托，是蜀冈—瘦西湖风景区最具特色的风景资源之一，具有发展风景旅游的优势。规划走历史文化资源保护与旅游开发相结合的道路，在保护的基础上，适度发展风景游赏，包括文物实地展示、馆藏展示、水乡风情游等，旅游的部分收益用于文物古迹的防护、保存、修缮和再生。

3）文物古迹保护和风景区建设结合，强化风景区特色

新区范围内的许多文物古迹是蜀冈—瘦西湖风景区的特色景观，如大明寺、鉴真纪念堂、石涛墓园等。对它们的保护与利用是继承和发展地方特色文化、风景区建设和丰富游赏体验的重要内容。

4）加大文物保护督察力度，加强文物保护法规宣传

加强文物保护法普及教育，提高社会民众对于文物保护工作的认识，严格执行文物保护法的相关规定，加大对文物保护的督察力度，规范文物的考古发掘活动和收藏行为，防止对文物的破坏，避免文物的流失。

3.2 再生已失的文化生态

扬州是我国首批公布的历史文化名城，在中国文化史上具有重要地位。作为一个有着近 2 500 年历史的历史文化名城，曾经拥有过汉代、唐代和清代 3 次历史性的辉煌，隋代、五代、南宋、明代也在扬州留下了重要的历史遗迹。但时过境迁，如今人们已经难以觅寻扬州曾经拥有过的那份辉煌。许多历史上原有的优秀文化已经消失、绝迹，这对于新区的文化生态环境无疑是个巨大的缺憾。保护瘦西湖新区文化生态的核心就是保护其文化的多样性存在，体现出扬州历史文化发展的延续性特征。因此，瘦西湖新区的旅游开发规划在做好对现存文化资源的保护利用的基础上，深入挖掘了扬州悠久的历史文化资源，通过各种手段恢复扬州历史上曾经存在过的文化景观，再现扬州古文化景观的魅力，提升了瘦西湖新区的文化内涵，重构了区域文化生态的完整性。

1）遗址景观展示系列

遗址景观是重要的历史、文化信息载体，具有较高的历史、文化、科学价值和保护

价值。扬州自春秋战国开始筑城，历经汉、六朝、隋、唐、宋、明清至今，已有2 500余年，建城历史连绵，遗迹遗物丰富。规划将众多的遗址遗迹点、线、片、面相结合，实行多层次完整保护，通过建立遗址博物馆（汉墓博物馆、唐子城遗址博物馆），在遗址处新建遗址碑亭（隋宫遗址碑亭、唐节度使衙门遗址碑亭、在古扬州二十四桥旧址设立遗址碑亭等），选择某些具有代表性的古文化景观（瘦西湖二十四景中的邗上农桑、杏花村舍、平冈艳雪，古扬州二十四桥、石涛墓园等）在其旧址上加以复建等方式形成遗址景观展示系列，完整揭示扬州丰富的历史文化内涵，体现扬州瘦西湖新区旅游的高定位、高品位、高质量。新区遗址景观展示系列内涵丰富，既包括时间维度上的历代遗迹景观，也包括空间维度上的城门、城墙、城河、水涵洞、古桥、街道等遗址。

2）古文化景观的现代展示

在充分挖掘扬州历史文化资源的基础上，规划通过文物展示、历史风貌再现、现代声光电技术等多种手段，再现古扬州的盛世繁华景象。

表3　瘦西湖新区古文化景观展示项目

序号	功能分区	项目名称	备　注
Ⅰ	艺术体验区	水竹居主题茶楼	以水竹居为景观意境，体现扬州茶文化及曲艺文化
		扬州八怪画家村	以扬州八怪为主题，展现古今扬州的诗文书画艺术
		森林绿洲—名人雕塑园	以扬州历史、文化、名人等人文景观为题材
		“盛世古扬州”虚拟展示馆	运用现代声光电技术展现古扬州的繁华景象
Ⅱ	大唐遗风区	盛唐古街	将旧街市改造成集中的唐代民俗游览展示区
		唐风文化村	仿造扬州在盛唐环境下的一个个乡村村落形态
		商胡驿楼	发掘扬州对外的商贸文化，新建商胡驿楼
		成象苑	借助现代技术，展示古扬州的经济、文化、社会生活
		古代六艺体育休闲区	开设唐代各种运动项目的表演、培训和体验活动内容
Ⅲ	汉宫秋韵区	汉陵苑	建设金印献宝、神居探秘等和广陵王墓葬有关的项目
		汉文化村	展示汉代宫廷生活场景、汉代服饰、汉代婚俗等

3）恢复已失的风物景观

新区内不仅有旖旎的山水风光，还有人们生活劳作展现出的风情画卷，因时、因节的各种民俗、节庆、民间文艺、地方物产等都是风景区的重要风物景观。例如清代时在城内官河和瘦西湖上，画舫无数，为一时之盛，画舫上可张灯结彩，成为“灯船”，又多设宴饮，成为扬州夜生活的特色一景。规划恢复扬州的这种乘画舫夜游瘦西湖的民俗，增加景区的夜景游览项目，提升游人的旅游体验度；此外，还有诸如清明前后，扬州人有陆行踏青、舟行游湖的各种习俗，观音山观音圣诞等民间信仰，扬州美食等各种特色风物景观可供开发利用。这些富有扬州地方特色的风物景观的恢复与开发利用在传承了传统文化的同时，也为旅游开发提供了一项特色资源。

3.3 建设新的文化生态

人类的实践活动是不断发展的，人类也在新的实践中创造着新的文化。文化生态是动态的，它不但要保护既有的存在，更要容纳新的文化存在。从某种意义上说，新的文化存在体现着文化生态的动态本质，反映了文化生态生长、发展的过程。因此，我们必须随着人类实践活动的深化，在保护好人类原有文化生态的同时，建设新的文化生态。具体到瘦西湖新区的规划建设上就是要在传承历史文脉的基础上，开发满足现代人需求的新的特色旅游项目，创造新的文化形态，形成与瘦西湖新区原有文化生态和谐统一的新的文化生态，在此基础上构建新的文化生态平衡。

表 4　瘦西湖新区新建旅游项目

序号	功能分区	项目名称	备　注
Ⅰ	傍花村生态岛	傍花村温泉水疗中心	利用地热资源，运用 SPA 温泉水疗的现代理念和先进的水疗器材，打造温泉水疗中心，传承扬州的沐浴文化
		花文化园	展示现代花卉艺术，提供休闲空间
		超级生态美食公园	引入休闲度假环保社区概念及超级环保生态园——倡导绿色娱乐主题
		水上乐园	以戏水项目吸引游客
Ⅱ	游憩商务区	香味体验馆	开拓香水、香料市场
		绿杨度假村	以绿杨文化为底蕴，提供休闲度假、会议举办等功能
		旅游购物街	出售扬州特色旅游商品
		绿杨花市	传承扬州举办花市的传统，展览、出售各种花卉产品

续 表

序号	功能分区	项目名称	备 注
Ⅲ	大唐遗风区	崔致远纪念馆	以崔致远为载体展示中韩友好交往历史，可将韩文化适当引入，展现韩国风情
		品翠茶庄	以“平山茶”为依托，集观茶、制茶、品茶功能为一体
		花卉盆景吧	展示扬州盆景文化
Ⅳ	世界动物之窗		以世界轮椅基金会赠送的珍贵标本为主题，生态化、场景化地展示动物王国的有趣故事，吸引游客特别是儿童青少年的参与
Ⅴ	月亮神卡通玩具城		以充满童趣的景观和卡通玩具为特色，目标市场主要为儿童，同时吸引喜爱卡通文化的成年人

此外，规划创办一些新的旅游节庆活动，开发各种民俗旅游纪念品，以此来创造新的文化形态，为文化生态系统注入新的活力元素，构建适合现代人需求的、新的文化生态平衡。扬州可在现有“烟花三月”国际旅游节和“二分明月”文化节的基础上，增加“扬州的夏日”修学旅游节和冬季的美食沐浴文化休闲旅游节。前者可面向日本的大中学生推出盛唐文化暨鉴真故里修学游，针对韩国学生推出盛唐文化与崔致远第二故乡修学游，面向国内学生推出各类夏令营修学旅游活动；后者通过举办美食沐浴旅游节，向游客推广美食沐浴休闲保健游。另外，扬州还可以从自己的民俗与艺术生活中发掘新的旅游产品，如：剪纸、木版画、雕版图书、玉雕、漆器、绣品、乐器、玩具等，以传统的民间艺术来包装现代的旅游纪念品，进行产品创新。

4 结语

瘦西湖新区内的文化遗产是扬州悠久历史文化的载体，反映了扬州历史发展的进程，是开展旅游的物质基础。面对旅游对旅游地文化生态环境的冲击与破坏，瘦西湖新区规划充分借鉴了以往的经验教训，将文化生态观的理念贯穿于整个规划过程中，通过保护新区现存的文化生态、再生已失的文化生态、建设新的文化生态三方面入手重构了瘦西湖新区的文化生态平衡，实现了文化遗产保护和旅游的协调发展，堪称文化遗产保护与旅游发展和谐共生的国际经典案例。

参考文献

[1] 周武忠.文化遗产保护和旅游发展共赢[J].艺术百家，2006(7).

[2] 周武忠,王克胜.北美旅游景观对扬州瘦西湖新区规划建设的启示[J].东南大学学报(哲学社会科学版),2006(2).

[3] 江金波.论文化生态学的理论发展与新构架[J].人文地理,2005.

[4] 邓先瑞.试论文化生态及其研究意义[J].华中师范大学学报(人文社会科学版),2003(1).

[5] 吴圣刚.文化的生态学阐释和保护[J].理论界,2005(5).

[6] 方李莉.文化生态失衡问题的提出[J].北京大学学报(哲学社会科学版),2001.

[7] 黄安民,李洪波.文化生态旅游初探[J].桂林旅游高等专科学校学报,2000.

[8] 黄烨勍.西双版纳傣族民俗文化生态旅游规划研究[D].昆明理工大学,2002.

[9] 杨家娣.沧源县翁丁佤族文化生态村旅游开发研究[D].云南师范大学,2004.

[10] 吴东荣.旅游对接待地文化生态的影响[D].广西师范大学,2006.

[11] 赵美英.生态文化理念与我国古城旅游的可持续发展研究[J].生产力研究,2005.

[12] 黄萍,王元珑.创建四川民族文化生态旅游可持续发展模式研究[J].西南民族大学学报(人文社科版),2005.

[13] 黄爱莲.生态旅游开发与民族民间文化保护的整合性研究[J].广西社会科学,2004.

[14] 尹得举.文化生态和民俗文化旅游规划研究[D].西安建筑科技大学,2007.

世界公园评价指标体系初探①

目前世界上已有不少园林、公园景观凭借自身独特的优势为全球游客所津津乐道并心生向往，各地高品质公园的建设也进行得如火如荼。但是关于世界公园的学术研究却非常少见。本文对世界知名的园林、景观公园进行探讨，提取世界著名公园的核心成名要素，分别是独特的地理区位、历史文化、自然资源、花卉景观、面积设施，并根据成名要素将世界公园分为世界级休闲公园、世界级历史名园、世界级地质公园、世界级花卉公园、世界级城市公园。深入分析世界公园的高品性和高国际影响效应，遵循综合型、整体性、可操作性、个性化、层次分明以及科学性的原则，构建世界公园的评价指标体系，并在此基础上对扬州蜀冈—瘦西湖风景名胜区的相关指标进行了解析。

1 世界公园的概念界定

世界上不少园林、公园景观在全球范围内享有声誉，有的以优质卓越的自然资源著称，如美国的黄石公园，被誉为“地球上最独一无二的神奇乐园”；有的以悠久的文化历史享誉全球，如英国的海德公园，是英国最大的皇家园林；还有的以辽阔的地理面积为世人知晓，如荷兰的阿姆斯特丹 Bos 公园，是 20 世纪全世界最大的城市公园[1]……鉴于它们在世界范围内的高知名度与高美誉度，我们称其为世界公园。

关于世界公园官方没有统一的定义，只有一些名词和概念与其相关。分别是国家公园、地质公园、世界遗产。

“国家公园”的概念源自美国，名词译自英文的“National Park”，最早由美国艺术家乔治·卡特林提出，他认为“它们可以被保护起来，只要政府通过一些保护政策设立一个大公园——一个国家公园，其中有人也有野兽，所有的一切都处于原生状态，

---

① 原载《中国名城》2012 年第 9 期。合作者为：林宝荣，扬州蜀冈—瘦西湖风景名胜区管理委员会副主任；周康，扬州蜀冈—瘦西湖风景名胜区管理委员会规划建设局局长；邹春丽，东南大学旅游学系硕士研究生。

体现着自然之美"[2]。国家公园的标准主要体现在面积、生态体系、管理机构、游客准入制度几个方面。

国内与国家公园相当的概念是风景名胜区，指风景资源集中、环境优美、具有一定规模、知名度和游览条件，可供人们游览欣赏、休憩娱乐或进行科学文化活动的地域[3]。根据资源品质等将风景名胜区分为省级和国家级两类。

地质公园是以其地质科学意义、珍奇秀丽和独特的地质景观为主，融合自然景观与人文景观的自然公园[4]。地质公园有较高的历史、考古、美学等价值，地质公园的定义中特别指出其始终处于所在国独立司法权的管辖之下。

世界遗产是指被联合国教科文组织和世界遗产委员会确认的人类罕见的、目前无法替代的财富，是全人类公认的具有突出意义和普遍价值的文物古迹及自然景观。主要分为自然遗产、文化遗产、自然与文化复合遗产和文化景观。[5]

对上述四类公园进行综合分析，可以看出，目前官方的园林、景观公园主要是从公园的资源品性上进行分类，该分类方式较为单一，但也说明资源属性在公园建设中无可替代的重要性，即使是目前发展迅猛的游乐型主题公园，游乐设施也是自身成功的关键。

本文目前所指的世界公园，将超越原有的定义，不再从公园本身属性出发，而是从其产生的影响力出发。影响力的来源可以是资源属性、品牌营销、管理模式、国际事件等等，我们对此不做限定。只要其在世界上具有高知名度，具有国际影响力，能够提升所在城市整体品位，带动当地经济发展，提升国家整体形象，即称之为世界公园。

世界公园至少拥有以下两种价值：

1. 经济价值：带动当地旅游业的发展，增加就业岗位，促进地方经济的增长。同时，世界公园的知名度可以为城市品牌的营销提供有力地支持，进而打造国际旅游城市。

2. 文化精神价值：世界公园在不同程度上承担了传承历史文明的重任。公园在改善市民的生活品质，提升城市生活品位的同时，或保护了历史遗迹，或展示了人类文明艺术史，或保存了大自然的原始风貌，促进了人类文明的传播与传承。

2　世界公园的主要特征分析及分类

公园的分类又是另一个复杂的体系。各国公园分类的基准点也不尽相同。即使是在同一个国家，不同类别的公园体系也有自身独特的分类标准。如日本在公园的分类体系中，先根据资源属性将公园分为自然公园、城市公园两类。又根据面积、服务对象、功能进行了细分，种类纷繁复杂[6]，而国内的分类体系更是亟待完善。

对世界公园进行分类的标准是多重的。这里将从现实案例入手，研究总结世界公园的主要特征，分析世界公园的成名要素，并在此基础上，根据成名要素对世界公园进行分类，直指世界公园最核心的优势所在。

在前期大量的案例研究基础上，本文选取了若干经典世界公园进行简明阐述。

纽约中央公园坐落在摩天大楼耸立的曼哈顿正中，是纽约最大的城市公园，作为大量水泥建筑中的一片绿洲，中央公园深受当地市民的喜爱，成为节假日休闲的不二选择。独特的地理区位是它制胜的关键，充分满足了城市居民渴望绿色，能轻松享受到绿色的心理。另外，中央公园给地产开发模式，打造宜居社区提供了极好的案例借鉴。

英国海德公园是英国最大的皇家公园，是英国传统文化以及自由平等民主等普世价值传播的著名场所。其中"演讲者之角"被誉为"肥皂箱上的民主"，每年国王在此鸣放生日礼炮，吸引了大量的游客。海德公园是英国政治历史进步最好的诠释者之一，承载了其政治精神。另外美国著名的拉什莫尔山国家纪念公园，其内雕刻了美国 4 位前总统的头像，代表了美国建国 150 年来的历史，是了解美国的必经之地，每年能吸引大约两百万游客前来观光旅游。

美国黄石国家国家公园被美国人自豪地称为"世界上最独一无二的神奇乐园"，公园内百分之九十九的面积均尚未开发，拥有陆地上最大数量、种类也最多的哺乳动物，保持自然本色，展现最古老最纯净的自然魅力，营造了一个"城市生态天堂"，实现了人类与自然的可持续和谐共赢。

美国的长木花园是一个"园中有园"的复合式大花园，包括 20 个室外花园、20 个室内花园以及大片林园，其独一无二的公园设计手段以及景观营造理念，使其闻名遐迩。另外公园的管理运营模式也值得一提，其面向公众免费开放，同时又吸收志愿者维护公园日常管理，真正做到了公众参与，扩大了知名度与美誉度，同时，也最大限度地发挥了公园的效用。与此类似的还有荷兰的库肯霍夫花园，其凭借每年的郁金香花展以及传统欧式风格的景观设计，成为欧洲最迷人的花园。

美国金门公园，横跨 53 条街，占地达 1 017 英亩，是全美面积最广阔的公园，也是世界上最大的城市公园之一，极大地改善了旧金山的城市生态环境，被誉为旧金山"绿色的肺"。荷兰的阿姆斯特丹 Bos 公园(Amsterdamse Bos)被认为是阿姆斯特丹人的露天休闲场所中的一个“楔形绿地”。占地 935 公顷，始建于 1934 年，被认为是 20 世纪全世界最大的一个城市公园。

对上述公园的核心优势进行提取，可分为以下 5 类：

1. 世界级休闲公园　便利的地理区位以及综合型的休闲游乐设施满足了当地居民的休闲游憩需求，提升了当地人的生活品质。

2. 世界级历史名园　承载了本国乃至世界的文化历史或者政治经济进步史，是全人类的文明瑰宝，是人类的历史记忆。

3. 世界级地质公园　在人类对自然资源过度开发的今天，其保存了自然最原始的面貌，是人类对自然最真诚的回归，也是人与自然和谐共处的有效模式之一。

4. 世界级花卉公园　花永远是美好生活的标志之一，人们对花的热爱之情不分国界。花是世界人民共同的语言，对于花卉的利用更是一门深奥的学问，也是一门关于美丽的艺术，花卉公园是人类精神诗意的栖息地。

5. 世界级城市公园　公园的面积超乎人们的想象，不是城市中的公园，而是公园中的城市。大面积的公园成了各个年龄阶段、不同文化层次的市民或者游客的游乐园。

它们的核心成名要素分别是独特的地理区位、历史文化、自然资源、花卉景观、面积和设施。

可以看到，目前世界公园的成名要素大多为其自身的“硬件”资源，世界公园的建设均是在完善本身资源的基础上加以改进。结合目前公园建设的国际潮流以及服务型经济浪潮，提出以下 4 点世界公园成名要素的创新点：

第一，生态可持续的公园管理模式

“高效、绿色、人文”是公园管理的关键词，在传统的管理方式已经趋于阻碍公园进一步发展的时候，创新是突破瓶颈的关键词。从所有制、管理体制，或者仅仅公园的内部管理方式等方面都可以寻找到突破点。

第二，借助“智慧旅游”创新公园产品

“智慧旅游”已经是旅游业未来的潮流，目前全球都在紧锣密鼓地研制智慧旅游产品，想借此机会夺得先声，在世界旅游业中占据一席之地。未来公园的发展只有借助智慧旅游，才能更好更快地与国际接轨，被更多的旅游者知晓，跻身世界公园的行列。

同时，智慧旅游除了可以更好地向旅游者提供产品之外，也是公园管理的一大创新和挑战。

第三，与国际接轨、与城市联动的品牌营销措施

"园在城中，城在园中"，一个城市的公园和所在的城市本身就是相辅相成的关系，一荣俱荣，一损俱损，在城市品牌的宣传造势上，我们要立意高远，独树一帜，将世界公园和世界城市捆绑，作为一个整体被旅游者感知和体验。

第四，多方力量参与投资建设机制

多方力量参与投资建设，除了资金方面的优势外，多元化的投资带来多元化的理念，易于在众多的观念中寻求到最优理念，从战略角度给世界公园定好位。并且吸收各界力量行为本身就已经具备了深厚的社会市场基础，有利于世界公园知名度的提升。

3 世界公园的评价指标体系

3.1 世界公园评价方法

参照国际城市的评价方法，对世界公园的评价也可以分为两类：一是以综合指标体系来评价世界公园，如设立各项评价指标标准；二是按照单一指标来研究世界公园，如根据国际游客比例等来确定是否入围世界公园。

本文对于世界公园涵义的解释，主要是从公园的综合建设质量和国际影响力两个方面，并认为高品质的公园建设与高知名度和美誉度的国际影响力是世界公园的主要标志和共性特征，是构成世界公园的基本要素，也是定义世界公园的必要条件。

事实上，任何公园都是一个开放系统，具有对外开放的共性，从而具备一定的国际影响潜力，甚至有些公园因为一些意外的原因，在世界上拥有影响力，但我们不能认为它就是世界公园，因为一方面它的公园建设品质还没有达到世界级的标准，另一方面，它们的国际影响力也还没有达到"极强"的程度。所以说，公园的高品性建设和世界高影响力是构成世界公园的必要条件。

反之，如果一个公园没有极强的世界影响力，没有一定规模的国际游客，我们就不能说它是世界公园，这是无可非议的共识。但是"极强"该如何度量，本文认为公园的资源建设品性在全球范围内应是特别突出的、卓越的，在国际舞台上占有举足轻重的地位。

由以上分析可以看出，世界公园的世界级品质建设和全球范围内的高知名度是构成世界公园的必要条件，所以从广义的角度，可以这样定义：世界公园是国际影响效应极强的公园。

国际影响效应的概念由 3 个要素组成：

1. 公园的品性影响

主要指在全球范围内该公园的资源属性及设计理念的独特性、唯一性及品质性，拥有国际影响力的核心属性。

2. 公园的影响强度

即该公园在世界上的知名度及美誉度的强弱。

3. 公园的影响规模

主要指该公园境内外游客的数量。

公园的资源品性影响或许很强，但其影响规模不一定大，如一些待开发的具有国际影响力的人类遗址等；而公园品性影响力不大的一些公园，通过后期的综合建设，涉外的领域很广，则也能成为具有很大影响规模的世界公园，在国际上拥有较大的知名度。如美国的金门公园、荷兰的阿姆斯特丹 Bos 公园。

世界公园的基本特征体现在公园的高品性建设和国际影响效应两个方面，也就是说，这两大方面的特征构成了世界公园的基本评价标准。

1. 公园的高品性建设

高品性建设是指整个公园体系的所有构成要素的品质，而不仅仅是指在某个方面和领域的高品性。具体地说，其基本特征主要表现在以下 3 个方面：公园核心属性顶尖化——公园的核心属性必须在国际舞台上拥有举足轻重的地位，在国际上拥有自己的国际影响力，公园才能跻身世界公园的行列；公园建设品质化——优良的布局、一流的设计、生态节能的基础设施等；公园管理模式现代化——具有高效、绿色、人文的管理结构。

2. 公园的高国际影响效应

不同的世界公园，其国际影响的具体对象可能不尽相同，但世界公园产生国际影响力的综合效应仍有许多共同的特征，主要反映在以下 3 个方面：境外游客在游客总人数中占相对较重的比例——世界公园不仅仅是一个城市的城市花园，更是全世界人民共同的财富；交通和信息传播网络的国际化——"酒香不怕巷子深"已经落后时代几千年，尤其是旅游业，可达性成为一个地区能否成为世界热门旅游地的重中之重。拥有全方位开放、通达便捷的国际交通网络至关重要；文化交流国际化——作为世界公园的核心属性之一，其蕴涵的精神文化价值是全人类共同的财富。

根据公园的品性建设及国际影响效应，可以将世界公园分成两大类：一类是综合性的世界公园——该类公园具有多种核心资源，以综合游憩作为设计理念，如纽约中央公园、汉堡城市公园等，此类公园更多的建设在城市之中，可称之为世界级的城市公园；另一类是主题性的世界公园，设计理念即是围绕着某一核心资源进行打造，拥有自己独特的资源品性，在国际社会上占据鳌头，如黄石国家公园、库肯霍夫花园等。

世界公园级别层次的划分，实际上是对世界公园进行综合评价和排序，需要建立一套完整的世界公园评价体系，然后应用定性与定量相结合的方法，进行综合评价与排序，达到对世界公园分级的目的。从定性的角度，根据世界公园的国际影响效应，可以将世界公园分为全球性世界公园、区域性世界公园和地区性世界公园 3 个层次。

通过上述分析，可以避免在世界公园评价指标体系构成中指标过多，面面俱到，过程繁杂，有利于构建一个科学、合理、实用的指标体系，用于研究分析评价世界公园，并借鉴国外世界公园的发展经验，努力打造中国的世界公园，提升地区乃至国家的国际形象。

3.2 世界公园评价原则

建立世界公园评价指标体系必须遵循一定的原则，考虑世界公园的实际情况以及构成要素的相互关系，评价世界公园应遵循以下原则：

1. *综合性原则* 世界公园作为城市、国家乃至全球的休闲游憩体验场所，作为社会、经济和自然的复合系统，评价指标的选取要尽可能全面，评价过程中要使用综合性的评价方法，以便对不同地区、不同类型的世界公园系统进行比较。

2. *整体性原则* 世界公园不是独立存在的，不仅需要与周围环境相融合才能实现可持续发展，更要与所在城市、所在国家，乃至全人类的普世理念相结合才能成为真正意义上的世界公园。因此评价体系的建立必须注重公园与自然、公园与人类的协调性和整体性。

3. *可操作性原则* 只有可操作性的评价体系才有其实际的意义。目前并没有世界公园的统一定义，更谈不上世界公园的评价标准体系，所以应当建立定性与定量相结合的可操作的世界公园指标体系。

4. *个性化原则* 不同的世界公园所在区域的自然条件和社会经济发展水平都有差异，应当根据世界公园的具体类型和特点，进行有针对性的“个性化”评价，做到普遍性与特殊性的统一。

5. *层次分明原则* 指标体系是由多层次的指标群构成，分为目标层、准则层、指标层等，各个子系统之间既相互独立又相互联系，指标群逐级分解，形成多级有机的组合。

6. *科学性原则* 指标体系一定要建立在科学的基础之上，要科学合理，客观真实反映世界公园的全貌，世界公园首先是在当地、本国享有盛誉的公园[7]。

3.3 世界公园评价指标构成及意义

世界公园的评价指标是对上述世界公园的基本特征的进一步延伸和拓展，使其具体化、定量化、可比化。本文对世界公园的评价体系的设计思路是：把世界公园评价指标体系分为若干层（见图 1），由上至下，将宏观、抽象的指标逐步过渡到微观、具体、可度量的指标[8]。最上层为总体评价对象，即世界公园；第二层根据世界公园的定义将其分为公园的品性建设和公园的国际影响效应，第三层为特征指标层，即将世界公园的基本特征列入该层，作为下一层指标设计的依据，第四层为具体类指标层，它们实际上是由上一层特征"软指标"细分而来，反映某一中微观领域或具体方面的水平状态类的指标；第五层是测度指标层，该层指标的设计，一方面要求可度量性、可比性，另一方面又要求具有代表性和主成分意义。根据这一设计思路和原则，本文建立了如下评价指标体系。

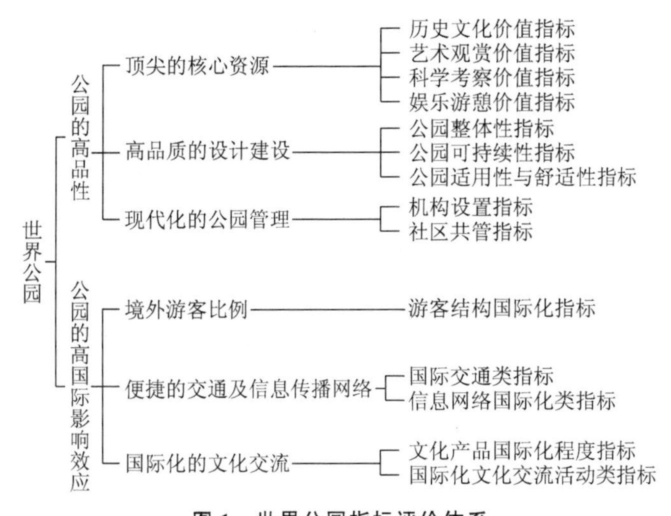

图 1 世界公园指标评价体系

历史文化价值指标——可以选用公园的历史文物保护现状、建筑特色保存现状等；

艺术观赏价值指标——文物、博物馆数量等；

科学考察价值指标——公园生态环境现状、水系保存现状等；

娱乐游憩价值指标——游乐设施数量、服务人员数量；

公园整体性指标——与所在区域的互融程度、多样化功能；

公园可持续性指标——资源的合理利用、环境友好程度；

公园适用性与舒适性指标——游客满意度；

机构设置指标——管理部门完整程度；管理流程规范度；

社区共管指标——社区参与程度、社区居民满意度；

游客结构国际化指标——国际旅游者接待人数、国际旅游创汇收入；

国际交通类指标——国际机场港口数；

信息网络国际化类指标——现代信息传输系统及与国际联网的程度与规模等指标；

文化产品国际化程度指标——公园内的世界文化产品数等；

国际化文化交流活动类指标——国际文化交流活动数等

4 扬州蜀冈—瘦西湖风景名胜区打造世界公园初探

扬州瘦西湖目前为“全国AAAAA级旅游景区”、“国家级大遗址公园”、“国家文化旅游示范区 ”、“具有重要历史文化遗产和扬州园林特色的国家重点风景名胜区”，扬州的盆景资源更是享誉海内外，加上众多的国字号荣誉，扬州瘦西湖的自然与文化资源可谓是同类型景区资源中的佼佼者，凭借这些资源打造特色景观，成为具有国际影响力的世界公园指日可待。

根据上文提出的世界公园指标体系，我们可对扬州蜀冈—瘦西湖风景名胜区做如下解析：

1. 历史文化价值指标　依托“湖上园林——瘦西湖古典别墅园林”、“扬州唐宋古城遗址等重要的历史文化遗迹”和水乡生态，以“淮扬盛世，古运风华”的维扬文化为特色内涵，扬州蜀冈—瘦西湖世界公园其主要的优势资源有湖上园林、文人胜迹、陵墓祠庙、历史古迹等。

2. 艺术观赏价值指标　扬州蜀冈—瘦西湖世界公园所涉及的文化脉络有遗址文化、古建筑文化、园林文化、宗教文化、工艺文化、扬州花文化等，重点打造的文化脉络为遗址文化、古建筑园林文化、花文化。重要历史文化时期与重要历史时间节点集中在汉朝之汉墓、村落文化；隋唐之建筑、村落、宫廷文化；宋朝之古城文化、战争文化。

3. 科学考察价值指标　景区资源类型多样，风景古迹众多。区内以绿色植物地貌与水系为主，形成森林、农田、村镇、湖池、湿地紧密结合的景观格局。湿地、绿色植物、水系资源均优，植被覆盖率高，生态环境良好，得天独厚的生态环境为景区发展提供了优越的先天条件。瘦西湖水系包括瘦西湖、杨庄小运河、笔架山保障河等，是典型的带状水系。区内河湖密布，水深江阔，岸线稳定，水体洁净。

4. 娱乐游憩价值指标　景区内娱乐设施主要包括瘦西湖文化休闲广场、瘦西湖天沐温泉度假村、傍花村商业休闲街、十字街等，现有娱乐设施数量尚不能满足游客的需求。

5. 公园整体性指标　扬州蜀冈—瘦西湖风景名胜区总面积12.23 km^2，包含了瘦西湖风景区、蜀冈风景区、唐子城风景区、笔架山风景区、绿杨村风景区，是一个以古城文化为基础，以重要历史文化遗迹和瘦西湖古典园林群为特色，与扬州古城紧密相依的国家重点风景名胜区。它是“长江旅游带”和“大运河旅游带”的交汇点；风景资源优势突出，蜀冈—瘦西湖风景名胜区是江苏省四个国家重点风景名胜区之一；规划区距扬州著名景点个园、汪氏小苑、天宁寺、史可法纪念馆等较近，形成了优越的旅游资源网络；旅游客源市场广阔。扬州100 km半径内有2 500万消费人口，200 km半径内有8 000万的消费人口。

6. 公园可持续性指标　瘦西湖风景区是蜀冈—瘦西湖风景名胜区的核心组成部分，是我国湖上园林的代表。隋唐时期，瘦西湖沿岸陆续建园。及至清代，由于康熙、乾隆两代帝王六度南巡，形成了“两堤花柳全依水，一路楼台直到山”的盛况，历史上有二十四景著称于世。

由于旅游业的蓬勃发展，入园游客连年攀升，高峰时日游客量达到5万人次；同时人们对健身锻炼、市民交往的需求也在急剧扩大，加之中国已提前步入老龄化社会，因此公园晨练、晚游的人数也在不断扩大。两种需求的交叠给公园带来了难以承受的压力。

7. 公园适用性与舒适性指标　主要采用游客满意度来衡量，国内旅游游客满意度指数一般大于80算高，因此世界公园的游客满意度指标也应该大于80。瘦西湖景区打造世界级公园可以参照这个体系撰写问卷调查等，以考量游客满意度。

8. 机构设置指标　扬州市委市政府高度重视扬州旅游业的发展，于2011年批准建设《扬州瘦西湖旅游度假区》，同意设立“扬州瘦西湖旅游度假区管理委员会”，专门负责扬州瘦西湖国家级旅游度假区的申报、规划、建设和管理工作。

9. 社区共管指标　世界公园的建立与管理向来非常重视社区公众的参与，无论是国家公园管理计划的制订、公园具体管理政策的产生以及修改调整，还是面临建设、管理、保护以及其他的具体问题时，都应注重采纳公众的意见。

10. 游客结构国际化指标　扬州瘦西湖世界公园的国家化发展综合指标可以从国际游客入境免签、国际医疗救援体系协议、国际旅游收入占GDP比重、国际旅游占旅游总收入比重、国际游客人均消费等方面进行统计测量。

11. 国际交通类指标　扬州泰州机场(原苏中江都机场)将和已经建成的江海高速公路、江都至六合高速公路、安大公路、宁启铁路复线及电气化改造、扬州港扩容以及规划建设的淮扬镇高速铁路和过江通道等重大基础设施项目一道,构建和完善扬、泰两市现代化的综合交通运输体系,全面提升城市综合竞争力,也加强了世界公园的可达性。

12. 信息网络国际化类指标　公园相应的网络系统应该构建完善,提供多个国家语言提示,充分应用"智慧旅游"的优势,为前来旅游的国际游客提供全方位的预先了解。信息传输系统的技术指标应该过硬,可以尝试采用国际先进的电子技术,让游客及时了解最新的园区状况和活动。更需要为游客提供一个网络平台,反应旅游感受,提出不足之处,以便提高园区旅游设施和服务水平。

13. 文化产品国际化程度指标　除了各具特色的景点,瘦西湖的花卉种类也较为丰富,历代政治家、文学家、画家、艺术家云集,在扬州留下了无数诗文、书画、音乐和歌舞,也留下了许多优美的传说故事。

14. 国际化文化交流活动类指标　相对世界级公园而言,瘦西湖景区的国际文化交流活动数量、知名度及影响力都有较大差距。今后,应借鉴世界级公园的管理经验,培育世界级的文化旅游产品,打响国际知名旅游品牌,提高旅游的国际知名度,带动周边地区相关产业的共同发展,打造其世界级公园的知名度和影响力。

参考文献

[1] 周武忠.扬州将建全球最大城市公园.http://www.people.com.cn/GB/paper447/14602/1297826.html.

[2] 杨锐.美国国家公园体系的发展历程及其经验教训.中国园林,2001(1):62-64.

[3] 张洪,朱磊.风景名胜区管理体制研究综述.资源开发与市场,2012(2):163-166.

[4] 齐武福,王颖,陈畅,等.国家地质公园旅游资源特征、类型及评价研究综述.国土资源高等职业教育研究,2008(2):55-66.

[5] 中国世界遗产网.世界遗产分类评定标准.建筑与文化,2004(6):34-35.

[6] 章俊华,白林.日本自然公园的发展与概况.中国园林,2002(5):87-90.

[7] 刘玉芳.国际城市评价指标体系研究与探讨.城市规划,2007(4).88-92.

[8] 肖耀球.国际性城市评价体系研究.管理世界,2002(4),140-141.

国外国家公园法律法规梳理研究[①]

十八届三中全会通过的《中共中央关于全面深化改革若干重大问题的决定》中明确提出要"建立国家公园体制"。然而,在当下中国,存在世界自然遗产、国家级风景名胜区、国家森林公园、国家地质公园、国家级自然保护区等多种多样的保护和监管体系,这种各部门多头管理的现状对建立和健全国家公园体制有一定影响。

在国外,与我国国家级风景名胜区相对应的主要是"国家公园"(National Park),因此,我国业界也常把国家重点风景名胜区翻译成 National Park。"国家公园"这一提法最早出现于美国。1872 年,美国国会把位于怀俄明和蒙大拿范围内的黄石地区辟为资源保护地,由联邦政府内政部直接管理。这样,黄石公园就成为世界上第一个国家公园。此后,一些西方国家相继建立了国家公园。二战后,随着战后经济的逐步复兴和各国人民收入的不断提高,旅游业开始蓬勃发展,需求压力日益增大,已设置国家公园的国家开始增加国家公园的数量,南美洲、亚洲和非洲等许多发展中国家也相继建立自己的国家公园体系。

世界各国在国家公园运动发展的最初几十年间,由于各自的经济发展程度、土地利用形态、历史背景以及行政体制方面的不同,它们对国家公园的认识包括名称、内涵标准、管理机构等方面存在相当大的区别。世界自然保护联盟(IUCN)在 1992 年第 4 届世界公园大会上,修正了以往的保护区分类体系,将保护区重新分为六类[②],而国家公园就被划为第二类保护区。根据世界自然保护联盟和联合国教科文组织 1994 年的定义:"国家公园是一国政府对某些在天然状态下具有独特代表性的自然环境区划出一定范围而建立的公园,属国家所有并由国家直接管辖,旨在保护自然生态系统和自然地貌的原始状态,同时又作为科学研究、科学普及教育和提供公众游乐、了解

---

① 原载《中国名城》2014 年第 2 期。

② 世界自然保护联盟在 1994 年将保护区划分为 6 类,即严格的自然保留区/原野地区(Strict Nature Reserve/ Wildness Area)、国家公园(National Park)、自然纪念区(Natural Monument)、栖地/物种管理区(Habitat / Species Management Area)、地景保护区/海景保护区(Protected Landscape/ Seascape)、资源管理保护区(Managed Resource Protected Area)。

和欣赏大自然神奇景观的场所。"这个定义已被世界上多个国家广泛认同。

就国外国家公园的法律法规而言，在一些发达国家，比如美国、加拿大、德国等，已经形成了较为完善的法律法规体系，这些国家的国家公园法规总体而言，体现出立法层次高、内容详细、可操作性强、注意与其他法规之间的衔接和协调、注重公众参与等一系列特点，体现了这些国家对于国家公园管理的高度重视。本课题主要选择美国、加拿大、英国、德国、巴西和南非等六个具有代表性的国家的国家公园法规进行梳理和研究。这些国家和地区基本上遵循世界自然保护联盟的保护区分类系统的划定标准，其国家公园发展比较成熟，法规体系也比较完善，同时又分别代表了美洲、欧洲和非洲等地国家公园管理的较高水平，对我国风景名胜区法规体系的完善和国家公园体制的建立具有较重要的借鉴意义。

1 国外国家公园法律法规体系构成特点

1.1 美国、加拿大国家公园法律法规体系构成特点

(1) 立法层次高

美国和加拿大高度重视国家公园的立法工作，均有国家层面上的立法，并形成了较为成熟的法规体系。《加拿大国家公园法》作为国家层面的专门法，为加拿大的公园保护、建设、管理提供了严格的法律保障。《国家公园管理局组织法》作为美国国家公园开发与保护的主要法律依据之一，立法层次仅低于宪法。随后的《国家公园管理局组织法》1970 年修正案及 1978 年修正案都坚持这一立法层次。

(2) 体系完整，内容详细，可操作性强

美国和加拿大的国家公园不仅立法层次高，而且法规体系也很完善，内容详细，可操作性强。《加拿大国家公园局法》和《加拿大遗产部法》为加拿大国家公园的管理组织机构建设提供了法律保障；《加拿大国家公园法》、《加拿大海洋保护区法》、《历史遗迹及纪念地法》以及《遗产火车站法》则分别针对国家公园的自然生态资源和历史文化资源的保护管理制定了一系列法律规定。此外，辅之以一系列配套法规、计划、政策、手册指南、战略，完善了国家公园的法律法规体系。同时，大部分省均制订并颁布了《省立公园法》，从而建立了完备的公园法律法规体系。美国国家公园管理局的设立及其各项政策也都以联邦法律为依据。同时，美国国家公园系统的管理亦受许多管理程序、要求和保护资源、环境等方面的法律约束。同时，国会不仅有针对国家

公园体系整体的立法，比如《国家公园管理局组织法案》、《国家公园综合管理法案》、《国家公园管理局特许事业决议法案》、《总管理法》、《国家公园及娱乐法案》等，而且还分别针对各个国家公园的保护和管理进行立法，几乎每一个国家公园都有独立立法，这在相当大程度上使具体国家公园的管理者在管理上有法可依，违法必究。此外，对国家重要的历史文化性旅游资源保护和开发也有明确法律依据，比如《古迹遗址保护法案》、《历史纪念地保护法案》，极大地丰富了国家公园法规体系的内容。

加拿大国家公园相关法律、法规内容制定也非常详细周全。如《加拿大公园管理局法》和《加拿大遗产部法》两部法案均对相应部门的权责、义务及权限，人力资源管理，专项资金监管等方面做出了详细且明确的规定。这使得立法不仅保障了部门权力的行使，还有助于部门的监管及问责。加拿大国家公园局围绕国家公园管理出台了20多个专业法规，主要包括《国家公园荒野区申报法规》、《国家公园建筑法规》、《国家公园企业法规》、《国家公园野营法规》、《国家公园防火法规》、《国家公园垃圾法规》、《国家公园租赁和营业执照法规》、《国家公园野生动物保护法规》等，详细的法规使得公园各项运作有法可依。

美国国家公园的法律法规体系是由等级梯度明确的联邦法案、相关行政命令、规章、计划、协议、公告、条例等构成，确立了一个紧紧围绕“国家公园”的法律文件群，立法的详细程度已到了操作层次，并形成了多种法律控制制度相互补充、相互制约的平衡型的架构。另外，美国国家公园管理局采取管理方针的形式进行管理，制定关于自然资源、土地资源和历史资源保护以及土地使用特许权转让等明确的管理方针，这些管理方针包括了有关国家公园体系管理的立法和行政规定。国家公园管理局的管理方针对每个国家公园单位强制执行，局长令对管理方针手册进行不断更新，即美国国家公园在综合管理上一大显著特征是根据国家公园管理局局长令的要求予以细化，这就在具体实施环节订立了明确的参考依据。

(3) 国家公园管理组织机构责任明确

美国和加拿大对于国家公园的管理机构的职能、人事等方面都有具体的规定，使国家公园管理机构本身在构建和运作上有法可依。《加拿大遗产部法》规定在内阁成立加拿大遗产部，主要负责有关加拿大民族文化认同和价值观、文化发展，以及具有国家自然意义和国家历史意义的遗产及遗产区域方面的事务，其中包括国家公园、国家历史遗迹、历史运河、国家战场遗址、国家海洋保护区、遗产火车站和联邦遗产建筑。《加拿大国家公园局法》则确定由遗产部下设的国家公园局主管国家公园事务。美国国家公园管理模式以中央集权为主，实行国家管理、地区管理和基层管理的三级垂直领导体系，其最高行政机构为内务部下属的国家公园管理局，负责全国国家公园的管理、监督、政策制定等，下设 7 个地区办公室，分别为阿拉斯加地区、中部地区、中西部地区、国家首都区、东北地区、太平洋及西部地区和东南部地区。这些地区办公室直接管理所属区域的各国家公园管理处，地方政府不得插手国家公园的管理。以“管家”自居的美国国家公园管理处，负责公园的资源保护、参观游览、教育科研等项目的开展及特许经营合同出租。

（4）明确国家公园经费来源

美国和加拿大的国家公园主要法规都对公园的财政经费做了专门的规定。以美国为例，在资金机制上，24 部联邦法律，62 种规则、标准和执行命令保证了美国国家公园体系作为国家公益事业在联邦经常性财政支出中的地位，确保了国家公园主要的资金来源，也避免了美国国家公园管理局与其他部门之间的矛盾，使国家公园管理机构能够维持其非营利性公益机构的管理模式。近年来，由于有关社会捐赠机制的成熟以及遗产资源的重要性和高关注度逐渐显现，社会捐赠资金显著增多，也大大减轻了联邦政府的财政负担。但直至 2004 年，在国家公园体系全部运营经费中，联邦政府的财政拨款仍占 70% 左右。

（5）对特许经营权的限定

美国和加拿大对于国家公园中的特许经营活动也有相关法规约束。根据《国家公园企业条例》、《国家公园租赁和营业执照条例》等法规条例，加拿大国家公园管理机构依照自身特点和联邦规划，对申请在园区范围内从事旅馆、饭店、商店等经营性服务行业的企业，要求必须向国家公园管理当局申请注册并核发特别许可证方可开业。美国 1965 的颁布实施的《国家公园管理局特许事业决议法案》，要求在国家公园体系内全面实施特许经营制度，即公园的餐饮、住宿等旅游服务设施及旅游纪念品的经营必须以公开招标的形式征求经营者，特许经营收入除了上缴国家公园管理局以外，必须全部用于改善公园管理。这样，做到了管理者和经营者分离，避免了重经济效益、轻资源保护的倾向，并有利于筹集管理经费、提高服务效率和服务水平。1998 年的《国家公园管理局特许权管理改进法案》取代了 1965 年《国家公园管理局特许事业决议法案》，重新规定了土地使用特许权转让的原则、方针、程序，限制各项特许合同的最高年限不能超过 20 年。同时也限制了特许经营者的租赁权力不能高于消费者物价指数与资产折旧的差值。在新合同中消除设备改建账目，向公园支付 80%的特许经营费、其他的 20%从国家公园系统的支持项目中获得。因此，在经营机制上，由于首先明确了遗产资源经营权的界限，在此基础上做到了依法行事，而且其经营权的界限很明晰，仅仅限于副业——提供与消耗性地利用遗产核心资源无关的后勤服务及旅游纪念品，同时经营者在经营规模、经营质量、价格水平等方面必须接受管理者的监管。

(6) 实行分区保护与管理

加拿大国家公园的规划、建设和管理严格实行分区制。《加拿大国家公园法》将国家公园分为五区，即第Ⅰ区——特别保护区；第Ⅱ区——荒野区；第Ⅲ区——自然环境区；第Ⅳ区——户外游憩区；第Ⅴ区——公园服务区。针对每个区域制定不同的保护和管理政策，对于人类的活动行为做出了非常细致的规定，制定了周密的措施以最大限度地减少其对公园环境的负面影响。

(7) 重规划管理

美国国家公园由国家公园管理局下设的丹佛规划设计中心统一编制总体规划、专项规划、详细规划和单体设计，规划成果完成后普遍征询公众意见。这一方面保证了规划设计的质量，另一方面又阻止了违反规划事情的发生。国家公园的管理工作以公园战略规划及近期通过的规划为指导，如果没有总体管理规划，任何主要的新开发项目或其他涉及公园土地或自然、文化资源的项目都不得进行。规划在满足游人基本服务的前提下，尽量减少公园内游人服务设施的数量和分布范围，在可能的情况下，尽可能在边界外提供服务设施。

根据《加拿大国家公园法》，新建立的公园必须在建立之后五年内做出建设与管理计划。每一公园的管理计划，必须全面地陈述它的建设与管理目标以及实现这些目标的手段和策略。公园管理计划经议会批准后实施，以后每隔五年调整计划或重新制订计划。经批准的公园建设与管理计划是国家公园局监督管理该公园资源及各项业务活动的重要依据。

(8) 高效合理的管理体制

在管理机制上，美国国家公园采取了垂直管理模式，美国国家公园的管理人员一律由国家公园管理局任命、调配。美国国家公园的管理者将自己定位于管家或服务员的角色，而不是业主的角色，即其不能将公园资源作为生产要素投入，更无权将资源转化为商品牟利，管理者自身的收益只能来自岗位工资。这样，既避免了地方政府带来的干扰，也基本避免了由于管理者自身原因造成的保护与利用之间的矛盾。

加拿大国家公园在管理上注重发挥联邦政府、地方政府、特许承租人、科学家、当地群众的积极性，共同参与管理，形成了兼具中央集权和地方自治两种体制的综合管理模式。

国家公园的一切事务均由联邦遗产部国家公园局负责。国家公园局现有职员4 300多人，其中80%是联邦政府固定职员。为了管理好全国范围内的每一个国家公园，国家公园局除在首都渥太华设总部外，还分别在新斯科舍、魁北克、马尼托巴、艾伯塔、不列颠哥伦比亚、育空等七处设办事机构，并将大部分职员（约4 000人）分别派往各个国家公园工作。

省立公园则由各省自己管理，公园管理机构名称和隶属存在着较大差异，如安大略省隶属自然资源部管理，艾伯特省隶属环境部管理，而BC省隶属环境土地公园部管理。联邦政府遗产部国家公园局对各省省立公园管理部门没有管理职能，也没有指导关系。

(9) 重视公众参与

美国和加拿大的国家公园管理局在制订和执行国家公园政策时都非常尊重公众的意见。如《加拿大国家公园法》明确规定了必须给公众提供机会，使他们有机会参与公园政策制定、管理规划等相关事宜。如第2.4条管理计划中有“在国家、地区和当地水平上，适当的公众参与是完善管理计划的必需步骤”之规定。又如《加拿大国家公园法》第2.5.1.6条规定：“在制定和完善公园管理条例时需向公众咨询，而且对游人的关注是制定这些条例的原则基础。”省立公园法中关于此规定更多。另外，基本上每一个国家公园、省立公园均有自然之友或志愿者协会，专门关注和参与公园的建设和发展。此外，由于一些国家公园与原住民的保留地重合，加拿大国家公园非常重视原住民在公园管理中的作用，在充分尊重他们权力的基础上，与他们建立真正的伙伴关系，尊重原住民文化在生态完整性建设中的作用。

(10) “自上而下”的布局规划

加拿大国家公园管理部门于1971年开始编制国家公园系统计划，并分别于1991年和1996年作了补充与修改。其基本原则是：保护加拿大每一种景观和自然现象中突出的、典型的样本。从全国来说，根据自然地理等特点，该计划将加拿大国土划分为39个“国家公园自然区”，每一个自然区域在植被格局、地形、气候和野生动物方面都有自己的独特性，并要求国家公园系统对每一个自然区都应有所表现，潜在的国家公园从中选择出来。这种“自上而下”式的选址布局计划为加拿大国家公园系统的扩展提供了政策框架和依据。建立公园有的放矢，每个国家公园代表不同的气候、自然、地理及野生动物特点，建设目的十分明确，以期使国家公园真正能代表各种类型的自然遗产。

1.2 英国、德国国家公园法律法规体系构成特点

（1）体现联邦国家的鲜明特色

英国由英格兰、苏格兰、威尔士和北爱尔兰四个王国组成，风景名胜区景观的保护通过不同级别与错综复杂的法律、政策以及行政措施来加以保证，各王国虽然在保护景观的类型划分，名称与机构设置方面呈现出一些重叠、并行之处，但除了英格兰和威尔士外，更多的是按照各自的立法及行政系统自成体系。英国《1949 年国家公园与乡村通道法》（简称《1949 年法》）是由英格兰、苏格兰和威尔士共同制定的，为整个英国保护区系统的建立打下了坚实的基础，提供了法律依据，成为保护风景名胜区的根本大法，它规定了将那些具有代表性风景或动植物群落的地区划为国家公园，并由国家进行保护和管理，具体则由当地政府执行。有关北爱尔兰保护风景名胜区景观的立法，原主要包括在 1965 年颁布的《土地实施法》，随着对环境保护的日益重视，这一法律后来由 1985 年实施的《北爱尔兰自然保护与土地实施准则》所取代。

德国是一个联邦共和制国家，对于不同事务，在联邦政府与各州政府之间有明确的分工。按德国宪法规定，自然保护工作由联邦政府与州政府共同开展，但联邦政府仅为开展此项工作制定框架性规定，开展与否及如何开展此项工作的决定权在于州政府。德国国家公园归州政府，而非联邦政府所有。因此，联邦政府只负责自然保护法规的制定以及相关政策的发布，而国家公园的建立与经营管理则由各州政府掌管。由于没有统一的法律，各州以联邦政府颁布的《联邦自然保护法》为基本，结合自身实际，出台各国家公园相关法规。基于联邦政府的框架性规定，各州成立保护区有着不同的具体做法，但都通过法律、法规形式予以固化，即“一区一法”，并将保护区建设和发展所需资金纳入州政府财政预算。

（2）注意与其他法规的协调

英国和德国的立法都有比较悠久的历史，在相关法律制定时，都比较注意和其他相关法规之间的衔接和协调。比如德国《联邦自然保护和景观规划法》在第五条“农业、林业和渔业”部分就规定农业、林业和渔业的利用要遵循农业相关法律和《联邦土壤保护法》的相关规定。英国的《环境保护法》中的各条款，也多次提到《国家公园与乡村进入法》、《城镇与乡村计划法》、《野生动物和乡村法》等相关法规之间的衔接与协调。

（3）英国注重对历史环境遗迹保护的立法

英国建立了保护历史环境的三种相关制度，这对与英国国家公园以及风景名胜

区而言至关重要。在英国，以保护历史环境为目的的制度主要有三种：指定纪念物(scheduled monuments)、登录建筑(listed buildings)和保护区(conservation areas)。指定纪念物制度是为保存史前遗址及考古学上的纪念物而设立的指定制度，由1882年《古纪念物保护法》发展而来，是英国历史上最为悠久的保护制度。对于古遗址或无人居住的建筑，则根据1979年《古纪念物及考古学地区法》和1983年的《国家遗产法》。登录建筑制度是以二次世界大战为契机、以登录历史建筑为主要推动力而设立的制度。1944年的《城乡规划法》规定，为给城市规划决策提供资料，相关登录工作为城乡规划部部长(当时)权限；此后，依据1947年《城乡规划法》规定，登录工作为城乡规划部部长的职责和义务，并非权限，且沿用至今。第三种是根据1967年的《宜人城市法》制定的保护区制度。所谓保护区，指"在建筑或历史价值方面特别重要的，期望对其特性或是景观加以保护或改善"的地区。现今所依据的法律，是1990年的《规划(登录建筑及保护区)法》，地方规划当局的职责是将有保护价值的历史环境地区划定为保护区。一旦被指定为保护区，则该地区内几乎所有建筑的拆迁均需得到批准，这称为保护区许可。

1.3 巴西、南非国家公园法律法规体系构成特点

(1) 国家公园的核心法规与相关法规都与环境保护密切联系

巴西和南非都拥有非常丰富的野生动植物资源，其国家公园也主要是针对野生动植物的保护而设置，都隶属于国家的环境部门，巴西的国家公园隶属于国家环境部，南非的国家公园隶属于国家旅游环境部，因此其法规体系最主要的内容就是对环境的保护。巴西除了设有针对国家公园的《自然保护区系统法令》之外，还有《国家环境政策法》、《国家环境犯罪法》、《国家环境教育法》等环境保护方面的法规与核心法规互为补充。南非除了有《国家公园法》之外，也有《环境保护法》、《国家环境管理法》、《国家草地和森林法》与之相补充，从而在国家公园的环境保护上形成较为严密的法规体系。

(2) 法律地位高，法规内容详细，可操作性强

无论是巴西的《自然保护区系统法令》，还是南非的《国家公园法》，都是国家层面的立法，可见它们对于国家公园管理的重视。巴西的国家公园是属于其自然保护区系统中的一个子系统，其《自然保护区系统法令》对保护区的建立、管理都有较为详尽的规定。就保护区建立而言，保护区建立之前，执行机构应预先做技术研究，对保护区的建立和所需的管理措施进行公开咨询，以确定地点、保护区范围大小及其适宜界

线。执行机构还要听取当地民众和其他有兴趣的人的意见。在公开咨询过程中，执行机构应明确地并用可理解的语言向居住在保护区内及周围的民众说明保护区建立的有关情况。在建立一个保护区的文件条例中应明确指出：保护区名称、管理类别、宗旨、界线、区域和负责其管理的机构。南非《国家公园法》对国家公园的建立和公园管理局的建制和组成以及人员的任免也都作了详细的规定，并且对国家公园管理局工作人员的薪酬制度也作出明确规定。

(3) 强调多部门的协调合作

国家公园的保护和管理往往要涉及多个部门，巴西和南非的国家公园法规都是其多部门长期合作的经验结晶。巴西为了加强对环境和自然资源的管理，通过立法建立了全国环境管理系统(SISNAMA)，在原来多部门分散管理的基础上，组建了环境部，统一负责有关环境、自然资源利用的方针政策和规划计划的制订、实施与监督，以及组织科研教育等，负责协调各有关部门共同开展有关行动和计划。为加强部门协调及政策咨询，巴西政府设立了国家环境委员会、国家亚马孙流域委员会、国家遗传资源管理委员会、国家水资源委员会、国家环境基金审议委员会，均由环境部牵头负责，主持召集有关部门、地方政府以及社会相关组织进行协商，把水资源、林业、能源开发、生物物种、遗传资源管理等置于环境保护的统一监督管理之下。在此基础上，巴西于2000年颁布了自然保护区的专门法律——《自然保护区系统法令》，2002年又对《全国自然保护区系统》做了补充和完善。南非是一个矿产资源丰富的国家，国家公园的设立往往和国内采掘业形成矛盾，所以其《国家公园法》在国家公园建立的条文中，就指出在国家公园建立之初，环境部、矿业能源部、国土资源部、公共事务部等部门需要相互咨询，在充分评估各方利益的基础上确定国家公园范围，使国家公园管理局获得国家公园范围内的土地管理权。

(4) 注意对国家公园区域内的个人和社区利益的保护

巴西《自然保护区系统法令》规定，在为合理利用自然资源开发和采用的方法和技术时，要特别考虑当地群体的条件和需要。保证靠利用保护区内现存的自然资源而生存的传统群体，要有为其生存安排代替品或者对其损失的资源给予公正的赔偿。南非的《国家公园法》中也规定了国家公园中公共溪流滨水土地所有者的权益，他们有权获取溪流中的水源，将其用于建造、维修或灌溉等一些用途，但这些用途必须以不影响公园中的动植物和游客为前提。

(5) 注意与其他法规的协调

巴西与南非的法规各条款不仅内容细致，而且注意与其他相关法规之间的协调，从而使各个法规之间形成了相互支撑的体系。巴西于1998年制定了一个重要的法规，即《环境犯罪法》。该法对当时立法中有关环境违法的刑事和行政制裁条款进行了明确。该法对包括虐待及违法捕杀动物，滥砍、乱伐森林，污染、破坏历史保护遗址，政府机构虚假陈述或不完全公开环境信息，以及违法发放许可证等环境犯罪行为，作出了详细的处罚规定。《环境犯罪法》的出台，取代了巴西以前分散于多个立法(如《狩猎法》、《水法》、《森林法》等)中相关的刑事责任条款。巴西《自然保护区系统法令》在奖励、处罚及豁免一章中就规定，相关处罚参照《环境犯罪法》相关条款执行。南非的《国家公园法》在规定国家公园中公共溪流滨水土地所有者的权益时，就反复提到与1956年颁布的《水法》相关条款的协调。在罚则中关于持有枪支弹药的相关条款也提到与1969年颁布的《武器军火法》相衔接，在规定国家公园管理局工作人员抓捕和拘留权力的条款中，该法也明确提到工作人员的抓捕和拘留的权力应当参照1977年颁布的《罪犯程序法》相关条款。

2 国外国家公园管理模式

从国家公园的管理体制而言，国际上主要存在三种模式。

2.1 中央集权型管理：美国、巴西、南非

美国作为国家公园建设的先驱，在经营管理方面也为其他国家树立了典范。其管理模式以中央集权为主，自上而下实行垂直领导并辅以其他部门合作和民间机构的协助。由1872年的黄石公园法案建立世界上第一个国家公园起，美国的国家公园体系历经1916年国家公园管理局建立法案、1970年的通用权威法案和1978年红木修正法案等，由原来的多名称多部门管理的不同的保护单位统一为一个完整的国家公园系统，实行国家管理、地区管理和基层管理的三级垂直领导体系，其最高行政机构为内务部下属的国家公园管理局，负责全国国家公园的管理、监督、政策制定等，下设7个地区办公室，分别为阿拉斯加地区、中部地区、中西部地区、国家首都区、东北地区、太平洋及西部地区和东南部地区。这些地区办公室直接管理所属区域的各国家公园管理处，地方政府不得插手国家公园的管理。以“管家”自居的美国国家公园管理处，负责公园的资源保护、参观游览、教育科研等项目的开展及特许经营合同出租。国家公园体系运营和保护的主要资金来源是国会的财政拨款，占90%以上。公园依靠特许经营、门票和其他收入实现部分自谋收入。巴西政府为加强对环境和自

然资源的管理，通过立法建立了全国环境管理系统，在原来多部门分散管理的基础上，组建了环境部，统一负责有关环境、自然资源利用的方针政策和规划计划的制订、实施与监督，以及组织科研教育等，负责协调各有关部门共同开展行动和计划。联邦环境部作为保护区的中央管理机构，统一负责全国自然保护区体系的组织和协调。联邦、州和市的环境保护和可再生自然资源管理局（IBAMA）是全国保护区体系的执行机构，具体负责管理全国自然保护区系统，并对建立和管理联邦、州和市保护区的费用提供补助。全国环境保护委员会（CONAMA）是自然保护区的咨询和审议机构，主要负责监督全国自然保护区体系的建立和管理。南非国家公园的土地均为国有，国家公园隶属于国家旅游环境部管理——旅游环境部下设国家公园管理局，国家公园的官员由旅游环境部直接任命，机构为政府的组成部门。把旅游与环境合为一个部，是南非一大特色。

2.2　地方自治型管理：德国、澳大利亚

德国和澳大利亚作为地方自治型的代表，中央政府只负责政策发布、立法等面上的工作，而具体管理事务则交由地方政府负责。德国于1970年建立了其第一个国家公园——东巴伐利亚森林国家公园。德国国家公园的规划和管理机构是政府部门，称为国家公园管理处，隶属于所在地的县议会。国家公园必要的管理经费由州政府根据规定下拨到县。在德国，自然保护是地区和州政府的职责。国家公园和大部分面积较大的自然保护区都归地区和州政府所有，一些面积较小的自然保护区的土地权归社区或私人所有。由于德国联邦政府不拥有土地，因此它的作用只限于制定自然保护法规。国家公园不是由联邦政府建立而是由州或地方政府建立，它们才是德国拥有自然保护权的最高权威部门。

在澳大利亚，各州政府对其范围内的保护区管理起主要作用。除西澳大利亚州外，其他各州都有一个国家公园管理处和野生动植物管理处。在西澳大利亚州，虽然对国家公园和野生动植物的管理由土地管理保护部的不同部门来负责，但国家公园、自然保护区、海洋保护区被授权由国家公园自然保护管理处管理，由其负责制定管理计划及对整体政策提出建议。

2.3　综合型管理：英国、加拿大

加拿大、英国兼具中央集权和地方自治两种体制，属综合管理型，既有政府部门的参与，地方政府又有一定的自主权，且私营和民间机构也十分活跃。英国由英格

兰、苏格兰、威尔士和北爱尔兰四个王国组成，国家公园的保护通过不同级别与错综复杂的法律、政策以及行政措施来加以保证，各王国虽然在保护景观的类型划分，名称与机构设置方面有一些重叠、并行之处，但除了英格兰和威尔士外，更多的是按照各自的立法及行政系统自成体系。由于英国国家公园的土地多属私人，政府主要通过规划管治手段对国家公园进行保护和开发管理。英国环境、食品和乡村事务部(DEFRA)统一对英国国家公园进行宏观管理；各个国家公园管理局是国家公园的直接管理者；乡村委员会、英格兰自然署(主管英格兰境内自然遗产包括国家公园的保护规划和管理)等协助国家公园管理局来具体制定实施规划；地方议会、社团及社区居民依法参与国家公园规划及实施。

3 国外国家公园法律法规制度的优势

3.1 立法层次高

发达国家对于国家公园的重视程度从其立法层次上就可以看出。国家公园管理和保护水平高的国家对于国家公园都有国家层面上的立法，并形成了较为成熟的法规体系。比如，《加拿大国家公园法》作为国家层面的专门立法，为加拿大的公园保护、建设、管理提供了严格的法律保障。美国国家公园管理立法的层次也较高，如作为美国国家公园开发与保护主要法律依据之一的《国家公园管理局基本法》就是成文法，立法层次仅低于宪法。随后的《国家公园管理局基本法》1970 年修正案和 1978 年修正案都坚持这一立法层次。同时，国会不仅有针对国家公园体系整体的立法，而且还分别针对各个国家公园的保护和管理进行立法，几乎每一个国家公园都有独立立法，这在相当大程度上使具体国家公园的管理者在管理上有法可依，违法必究。巴西和南非虽然是发展中国家，但是无论是巴西的《自然保护区系统法令》，还是南非的《国家公园法》，都是国家层面的立法，这对他们国家公园的保护和管理提供了有力的保障。

相比较而言，目前我国风景名胜区的保护管理工作尚没有统一的法律加以引导和制约，只有作为部门规章的《风景名胜区条例》，从而带来一系列的问题，如多头管理，利益协调困难重重，风景名胜区资源屡遭破坏等等。

3.2 法规体系完善，内容详细，注意与相关法规的协调

一些发达国家不仅国家公园的立法层次较高，而且法规体系也很完善，内容详

细，可操作性强。以加拿大为例，《加拿大国家公园局法》和《加拿大遗产部法》为加拿大国家公园的组织管理机构建设提供了法律保障；《加拿大国家公园法》、《加拿大海洋保护区法》、《历史遗迹及纪念地法》以及《遗产火车站保护法》则分别针对国家公园的自然生态资源和历史文化资源的保护管理制定了一系列法律规定。此外，辅之以一系列配套法规、计划、政策、手册指南、战略，完善了国家公园的法律法规体系。同时，大部分省均制定并颁布了《省立公园法》，从而建立了完备的公园法律法规体系。加拿大国家公园相关法律、法规的内容制定也非常详细周全。如《加拿大公园管理局法》和《加拿大遗产部法》两部法案均对相应部门的权责、义务及权限，人力资源管理，专项资金监管等方面做出了详细且明确的规定。这使得立法不仅保障了部门权力的行使，还有助于部门的监管及问责。加拿大国家公园局围绕国家公园管理出台了 20 多个专业法规，详细的法规使得公园各项运作有法可依。美国国家公园的法律法规体系是由等级梯度明确的联邦法案、相关行政命令、规章、计划、协议、公告、条例等构成，确立了一个紧紧围绕“国家公园”的法律文件群，立法的详细程度已到了操作层次，并形成了多种法律控制制度相互补充、相互制约的平衡型的架构。

再以巴西与南非为例，他们国家公园的法规条款不仅内容细致，而且注重与其他相关法规之间的协调，从而使各个法规之间形成了相互支撑的体系。巴西的《自然保护区系统法令》在“奖励、处罚及豁免”一章中就规定，相关处罚参照《环境犯罪法》相关条款执行。南非的《国家公园法》在规定国家公园中公共溪流滨水土地所有者的权益时，就反复提到与 1956 年颁布的《水法》相关条款的协调。在罚则中关于持有枪支弹药的相关条款也提到与 1969 年颁布的《武器军火法》相衔接，在规定国家公园管理局工作人员抓捕和拘留权力的条款中，该法也明确提到工作人员的抓捕和拘留的权力应当参照 1977 年颁布的《罪犯程序法》相关条款。德国《联邦自然保护和景观规划法》也在第五条“农业、林业和渔业”部分就规定农业、林业和渔业的利用要遵循农业相关法律和《联邦土壤保护法》的相关规定。英国的《环境保护法》中的各条款，也多次提到《国家公园与乡村进入法》、《城镇与乡村计划法》、《野生动物和乡村法》等相关法规之间的衔接与协调。

相比较而言，目前我国风景名胜区法规体系还不够完善，我国的《风景名胜区条例》和多数风景区自身的管理条例内容偏于宏观，缺乏与之相补充的实施细则，这使得一些条例在执行时会有分歧。同时，《风景名胜区条例》中的条款也欠缺与其他法规的衔接和协调，这使得在守法、执法过程中存在较大漏洞与缺陷，可操作性有待进一步提升。

3.3 实行分区保护与管理，增强可操作性

加拿大国家公园的规划、建设和管理严格实行分区制。《加拿大国家公园法》将国家公园分为五区，即第Ⅰ区——特别保护区；第Ⅱ区——荒野区；第Ⅲ区——自然环境区；第Ⅳ区——户外游憩区；第Ⅴ区——公园服务区。针对每个区域制定不同的保护和管理政策，对于人类的活动行为做出了非常细致的规定，制定了周密的措施，以最大限度地减少其对公园环境的负面影响。

相比较而言，我国的《风景名胜区条例》和多数风景区自身的管理条例内容比较笼统，极少涉及对风景区的分区保护和管理，缺乏有针对性的实施细则。我国有必要借鉴分区制，对风景名胜区实行分区保护与管理，增强法规的可操作性。

3.4 对国家公园管理机构做出明确的规定

国外一些国家公园的相关法规对于国家公园的管理机构的职能、人事等方面都有具体的规定，使国家公园管理机构本身在构建和运作上有法可依。比如加拿大就专门颁布了《加拿大遗产部法》和《加拿大国家公园管理局法》，《加拿大遗产部法》确立了由哪个部级机构负责指导国家公园局的工作。法律规定在内阁成立加拿大遗产部，主要负责有关加拿大民族文化认同度和价值观、文化发展，以及具有国家自然意义和国家历史意义的遗产及遗产区域方面的事务，其中包括国家公园、国家历史遗迹、历史运河、国家战场遗址、国家海洋保护区、遗产火车站和联邦遗产建筑。《加拿大国家公园管理局法》则确定由遗产部下设的国家公园局主管国家公园事务。

南非《国家公园法》对国家公园管理局的建制和组成以及人员的任免都作了详细的规定。其中第五条明确规定"国家公园管理局是能够起诉和被起诉的实体"，并且规定："管理局包括 18 名成员，由各个省进行提名，再经过对能力和品德的评定，最后由旅游环境部部长统一任命。而国家和地方政府官员、国会和地方立法机关的行政人员等则不得担任国家公园管理局工作人员。同时国家公园管理局人员的组成必须反映南非种族和性别的构成。国家公园管理局的成员任期不得超过五年，由旅游环境部部长决定其是否连任。"此外，该法第 12 条对国家公园管理局的职能和权力作了很细致的表述。

相比而言，我国针对风景名胜区的管理组织机构及其人事任免、薪酬制度都缺乏专门的法律规定。

3.5 对国家公园经费作出明确规定

发达国家和地区的国家公园主要法规中都对公园的财政经费做了专门的规定。以美国为例，在资金机制上，24 部联邦法律，62 种规则、标准和执行命令保证了美国国家公园体系作为国家公益事业在联邦经常性财政支出中的地位，确保了国家公园主要的资金来源，也避免了美国国家公园管理局与其他部门之间的矛盾，使国家公园管理机构能够维持其非营利性公益机构的管理模式。近些年来，由于有关社会捐赠机制的成熟以及遗产资源的重要性和高关注度逐渐显现，社会捐赠资金显著增多，也大大减轻了联邦政府的财政负担。但直至 2004 年，在国家公园体系全部运营经费中，联邦政府的财政拨款仍占 70% 左右。

英国的《环境保护法》中的第三部分"国家公园"条款中，对于国家公园的拨款、贷款和经费开支等方面也作了明确的说明；加拿大的《国家公园局法》中对于国家公园的相关费用也都有详细的规定。相比而言，我国的《风景名胜区条例》对于公园经费方面没有明确规定，也欠缺该方面的法律文件。

3.6 对特许经营做出明确规定

一些国家对于国家公园中的特许经营活动也有相关法规约束。比如在加拿大，国家公园不同于一般的风景游览区，它是基于自然保护前提下为公众提供游乐的特殊场所，因此其服务的类型、方式和方法就必须根据公园的特殊性质加以限定。根据《国家公园企业条例》、《国家公园租赁和营业执照条例》等法规条例，加拿大国家公园管理机构依照自身特点和联邦规划，对申请在园区范围内从事旅馆、饭店、商店等经营性服务行业的企业，要求必须向国家公园管理当局申请注册并核发特别许可证方可开业。

美国 1965 年颁布实施的《国家公园管理局特许事业决议法案》，要求在国家公园体系内全面实施特许经营制度，即公园的餐饮、住宿等旅游服务设施及旅游纪念品的经营必须以公开招标的形式征求经营者，特许经营收入除了上缴国家公园管理局以外，必须全部用于改善公园管理。这样，做到了管理者和经营者分离，避免了重经济效益、轻资源保护的倾向并有利于筹集管理经费、提高服务效率和服务水平。1998 年的《国家公园管理局特许权管理改进法案》则取代了 1965 年《国家公园管理局特许事业决议法案》，重新规定了土地使用特许权转让的原则、方针、程序，限制各项特许合同的最高年限不能超过 20 年。同时也限制了特许经营者的租赁权力不能高于消费者物价指数与资产折旧的差值。在新合同中消除设备改建账目，向公园支付80%的特许经营费，其他的20%从国家公园系统的支持项目中获得。因此，在经营机制上，由于首先明确了遗产资源经营权的界限，在此基础上做到了依法行事，而且其经营权的界限很明晰，仅仅限于副业——提供与消耗性地利用遗产核心资源无关的后勤服务及旅游纪念品，同时经营者在经营规模、经营质量、价格水平等方面必须接受管理者的监管。

目前，我国的风景名胜区实行特许经营时，在明确权限范围上存在很大的偏差。我们经常可以看到的一个现象是，当某一有影响力的企业取得了风景区的经营权之后，由于地方政府迫切希望发展地方经济，而对于企业开发风景区的行为不加限制，造成了资源浪费和滥用的现象。因此，对风景名胜区特许经营的权限作出明确的规定是十分必要的，也为风景名胜区的资源保护从法律上提供了支持。

3.7 促进公众参与国家公园的保护

国外国家公园法规鼓励公众参与到国家公园的管理之中。《加拿大国家公园法》明确规定了必须给公众提供机会，使他们有机会参与公园政策、管理规划等相关事宜。如第2.4条管理计划中有“在国家、地区和当地水平上，适当的公众参与是完善管理计划的必需步骤”的规定。又如《加拿大国家公园法》第2.5.1.6条规定：“在制定和完善公园管理条例时需向公众咨询，而且对游人的关注是制定这些条例的原则基础。”省立公园法中关于此类规定更多。另外，基本上每一个国家公园、省立公园均有自然之友或志愿者协会，专门关注和参与公园的建设和发展。此外，由于一些国家公园与原住民的保留地重合，加拿大国家公园非常重视原住民在公园管理中的作用，在充分尊重他们权力的基础上，与他们建立真正的伙伴关系，尊重原住民文化在生态完整性建设中的作用。

澳大利亚是世界上最早实施保护地社区参与共管模式的国家，改变了美国传统的荒野地保护模式，开创了保护地管理模式改革之先河。20世纪70年代之后，澳大利亚逐渐认识到土著人与土地的联系，关于土地的传统知识以及对土地承载的文化责任，意识到土著人对具有重要保护价值的保护区管理的重要性。因此，强调在保护地管理中政府与当地社区（在澳大利亚主要是土著社区）分享权力和责任的“合作管理”(co-operative management)和“共同管理”(co-management)理念，在实践中有不同的表现形式，从非正式的征求意见到法定的联合管理，层次不一。共同管理可以鼓励拥有丰富的生态知识、独特的决策与执行规则以及人地关系的土著人，贡献他们的智慧和经验。这种“共同管理”的模式,不但确保了当地社区各项权益的获得,更通过这个机制内的各项措施来使当地社区、特别是土著人传统知识与传统经营方式被尊重与被纳入当代管理体制中,并得以延续和发展。同时,这样的做法也使得土著人改变与国家公园之间的敌对态度,开始主动积极地保护和可持续地利用生物多样性。

我国《风景名胜区条例》也应该考虑设置相关条款鼓励当地社区和公众积极参与风景名胜区的保护和管理。

3.8 强调多部门的协调合作

国家公园的保护和管理往往要涉及多个部门,巴西和南非的国家公园法规都是其多部门长期合作的经验结晶。巴西为了加强对环境和自然资源的管理,通过立法建立了全国环境管理系统,在原来多部门分散管理的基础上,组建了环境部,统一负责有关环境、自然资源利用的方针政策和规划计划的制定、实施与监督,以及组织科研教育等,负责协调各相关部门共同开展有关行动和计划。为加强部门协调及政策咨询,巴西政府设立了国家环境委员会、国家亚马逊流域委员会、国家遗传资源管理委员会、国家水资源委员会、国家环境基金审议委员会,均由环境部牵头负责,主持召集有关部门、地方政府以及社会相关组织进行协商,把水资源、林业、能源开发、生物物种、遗传资源等置于环境保护的统一监督管理之下。在此基础上,巴西于2000年颁布了自然保护区的专门法律——《自然保护区系统法令》,2002年又对《全国自然保护区系统》做了补充和完善。南非是一个矿产资源丰富的国家,国家公园的设立往往和国内采掘业形成矛盾,所以其《国家公园法》在国家公园建立的条文中,就指出在国家公园建立之初,环境部、矿业能源部、国土资源部、公共事务部等部门需要相互咨询,在充分评估各方利益的基础上确定国家公园范围,使国家公园管理局获得国家公园范围内的土地管理权。

“多头管理,政出多门”一直是我国风景名胜区管理中存在的问题,我国《风景名胜区条例》应该考虑设立相关条款或配套法规对于各部门之间的协调作出规定。

3.9 对国家公园生态环境的保护高度重视

由于国外的国家公园多数以自然生态环境为主,许多国家的国家公园也直接隶属于环境部门,因此许多国家的国家公园法规尤其强调对于公园环境的保护,其中尤其以动植物资源的保护最受强调。巴西和南非都拥有非常丰富的野生动植物资源,其国家公园也主要是针对野生动植物的保护而设置,都隶属于国家的环境部门,因此其法规体系对于生物多样性的保护也格外重视。巴西除了设有针对国家公园的《自然保护区系统法令》之外，还有《国家环境政策法》、《国家环境犯罪法》、《国家环境教育法》等环境保护方面的法规与核心法规互为补充。南非除了有《国家公园法》之外，也有《环境保护法》、《国家环境管理法》、《国家草地和森林法》与之相补充，从而在国家公园的环境保护上形成较为严密的法规体系。

在德国的《联邦自然保护和景观规划法》第二条中明确规定："为保障生态系统及其服务的机能，生物多样性应予保护。生物多样性包括栖息地和生物群落的多样性，也包括物种和遗传的多样性；保护野生动植物包括其作为生态系统组成部分的生物群落的自然和历史进化的多样性。其群落环境、生命支撑及生活环境应予以保护、管理、开发或修复。"并且在第三条中规定："联邦应建立至少覆盖国土面积10%的相关关联的群落生境网络。该网络的建立应以跨地区为基础。为此，联邦应与各地区进行磋商。群落生境网络目标是保障本土动植物物种及其种群及其栖息地、生物群落的可持续，并保存、修复和发展生态机能的相互关系。"英国则采用数项控制手段综合形成对国家公园环境的保护与控制。其中较为重要的有：① 开发控制的一般性管理(规划许可制度)；② 战略性眺望景观保护；③ 保护区制度；④ 登录建筑保护制度；⑤ 广告控制管理制度等五项。

保护和开发一直都是我国风景名胜区管理中的一对矛盾，从长远角度来看，保护的意义更为重要。我国许多风景名胜区都位于生态环境良好的自然环境中，《风景名胜区条例》应该高度重视对于区域内野生动植物资源和生态环境的保护，严格限制开发强度。

4 国外国家公园法律法规制度对我国风景名胜区立法建设的启示

4.1 提高立法层次

在一些国家公园管理和保护水平高的国家，对于国家公园都有国家层面上的立法，并形成了较为成熟的法规体系。本次研究所调查的六个国家，每个国家的国家公园保护和管理都有国家层面的法律，甚至一些国家对主要的国家公园都有国家层面的立法保障，这在相当大程度上使国家公园的管理者在管理上有法可依。而目前我国风景名胜区的保护管理工作还没有一部国家层面的法律，只有作为部门规章的《风景名胜区条例》,立法层次低也给风景名胜区管理带来一系列的问题。

4.2 细化法规内容、完善法规体系、增强法规的可操作性

在发达国家和地区,国家公园法规的内容都非常详尽和细致,比如对公园的分区保护、公园的经费、公园项目的特许经营、公园的生物多样性保护,甚至公园管理部门自身的人员任免和薪酬制度等方面都有详细的规定。美国、加拿大等国国家公园的法律法规由联邦法案、相关行政命令、规章、计划、协议、公告、条例等构成了较为完整的法规体系,确立了一个紧紧围绕"国家公园"的法律文件群,法规内容的详细和法规体系的完善极大增强了法规的可操作性,并形成了多种法律相互补充、相互制约的平衡型的架构。而目前我国的风景名胜区法规内容还比较笼统,并且法规的体系也还不够完善,对于风景名胜区的投入机制、经费使用、经营权转让等方面还欠缺明确而具体的规定,这使得法规执行的时候会产生一定困难,需要对相关内容进一步充实,并且建立完善的配套法规体系。

4.3 对风景名胜区管理机构本身的运作应当加以明确规定

美国、加拿大、南非等国家公园的相关法规对于国家公园的管理机构的职能、人事等方面都有具体的规定,使国家公园管理机构本身在构建和运作上有法可依。加拿大还专门颁布了《加拿大国家公园局法》,对国家公园局的职责、权利、人事、财务、考评等方面都做了详细的规定。南非《国家公园法》对国家公园管理局的建制和组成以及人员的任免都作了详细的规定。这对于国家公园管理机构的正常运转以及国家公园的有效管理和保护都有着重要的意义。

就我国而言,我国的风景名胜区不仅要接受国务院行政主管部门的管理,还要接受地方政府的管理;从横向来看,风景名胜区内除建设主管部门外,还涉及土地、环保、水利、林业、宗教、旅游、军事等诸多部门。风景名胜区管理机构的法律地位和内部运作必须有相关法律条文的明确保障,才能有效履行风景名胜区的保护和管理工作。

4.4 理顺与风景区管理相关的各部门的关系,强调跨部门的协调合作

从对国外国家公园法规研究来看,有些国家对此的保护和管理也往往要涉及多个部门,比如巴西和南非的国家公园法规都是多部门长期合作的经验结晶。这些国家在国家公园法规中也都比较注意强调不同部门在国家公园的设立、保护和管理等

问题上的协调与合作。在我国，多头管理、政出多门一直是我国风景名胜区管理中存在的问题，我国《风景名胜区条例》虽然规定了由风景名胜区管理机构负责风景名胜区的保护、利用和统一管理工作，但是在一些重大问题上仍然需要多部门的协调合作，因此风景名胜区法规应当构建起风景名胜区管理部门与其他相关部门之间的协调与合作机制。

4.5 注意《风景名胜区条例》和其他相关法规之间的衔接

国外的国家公园法规的一个共同特点就是注意法规与其他相关法规之间的衔接和协调。比如德国《联邦自然保护和景观规划法》中就规定农业、林业和渔业的利用要遵循农业相关法律和《联邦土壤保护法》的相关规定。英国的《环境保护法》中的各条款，也多次提到《国家公园与乡村进入法》、《城镇与乡村计划法》、《野生动物和乡村法》等相关法规之间的衔接与协调。而我国的《风景名胜区条例》中，目前尚未体现出与其他相关法规条款之间的衔接。

在《风景名胜区条例》执行中，如何与《森林法》、《土地法》、《文物保护法》、《水法》，尤其是即将出台的《自然遗产保护法》等相关法规之间相衔接是一个重要问题。

4.6 鼓励公众参与

风景名胜区是全人类共有的资源，它的保护和管理也需要当地社区和社会公众的积极配合，国外国家公园的一些法律条文也都有鼓励公众参与国家公园保护和管理的内容，包括对于公园的选址、规划、管理、保护等方面，我国的风景名胜区相关法规中对公众参与的关注还有所欠缺，应该设置相关规定积极鼓励公众参与，包括风景名胜区的选址、规划、管理、监督等一系列过程。

4.7 改善管理体制

《风景名胜区条例》的出台，对建立健全管理机构、规范风景名胜区管理机构的管理行为，为理顺管理体制发挥了积极意义，但其中一个重要问题——如何处理好风景名胜区管理机构与地方政府部门的关系，仍然难以解决。可以借鉴国外的管理体制，设置国家管理局、地区管理局、基层管理局三级管理机构，实行垂直领导，并在法规中明确规定相关部门的职责范围。这种管理体系职责分明，工作效率高，可以避免互相争利或相互推诿、扯皮的现象。

(致谢：本文为住建部城乡规划管理中心委托作者主持的国家级风景名胜区专项

经费项目“国外风景名胜区法律法规梳理研究”课题成果的一部分。主要完成人员有张健健、曾伟、翁有志、张中波、赵刘、邰杰等，谨此表示感谢！）

参考文献

[1] 李如生.美国国家公园的法律基础[J].中国园林，2002(5).

[2] 杨锐.美国国家公园的立法和执法[J].中国园林，2003(4).

[3] 杨锐.美国国家公园规划体系评述[J].中国园林，2003(1).

[4] 孟宪民.美国国家公园体系的管理经验——兼谈对中国风景名胜区的启示[J].世界林业研究，2007(2).

[5] 李景奇，秦小平.美国国家公园系统与中国风景名胜区比较研究[J].中国园林，1999(3).

[6] 程绍文，徐菲菲，张捷.中英风景名胜区/国家公园自然旅游规划管治模式比较——以中国九寨沟国家级风景名胜区和英国 New Forest(NF)国家公园为例[J].中国园林，2009(7).

[7] 刘洪滨，阿兰·威廉姆斯.英国的自然保护[J].海岸工程，1998(4).

[8] 李如生.美国国家公园管理体制[M].北京：中国建筑工业出版社，2005.

[9] 朱广庆.国外自然保护区的立法与管理体制[J].法制与管理，2002(4).

[10] 冯采芹.国外园林法规的研究[M].北京：中国科学出版社，1991.

[11] 师卫华.中国与美国国家公园的对比及其启示[J].山东农业大学学报，2008(4).

[12] 夏云娇.国外地质公园相关立法制度对我国立法的启示——以美国、加拿大为例[J].武汉理工大学学报(社会科学版)，2006，19(5).

[13] 官卫华，姚士谋.国外国家公园发展经验及其对我国国家风景名胜区实践创新的启示[J].江苏城市规划，2007(2).

[14] 刘鸿雁.加拿大国家公园的建设与管理及其对中国的启示[J].生态学杂志，2001，20(6).

[15] 许学工.加拿大自然保护区的两种建立模式[J].环境保护，2000(11).

[16] 申世广，姚亦锋.探析加拿大国家公园确认与管理政策[J].中国园林，2001(4).

[17] 张倩，李文军.新公共管理对中国自然保护区管理的借鉴：以加拿大国家公园改革为例[J].自然资源学报，2006，21(3).

[18] 王晓丽.中国和加拿大自然保护区管理制度比较研究[J].世界环境，2004(1).

[19] 陈苹苹.美国国家公园的经验及其启示[J].合肥学院学报，2004(6).

[20] 赵吉芳，李洪波，黄安民.美国国家公园管理体制对中国风景名胜区管理的启示[J].太原大学学报，2008(6).

[21] 彭绍春.中国风景名胜区和美国国家公园开发与保护比较[J].安徽广播电视大学学报，2009(2).

园林：一门独特的艺术[①]

——著名科学家钱学森的园林艺术观

钱学森不仅是世界著名科学家，也有着浓厚的文学艺术情结，对民族文化和城市建设十分关心，特别是对于我国传统的园林艺术，钱老有着独特的看法。园林学是与建筑学占有同等地位的、以工程技术为基础的美术学科，它是中国的传统，是一种独有的艺术。园林艺术不是建筑的附属物，也不能降到"城市绿化"的地步。我们要认真研究中国园林艺术，使我们的大城市比国外的名城更美。钱学森认为应在美术学院培养真正的园林艺术家、园林工作者。

上海交通大学杰出校友钱学森(1911.12.11—2009.10.31)不仅是世界著名科学家，空气动力学家，中国载人航天奠基人，也有着浓厚的文学艺术情结，对民族文化和城市建设十分关心，特别是对于我国传统的园林艺术，钱老有着独特的看法。

西蒙德说：园林也许是最高与最难的艺术形式之一

园林艺术是通过园林的物质实体反映生活美、表现园林设计师审美意识的空间造型艺术。它运用总体布局、空间组合、体形、比例、色彩、节奏、质感等园林语言，构成特定的艺术形象(园林景象)，形成一个更为集中典型的审美整体。它常与建筑、书画、诗文、音乐等其他艺术门类相结合，而成为一门综合艺术。由于造园材料丰富多彩，园林语言十分复杂，园林艺术往往涉及多种艺术门类，因此，园林艺术也就一直难以在艺术界定位。

黑格尔在《美学》第三卷里谈及园林艺术时说："园林艺术不仅替精神创造一种环境，一种第二自然，一开始就用全新的方式来建造，而且把自然风景纳入建筑的构图

① 本文发表于上海交通大学新闻网2014年5月5日《学者笔谈》栏目。

设计里，作为建筑物的环境来加以建筑的处理。”讨论到真正的园林艺术，我们必须把其中绘画的因素和建筑的因素区分清楚。花园并不是一种正式的建筑，不是运用自由的自然事物而建造成的作品，而是一种绘画，让自然事物保持自然形状，力图模仿自由的大自然。它把凡是自然风景中能令人心旷神怡的东西集中在一起，形成一个整体，例如岩石和它的粗糙自然的体积，山谷、树林、草坪，蜿蜒的小溪，堤岸上气氛活跃的大河流，平静的湖边长着的花木，一泻直下的瀑布之类。中国的园林艺术早就这样把整片自然风景包括湖、岛、河、假山、远景等都纳入到园子里。

在这样一座花园里，特别是在较近的时期，一方面要保存大自然本身的自由状态，而另一方面又要使一切经过艺术的加工改造，还要受当地地形的制约，这就产生一种无法得到完全解决的矛盾。从这个观念去看大多数情况，审美趣味最坏的莫过于无意图之中又有明显的意图，无勉强的约束之中又有勉强的约束。还不仅如此，在这种情况下，花园的特性就丧失了，因为一座园子的使命在于供人任意闲游，随意交谈，而这地方却已不是本来的自然，而是按自己对环境的需要所改造过的自然。

很显然，黑格尔所认识的园林，是自然与人工、审美与实用的统一，他把园林排斥在建筑、雕刻、绘画、音乐和诗这五门“本身明确而又划分得很清楚的实际艺术体系”之外，尽管它(园林)“也有些悦人的、美妙的和有益的东西，它们总还不够完善”，因而，黑格尔认为园林是一种“不完备的艺术”，“我们对这些艺术只有在适当的机会顺便提到”，而没有得到应有的重视。

园林艺术究竟是一门“不完备的艺术”，还是一门真正的艺术？

培根在《说花园》一文的开始便说：“园艺之事也的确是人生乐趣中之最纯洁者。它是人类精神最大的补养品，若没有它则房舍官邸都不过是粗糙的人造品，与自然无关。再者当我们见到某些时代进入文明风雅的时候，多是先想到堂皇的建筑而后想到精美的园亭；好像园艺是较大的一种完美似的。”可见，园林使用功能更多表现在精神内容方面，其中审美要求远远超过物质功能的要求。因此，假如我们可以把艺术的含义分为三个层次的话(第一层次是指任何技艺、技巧；第二层次的含义是指按照美的规律来创造；第三个层次，艺术的意义是指作为精神文明领域的艺术创作)，那么，园林艺术无疑是属于精神文明领域真正的艺术创作。美国景园(或译为园林)建筑师协会主席西蒙德(Simonds J. O.)认为：“园林也许是最高与最难的艺术形式……”

钱学森认为，园林艺术是我国创立的独特艺术部门

尽管黑格尔、培根和西蒙德都对园林艺术的性质作了如上探讨，却未有定论。而钱学森则明确认为，园林是艺术；园林艺术是我国创立的独特艺术部门。

早在1958年3月1日，钱学森就在《人民日报》上发表了题为《不到园林，怎知春色如许——谈园林学》的文章。钱老不仅对中国传统园林十分热爱，更对园林美有相当的感悟与研究，他说："我们也可以用我国的园林比我国传统的山水画或花卉画，其妙在像自然又不像自然，比自然有更进一层的加工，是在提炼自然美的基础上又加以创造。"钱学森认为，园林学是与建筑学占有同等地位的一门美术学科，是以工程技术为基础的美术学科。他在文章中说："世界上其他国家的园林，大多以建筑物为主，树木为辅；或是限于平面布置，没有立体的安排。而我国的园林是以利用地形，改造地形为主，因而突破平面；并且我们的园林是以建筑物、山岩树木等综合起来达到它的效果的。如果说：别国的园林是建筑物的延伸，他们的园林设计是建筑设计的附属品，他们的园林学是建筑学的一个分支，那么，我们的园林设计比建筑设计要更带有综合性，我们的园林学也就不是建筑学的一个分支，而是与它占有同等地位的一门美术学科。"

此后，钱学森多次发表了园林是艺术的观点。如，钱学森在1983年7月20日给中国城市规划设计研究院陈明松的信中提到："园林不是科学，不是工程，是艺术。例如舞台艺术、电影、电视等虽然都是以科学技术为基础，但都是文艺活动，不是科学技术活动。园林是艺术，不是建筑科学也不是工程。"而且，钱学森还在《再谈园林学》（《园林与花卉》1983年第1期）一文中，用定性、定量的科学方法，按不同尺度及其审美感受把园林艺术空间分为盆景、园林里的窗景、庭院园林、宫苑园林、风景名胜区、风景游览区六个不同观赏层次，综合性地论述了各个层次的观赏内容、景观尺度以及观赏特征。

1984年，钱学森在《城市规划》杂志上发表了《园林艺术是我国创立的独特艺术部门》一文，指出："'园林'是中国的传统，一种独有的艺术。园林不是建筑的附属物，园林艺术也不是建筑艺术的内容。""中国园林也不是降到'城市绿化'的概念。"他认为，我们对"园林"、"园林艺术"要明确一下含义："明确园林和园林艺术是更高一层的概念，Landscape，Gardening，Horticulture，都不等于中国的园林，中国的'园林'是他们这三个方面的综合，而且是经过扬弃，达到更高一级的艺术产物。要认真研究中国

园林艺术，并加以发展。"钱学森在这篇文章里科学地提出并论证了中国园林是中国创立的独特艺术部门。

应在美术学院培养真正的园林艺术家、园林工作者

钱学森认为，"要以中国园林艺术来美化"我们的城市，"使我们的大城市比起国外的名城更美，更上一层楼"。但他认为我们在这方面做得不够，主要原因是人才问题，他深感人才培养是发展我国园林事业的当务之急，但他对目前我国高校园林专业布局和课程设置的现状不满："我觉得这个专业应学习园林史、园林美学、园林艺术设计。当然种花种草也得有知识，英文的 Gardening 也即种花，顶多称'园技'，Horticulture 可称'园艺'。这两门课要上，但不能称'园林艺术'。正如书法家要懂制墨，但不能把研墨的技术当做书法艺术。我们要把'园林'看成是一种艺术，而不应看成是工程技术，所以这个专业不能放在建筑系，学生应在美术学院培养。"钱学森认为应在美术学院培养真正的园林艺术家、园林工作者。

话虽如此，但作为一名治学十分严谨的科学家，钱学森也强调了园林学与建筑学的相互关系，科学地界定了建筑学与园林学这两个学科的相同与不同之处。他说："园林学也有和建筑学十分类似的一点；这就是两门学问都是介乎美的艺术和工程技术之间的，是以工程技术为基础的美术学科。要造湖，就得知道当地的水位，土壤的渗透性，水源流量，水面蒸发量等；要造山，就得有土力学的知识，知道在什么情形下需要加墙以防塌陷。我们要造林育树，就得知道各树种的习性和生态。总之，园林设计需要有关自然科学以及工程技术的知识。我们也许可以称园林专家为美术工程师吧。"

发展交大特色的风景园林专业

正是受钱学森这位科学巨匠的园林艺术观的影响，在时任南京艺术学院院长冯健亲教授的指引和帮助下，我毅然从江苏农学院的园林花卉教研室考入南京艺术学院，师从奚传绩教授研究中外园林艺术。后又有机会，进入东南大学建筑学博士后流动站，师从建筑学院院长王建国教授，继续园林和景观艺术研究。至此，我研究园林艺术的学识积累有了农学（Agriculture）、艺术学（Art）和建筑学（Architecture）三个专业背景，在 2009 年 7 月 18 日中国科协和中国风景园林学会联合在北京召开的风

景园林学学科发展研究开题会上，我第一次提出：园林是一门“3A”的艺术。

上海交通大学是农学、建筑学和艺术学3A兼备的985高校，是钱学森的母校。今天重温钱学森的园林艺术思想，为我们带来了更多启迪。包括建筑、园林和环境艺术在内的设计艺术类学科的发展，是多么需要有像钱学森这样全面、及时地吸取人类文明的最新成果、站在学科巅峰的大师级人物来引领！诚如钱学森所说：“我们在园林学方面的工作看来做得还不够，与我们前面所讲的继承并发扬传统的园林学看来还有些距离。所以我们应该更广泛和更深刻地来考虑如何发展我国园林学的问题。只要我们组织起来，有计划地开展这项工作，我国民族文化遗产中这颗明珠一定会放出前所未有的光彩！”

应科学地规划建设好城市绿色空间[①]

目前生态环境保护与建设已经得到各级政府的高度重视，绿化水平的高低已成为当今世界判断一个城市文明程度和居民生活质量的重要标准之一。绿地建设已经受到普遍关注。然而，在目前的绿地建设中，还存在着一些问题，如：某些领导为图立竿见影地“炫耀政绩”而热衷于做表面文章，凭个人意志对设计人员指手画脚而忽视群众需要，一些专业人员则为图“滚滚财源”而迎合“主人”意，放弃专业原则，违背科学规律，而大多数情况是我们的决策者和专业人员缺少环境保护和生态园林的“绿意识”，在少得十分可怜的可绿化空间里硬是加上亭台楼阁、假山叠石等无生命的景观，使钢筋混凝土筑成的城市中本已严重失衡的软质景观和硬质景观的比例更加严重地失衡。

因此，如何科学合理地规划建设好城市的绿色空间，把我们有限的绿化资金及珍贵的土地资源充分利用起来，从改善城市生态环境出发，多创造绿量，多为市民创造些幽静的游览、休息场所和清新宜人的生活空间，是我们的当务之急。为此特建议如下：

1 持之以恒抓宣传教育，提高全民绿化意识

园林绿化事业是全民的事业，没有各级领导的重视和全民绿化意识的提高，要建设完整的、系统的、高水准的园林绿地体系是一件根本不可能的事。有些城市的领导重视城市生态环境的建设只是停留在口头上，实际上却“重视繁荣，忽视市容”，看见公园绿地占了黄金地段不产金，便认为可以挤占绿地多建房，拍卖公园建商场。古人云：“盛德在木。”（《礼记·月令第六》）即是说，植树造林是最大的德政。我们的祖先尚且懂得绿化的道理，处在“生态主义”盛行的今天的我们反倒不明白建设一个美丽、清新、整洁、生态健全的绿色空间同人民生活、城市建设和经济发展的密切关系？况

① 本文是作者先后在1999年江苏省政协八届三次全体大会和2013年上海交通大学城市科学秋季论坛上的讲话稿。

且，据科学测算，对园林绿化建设和维护的投入可获取 3.42 倍的经济效益，只是这些效益不能直接回报给投入单位而已。因此，我们必须把园林绿化建设纳入国民经济和社会发展大系统内加以考核和调节，大力宣传园林绿化建设是福在当代、荫及子孙的伟大事业，唤起全民共同的绿意识，积极主动地投入到建设园林城市、保护绿化规划用地和绿化成果的运动中来。各级领导更应真正重视园林绿化工作，把它放到议事日程上来，各城市在研究经济、社会发展战略，编制国民经济和社会发展中长期规划及年度计划时，应把园林绿化建设的战略目标、分步实施的任务及措施纳入其中，并根据协调发展的需要，安排必要的资金，以保证园林绿化建设与城乡建设、经济建设同步规划、同步实施、同步发展，真正实现经济上新台阶，绿化也上新台阶。

2　按照大环境绿化目标，科学合理地制定城市园林绿化规划

现在到处可以看到拆房造绿的报道，谁的拆迁量大，就被认为抓绿化工作的力度越大。但是，假如之前就把绿地与城市同步规划好，还会因绿化而带来难度极大、费用极高的拆迁，造成不必要的损失吗？如果说以前尚缺少绿化意识还情有可原；现在，我们知道了绿化的重要性，还不把绿地规划与城市规划同步进行，或是为了应付检查而搞假的或临时性的绿地规划，就会成为历史的罪人。我们应按照大环境绿化的目标，应用生态学理论和系统理论，根据每个城市各自的自然条件、地形地貌特点，合理确定绿化规模，制定具有足够园林绿地面积和布局比较合理的园林绿化规划，并按照绿色城市体系，与城市总体规划同步编制，从规划上保证绿化用地。规划一经批准，必须严格执行。对一时难以实施的规划绿地应严加控制，不允许随意新建建筑物、构筑物或移作他用。有些城市的总体规划虽经国家批准，但绿地配置面积严重偏少的，建议作适当调整。

3　加强科学研究，不断更新园艺、工艺技术，走依靠科技进步之路

当前我国的园林技术尚不先进，为此，建议各城市园林部门建立或强化现有科研机构，根据园林绿化中存在的问题，有针对性地进行科学研究，或者与相关的科研机构或院校联合进行科学研究，有计划地解决一些重大的科研课题；树立科技兴绿的观念，加快引进和采用新技术、新工艺、新材料、新设备，逐步实现园林绿地建设和养护管理的现代化。

4 依法管理好城市绿色空间的建设工作

要高质量地建设好完整的城市绿色空间，必须对园林绿地的规划、设计、建设和管理实行有效的法制化。国务院早就发布了《城市绿化条例》，并制定了各类相关的技术标准。但现在园林绿化建设市场十分混乱，大量无施工资质或借用施工资质的个人及小公司活跃在园林绿化市场，使城市绿地建设质量低劣、已建成的城市绿地得不到有效的保护。这种有法不依、执法不严的现象应得到有效控制。为了做到这一点，应先理顺园林行政主管部门与所属企事业单位的关系，实行政企、政事分开。园林行政主管部门要转变政府职能，把工作重点转到加强宏观调控和行业管理上来，转到依法搞好城市园林绿化规划和组织规划的实施上来。

5 科学决策，绿化建设事半功倍

绿化建设关键是“绿”；有绿就能改善环境，有绿就能使城市居民身心健康。这就要求我们决策时强调植物造景，这样既能发挥绿地的科学功能，又能节省经费，就在宏观上奠定了科学造绿的基础。针对目前绿化指标低、绿化经费少的情况，应提倡“先普及，后提高”的绿化方针。“普及”，并不意味着降低绿化的标准，而是在绿地中减少一些不必要的、花钱多的无生机的所谓“景点”。因为对绿化来说，花钱多不一定效果好。要高标准，创一流，要绿化精品，不一定非要搞亭台楼阁不可。城市绿化建设有别于古典园林建设，功能上有着显著的差别。例如，城市绿地的功能之一便是在遇到地震等自然灾害时疏散居民；如果在面积有限的绿地里塞满建筑、假山，地震时我们哪里还有生路呢？树林、草地，加上坐椅、坐凳，就是最好的城市绿色空间。我们不是口口声声崇尚自然么，自然风景里有草地，更有树林，引自然入城，怎么就只有草地了呢？欧美绿草如茵，是民主政治的象征，更是城市中可绿化空间较大、气候适宜等多种客观因素促成。而在我国，特别是我们长三角地区，城市中心寸土寸金，城市绿地建设应当重“量”更重“质”，重“草”更重“树”，因为同等占地面积下树林的生态环境效益是草地的10倍。为此，建议有关部门在考核一个城市的园林绿化成果时，除了保留原有的绿地率、绿化覆盖率和人均绿地面积等因素外，还应引入和重视“绿量”指标，为城市绿化建设的决策提供科学依据。

中国人眼中的西方园林[①]

本文以中国学者的视角和比较研究的方法审视西方园林，认为西方园林与中国园林一样是多起源的，中西园林艺术在形态学上有明显差异，折射出不同的审美思想和设计哲学，即中国古典园林的精髓是追寻“自然之本质”，西方几何规则式园林则追求“秩序和控制”。18世纪的英国自然风景园虽然与中国古典园林一样崇尚自然，同为自然式园林，但两者在造园艺术手法上差异显著，即前者是写实的，后者是写意的。然而，由于人类共同的“本原观念”(Elemenfarsedanken)，对中西方园林各自的主人来说，造园的目的却是一致的，这就是补偿现实生活境域的某些不足，满足人类自身心理和生理需要；无论规则式还是自然式园林，均反映了他们的人生态度、生活情趣和审美理想，都是一个理想的家园。这或许为创造“世界花园”提供了基础。

中国经济社会快速发展，引进了大量西方的文化艺术，包括园林和景观设计艺术；它们在中国的城市建设特别是房地产开发上被大量应用，小至社区、街区，大至小镇甚至整个城市，进行1∶1复制，如意大利小镇、欧洲城等等，在中国大陆泛滥。但这些西方的景观设计艺术并不地道，只知其一，不知其二，囫囵吞枣，一知半解，有损西方园林的经典形象，曲解其意；有些作品由于设计师水平低下(中国尚无风景园林师注册制度)，或是受经费和材料的限制，且不说缺少西方园林的文化内涵和应有的环境，造出来的西方园林和景观在形式上就让人啼笑皆非。一如中国早期园林中的西洋因素，如扬州何园的西洋楼、苏州拙政园的十八曼陀罗花馆，只是百叶窗、彩绘玻璃等一些表象，连西方著名的园林专家都不知道为何叫“西洋楼”。

北京圆明园中的著名景点谐奇趣，是长春园中最早建成的西洋楼和水法之处。在长春园起造以水法为主体的西洋楼建筑群，标志着欧洲建筑与园林艺术于18世纪首次引入中国宫苑领域。据童寯《北京长春园西洋建筑》一文：“乾隆十二年(1747

① 本文为2011年12月9日在德国汉诺威举行的汉诺威-莱布尼茨大学—东南大学学者论坛上的交流文章。

年)，当高宗(弘历)偶见西洋画中喷泉而感兴趣时，问郎世宁(Castiglione，Joseph)谁可仿制。郎即推荐教士蒋友仁(Benoist，Michel)，帝随命蒋在长春园督造水法，建筑由郎世宁、王致诚(Attiret.Jean Denis)、艾启蒙(Sichelbarth，P.I.)等负责，并由汤执中(D，Incarville，F. P.)主持绿化。"虽然由西方人士直接参与规划建设，主要仿建西洋形式的建筑和喷泉，但毕竟是在中国营造，要适应、符合中国帝王的意图、兴趣和宫廷需要，在突出西洋形式时又混合有中国特色。童寯还指出，长春园西洋楼建筑风格属洛可可范畴，并在注中列举美国人丹比(E. Danby)1926 年著《圆明园》一文，法国人德茂兰(Georges soulie de Morant)所著《中国历代艺术史》都称西洋楼为洛可可风格。西洋楼全部建筑用承重墙，平面布置，立面柱式、檐板、玻璃门窗以及栏杆扶手等，都是西洋做法。屋顶有硬山、庑殿、卷棚、攒尖各式，用筒瓦、鱼鳞瓦、花屋脊及鱼鸟宝瓶等装饰，属中国式，只是不起翘。雕刻装饰细部夹杂中国式花纹，还有太湖石、铺地、竹亭等点缀更具中国特点。喷水塔、喷泉与喷水池边带华化装饰。海宴堂西面水戏避用西方裸体雕像，而代以铜铸鸟兽畜虫和十二生肖，都是善于运用中国艺术习惯的巧妙手法。大规模地仿西洋式建筑和喷泉，这在中国园林建筑史上还是第一遭，总的说来不免有不中不西、不伦不类的缺点[1]。

因此，为了让中国的园林界设计界人士更完整、更准确地理解西方的园林和景观艺术，借此机会，将中国学者对西方园林的一些看法，结合我本人对西方园林艺术的认识，写成此文，请各位西方园林界的专家教授斧正。请大家提出如何让中国人全面了解西方园林的路径，正确理解学科和专业名称，建立跨文化园林和景观设计艺术交流的理论和机构，并建议在当代中国设计建造地道的西方示范花园。同时，不少文化界人士现在提倡东西方文化的融合，园林艺术作为一种优秀的世界性的文化，能否朝着"世界园林"的目标迈进，在保持各自特色的基础上，形成统一的国际标准。

1　中国学者对中西方园林艺术差异的看法

一些中国学者在从事中西园林艺术的比较研究时提出了对西方园林的看法。近代较早着手研究中国古典园林的童寯先生为了对东方(包括日本)和西方的园林艺术作比较研究，历经多年广泛阅读和积累世界范围的园林资料，其中包括他自己旅欧期间(1930 年)的亲身见闻和体验。遗憾的是，这一复杂的课题未能发展到应有的规模，而只是以素材的形式发表了其中的一部分。在被我国园林界视为经典著作的《造园史纲》一书中，童寯先生除了"略述东西方造园沿革史例，从神话天国乐园到今天抽象的园艺”，还“指出17、18世纪中国、日本与英、法等国的造园成就及其相互影响”。童寯先生1983年临终前亲手校订完稿的英文版《东南园墅》一书，除介绍了中国古典园林内涵与特征以外，还专设“东西方比较”一节，运用比较学的方法，阐述了东西方园林在审美、布局以及给人感受上的异同，即“西方园林悦目，东方园林悦心”[2]。

自1980年以来，中国古典园林以实物出口西方，在中西园林发生更广泛的实际影响的同时，有更多的人从事中西园林艺术的研究，但大多是根据史料的译介，缺少对西方园林的深层理解，多为从宏观的角度对中西园林艺术的差异性进行比较。如：杨筱平先生在《中西差别何在？——中西文化与建筑比较略述》一文中指出：“中西园林差别主要表现在‘形’和‘意’。中国园林强调效法自然，抒发情趣，其布局自由流畅，乱中有法，动中有静，虚实相生，虽由人作，宛若天成。西方园林强调改造自然，人工斧凿痕迹明显。西方园林是建筑的延续和陪衬，透视感强，平坦开放，一览无余。中国园林是渗透到建筑中去，缘物寄情，层次深远。”思效先生在《真景实境与人间幻境——中西园林的比较》一文中对中国园林艺术与西方园林艺术作了比较后指出：“西方园林基本上是写实的、理性的、重人工、讲规律，可以说是现实主义，但失之为机械刻板；中国园林基本上是写意的、直观的、重自然、讲想象，可以说是浪漫主义的，充满着空灵剔透和辩证法。”[3]王绍增认为中西园林艺术的主要差别是：中国的一贯性（即变化缓慢性）和西方的多变性（即变革强烈性）之对比[4]。夏宏在来信中认为：中西园林艺术的差异在于“含蓄与直观”，“封闭与开放”。吴宇江从文化哲学、思维模式及文化结构等方面论述了产生中西古典园林不同特点的内在因素。他认为，中国古典园林的内聚性和西方古典园林的外拓性是中西不同文化心理个性在其造园艺术形态上的不同表现，它们质的区别反映了中西文化的不同思维机制和不同文化历史背景[5]。

王世仁先生的《天然图画——中国古典园林美学思想之一》一文对黑格尔（Georg Wilhelm Fridrich Hegel，1770—1831）提出的所谓法国园林艺术的“建筑原则”作了进一步的解释，认为审美标准和当代的建筑一样，都是以追慕古罗马严格的几何标图和宏阔的气派为原则。认为“园林是陪衬，是背景，是建筑的附属物，确实不是独立完备的艺术”。刘天华对中西不同的园林审美观进行了比较分析，他认为，由于东西方文化心理结构上的差异，中西方园林艺术在整体形象、风景内涵以及风格情调上也呈现出较大的不同。中国园林艺术主要反映了传统文化中“天人合一”，即自然与人协调亲和的思想观念，它强调的是情景交融、物我同一的风景意境美。而西方园林艺术主要以人为主体，它创造的风景在很大程度上表现人的力量，比较偏重于符合数和比例观念的形式美[6]。吴家骅则选择英国学派和中国传统的园林艺术与设计作为研究的中心内容，借此将西方的景观分析方法介绍到东方，将东方最为基本的景观美学观念，比如“道”的思想带到西方，以比较东西方的景观思想，从而达到对景观艺术、设计和教育的不同审美方式的理解[7]。陈尔鹤、张丽萍在《中西古典园林审美观的比较》一文中认为，中西古典园林审美观从本质到手法都是对立的。这种对立的原因是受其文脉、地理和生活习惯的影响[8]。

张家骥曾论及东西方的自然观念与中国的造园艺术，他认为：传统的造园艺术精神，不同于西方的是任何有限的空间之间是相对的、流动的、变化的，而且与无限的自然空间相贯通，追求的是达于宇宙天地的“道”。这是中国园林与西方“庭园”(Garden)在本质上的区别[9]。

2 中西园林艺术起源的相似性

中国园林和西方园林都是多起源的。前者起源于灵囿和园圃；后者的源头是圣林、园圃和乐园。园圃是各自私家园林的原型；灵囿和圣林则用于“通神明”或是“敬上帝”，均与早期的宗教活动有一定的关系，也分别是各自游乐园的先声。而乐园是波斯园林的类型，为西方园林的发生和成长提供了营养。有人认为：“不能低估波斯园林对西方中世纪及其以后造园的极大影响，甚至具有源流和样板的作用。”[10]皮埃尔·安格拉迪(Pierre Anglade)则认为：“两千年以前，埃及、波斯和希腊的影响汇聚罗马，产生了许多著名的园林，例如，哈德良大帝别墅的园林和皇帝提比略(Tiberius Claudius Nero，公元前42—公元37年)的园林[11]。”而童寯认为，古波斯的园林是“由猎兽的囿逐渐演进为游乐的园。波斯是名花异卉发育最早的地方，以后再传播到世界各处。公元前5世纪的波斯‘天堂园’(即乐园)，四面有墙，这与埃及和荷马所咏希腊园庭一样，墙的作用是和外面隔绝，便于把天然与人为的界限划清。这时希腊就有关于天堂园的记载。”[12]皮埃尔·安格拉迪更直截了当地指出：“最初的园林作为食物的来源，众神和半神半人、森林水泽保护神灵之家，为伊甸园、乐园或中国文明的古老神话中的幸运之岛提供了模型。”[13]可见，乐园也是由“囿”演进而来的。这说明西方园林与中国园林有着十分相似的起源。如果说中国、欧洲和西亚是世界园林三大发源地的话，那么，“囿”是它们共有的最初形式。

3 中西园林艺术发展过程的相似性

中国园林与西方园林不仅有着十分相似的起源，而且在不同时期出现的园林类型也是相似的。这突出地表现在园林的实用功能和观赏休闲的演变关系上。

园艺(即造园)的起源与人类的历史有着内在的联系。在原始社会里，我们的祖先主要靠食用植物而求生存。因此，园艺的发生与食用和药用植物的采集、驯化和栽培密切相关。快速栽培蔬菜和谷类植物(一季一熟)想必是最早的植物栽培。比如，栽培干果或果树所应具备的技术相当复杂且耗时很长，结果，这些食物可能从野生树上采集[14]。这意味着果树的驯化和栽培发生较晚。枣、无花果、齐墩果、洋葱和葡萄似乎是在旧世界驯化的最早的主要园艺作物[15]。因此，可以看出，古代园艺的骨架是那些食用和药用的植物，亦即初始的园艺是功能性的。随着园艺的发展，蔬菜、果树、药用植物仍属主要的园艺作物之列。即便是在 17 世纪的美国，开拓者们从英国家乡带来的植物也是各种各样用作药物的草本植物和蔬菜。要不是这些熟知的植物，开拓者们恐怕难以幸存[16]。

以观赏休闲为主的造园(观赏园艺)是作为富人和官僚的癖好应运而生的。虽然其历史可以追溯到公元前 16 世纪的埃及和公元前 20 世纪的中国，观赏园艺的发生想必比功能园艺要迟得多，因为它对古人的生存来说并非必需品。

今天，我们生活在始自 20 世纪 60 年代、以冲击世界意识的三大危机(即世界食物短缺、污染和能源危机)为标志的后工业时代。这些全球性难题以及我们社会不断变化着的需求促使造园界用新的、更广义的术语“合宜园艺”(appropriate horticulture)来替代观赏园艺，并强调在食物和燃料生产上的自给性、都市需要和生态学导向[17]。园艺学家已经通过在家庭花园里栽种食用作物而提出了“食用城市”计划，已经进行了有机园艺、环境园艺和生态风景园艺实践，已建立起新的交叉学科——社会园艺学。毫无疑问，功能园艺现已复活，不过被增加了环境的和生态的功能。

由此可见，无论中国还是西方，造园活动都经历了从古代的功能园艺到观赏园艺、合宜园艺(现代的功能园艺)三个不同的发展阶段，表现出发展过程的相似性。

4 中西园林艺术的人类同一性

中国古典园林和西方古典园林在不少方面具有相似性和同一性。国外学者也早已注意到远在商周时代中国的青铜器物在式样上与欧洲的十分相似[18]。我们如果从文化人类学的角度来审视一下中西园林艺术的相似性和同一性就会找到满意的答案。A.巴斯蒂安(1826—1905年)——柏林皇家民族学博物馆的创始人和艾伦馆长基于他们对全世界进行广泛调查的经历和对文化现象的研究，肯定了人类在精神方面的类同性，并将人类共同的基本观念命名为"本原观念"(Elemenfarsedanken)，也就是"人类同一性"[19]。

"园林艺术是人的艺术"。任何特殊的园林类型，不论怎样，都带有人类园林的特性。我们则把体现在园林中的"人类的特性"称之为园林艺术的人类同一性。

具体地说，所谓"园林的人类同一性"，从文化人类学的观点看，就是人类园林文化中所体现的人类一致具有的、彼此相通的、内在同一的人性。人们对花园、对理想家园的这种渴望与人类文明一样古老，它是如此根深蒂固以至于在世界任何地方人类的早期历史中均可找到其踪迹。园林艺术的这种人类同一性必定会通过一定的园林形态而具体表现出来。例如，世界上各民族，虽然空间距离遥远，文化背景迥异，园林形式千姿百态，但造园的目的却是一致的，这就是补偿现实生活境域的某些不足，满足人类自身心理和生理需要。在这一点上，中西园林艺术的同一性很明显。规则式也好，自然式也罢，对中西方园林各自的主人来说，均反映了他们的人生态度、生活情趣和审美理想，都是一个理想的家园。

5 中西园林艺术的差异性

诚如上述，园林艺术确实存在着全人类的深层的同一性。我们论述这一点，并非要否定中西园林艺术的差异性。人类共同的本原观念中包含着的各民族特有的生活条件(地理环境)会使文化呈现具体的形态。中西古典园林艺术由于是在相对隔离的文化圈中独立发生和发展的，因而形成了对方所没有的独特风格和文化品质，蕴涵了不同的造园思想。

从西方造园艺术的发展轨迹中，我们可以看出，虽然其风格是多变的，但是从古希腊直至18世纪以前，总体风格一直是规则的几何式，决定这种风格的哲学基础，主要是理性主义，它以形式的先验的和谐为美的本质；这是西方古典园林的主流，集中表现了以人为中心、以人力胜自然的思想理念。但在这一主流的内部，不同的时期又有不同的表现：在文艺复兴时期，园林受人文主义思想的影响，力求在艺术和自然之间取得和谐；人文主义者崇尚自然，好沉思冥想，喜在郊野营造别墅园林，眺望自然景色，而在花园内部，则是理性主义的几何风格，园林艺术追求一种“第三自然”的风格。在路易十四专制君权统治下的法国，规则的几何式园林盛极一时，它体现专制主义的政治理想，呈现出辉煌的“伟大风格”。

西方两千年几何规则式的造园艺术传统是那样的庄严辉煌，但在18世纪的英国，规则的几何式园林在短短的几十年里却被自然风景园完全代替了，而且代替得那么彻底，到布朗时代，简直是没有留下一点旧痕迹。造园艺术那样激烈变化的原因，并不是因为规则的几何式园林布局的单纯、构图的和谐、风格的庄严忽然都变成丑的了；在英国的自然风景园兴起之后，凡尔赛并没有丧失价值。人们不再喜欢营造规则的几何式园林，只不过是因为在新的历史时期有了新的理想。这就是在英国资产阶级革命之后、法国资产阶级革命的酝酿时期，它所体现的反专制主义的政治理想。这一时期占主导地位的经验主义构成了自然风景园“崇尚自然”的造园思想的哲学基础。

与西方不同，中国古典园林自其生成以来，经过魏、晋、南北朝的转折期，沿着“崇尚自然”的道路一直走到中国封建社会结束，在这期间，尽管朝代几经更迭，造园艺术也时有兴衰，但中国的封建社会的性质没有变，中国的文化传统和哲学思想没有变，因此，中国园林得以在“崇尚自然”的道路上不断发展、完善，终于形成了自然写意山水园的独特风格，体现了人与自然的和谐与协调。如果说儒、道、释的自然观（如“天人合一”）决定了中国古典园林崇尚自然的特质，那么，中国古典园林的写意手法则是在禅宗和宋明理学的影响下得以发展和深化。

中西园林艺术不同的造园思想、不同的艺术风格，必定会影响园林美的创造，呈现出不同的景观形态（表1）。

表1　中西造园的差异

项　目	中国古典园林	西方古典园林
造园布局	不规则形，不求对称，利用地形及自然景物，人工痕迹少	几何形体，求对称规则形，不论自然形式，人的思想意念
游园路线	自然曲线，单线，幽雅，游兴，气质，意境，含蓄	正交，复线，气派，视觉，颜色，几何形式，开放
造园要素	花草树木少修饰，假山水池，象征自然景色，生意相趣，生活要求满足	多修饰，喷水小组、栏杆雕塑，景物建筑人工化，炫耀人力伟大，视觉要求满足
理水方式	流动式，静止的湖	喷泉式，静止的大水渠

许多同仁认为，中国园林的精髓或实质是富有“诗情画意”，或说是具有幽远的艺

术意境。但实际上，“每一类形式的建筑艺术，甚至再广义地说，每一种形象艺术，都赋予‘诗情画意’，寓有深刻的‘意境’。因此，说中国古典园林的特色是‘诗情画意’或‘意境’，只是指出了中国园林作为一种形象艺术所表露的共性，而没有指出它们的实质。”[20]笔者也提出过类似看法[21]，并致函英国著名园林史专家克里斯托弗·撒克博士商讨。他在1991年给作者的一封长信中就“西方园林是否也具有意境”这一问题作了肯定的回答。他认为，西方园林也是具有意境的，西方的造园家们在设计、创造园林时，也将自己的情感和思想渗入他们所创造的园林艺术中去，只不过我们是“局外人”，不大理解他们的用意，或者他们不用意境这个词，或者对意境的重视程度不同而已。因此，笔者认为，将“意境”和“诗情画意”看作中国园林艺术的精髓并非最佳选择。

那么，什么是中国园林艺术的精髓呢？撒克博士认为：“‘知者乐水，仁者乐山’（孔子《论语》）这句话包含了中国园林的精髓；与自然关系密切；力求变化；对永久性的表现及其在伦理学和哲学上的先取。与中国的风景画一样，概括为‘山水’，中国园林试图接近并以象征的方式展示自然的实质。这并非自然的翻版，而是追寻‘自然之本质’。”而“追寻自然之本质”，恰好是中国园林艺术的精髓所在。这并非“旁观者清”。我国明代的造园大师计成，在其不朽的名著《园冶》中，早就对此作了精辟的概括，这就是我们所熟知的“虽由人作，宛自天开”之句。这条中国园林艺术所一贯遵循的基本准则，正是中国顺应自然的传统哲学思想在园林艺术上的体现……基于这一哲学思想，中国园林才形成了特定的艺术特色，形成了深邃幽远的园林意境。从而以一幅幅“有若自然”、“天然真趣”、“巧夺天工”的优美画卷展示在世人面前，使无数中外人士心向神往。

西方传统的园林艺术精髓与理想大略是一回事，很少例外。西方园林追求传达一种秩序和控制的意识，有时与自然界那明显的“杂乱无序”或“难以驾驭”形成对照；有时与园林之外城镇或都市的骚乱相关联；有时则与同花园相接的住宅生活的繁忙和紧张有关。这就是规则式花园的由来。

或许有人要问，在西方园林史上，18世纪不是也有自然风景园发展起来吗？这是事实。但有必要注意，英国风景式的精髓是一个理想化了的自然景观，在形式上只是追求曾经激发起英国人极其丰富的想象力的帕拉第奥式（Palladian）建筑与公园似的乡村景观的和谐统一，在手法上是“模拟”自然。中国自然山水园则不同，不仅要“外师造化”，还需“中得心源”；亦即以自然山水作为创作的楷模，但并非刻板地照搬照抄自然山水，而是要经过艺术加工使自然景观升华，亦即“摹写”自然。中国造园思想中的自然审美心理表现为人与自然的融合，进而达到情感、精神的超脱[22]。

总而言之，中国古典园林的精髓是追寻“自然之本质”，西方几何规则式园林则追求“秩序和控制”。18世纪的英国自然风景园虽然与中国古典园林一样崇尚自然，同为自然式园林，但两者在造园艺术手法上差异显著，即前者是写实的，后者是写意的，两者有着明显的区别。

参考文献

[1] 汪菊渊.中国古代园林史.北京：中国建筑工业出版社，2006.

[2] 童寯.东南园墅.北京：中国建筑工业出版社，1997：1，44-46，48-49.

[3] 周武忠.寻求伊甸园——中西古典园林比较.南京：东南大学出版社，2002.

[4] 王绍增.与周武忠同志商榷.中国园林，1989(1)：11.

[5] 吴宇江.中国古典园林的内聚性与西方古典园林的外拓性.中国园林，1989(2)：16-19.

[6] 刘天华.园林美学.昆明：云南人民出版社，1989：15-31.

[7] 吴家骅.景观美学比较研究——景观形态学.北京：中国建筑工业出版社，1999：7.

[8] 陈尔鹤，张丽萍.中西古典园林审美观的比较//见：李嘉乐主编.中国首届风景园林美学学术研讨会论文集.南京：南京出版社，1994：186-197.

[9] 张家骥.中国造园论.太原：山西人民出版社，1991：51.

[10] [日] 针之谷钟吉著；章敬三编译.西洋著名园林.上海：上海文化出版社，1991：34.

[11] Pierre Anglade.Larousse Gardening and Gardens. London：The Hamlyn Publishing Group Limited，1990：8.

[12] 童寯.造园史纲.北京：中国建筑工业出版社，1983.

[13] Pierre Anglade.Larouse Gardening and Gardens.London：The Hamlyn Publishing Group Limited，1990：6-7.

[14] Janick J. Horticultural Science.San Francisco：W H Freeman and Company，1979.

[15] Zohary D，Spiegel-Roy P. Beginnings of fruit growing in the old world. Science，1975，187：319-327.

[16] McDaniel G L.Ornamental Horticulture. Virginia：Reston Publishing Company，1982.

[17] Beatty R A.Ornamental Horticulture Redefined. Hort Science，1981，16(5)：614-618.

[18] 李约瑟.中国科学技术史(第一卷第二分册).北京：科学出版社，1975：342.

[19] [日] 绫部恒雄；中国社科院日本研究所社会文化室，译.文化人类学的十五种理论.北京：国际文化出版公司，1988：12-23.

[20] 刘策.中国古典名园.上海：上海文化出版社，1984.

[21] 周武忠.论园林意境的创造.广东园林，1988，(4)：1-8.

[22] 陈志华.外国造园艺术.郑州：河南科技出版社，2001.

中西古典园林石景比较

本文追溯了中西方对待山石的不同的民族心理，以及园林山景产生的不同的历史背景，得出的结论是：中国园林中的假山叠石，具有较深的象征意味和高超的艺术技巧；而西方园林中的岩石假山作为引入东方风格以后出现的人工的装饰品，表达了西方人对自然美的发现。

千百年来，东方人一直坚持着完整的尊山传统，把山作为精神力量的中心，假山叠石是中国园林中最富表现力和最有特点的艺术形象。它对于中国园林，就像雕塑对于西方园林一样同等重要。“石令人古，水令人远。园林水石，最不可无。”(《长物志》)如果说“本于自然，高于自然”是中国古典园林一个最主要的特点的话，那么，造园艺术之所以能够体现“高于自然”这一方面，主要得益于叠石造山这种高级的艺术创作。

而在西方园林界，园林艺术家们详尽地评价了植物和水在景观构成中的作用，却很少关注第三种要素——石头。在 18 世纪之前的西方园林中，只使用切割的石块，作为墙体、台地、喷泉、路径和其他园林构件的组成和装饰。直到浪漫主义运动开展后，自然状态的石头才开始具有精神或文化意义，自然景观不规则的美和自然石头的构造美得到欣赏，并导致园林中自然石头和岩石假山的出现。

西方园林中山景的出现比中国晚了两三千年，两者同为园林中的景点，功能和意义却大为不同。本文追溯了中西方对待山石的不同的民族心理，以及园林山景产生的不同的历史背景，得出的结论是：中国园林中奇形怪状的自然山石，精心制作的假山叠石蕴含着山水林泉的美，具有较深的象征意味和高超的艺术技巧；而西方园林中的岩石假山作为一种独立的岩石作品，在产生上很大程度是由于东方风格的引入，在功能上主要是作为人工的装饰品，是西方社会对自然美发现的一种反映。

1 不同的民族心理——山川的寓意与象征

中国人和日本人传统的价值观是把山作为他们认为神圣而又超验的自然世界的象征，但大多数欧洲人在进入18世纪后，仍把山看作凄凉而恐怖的荒野这类自然景观的象征。

山是体量最大的自然物，巍峨高耸，有一种不可抗拒的力量。中国的先民特别崇拜高山，早在殷代的卜辞中就有崇拜、祭祀山岳的记载。人们之所以崇奉山岳，一则山高势险，仿佛可以通天，二则高山兴云作雨，犹如神灵。对原始农业来说，风调雨顺是丰产的首要条件，因此，中国古代的帝王、诸侯都要奉领土内的高山为神祇，用隆重的礼仪来祭祀它们，周代还在全国范围内选择位于东、南、西、北的四座高山定为“四岳”，受到特别崇奉，祭祀也最为隆重。这些遍布各地的被崇奉的大大小小的山岳，在人们的心目中就成了“圣山”。

然而，圣山毕竟路遥山险，难于登临。统治阶级想出一个变通的办法，就近修筑高台，模拟圣山。台是山的象征，有的台即是削平山头加工而成，所以伏琛在《齐地记》中提到秦始皇作琅牙台时云：“台亦孤山也。”高台既模拟圣山，人间的帝王筑台登高，也就可以通达于天上的神明。因此帝王筑台之风大盛。其中如周文王的灵台、周灵王的昆昭之台、齐景公的路寝之台、楚庄王的层台、楚灵王的章华台、吴王夫差的姑苏台等，都是历史上著名的台。如今位于苏州城外的灵岩山，据说即为姑苏台遗迹，山顶灵岩寺内迄今还有西施“玩花池”与“玩月池”旧址。

台上建置房屋谓之“榭”，除了通神之外，还可以登高望远，观赏风景。帝王诸侯“美宫室”、“高台榭”遂成为一时风尚。这种具有“通神、观游”功能的十分高大的“台”逐渐与宫室、园林相结合而成为宫苑里的主要构筑物。中国园林产生于“囿”与“台”的结合。也可以说，中国园林中的假山是与中国园林本身同步起源的。

西方历史上对待石头的态度根源于古代中东[①]和欧洲的文化传统。在早期西方世界，有一个敬畏石头和岩石的传统，将它们看作精神上强大的自然物：在整个欧洲和西亚的岩洞里，人们发现岩石与避邪物和宗教的其他随身用具捆扎在一起的历史

① 西方造园的传统深深植根于中东。那里，自然的岩石，易使人联想到多石的、荒凉的地域，没有在园林里发生实质性的作用，但石头切块在很早的时期起就被用于建造亭子、水池和其他构成花园硬质景观的特征。考古学家在整个中东发掘出的花园遗址表明，使用石头的一致的设计特征形成了所有乐园的特色。石雕水渠、石质水盆（池）、带石屋顶的亭子、石制喷泉等对欧洲园林建筑设计有深远影响。

已有几千年之久。大量的巨石和史前墓的遗迹(dolmens)①散布于欧洲的事实提示我们,这一地区的人民在很早的时期已与风景中的石头和岩石有精神联系。

对岩石的这种敬畏延伸到山岳,希腊人、罗马人和凯尔特族人相信众神住在山岳之巅附近或山洞里,而犹太教、基督教和伊斯兰教把山岳指为圣地——神和人可以最自然地相处之地。

然而,这种尊敬与明显掩盖着的恐惧的倾向相交替。例如,在欧洲的斯堪的纳维亚半岛(Scandinavia),霜精、巨人和侏儒(矮神)被认为常出没于山巅,在欧洲的其他地方的寓言中,山岳被确信是女巫、狼人和被打入地狱的鬼魂之家。同样道理,西方自中世纪早期直到18世纪的文学和绘画通常把天然石头的特点描述为异己的和恐怖的地域,几乎没有内在的美。迟至17世纪后半叶,一个到过阿尔卑斯山脉的英国旅行者托马斯·博内特(Thomas Burnet)写道:"(山脉)既无形式也没有美,没有形状,没有秩序。在自然界里,再没有什么比古老的岩石或一座山岳更无形状和拙劣的图案了。"[1]

到18世纪,随着浪漫主义运动的展开,对自然景观不规则的美和自然石头构造的崇高之赞美开始发展。虽然就绝大部分而言,这种赞美的表现被限制于一座园林的较具野趣部分的自然主义的瀑布水景或石质露头(stony outcroppings),花园设计师开始欣赏未雕刻石头的审美作用,开始把一种野趣引入花园。

2 不同的历史背景

2.1 中国园林中的山景

中国绝大多数古典园林中的"山"是假山;人工造山在中国传统造园中便自然占有十分突出的地位。

中国园林中的假山是与中国园林本身同步起源的。它的雏形是殷末周初帝王园囿中的"台"。秦、汉时的假山是远景式的土山和土、石结合之山。魏晋南北朝时,假山叠石在中国古典园林中的主导地位逐渐得以确立,并开始转向近景式的写实风格。隋、唐时期,人工造山虽不多见,但已普遍认识到山石的审美价值,并将其"特置"于园林或清供于盆中借以珍赏。宋代,不仅以摹写自然为主的写实式假山至此达到最高

① 又译石室冢墓。史前遗物。以数块巨石植于地上,边向外倾,上承石板以为顶,用作墓室,为新石器时代欧洲典型结构。主要为欧洲、不列颠诸岛及北非之产物。

水平与最佳状态，而且也开始使用天然石块为主堆叠假山(叠山或掇山)，且已达到相当高的水平，还出现了专门叠山的匠师。明、清两代又在宋代的基础上把叠山技艺发展到“一拳代山，一勺代水”的写意阶段，而且名家辈出，这些假山宗师从实践和理论上使中国古典园林中的叠石造山艺术臻于完善。

宋代不仅是绘画艺术中山水画成熟与高度发展的时代，也是造园艺术中摹写山水达到最高水平与最佳状态的时代。在中国造园史上，艮岳是以筑山为主体的大型人工山水园，故以山为苑名。它始建于北宋政和七年(公元 1117 年)，成于宣和四年(公元 1122 年)。建园之事由宋徽宗亲自参与。艮岳主山为寿山，先是用土筑成，大轮廓体型模仿杭州凤凰山；后来从各地开采上好石料，加上石料堆叠而成为大型土石山。艮岳有瀑布、溪间、池沼、洞壑、峰峦峭壁，是自南北朝以来，对摹写山水创作的继承和发展，并将自然写实主义假山堆造发展到顶峰的典范。

明代出现了为他人造园的职业园林匠师，且都以叠石造山见长。明代末年，江南出现一位著名的造园艺术家张涟(公元 1587—?)，尤擅长叠山。他反对传统的缩移模拟大山整体的叠山方法，从追求意境深远和形象真实的可入可游出发，主张堆筑“曲岸回沙”、“平岗小坂”、“陵阜陂陀”，“然后错之以石，缭以短垣，翳以密”，从而创造出一种幻觉，仿佛园墙之外还有“奇峰绝嶂”，人们所看到的园内叠山好像是“处于大山之麓”而“截溪断谷，私此数石者，为吾有也”。这种主张以截取大山一角而让人联想大山整体形象的做法，改变了那种矫揉造作的叠山风格，开创了叠石艺术的一个新流派。

与张涟约略同时，又有著名造园家计成(公元 1582—?)，中年后便以造园垒山为业。计成提出了应按真山形态堆垛假山的主张，完成的假山石壁工程，宛若真山。1634 年写成中国最早的和最系统的造园著作——《园冶》，被誉为世界最早的造园名著。计成认为叠山应做到“有真为假，做假成真；稍动天机，全叨人力”。因而“园中掇山，非士大夫好事者不为也”。

明代著名文人画家文征明的曾孙文震亨(公元 1586—1645)，对造园也有比较系统的见解。所著《长物志》一书的“水石”卷中，不仅提出了“石令人古，水令人远。园林水石，最不可无”的审美见解，还认为叠山理水“要以回环峭拔，安插得宜。一峰则太华千寻，一勺则江湖万里”之原则，足见明时叠山已在宋代的基础上把叠石技艺发展到“一拳代山，一勺代水”的写意风格阶段。

清代的造园活动又有长足的发展。这一时期虽为皇家园林修造最多的朝代之一，但在叠石造山上，更为兴盛的地区仍在江南一带。清初文人李渔也是当时著名的造园叠山家。李渔在其所著《一家言》(即《闲情偶寄》)中"山石"一节尤多精辟的立论。他主张叠山要"贵自然",不可矫揉造作。他站在文人园林的立场上,鄙夷明清之际叠山艺术染上的流俗的富贵气和世俗气,反对流行的"以高架叠缀为工,不喜见土"的石多于土或全部用石的石山做法,认为造园时用石过多往往会违背天然山脉构成的规律而流于做作;提倡土石相间或土多于石的土石山的传统做法,认为"用以土代石之法,既减人工,又省物力,且有天然委曲之妙,混假山于真山之中,使人不能辨者"。李渔还谈到石壁、石洞、单块特置等的特殊手法,并从"贵自然"和重经济的观点出发,颇不以专门罗列奇峰异石为然。他推崇以质胜文,以少胜多,这都是宋以来文人园林的叠山传统,与计成的看法也是一致的。

计成、文震亨、李渔等有关山石方面的著述对中国古代叠石造山技艺作了比较全面的总结。特别是计成的"有真为假,做假成真"以及李渔的"贵自然"、重经济、提倡土石结合的叠山传统等优秀思想,对当代中国的园林建设具有重要的意义,值得借鉴。

到清代嘉庆、道光年间,江南又出现了一位著名匠师戈裕良,其"叠山之艺,远胜前人"(《江南园林志》)。主张堆假山"只将大小石钩带如造环桥法,可以千年不坏,要和真山洞壑一般,方称能事"(《履园丛话》卷十二)。在他以前的包括计成在内的叠山匠师均以条石覆洞,如狮子林石洞皆界以条石,戈氏便认为不算名手;戈裕良在作假山洞壑时,顶壁一气,成为穹形。

2.2 西方园林的山景

在 18 世纪之前的西方园林中,很少使用自然状态的石头。到 18 世纪,一种新的浪漫趣味开始影响文学和美术,特别是花园设计。从整形式花园严格的几何形向自然的不规则的曲线的转化是这一时期花园设计的主要特征。划成方格状的绣花花坛(squared-off parterres)、水渠和宏大的甬道软化成缓坡山丘、曲折的山谷以及具有自由岸线的平静的湖。充满雕像的整形式台地让位给以盖满青苔的遗迹和神秘岩洞为特征的幽谷。

这种对自然景观的新的欣赏也导致了对山的热爱:"在这里,自然,"当代诗人约瑟夫·瓦顿(Joseph Warton)写道:"似乎很孤单/威严地坐在峻峭的宝座上。"在 18 世纪中后期,对山的热情激励欧洲的园林设计出现了石质露头,坚实地埋于土中,这或多或少精确地复制了山坡或山地。这种岩石假山作为一种独立式的岩石作品,表面是人工的,功能上是纯装饰性的,在露头之先转向自然。这种较早的传统持续对整个19世纪的假山设计产生了强烈的影响。

促成西方园林中假山出现的另一原因是中国风格在欧洲的传播。中国的园林叠石已有3000多年的历史。西方建于18世纪80年代的切尔西药物园(Chelsea Physic Garden),是早期的假山作品,但它展示的是地理学上的风貌,而非植物学上的式样[2]。18世纪英国出现用成组的岩石作为独立的景观,被称为“中国风格”时期。

1743年,耶稣会派到中国的传教士王致诚(Jean-Denis Attiret)出版了一本关于豪华的圆明园的图说,描述了这座园林的主要庭园、亭子和水景。1772年,钱伯斯撰文介绍中国园林:“他们还善于建造人工假山,在这一方面超过任何国家的人。在中国,建造假山是一项非常好的职业。不但广州如此,其他城市大概也是如此,许多这种工匠忙得没有闲暇。他们使用的石材是从中国南方海岸运来的,带青色,凝结而由于波涛摩擦形成不规则的形状。中国人很巧妙地为它们选取名称。在我所见到的石材中,有的还不及人的拳头,形状美,色彩鲜明,其价格竟达数两银子。在住宅的庭园里和别的地方常用这样的石头,其粗大者有青泥包裹,可以叠筑很大的假山。我看见过十分精巧的假山,同时又发现这些石匠工人们具有非常优雅的趣味。在大型庭园中,设有洞窟,开洞孔,可以从洞窟中眺望外面的远处景色。还可以在洞窟上面种植树木和灌木,覆盖苔藓,在洞顶上筑造亭榭,从假山的不规则的石磴攀登上去。”[3]

这些描述激起了欧洲几代园林设计师的想象。尤其王致诚的关于乾隆皇帝休闲地中充满奇异假山的描述,使少数西方人企图在他们自己的花园里复制中国的假山。不过,这种热情就绝大多数而言是受到限制的,中国园林设计的复杂性也使绝大多数欧洲园林师感到困惑,园林建筑中模拟“中国的”情调的许多构造,古怪多于美丽。少数这些努力幸存至今,它们与周围环境显得并不协调,有些怪气,好像在茂盛和浪漫的植被环境中放置过度的石质馒形饰一样。这些山石用作纯装饰的功能,有时配种蕨类、藤本或其他美丽的植物。

在19世纪初,复制整座假山依然是一时的风尚,这使得独立式石作继续存在。在英国靠近切斯特(Chester)的霍尔(Hoole)的一座著名的假山园中,萨弗山(Savoy)以审慎的规模得到表现,最后用大理石粉末来代表雪。另一座著名的园林复制了马霍(Matterhorn)及其周围的高山草地,在山上点缀了用锡做成的羊。这一时期另外的岩石作品以嵌有砖、粉红色珊瑚以及贝壳线喷泉为特征。以现代眼光看这些假山,也许只能作为某些过度装饰的主题公园中的可爱的自然特征,然而,这一传统一直到19世纪影响了许多园林设计师。19世纪中期,叠山者一直企图把自然主义的岩石露头的外观与更加人工的独立式石作结合起来。这种艰难的联合导致产生相当笨拙和超大规模的假山，上面种植柏树和灌木作为装饰。

20 世纪 60 年代，高山植物（alpines）和岩石植物（rock plants）的栽培得以普及，假山逐渐开始丧失纯装饰和人工的作用，人们努力把假山营造成在地质学上最适于高原植物生长的环境，于是，更多的假山开始在适宜的尺度上以自然石头为特征，构成表现自然的环境，这使西方园林中的岩石园得以产生。

岩石园的起源可以追溯到远东[4]。西汉时，我国造园就在土、石相间的假山中栽种植物。宋朝张昊在《艮岳记》有"……增土叠石，间留隙穴，以栽黄杨，曰：'黄杨巘'"的记载。这与西方园林中岩石园的做法显然十分相似。如果说枯山水是中国假山的日本变种，那么，叠石艺术传入西方后的变形就是岩石园了。在西方，岩石园最初出现于自然裸露的岩石之上；17 世纪后期，从东方引进的岩石堆叠的岩石园，成为具有西方特征的石景。

岩石园多是对山地环境的模仿，岩石被细心地掇叠并自由地栽培植物。植物通常是相当大小的灌木丛，或不以花为特色的树木。高山植物和岩石植物尽管在平地的普通土壤上也能生长，但绝大多数高山和岩生植物对它们生长的环境要求很苛刻，排水良好才能有利于它们的根系生长，并保持枝叶的旱生性状。简单地说，它们通常需要用石质露头和山麓碎石（岩石堆）再造它们的原生环境。

有时，多石的场地上种植矮小而鲜艳的彩色植物和亚灌木。在这种情况下，有时被称作高山（地）花园。真正的高山花园应用高山植物，可包括山地景观的所有特征：开放的草地，生长着各种各样的"野草"，各种形状和大小的岩石散布其间，表层是砾石土；下层土壤清洁和潮湿。这样的高山花园需要相当大的场地。当然，也可在较小的空间内参照高山花园的做法营建岩石园，即使栽培的植物来自不同的纬度和世界各地，其效果是相当迷人的。

3 总结

从中东最早的乐园开始，西方人就用切割和雕刻的石头把秩序、等级制度和对称强加于园林。如今"野生"的石头仍在起着越来越重要的作用。这种进展部分是由于对把未加工的石头用于花园的亚洲传统的爱好，也部分地因为人们愈加尊重自然景观本身。

把完美的乐园转变成一座自然的伊甸园（natural Eden）意味着变"对称"为"和谐"、变"等级"为"平衡"、变"秩序"为"轻度浑沌"（gentle chaos）。在秩序和浑沌（无序）两者之间探索平衡是未来园林设计师的职责，这可以产生一些新的园林式样。为了做到这一点，西方的园林专家正努力从东方园林、尤其是我们的叠石艺术中寻找灵感。

参考文献

[1] Edwin Bernbaum. Sacred Mountains of the World. San Francisco: Sierra Club Books, 1990:121.

[2] Geoffrey Jellicoe, Susan Jellicoe, Patrick Goode etc: The Oxford Companion to Gardens. Oxford, New York: Oxford University Press, 1991:12.

[3] [日] 冈大路;常瀛生,译.中国宫苑园林史考.北京:农业出版社,1988:362-370.

[4] Pierre Anglade. Larousse Gardening and Gardens. London: The Hamlyn Publishing Group Limited, 1990:88.

中国盆景艺术研究进展[①]

以近30年(1978—2008)间我国发表的以“盆景”为关键词的学术论文为基础,从中国盆景的历史、分类、风格与流派、审美、传承与创新等方面进行研究综述,认为中国盆景的学术研究层次有待提高,为把握今后中国盆景的学术研究方向提供参考。

盆景是一门特殊的艺术。它熔造型艺术和园艺科学于一炉,是以植物、山石为主要素材,通过立意、造型、布局、养护等艺术的和科学的手段,在特定的盆盎内构成立体景观,以小中见大为特色[1]。这门反映中华民族人文精神的传统艺术,历经几千年的发展,几近炉火纯青的地步,但在艺术界和科学界的地位还有待提高。本文通过对1978—2008年间我国发表的以“盆景”为关键词的学术论文研究分析,为把握今后中国盆景的学术研究方向提供参考。

1 研究概况

在中国学术期刊网络出版总库里,以“盆景”为关键词进行检索,近30年(1978年11月17日至2008年11月17日)里发表的文章多达2 292篇。从发表年度来看,1979—1988年间发表的以“盆景”为关键词的文章是130篇;1989—1998年间发表445篇;1999—2008年间发表1 717篇。

但从其出版来源看,绝大部分发表于《花木盆景》、《中国花卉盆景》、《园林》、《农村百事通》等科普刊物上,占总量的90%以上;发表于《河南林业科技》、《安徽农业科学》、《湖南林业》、《广东园林》、《天津农业科学》等中级科技期刊上的关于盆景的文章不到3%;在《中国园林》(9篇)、《北京林业大学学报》(7篇)等高级学术期刊上发表的更是凤毛麟角。在国外学术期刊上发表的盆景艺术论文较为少见,如作者在美国的

① 本文为作者应第四届中国盆景研讨会(扬州,2008年11月21—22日)之邀撰写的论文,合作者为张健健博士。全文发表于《艺术百家》2008年第6期。

《园艺技术学报》发表的论文。

从研究层次来看，关于盆景的 2 292 篇文章绝大多数为专业实用技术介绍、行业技术和职业指导，以及大众文化和高级科普文章。即使包括科普类杂志在内，能够归属自然科学基础与应用基础研究、工程技术和社会科学基础研究、政策研究类的有关盆景研究的文章也仅占总数的 7.3%，而且，这些研究文章仅有 3 篇获得基金资助，分别是广东省自然科学基金、上海市科技兴农重点攻关项目和山西农业大学科技创新基金各一项，迄今尚未有国家级的盆景研究基金资助。

研究生学位论文反映较高的学术研究水平。通过对中国博士学位论文和优秀硕士学位论文全文数据库以“盆景”为关键词进行检索，结果表明，近 30 年(1978 年 11 月 17 日至 2008 年 11 月 17 日)里，仅有 5 位硕士研究生以盆景为学位论文研究题材，其中，只有 2 篇是关于盆景艺术的；没有博士生对盆景艺术进行专门研究。

表 1　近 30 年我国发表的关于盆景研究的优秀硕士学位论文

作者	论文题目	学位授予单位	日期
柴慈江	天津市盆景产业化现状分析与发展战略探讨	中国农业大学	2004－04－01
胡挺进	加气块雕绘盆景的创作与欣赏	北京林业大学	2004－05－01
郑　炜	浙江盆景植物上主要寄生线虫的检测与控制	浙江大学	2006－05－01
温建荣	罗汉松扦插繁殖技术研究	华中农业大学	2006－11－01
谢瑞霞	传统竹文化在盆景方面的诠释及竹盆景的设计	福建农林大学	2008－04－01

我国盆景界的技艺交流和展会十分活跃和频繁，然而，在中国重要会议论文全文数据库里，没有关于盆景的重要会议论文集收录；只有在其他主题的重要会议中，检索到 8 篇关键词是“盆景”的学术论文，均是 2000 年以后发表的。

2　成果举例

2.1　关于中国盆景的起源与历史研究

贾祥云、贾涛、夏名采(2001)的研究结论认为[2]，盆景艺术同园林艺术一样，受中国传统自然山水诗、自然山水画的影响，追求诗情画意和深刻的内涵。关于盆景形成时代，众说纷纭，过去以唐代章怀太子墓的壁画为依据，将唐代定为中国盆景的形成时期。但是经多年研究考证和新的考古发现，全面而翔实的考古材料证明了中国的盆景最迟在1500年前的北齐时代已经形成，并且已作为礼品向外宾赠送。据此，中国盆景的形成时代从唐代向前推进了一个半世纪。中国盆景艺术是世界盆景的源头，对世界盆景艺术作出了重大贡献。

韦金笙(2001)分析了中国盆景的历史、流派及艺术欣赏意境[3]，指出盆景是中国传统的艺术珍品，历史悠久，源远流长。据考古、文献记载，起源于东汉(公元25—220年)，形成于唐代(公元618—907年)，兴盛于明清(公元1368—1911年)。盆景是以树木、山石等为素材，经过艺术处理和精心培养，在盆中集中典型地再现大自然神貌的艺术品。

胡一民(1999)研究了我国元代盆景技艺，认为在中国盆景发展史中，有关元代的盆景技艺是一个研究断层[4]。近十几年来，国内外学者著述的盆景专著，对元代的盆景技艺几乎都没有深究，仅提及元代高僧韫上人的"些子景"而已，其根据是蒙古族入主中原，崇尚武功，不重视文化艺术的原因所致。该学者查阅了有关史料，经对比分析，得出了与上述传统观点不同的结论。

李树华(2007)对中国盆景的形成与起源进行了全面研究[5]，认为先秦时代以前(公元前221年以前)，随着生产力的发展、生活水平的提高，作为盆景产生基础的自然观、陶瓷技艺、园艺栽培技术以及爱石风习已经形成；验证了有关盆景起源的各种学说；概括了我国盆景艺术形成的过程，亦即盆景的形成先后经历了原始先民的自然崇拜、昆仑神话与神仙思想、"一池三山"园林手法的出现、缩地术与壶中天、博山炉与砚山的流行等诸阶段，到了汉代，盆景最初出现。

李树华(2004)立足于古典文献资料与绘画作品，专门对我国梅花盆景的产生、发展与变化进行了考证研究，提出由于宋代城市经济发展与民众生活水平提高，促使赏花成为一种大众时尚，文人盆景开始盛行，而梅花盆景最早也就出现于宋代[6]。同时进一步探明了我国梅花盆景流行地区的变化，梅花盆景制作技艺的发展以及各发展时期梅花盆景使用的梅花品种。

此外，李树华(1997)也对我国明代末期五篇盆景专论进行了文献分析[7]。在查阅有关资料的基础上，对这五篇盆景专论的作者、收录书籍、写作年代以及主要内容进行了研究，进而探讨了相互间的写作关系、总结了当时盆景的名称和主要植物种类，同时还提出明末的这五篇专论是我国盆景发展鼎盛时期园艺文化中的一笔宝贵财富。

2.2 关于中国盆景的分类研究

唐贝(1987)根据中国盆景发展的现实情况，博采众家之长，提出了五级分类系统，即将中国盆景划分为三类、五型、四个亚型、若干式、四个号[8]。根据盆景用材的不同，将其分为桩景类、山水类和树石类。其中，桩景类分为自然型和规则型，再根据其枝干特征分为四个亚型，每个亚型中包含若干式。山水类又分为水盆型、旱盆型和水旱型，每个型下包含若干式。按盆景尺寸将其划分为四个等级：大号为 80～120 cm、中号为 40～80 cm、小号为 10～40 cm、掌上盆景为 10 cm 以下。

傅珊仪(1988)在探明盆景范畴的基础上，将盆景分为植物盆景、山水盆景、壁挂盆景、组合盆景和工艺盆景五大类[9]。其中，植物盆景中分为树桩盆景、丛林盆景、竹草盆景、插花盆景四类；山水盆景中分为水景、水旱景、旱景三类；工艺盆景中分为岩石盆景、树木朽皮盆景、塑料盆景和石玩。

周政华和李怀福(2002)研究认为，中国盆景源远流长，流派众多，类型复杂，形式多样[10]。长期以来，中国盆景的分类问题一直众说纷纭，给中国盆景在科研、生产、评比、销售、教学、著述、学术交流等方面带来了一系列的争论和麻烦，对中国盆景发展带来了一些不利影响。因此，他们在研究了中国盆景的各种分类方法、中国盆景的现状及发展趋势的基础上，提出并详细论述了"中国盆景系统分类法"。该方法提出了"类—型—组—式—号—名"的六级分类体系，把现有的中国盆景分为三大类、七型、十六组、一百零一式、五号及不同景名。

明军等(2001)研究了盆景分类的历史和现状，认为现有的盆景分类方法中存在着概念不清，分类标准、等级不统一等问题，并且提出了盆景分类的新系统[11]。该分类系统以主景材料作为第一级分类等级类的标准，分树木盆景、树石盆景、山石盆景和其他盆景 4 类；以干数、景型作为第二级分类等级型的标准，分七个型；再以干形、干姿、枝姿、峰数等因素为第三级标准划分不同的式；最后将所有盆景按盆或山石、树木的大小、高矮划分成 5 个规格型。

2.3 关于中国盆景艺术风格与流派的研究

钱安(1985)认为虽然我国盆景制作种类繁多，在长期发展过程中形成了众多流派，但归纳起来，只有北派和岭南派两大派别[12]。并且从树种选择、造型与栽培养护和艺术构思等方面，比较了两大流派的风格差异。

胡挺进、彭春生(2003)对盆景的风格因子进行了探究，提出盆景艺术风格是盆景艺术家的创作个性在作品中的外在表现，它对盆景艺术的发展起着很重要的作用，人们对盆景的感性认识直接来源于盆景的风格[13]。基于对艺术发展规律和中国各种艺术风格盆景发展历史的研究，他们详细论述了影响盆景艺术风格形成和发展的内在、外在因素及它们之间的关系，并对怎样给我国盆景艺术注入新的活力提出了一些建议。

欧阳广和梁广茂(1995)总结了岭南盆景艺术的发展状况[14]。认为岭南盆景是我国南方文化艺术一颗璀璨的明珠，历来为城乡居民所喜爱，早在宋代就已出现“岭南万户皆春色”(宋·苏轼诗)的景象，到了清代已是“风俗家家九里香”(清·屈大均诗)。改革开放以来，岭南盆景更是身价倍增。首先是随着城市宾馆的崛起，高档盆景随同来自外国的宾客，纷纷被请进高级宾馆，代表中国古老艺术，陈列于宾客必到的客厅、走廊，参与迎接来自五湖四海的嘉宾。其次是随着对外贸易的发展，岭南盆景作为中华艺术作品，备受海外人士的青睐，纷纷漂洋过海，落户五洲各国。第三是随着我国南方城乡居住条件的改善，岭南盆景纷纷走入千家万户，成为城乡居民经济、文化生活改善的一个明显标志。第四是岭南盆景艺术的研究机构、生产基地、学术团体、盆景展览、学术讨论以及盆景艺术出版物，犹如雨后春笋，盆景艺术创作界和理论界纷纷探索岭南盆景艺术发展的新机遇、新起点，研究创新的途径，追求时代的新目标。

曾雪宏(1997)对岭南盆景进行了研究总结[15]，指出岭南盆景是我国园林艺术的一块瑰宝，长期以来，岭南盆景多在露天花园、阳台、天台供人欣赏。随着国内第三产业的发展，宾馆、酒店、写字楼越来越多，岭南盆景摆设在宾馆大堂、室内会客厅，无疑是一件有生命的艺术作品，给人很高的艺术享受和熏陶。但岭南盆景品种都是阳性植物，向来都是室外栽培，室内光线弱，相对湿度低，尤其在宾馆、酒店空调环境下，对盆景观赏期有很大影响，应当采取措施加以改进。

何少云和黄淑美(1999)从纵向的角度研究了岭南盆景美学思想。指出受地理环境、经济、技术和多种文化思想的影响，岭南盆景美学思想具有自己的特征。岭南盆景艺术是以形传神，以神达意的[16]。

何应基(1990)在对岭南盆景的研究中，归纳出一些盆景制作名家的个人风格[17]。比如以孔泰初为首的“苍劲浑厚”风格，以素仁为代表的“清疏秀雅”风格，以陆学明为首的“苍劲潇洒”风格等。作者认为，虽然岭南盆景有一般的结构模式，但由于制作者风格各有不同，所以岭南盆景无固定的绝对模式可寻，这也是其成功之处。

在各盆景流派的代表人物研究方面，吴锦胜(2002)对岭南盆景代表人物素仁作了专门研究，认为其作品大胆突破了一般盆景所刻意追求枝无寸直的要求，勾勒出空静圆满的态势，营造出宁静的氛围，同时调动一切可能利用的条件，来营造出静境，让人获得安静闲远、心灵融合自然、远离喧嚣城市的美妙境界，闪烁着空灵的禅意[18]。

2.4 关于中国盆景艺术审美问题研究

徐志苗(2001)认为,近 20 多年来,我国的盆景艺术在改革开放的春风春雨沐浴下,在深厚的民族文化土壤中茁壮生长,空前发展,不仅在数量上迅猛增长,而且也带来了质的飞跃[19]。盆景理论的研究也比较活跃。盆景的发展需要理论导向。如果冷静审视一下盆景理论研究的现状,就会感到理论研究还存在着严重的滞后性。

按照方志鹏(2003)的观点,在当代盆景界,上至名家巨匠,下至后学稚子,都是以追求符合自然规律的"自然式"盆景为创作目标[20]。"自然式"盆景已形成一股主导潮流。对"自然式"的追求,给盆景创作提出了更高的要求。这是盆景艺术发展过程中的必然趋势,也是盆景艺术由边缘艺术或"准艺术"走向高等艺术的必由之路。

周武忠(1997)探讨了在艺术与审美范畴内盆景的意义和特点。认为盆景是活的艺术品,具有现实的时空与艺术的时空的审美二重性[21]。中国盆景艺术的美可以从"美在物理,美在创造,美在奇丑,美在意境"这四个方面着手探讨;欣赏中国盆景可概括为"观"、"品"、"悟"三个阶段,观赏者在感受作品具体形象的基础上,所产生的联想、想象、移情、思维等一系列心理活动过程,才是真正意义上的对于盆景的艺术审美欣赏活动。

吕坚(1993)总结了微型盆景的艺术特色和审美价值[22]。认为微型盆景作为一种感情载体,突破了有限的空间,超越了外在素材和形象的束缚,极大程度地诱发了人们的想象。微型盆景的艺术魅力就在于此。

孟兰亭(1995)研究了中国绘画与中国盆景的关系,指出二者都属于造型艺术,并且在构思、布局、造型、题名等方面也有着很多相同之处[23]。绘画是在一定的尺幅上以笔墨写出大自然的形象,盆景是在一定的领域内以树、石、配件来塑造大自然的形象。二者可谓是异曲同工。盆景艺术和绘画都讲究意境。意境是艺术作品通过形象描写表现出来的一种艺术境界,是艺术作品创作的最终目的,是作品的灵魂。要达到这个境界就要多研究中国绘画的理论和领略大自然的奥妙。中国绘画创作,首先是"立意",然后进行构图。在这个过程中,要注意运用"三远法"。一、高远:自山下而仰望山巅,高峰林立,远而且高,其势突兀。山水画用以表现山川雄伟、壮丽。二、深远:自山前观山后,曲径通幽,"望之无穷尽,不知千万重"。其意境重叠,尽头别有洞天。既能表现景物的深度,又有远的感觉。三、平远:自近山望远山,其意冲融,缥缥缈缈,给人以空洞的感觉。

黄映泉(1999)认为对盆景美学的研究应有其特殊的内容[24]。作为造型,它不但具备形体美(形式美),而且具备意境美(内容美)。它的素材是有生命的树木花草,生机蓬勃,因而盆景又具有生命活力(生气贯注美)。诚然,树木花草这种生命活力的美属于自然美的范畴,但盆景中的树木花草由于人为有意识地施加作用(艺术劳动和科学管理),所以盆中树木花草的生命活力美就不是一般的自然美,而成为艺术和自然相结合的美,是渗透着自然美的艺术美。

李整军(1990)较为详尽地阐述了盆景艺术的美学特征,认为掌握艺术的美学特征对于创作和鉴赏艺术作品都有指导作用[25]。对美学特征认识的深浅,直接影响作品的创作和鉴赏。该学者认为,盆景艺术的美学特征有四项:一、艺术形象的不稳定性和可逆性;二、形象的直观性与强烈的感情性;三、审美、实用的统一性和民族、地域的差异性;四、物质材料对形象创作的局限性。

贺淦荪(1996)在对树石盆景的研究结论中指出,盆景是以树、石为主要用材,借以表现自然、反映社会生活和表达作者思想感情的活的艺术品[26]。中国盆景源远流长,它以饱含诗情画意、讲求神韵和意境的艺术特色,闻名于世。主张动势盆景的造型应该是“创意为先,以动为魂”,在深化单体造型的基础上,沿着“树石”、“丛林”、“组合多变”的方向发展。

徐志苗(2004)分析了盆景作品的三重性,指出盆景艺术作为一种文化形态的载体发展到今天,其普及程度、创作和理论研究深度都是前所未有的[27]。在大好形势下,有许多问题需要冷静地去思考、去探索。盆景艺术被称为高等艺术,在众多的艺术门类中为何独高,自有其质的规定性。在纷繁的盆景家族中又如何权衡其高低雅俗,也需要有公允的价值尺度。

2.5 关于中国盆景艺术的传承与创新

兰海波等(2007)分析了果树盆景的应用发展现状[28],指出果树盆景是盆景中的一枝新秀,通过对果树盆景的发展优势和存在问题进行分析,将植物生长调节剂在果树盆景植物培育中的应用大致可归纳为快速培育、矮化和整形及促花保果等几个主要方面,并列举了一些植物生长调节剂在盆景制作中的应用实例,着重介绍了生长调节剂在延迟果树盆景植物落果方面的研究进展。

覃超华(2001)对“盆景不超一米二”的传统说法提出质疑,认为盆景体量的增大,是一种创新[29]。大型盆景同中、小型盆景一样,都是运用“缩龙成寸”、“以小见大”的艺术手法概括反映自然。大型盆景突破了传统盆景个体体量的框框,它仍然遵循盆景创作的基本法则,仍然具有盆景的所有特征。所以,它同一般意义上的盆栽、园林绿化树有质的区别，它是盆景艺术的范畴。

方志鹏(2003)对“传统”、“规则式”、“继承传统”与“创新”等概念作出自己的诠释，提出“继承”的目的就是为了“创新”[30]。并且从四个方面分析了盆景艺术创新的动力：首先，随着外来文化的融入，新的创作理念必将出现；其次，随着创作者素质提高，盆景创作的匠气将会减少；第三，随着科学技术的提高，盆景制作与养护将更趋完善；第四，随着创作者的探索，表现形式也将更加丰富。

周武忠(1988)对悬挂式盆景进行了系统的总结和评价，认为这是在盆景艺术形式上的大胆创新，也为盆景艺术在现代室内装饰艺术中的普及运用提供了更广阔的空间[31]。它一般由两个部分组成，即壁挂和盆景。壁挂的取材十分广泛，常见的如陶瓷盆、竹编、画框等。壁挂的大小、形状和色彩都要与组合的盆景相协调。“盆景”仍是悬挂式盆景的主体，但由于悬挂的需要，不仅所用的容器更为玲珑精巧，而且盆中植物的造型要求亦更为讲究，要符合“画的构图”。

3 研究展望

早在1989年，著名盆景艺术家耐翁就呼吁盆景的学术研究[32]。他认为盆景艺术家是中国盆景事业的中坚力量。在盆景事业迫切要求进一步发展的今天，盆景艺术家必须真正地具有实践经验和理论成果，并有端正的艺术道德、高超的艺术风度和严谨的治学态度，从而切实发挥应有的社会作用，以获得社会的拥护和尊重。当前，盆景艺术家所承担的使命首先是应大力提倡学术研究。这是提高和发展盆景事业的主要手段，我们的方针是在研究中有所发现、有所发明、有所创造、有所前进。

生活是艺术的源泉，艺术应该反映生活，作为形象艺术的盆景也应如此。而作为盆景创作者的艺术家们不仅仅要用作品反映大自然的壮丽景观和人们现实生活，更要在新的社会条件下积极探索和总结盆景艺术的理论和实践经验，特别要善于运用新材料，吸收新技术，寻找新题材，反映新生活，创造新形式，为传承和创新我国盆景艺术提供正确的理论导向。只要盆景艺术家们将创作中丰富的想象力和创造力同样投入学术理论研究中，必然会积累和产生丰厚的理论成果，这些理论成果必将孕育出更多反映现实生活的优秀作品。

展望21世纪的中国盆景艺术，我们充满信心，因为新的世纪是人才辈出、艺术繁荣的时代，只要我们在“双百”方针的指引下，不断进取，中国盆景艺术还将在世界艺坛上展现出强国的风采。

参考文献

[1] Zhou Wuzhong. Penjing: The Chinese Art of Bonsai. Hort Techonology, 1993, 3(2): 150-154.

[2] 贾祥云,贾涛,夏名采.中国盆景起源研究——中国盆景艺术形成于魏晋南北朝.花木盆景(盆景赏石版),2001(6):9-11.

[3] 韦金笙.中国盆景的历史、流派及其艺术欣赏意境.北京林业大学学报,2001(5):81-83.

[4] 胡一民.论我国元代的盆景技艺.广东园林,1999(3):25-26,43.

[5] 李树华.中国盆景的形成与起源的研究.农业科技与信息(现代园林), 2007(10):44-53.

[6] 李树华.中国梅花盆景史考.北京林业大学学报,2004(12):101-105.

[7] 李树华.关于我国明代末期五篇盆景专论的研究.中国园林,1997(1):40-43.

[8] 唐贝.盆景分类之我见.中国花卉盆景,1987(3):29.

[9] 傅珊仪.中国盆景分类法.中国园林,1988(4):59-61.

[10] 周政华,李怀福.论中国盆景系统分类法.花木盆景(盆景赏石版),2002(5):18-21.

[11] 明军,廖卉荣,陈辉,等.盆景系统分类研究.南京林业大学学报(自然科学版),2001(6): 59-63.

[12] 钱安.我国现代盆景的风格流派.中国花卉盆景,1985(2):15.

[13] 胡挺进,彭春生.盆景风格因子初探.北京林业大学学报(社会科学版),2003(3):54-57.

[14] 欧阳广,梁广茂.论岭南盆景艺术的发展.花木盆景,1995(5):20-21.

[15] 曾雪宏.岭南盆景室内摆设与复壮研究.花木盆景,1997(2):32-33.

[16] 何少云,黄淑美.中国岭南盆景美学思想的基本特征.中山大学学报(社会科学版), 1999(4):120-124.

[17] 何应基.岭南盆景名家风格简介.中国花卉盆景,1990(Z1):1.

[18] 吴锦胜.读素仁盆景风格.花木盆景(盆景赏石版),2002(3):19.

[19] 徐志苗.中国盆景艺术流派何去何从.花木盆景(盆景赏石版),2001(10):14-17.

[20] 方志鹏.对"自然式"盆景的理解.花木盆景(盆景赏石版),2003(12):18-19.

[21] 周武忠.中国盆景艺术鉴赏.中国园林,1997(5):46-49.

[22] 吕坚.微型盆景的艺术特色和审美价值.中国园林,1993(2):13.

[23] 孟兰亭.中国绘画与中国盆景.花木盆景,1995(2):22.

[24] 黄映泉.有关盆景美学的探索:美是难的——《柏拉图文艺对话集》.花木盆景,1999(1): 18-20.

[25] 李整军.盆景艺术的美学特征.广东园林,1990(1):37-38,40.

[26] 贺淦荪.论树石盆景.花木盆景,1996(5):20-25.

[27] 徐志苗.论盆景作品的三重性.花木盆景(盆景赏石版),2004(11):14-19.

[28] 兰海波，肖建忠，张媛，等.果树盆景的发展现状及生长调节剂的应用进展//2007 年中国园艺学会观赏园艺专业委员会年会论文集，2007：645－649.

[29] 覃超华.论大型盆景——也谈盆景艺术的继承与创新. 广西林业，2001(4)：32－33.

[30] 方志鹏.谈盆景的“传承”与“创新”.花木盆景(盆景赏石版)，2003(9)：12－13 .

[31] 周武忠.活的国画——悬挂式盆景.中国花卉盆景，1988(1)：21－22.

[32] 耐翁.从事学术研究是盆景艺术家的光荣使命.中国花卉盆景，1989(2)：20.

中国花文化，文化创意产业的新元素

中国不仅是世界上拥有花卉种类最为丰富的国度之一，亦为世界花卉栽培的发源地，中国人驯化、培育、利用花卉的历史极其悠久。在漫长的历史发展过程中，由于花卉与中国人生活的关系日益密切，花卉不断地被注入人们的思想和情感，不断地被融进文化与生活的内容，从而形成了一种与花卉相关的文化现象和以花卉为中心的文化体系，这就是中国花文化。

中国花文化有近三千年的历史，对中国文化的形成，尤其是儒文化的形成，以及中国人性格的形成都有着很深刻的影响。“百卉含蘤。”(《汉书·张衡传》)“蘤，古花字也。经传皆以华为之。”中华的“华”在古文中是通“花”的，这就有了中华民族是用花命名的民族的说法。可见花文化与中华文化的渊源。中国花文化渗透于中国人的生命之中，对中国文学、中国绘画、宗教、民俗、医药、纺织、工艺等等都有重要的作用。

1　中国花文化的起源

作为物种，中国的花卉在那久远久远的年代即已在苍莽的林海中自生自灭。然而，这并不等于中国利用、栽培花卉的历史，更非中国花卉的文化史。中国何时开始利用、栽培花卉，目前尚无确论。但可以说，在文字出现以前，花卉就随着农业的发展而被人们利用了。在浙江余姚“河姆渡文化”遗址，有许多距今7 000年前的植物被完整地保存着，其中包括稻谷和花卉，如荷花的花粉化石。这说明我们的祖先不但栽培粮食作物，也开始欣赏花卉。在河南省陕县出土的距今5 000余年的代表仰韶文化的彩陶上，绘有由多数五出花瓣组成的花朵文饰，还有许多其他花卉题材图案在各地新石器时代的陶器上陆续发现。1975年，考古学家在河南安阳殷墟发掘出一具精美的食器——铜鼎，其中满盛炭化了的梅核，经鉴定，距今已有3 200多年。这说明早在商代中期，古人已食用梅花树的果实了。

有文字记载的中国花卉栽培从殷商时开始。殷商甲骨文中出现“囿”，是中国花卉栽培应用的雏形。西周时期国人已在“园”、“囿”之中培育草木，并且有了专门管理花木鸟兽的人员，社会生活中也有了花卉的使用。《周礼》记载“囿人，中士四人，下士八人，府二人，胥八人，徒八十人”专管鸟兽鱼虫及花木栽培。在典礼中使用了兰花，“诸侯执薰，大夫执兰”。

我们说，任何一种物质现象，只有经过提炼、升华，注入精神和社会的内容，才能称之为文化。从这方面来说，中国花文化的源头可远溯到春秋战国时代。

春秋战国时代是中国文化首次繁荣的重要历史时期。这一时期形成的我国最早的一部诗歌总集——《诗经》，许多就是以花卉草木为题材，成为中国关于花卉文学和音乐的最早形式。《诗经》中关于花卉的描述，如“摽有梅”，“维士与女，伊其相谑，赠之以芍药”等诗歌，说明那时人们已将花木用于社交礼仪，以梅、芍药等植物来传达爱情了。从这一时期的吴王夫差在太湖之滨的离宫为宠妃西施欣赏荷花修筑玩花池，及此后的秦、汉时代开始将梅、桃等花木用于建造帝王宫苑，中国的花卉便正式进入以观赏为目的的精神领域了。自那以后，花卉就与中国人的生活密不可分，从而渗透到了各个文化领域之中。花卉直接参与中国文化的形成，成为中国文化史的重要角色。

2　中国花文化的形态

2.1　花——一种物质文化

2.1.1　花卉食品

食花是中国民族饮食文化的组成部分。早在两千多年前，我国最早的大诗人屈原就留下了“朝饮木兰之坠露兮，夕餐秋菊之落英”的名句。《神农百草经》说：“菊服之轻身耐老。”可见，古人早已把菊花当做食品了。民间用花做菜蔬和食品非常广泛，清代《养小录》中还专立“餐芳谱”一章，分叙了二十多种鲜花食品的制法。中国古代寺庙、庵观将四时鲜花采摘下来，用以制作素馔斋芳的更是不胜枚举。据《清稗类钞》等书记载，当时江南的一些寺院，如南京的鸡鸣寺、镇江的定慧寺、苏州的寒山寺、杭州的烟霞洞等，素食中就有用菊花、玉兰花、荷花等入馔的。由于花卉食品芳馨适口，隽永异常，所以有的花卉菜肴曾经传入皇宫。如爱新觉罗·浩（中国末代皇帝溥仪的胞弟溥杰先生的夫人）在其所著《食在宫廷》一书中，专门记述了中国宫廷菜肴中“花卉鲜果菜”一类。

现在民间常见的花卉入馔也很普遍，油菜花、韭菜花、洋槐花等在一些地区还成为家常菜。在云南少数民族地区，目前已知各族群众常吃的花有一百多种，其中如杜鹃花目前已知可食的就达16种。除了以花做菜，花还可以当食品的原料和佐料，如清香的桂花、玫瑰花是糖果糕点的重要原料或佐料。

近年来，世人崇尚"自然食物"、"绿色食物"的风气日盛。经科学分析，人们发现花卉特别是花粉中含有丰富的人体生命所不可缺少的必需氨基酸，是目前任何一种天然食物所不可比拟的。花粉中还含有多种类型的糖、脂肪、无机盐、微量元素、各族维生素等多种营养物质和某些延迟人体组织衰老的激素和抗生素等。可见，花粉(包含在花朵之中)是人类机体生存的完全营养源。正因为如此，花卉食品和花粉产品作为具有全营养价值的天然食品，受到普遍欢迎。无论是国外还是国内，都已开始进行系统地整理、开发、研制花卉食品。1989年，日本召开了第一次亚洲食花文化国际讨论会。食花文化在亚洲各国正逐渐得到普及，相关研究得到学界重视。

2.1.2 花卉养生

(1) 花卉入药

在中国丰富的花卉资源中，有许多种类具有多种多样的药用价值，可以防病治病。一些已被历代医药学家收载于医药典籍中，一些已被列为常用中草药；但是也还有相当多的花卉入药良方散于民间，或分载于有关医药书刊中。例如菊花的花、根、苗、叶可入药。花疏风、清热、解毒、明目，主治头痛、眩晕、风火赤眼、心胸烦热、疔疮、肿毒；根利水，主治疗肿；苗清肝明目，主治头风眩晕、目翳；叶去烦热，明目、利五脏，主治疔疮、痈疽、头风、目眩、赤眼、泪出。玫瑰花的花、根可入药。性温、味甘、微苦。理气解郁，和血散瘀。主治肝胃气痛、吐血咯血、痢疾、风痹、乳痈、肿毒、月经不调、赤白带下。金银花的花、藤、子可入药。花、藤性寒，味甘。子性凉，味苦、涩。清热解毒，金银花露可预防中暑、感冒及肠道传染病。亦可制成流浸膏，治疗子宫颈炎。

(2) 香花疗法

在祖国传统的医学宝库里，香花疗法是中医养生学和中医康复学上的一个重要方法。它与中医药学上以花卉入药而防病治病的途径不一样，它主要是利用正在生长、开放的鲜花，根据病情，选择不同的品种，或种植于庭园，或盆栽于室内，让病人密切接触，而发挥其康复作用。它与美国等一些发达国家兴起的"园艺疗法"(Horticultural Therapy)颇为相近。

尽管"香花疗法"这一术语对不少中国人来说还很陌生，有关的记载和应用的历史却相当悠久。早在嵇康(224—263年)的《养生论》中，就有"合欢蠲忿，萱草忘忧"

的说法，可见那时人们已认识到不同的香花会对人产生不同的调理效果。

香花疗法的处方比较齐全，适应证甚广。例如：解郁方、宁神方、益智方、散寒方、清热方、止血方、散血方、醒酒方等。

据中医康复学家研究，鲜花的康复作用，主要是通过花的色、气、形、时而作用于人的身心。如牡丹、芍药之娇颜丽色，引人热烈、动情、欢心之感，此为色之所用；薰衣草的气味对神经性心跳有一定的疗效，此为气之所用；莲花出淤泥而其形纯洁不染，此为形之所用；斗寒吐艳、送走严冬的红梅，激发了人的坚毅、勇敢、无畏和耐久的精神，此为时之所用。香花的种种品格特征对人有潜移默化的作用。

2.1.3 插花艺术

时下流行的插花艺术（Flower Arranging），虽然起源于中国，但在中国古籍中，却很难找到这一词汇。因为中国古时插花多用瓶作器皿，所以，“瓶花之说”便成为今日的插花艺术抑或日本“花道”的同义语了。

中国的插花起源于佛前供花。唐代李延寿所撰《南史》中即记载：“有献莲花供佛者，众僧以铜罂盛水，渍其茎，欲华不萎。”说明在隋唐以前的南朝时，插花便已被广泛应用于佛事活动中了，此后千百年来，无论庙宇、宫廷，还是住家的佛案上，都插鲜花供奉。真正的插花，在隋唐以后，才开始流行于皇宫贵族之家。宋代，插花风气更盛，民间和文人插花均十分普遍，还留下了许多有关插花的优美诗篇。如诗人杨万里有诗曰：“路旁野店两三家，清晓无汤况有茶。道是渠浓不好事，青瓷瓶插紫薇花。”明代是中国历史上插花发展的鼎盛时期，当时的插花不仅普及民间，而且已经达到相当高的水平。有关插花的专论专著也较多，如明朝的张谦德于 1595 年撰有《瓶花谱》一卷。

中国传统插花的显著特点是花枝较少，选材时重视花枝的美妙姿态和精神风韵，喜用素雅高洁的花材，却并不像西方插花那样讲究花朵一定要丰满、硕大、色彩鲜艳。造型讲究线条飘逸自然，构图多为不对称均衡，利用不多的花枝，通过宾主、虚实、刚柔、疏密的对比与配合，轻描淡写，清雅绝俗，以体现大自然中固有的和谐美，悉心追求诗情画意

2.2 花——一种精神文化

2.2.1 花卉与中国文学

翻开中国文学史，从屈原佩兰示节、陶潜采菊东篱、李白醉卧花丛、杜甫对花溅泪、白居易咏莲吟柳，乃至林逋梅妻鹤子……中国竟有无数文人骚客为花卉草木所倾

倒，创造了许多以花卉为题材的千古佳作。这些精彩的花卉文学作品，使自然的花花草草呈现出特有的情趣和艺术魅力，温暖、润泽着人们的心，甚至成为民俗化的理念。这就加深了对花卉的审美层次，同时丰富了对花卉的欣赏内容。

历代以花卉为题材的诗词歌赋、小说、戏剧等文学形式，更是多得不可胜数。这些花卉文学作品中，数量最大、成就最高的是咏花诗词。迄于清代，前人留下来的咏花诗词，估计不下 3 万首。除诗词以外，以花为题材的小说、戏剧作品也颇多名篇佳作。例如，明代汤显祖的名剧《牡丹亭》，剧中以花名作为唱词问答，多次提到了桃花、杏花、李花、杨花、石榴花、荷花、菊花、丹桂、梅花、水仙花、迎春花、牡丹花、玫瑰花等，其中《冥判》一折，就涉及花名近 40 种。在清代蒲松龄的著名短篇小说集《聊斋志异》中，许多篇章中的主人公均是以花仙、花精的身份塑造出的文学形象。诚然，在中国古典小说中吟咏花卉最为丰富、亦最为成功的当首推曹雪芹的名著《红楼梦》。

形形色色的花卉草木为文学创作提供了取之不尽、用之不竭的丰富题材。而花卉在文人的笔下更具风采。这种被融进诗意和故事情节的"人化"、"情化"、"心化"了的花卉，又给人们带来更为丰富更为崇高的美感，从而可以吸引更多的文人学者前来一睹为快。从这层意义上来说，以花卉为题材的文学作品还起着"旅游向导"和"广告"的作用。当然这种宣传所产生的影响要比一般的向导和单纯的广告深远得多。可见，文学与花卉之间相辅相成，相得益彰。

2.2.2 花卉与中国画

花卉，自古即是中国画上"最有力之中心题材，亦即于世界绘画之画材上，占一特殊地位"(潘天寿《中国绘画史》)。

中国的花卉画(或花鸟画)，在中国绘画史上虽比人物画、山水画成熟较晚，但通过历代画家不断创造和发展，使它很早就成为独立的画科。无论是错彩镂金的工笔重彩，还是讲究笔墨韵味、自然清新的水墨花卉，均取得了极高的艺术成就，名家辈出、技法独特，成为中国乃至世界画苑中的一枝奇葩。

花卉，是中国绘画历久而不衰的主要题材之一。中国很早就有人描绘花卉，但是，直到春秋时代，花卉画还只是用于衣裳、旗帜等实用品的装饰。到魏晋南北朝，花卉画作者才稍多。唐代，中国花卉画有了极大发展，不但画史记载中名家众多，而且，在新疆阿斯塔那墓葬中出土了完整的花鸟屏风壁画。这说明，当时花卉画已摆脱了人物画的附属地位，成为宫廷和民间普遍欢迎的画种。五代十国期间，涌现出一大批各有擅长的花卉画能手，并形成徐熙、黄筌两大花卉画流派，画史上称为"徐黄体异"，这是中国花卉画成熟的重要标志。

宋代，是中国花卉画繁荣发展的黄金时代。随着画院的兴隆，加上几位皇帝的支持和倡导，涌现出一大批杰出的花卉画家。北宋的一些文人兴起的以梅、兰、竹、菊“四君子”为题材的文人画，把中国的花卉画推进到了“托物言志”阶段，这是中国花卉画史上的一次飞跃，它密切了中国花卉画与人类心灵的关系，开拓了画家以高尚情操影响观者精神生活的途径，使中国花卉画在审美方式上的民族特点终于形成，也一直成为百代不衰的优良传统影响至今。

明、清之际，中国花卉画无论在艺术意境抑或表现技巧上都颇具新意。特别是清代的“扬州八怪”，多半以花卉为题材，不受成法所拘，笔恣墨肆，和当时的所谓正统画风有所不同，被视为画坛的“偏师”、“怪物”，遂有“八怪”之称。他们的笔墨技法，对近代中国写意花卉画影响很大。清朝以后，中国画坛上涌现出一大批杰出的花卉画家，最为著名的如齐白石、潘天寿、李苦禅、张大千等，都创造性地发展了中国传统的花卉画。

而今，无数中国画家十分珍视中国花卉画这份宝贵遗产，在继承古代花卉画优良传统的基础上，刻意求新，努力创作出更多的具有中国气派和时代气息的花卉画。

2.2.3　花卉与中国邮票

在包罗万象的中国邮票的设计图案中，花卉图案虽然只是沧海一粟，却都是从中国特产的传统名花和珍贵资源中精选出来的花卉上品，加上创作人员的精心设计，使花卉图案邮票成为中国邮票艺术中一束绚丽夺目的小花。

中华人民共和国成立以前，虽然没有成套的花卉邮票问世，但在1895年，当时海关邮政为了祝贺慈禧太后六十大寿，专门发行了一套“万寿”邮票，这是中国第一套纪念邮票，全套共九枚，其中的牡丹和万年青，是我国邮票史上最早出现的花卉图案。

我们发行至今的邮票中涉及的花卉种类有中国传统十大名花，以及药用植物、珍稀濒危木兰科植物和树桩盆景等。

2.2.4　花卉与中国宗教

中国的道教带有浓厚的万物有灵论和泛神论的色彩。道生神，道生万物，故道教衍生出“神”亦无所不在的信念。认为有物即有神，作为万物之精华的花木，当然就有司花之神——花神。如作为花王的牡丹，就有“牡丹仙子”的优美传说。明代薛凤翔所著《牡丹史》中就记载了几则与神仙、道士有关的牡丹花传说。

花木与佛教的关系比之道教似更为密切，佛教文化所涉及的花木种类也有不少，如莲花、茉莉、忍冬、石榴、瑞香等。莲花是佛教的象征，这与佛教传说和教义是分不开的。茉莉、忍冬、石榴、瑞香是佛教的四大名树。中国古代寺院中园艺事业的发达也从另一侧面反映了佛教与花木的关系。

2.2.5 花卉与中国民俗

我们的祖先在大自然中悠游了数千年，始终以一种虔诚欣赏的眼光来看待自然，甚至把自然中的花草予以人格化，期许个人的造化能与心目中的花草相映照，互比美。人们心目中种种花草的形象，成了幸福、吉祥、长寿的化身。加上花草本身的实际功用，便很自然地与人们的衣食住行、婚丧嫁娶、岁时节日、游艺娱乐等发生了密切的关系，久而久之，就在民间社会中积淀成为民俗。

我国很多传统的节日与花有着紧密的关系。春节是我国民间最古老而隆重的传统节日，人们最重视用花卉来装饰厅堂，增添节日喜庆的气氛。其中，水仙作为年花在我国民间最为流行。在花朝节，人们结伴到郊外游览赏花，称为“踏青”；姑娘们剪五色彩纸黏在花枝上，称为“赏红”。各地还有“装狮花”、“放花神灯”等风俗。在端午节，人们用丁香、木香、白芷等草药装在香袋内，悬挂在身上，以辟邪气（防传染病）。中秋节是桂花相继开放的时节，因此中秋的桂花和明月成为团圆之夜清赏的极好对象，佐以桂花酒、桂花茶、桂花月饼等美味食物。延寿的菊花恰与重阳节相遇，重阳节赏菊饮菊酒便成为习俗。

在如今的花卉民俗中，各地举行的以卖花、买花、赏花为主的一年一度的花市可说是非常引人注目。在各地举行的花市中，以广州的迎春花市最负盛名。此外，各地的“花会”也丰富多彩，如洛阳的“牡丹花会”、扬州的“万花会”、重庆的“万花赛花会”、藏族的“看花节”等。

2.2.6 花卉与中国音乐

在我国歌曲艺术经历的诗经、楚辞、乐府、绝律诗、词曲等各个不同体制的发展和演变阶段，都留下了无数以花卉为题材的优美篇章。例如以莲花为题材的《采莲曲》，据传是梁朝天监十一年（公元512年）梁武帝据《西曲》改成的《江南弄》七曲之一。在全国各地流传至今的民歌中，以花卉为题材歌颂爱情的作品可说是最为繁多的，如《对花》、《茉莉花》、《拔根芦柴花》等。

3 中国花文化的特点

中国花卉丰富了中华文明的宝库，它在与中国其他文化门类相互影响、相互补充、相互融合的过程中，已经出现了一系列可以相对独立的文化领域。这是中国花卉和中国文化发展的必然结果，也是中国花文化发达的重要标志。

在长期的发展过程中，中国花文化逐渐形成了自己的特点，概括起来有以下三个方面：

3.1 闲情文化

中国花文化，从本质上来说，是一种东方式的闲情文化。林语堂先生曾经说过："美国人是著名的伟大的劳碌者，中国人是著名的伟大的悠闲者。"中国人把养花叫"玩花"，这一个"玩"字，把"莳花弄草"这一闲暇活动体现得淋漓尽致。同时也表明，养花可以调节、丰富生活，但不可能成为生活的主流。古时的文人逸士，他们有条件和闲暇莳花弄草、欣赏花卉，是其悠闲生活的一个重要组成部分，由此产生了颇富东方情调的中国花文化。

3.2 多功能性

中国的花卉资源是那样的丰富，用途是那样的广泛，以至于在中国人现实生活的方方面面随时随地都能看到花的存在。据古籍记载，神农氏遍尝百草百花，使花草成为华夏民族取之不尽、用之不竭的食物和药物来源。中华民族的发生、存在和壮大，都与花木有着密切的关系。在"华夏"这一民族的图腾柱上，凝聚着他们对于花木的倾心爱戴、由衷赞美和无比尊崇。人们心目中种种花草的形象，成了幸福、吉祥、长寿的化身，加上各种花草本身的实际功用，便很自然地与人们的衣食住行、婚丧嫁娶、岁时节日、游艺娱乐等发生了密切的联系，久而久之，在民间社会中积淀成为民俗。花卉参与中国民间风俗的形成，极大地扩展了民俗的内容和范围，给人们带来了某些生活的调节、精神的愉悦和心理的满足。加上花卉与中国绘画、文学等传统艺术门类之间的结合，使得中国花文化涵括了诸多文化门类，不仅包括花卉食品、香花疗法等物质文化门类，也具有中国花卉画、中国花卉文学等精神文化特点，可谓形态纷呈。

3.3 泛人文观

中国的文化，充满着泛人文主义色彩。泛人文主义的一个显著特征，就是把世界上的一切事物都与现实人生联系起来。中国花文化就具有这一明显的特征。

在对于花木的观赏活动中，更能体现中国人别具一格的生命感悟方式。中国古人由于受道家思想（包括黄帝、老子、庄子）的影响，在他们的潜意识深处，从来不把花木当做外在的自然物，而总是把它们当成与自己一样的生命体看待。他们认为，宇宙间无非有 3 种活的物体：人、禽兽、花木。这三者并无等级上的差别。他们都是天、地的产物。由于花木和动物在生命形式这一本质的规定性上是一致的，所以，中国的文人士大夫严肃认真地把花木当做像人一般的生灵对待，认为花木也和人一样有智有能。在中国的许多古代典籍中，出现了许多木神花仙。就连花木命名也充满了人间烟火气，君子兰、含羞草、仙人掌、罗汉松、美人蕉、湘妃竹……仅从这拟人化的名称，就可见人与花木亲密无间的程度。更让人惊讶的是，中国古人深信，某些花木就是人变成的。人所共知的"岁寒三友"（松、竹、梅），"花中四君子"（梅、兰、竹、菊），"花中十二师"（牡丹、兰花、梅花、菊花、桂花、莲花、芍药、海棠、水仙、蜡梅、杜鹃、玉兰），"花中十二友"（兰花、茉莉、瑞香、紫薇、山茶、碧桃、玫瑰、丁香、桃花、杏花、石榴、月季），"花十二婢"（凤仙、蔷薇、梨花、李花、木香、芙蓉、兰菊、栀子、绣球、罂粟、秋海棠、夜来香），"花王花相"（牡丹、芍药）等等说法，不仅表现了以花比人、以人比花、把花当人、把人当花的观念，而且，在这种观念支配下，古人往往把自身的价值取向，也强捺在花木身上，将花木分成帝王、宰相、君子、师长、朋友、仆人的等级，赋予人格化的内涵。

如此这般，儒家的等级观念和道家的将万事万物看作有生命的个体的思想，便不期然而然地在古人对于花木的观赏和体验中交融起来，如果再加上外来的佛家哲学，三位一体，就构成了古人花木观的基础。当然，隐藏在这种花木观背后的儒、道、释三种成分，绝不是平分秋色，而主要是道家和儒家观念。王维、白居易被认为是佛教造诣很深的华夏知识分子，但他们在花木的种植、观赏和体验中所流露的情趣，却主要是儒道的。

4 中国花文化研究现状与存在的问题

中国花文化的历史源远流长，而且自成体系。有关中国花文化的研究，不仅得到了国外同行的认可，也早就引起国内专家的关注。如我国花卉园艺界的前辈汪菊渊和陈俊愉两位院士以及花卉界的知名专家程绪珂、王其超、向其柏、刘玉莲、吴应祥、李鸿渐等，不仅一直关心和指导我国的花文化研究工作，还是我国传统名花历史和文化研究的权威。王莲英、苏雪痕、蔡仲娟等教授在花文化特别是用花文化上建树颇丰。中国花卉协会花文化专业委员会的成立和相关工作的开展，标志着对中国花文化系统整理和研究的开始。

近 20 年来，各界人士通过多种渠道争取到了花卉文化研究课题，在高校开设了研究型课程，部分高校还把花卉文化作为博士、硕士研究生毕业论文的选题；中国花文化研究领域出现了多样化的趋势，并且在不同领域内都有较为深入的研究成果。

尽管如此，中国花文化研究存在的问题突出，不容忽视。这些问题主要表现在以下方面：

1）目前，各大名花的花文化收集整理工作陆续开展，像牡丹、梅花、杜鹃等花卉文化研究已取得一定成果，但总体说来比较零星，缺乏深度、广度和系统性。中国花文化作为一种重要而独特并具有深厚底蕴的文化现象，亟待进行系统整理和研究。

2）现有研究多从文学、史学和艺术学的角度探讨花卉文化的内涵和发展，很少从自然科学的定量研究方面探讨花卉的实用价值、文化意义和社会价值。以科学有效的定量与定向相结合的研究方法、从人的心理习惯和生活规律方面研究花卉的文化价值将是未来研究发展的趋势。

3）在花卉消费和花卉文化产业的研究方面，科学的调查研究工作还亟待加强，目的在于了解花卉在人们日常生活中的用途和将来可以开发的新的应用领域，如花卉旅游将花卉的自然属性与人文内涵相融合，是一个可以结合花卉食用文化进行创意产业开发利用的新领域，具有光明的发展前景。

总之，花卉和中国文化相结合、发展是多方面的。它不仅与中国人的物质生活、精神生活息息相关，还间接地推动了社会主义和谐社会的构建和发展。凡此种种，都说明花文化是中国文化不可缺少的一部分。诚然，中国的花文化，貌似以“花”为中心，其深层实则是以人为中心的，否则，花就不可能转化为以人为中心的文化现象了。

目前，中国花卉事业的日渐发达，使花卉文化全面繁荣。重视花文化研究，让各界人士认识到花卉在人类历史和文明发展中的重要性，以唤起民众的热情，吸引更多的投资，促进花卉事业的进一步发展。特别是通过深度挖掘中国花文化的产业化要素，将传统的花卉产业和新兴的创意产业结合，形成中国特色的花文化产业，将为我国的花卉事业带来前所未有的发展机遇。

中国观光果园发展现状与展望①

在中国,观光采果已成为北京、上海、广州、厦门、深圳等不少大城市重要的旅游休闲项目,并已经形成一个巨大的市场。但在国家旅游局 2004 年命名的全国首批 203 个“全国农业旅游示范点”中,名字里以果园为主的总共不到 20 个,而且观光果园的规划建设还处于“粗级”阶段。本文对中国观光果园的现状及存在问题、未来观光果园规划建设管理要点提出了明确的建议。并提出了可供借鉴的六种模式,即采摘观光型、村野景观型(市民果园)、主题公园型、生态休闲型、科技教育型和综合游憩型。

果树或许是人们最早在庭园栽培的植物种类之一。中国古代的园林十分注意栽植果树[1]。如司马相如的《上林赋》中提及的汉武帝上林苑中的 39 种植物里,有果可食的占 25 种[2]。改革开放以后,中国一些园艺专家对果树的观赏价值以及如何与造景结合进行了相关研究[3],但对观光果园的系统研究鲜见报道,因为观光果园的发展是近几年的事。

1 中国观光果园发展现状及存在的问题

旅游观光果园,顾名思义:是集园林、旅游、果园于一体,观光、休闲、体验相结合的综合概念,将生态、经济、科普、休闲有机地结合在一起。旅游观光果园的建设既是发展特色果品,实现产业升级、提质增效的重要内容,又将拓宽市民旅游空间,有力地带动当地旅游业的发展,让果林经济与观光旅游相结合,充分体现生态、经济、休闲、科普四大功能,并以其巨大的辐射能量和乘数效应,拉动其他相关产业的发展,有效地促进地方经济的腾飞。

① 本文为作者在江苏省观光果园发展座谈会上发表的学术论文。

观光采摘已成为北京、上海、广州、厦门、深圳等不少大城市重要的旅游休闲项目，并已经形成一个巨大的市场。据北京市果树协会统计，全市开放的观光、采摘果园已达到533个，总面积18 665公顷，2002年为京郊农民创收9 730万元，每个市民平均摘果3.4千克。2002年，仅樱桃采摘收入一项，就达500多万元，占樱桃总收入的三分之一。现在，一些观光果园的平均效益为每公顷10.5万元～12万元，最好的观光果园每公顷收入达45万元。观光果园已成为北京农民新的摇钱树。

2001年初国家旅游局正式倡导开展工农业旅游以来，2002年发布施行《全国工农业旅游示范点检查标准(试行)》，创建全国工农业旅游示范点的工作，得到了各地旅游部门的高度重视和越来越多的工农业单位的积极响应。到2004年3月底，全国31个省(区、市)共有340多个单位通过了自检和省级旅游管理部门的初审，向国家旅游局提出了申报验收的要求。国家旅游局在汇总和审议各验收组验收结果的基础上，命名北京韩村河等203个单位为"全国农业旅游示范点"。但在名字里以果园为主的不到20个，肥城桃源世界农业生态旅游区、吐鲁番葡萄沟、成都龙泉驿区兴龙镇万亩观光果园、都江堰市青城红阳猕猴桃绿茶基地、云南蒙自县万亩石榴园、江西南丰罗里石蜜橘生态园等，说明观光果园的规划建设还有差距。

在国外的许多国家，旅游观光果园作为果园增收的一项有机组成，已成为果园发展的一部分；而在我国，特别是首都北京，虽然果园观光采摘已逐渐成为人们关注的旅游热点，部分地区也已投入了相当的财力和物力，但就目前而言，许多果园都建得很不规范，可进入性差、基础设施配套不完善、产品项目雷同、缺乏服务意识、服务水平低、管理收费乱、不符合旅游观光要求等。有的地方可能还不知道全国评比或是知道了但没有意识到。

2 中国观光果园规划建设管理要点

中国目前的观光果园大多数是在传统的果园基础上发展起来的，虽然部分观光果园的产权发生了变化，但管理者大多数仍然是果农或果树学专业人员。因此，针对上述问题，我们要在观光果园的建设和管理上做到以下几点。

2.1 理念上的转变

理念上的转变其实是价值观上的转变。传统的果园主要以培育种植果树和销售果品为主要目的。从生产的层次上来讲，这仅仅是最基层的种植性活动，所得产品的附加值也比较低，所以收入有限。而观光果园则不同，观光果园的核心在于观光，果园仅仅是实现观光的物质载体（表1）。从果园到观光果园的变化不仅仅是名称上的变化，而是理念上的转变，是从以种植销售活动为主的理念转变成以观光体验为主、种植销售为辅的经营理念。所以，当前中国观光果园的首要出路就是转变经营理念，走出农业经营的一般模式，融入当前蓬勃发展的旅游业大环境中。通过引进旅游行业中先进的规划理念、管理模式和营销渠道，实现用风景区的标准去规划、建设和管理观光果园，从而把观光果园引领到一条崭新的发展轨道。

表1　观光果园与传统果园比较

类　型	目标人群	主要产品	活动内容	活动时间	生命周期	最终效益
果园	果农为主	果品	生产，管树	季节性	果树的周期	果品销售收入
观光果园	非农人群或城市居民为主	果品、果园及其服务	离家到回家的全过程：六要素	常年性	景点的周期	果品销售收入、访客活动消费

2.2　规划先行

要实现观光果园的良性发展就要坚持规划先行的原则。虽然国家目前的有关文件中并没有要求A～AAAAA风景区一定要做规划，但是从目前的形势来看，凡是A～AAAAA的风景区都有一套完整并通过有关部门批准的规划文件。一套完整的规划能够对一个景区在未来一段时间内的发展方向有很好的把握和控制。它不仅能够标明景区近期的开发重点，还能对景区中远期的发展趋向有个宏观性把握，使景区在长期的开发经营过程中不至于失去方向，保证景区的可持续发展。对于观光果园来说，规划先行的原则同样适用。科学的观光果园规划不仅能对观光果园的性质、功能及产品作出科学合理的定位，还能够根据旅游者需要对观光果园的道路交通、游览设施等作出规划设计。同时还能够提出一些有利于观光果园经营管理的规划建议和措施。另外我们还要认识到，规划本身是个综合性的系统工程，加上观光果园本身的特殊性，所以在规划的编制过程中要注重不同专业学科人员的搭配，不能过分依托某个专业，要做到农学、旅游、经济、环境等类规划人员的合理搭配。

2.3　用心建设

既然是按照景区标准规划的观光果园，理所当然的要按照景区的质量等级标准来建设观光果园。在观光果园建设过程中我们提倡“用心建设”。这并不是形式上的建设口号，而是指导建设过程的一种理念。这种理念的核心就是“以人为本，以旅游者的需求为本”。从目前国内各个景区建设的状况来看，最大的不足在于配套设施的建设上，最明显的就是厕所建设。观光果园的建设要避免这一国内目前景区建设中的最大不足，积极提倡“建星级观光果园，首先建星级厕所”的理念，尽量做到配套设施的完备，为旅游者提供系统完善的设施服务。

以北京市的观光果园为例。北京市现有观光果园 533 个，其中很多都不规范，有的园内没有厕所，很多游人常常因找不到厕所而致游兴全无。为了解决这一规划建设难题，北京市林业局和北京市旅游局共同宣布：本市观光果园内的厕所建设将参照本市旅游景点的厕所规划，在设施、卫生和服务上达到星级标准。根据标准，北京市的星级采摘园内必须配备 2 个厕所，而且厕所的外观必须使用环保材料，在颜色和设计上更贴近大自然，与果园环境协调。这项建设前期虽然要投入一定量的资金，但是后面所获得的回报将是巨大的。

2.4 管理出新

观光果园要引入先进的管理体制，不能用管理果园的那套模式来运作。人才又是管理的根本，传统的由果农自行管理和经营的果园发展模式已经不能适应观光果园新的发展形势。当务之急是观光果园首先要摆脱管理人才在专业上的局限性，引进旅游类专业人才，用旅游业的经营管理理念去运作观光果园，形成景区化的观光果园管理模式。观光果园之所以受到旅游者青睐，是因为游客在观光果园中能够充分展现自我主动性。不同于果园，在观光果园里游客能参与果树的种植、修剪、嫁接、护理和采摘等活动，让游客能够体验到不同于城市生活的农业生产劳动。所以，管理者要能够了解游客的这一需求心理，为游客提供参与劳动的机会。其次，观光果园和一般性景区相比又具有一定的特殊性，尤其是观光果园内的果树。在管理过程中要处处为游客着想，但是又不能为了游客破坏果树的正常生长。除了观光果园管理的自我创新之外，还可以通过行业规范来指导观光果园的经营管理。比如可以通过成立观光果园协会，出台观光果园管理技术规范等来规范观光果园的发展。以北京为例，北京市果树产业协会近期颁布了《北京市观光果园生产管理综合技术标准》。根据此标准，北京市在所有 533 家观光果园中评出了 100 家定点观光果园，以此来规范指导观光果园的发展。

2.5 系统营销

观光果园在营销上要做到系统化，要在规划阶段的形象定位，营销口号的制定，以及运营过程中的宣传促销等一系列环节上保持一致性。通过举办观光果园采摘节来扩大观光果园的影响力。以北京为例，2003、2004、2005年北京先后以“收获金秋”、“春华秋实”和“迎奥运，北京名优果品评选推荐”为主题，举办了北京百万市民观光果园采摘游活动。采摘节的举办既得到了北京市民的欢迎，又促进了北京郊区观光果园的发展，实为一种很好的营销策略。

3 可供借鉴的六种模式

3.1 采摘观光型

采摘观光型是一种比较传统的观光果园经营模式，其主要活动内容就是果子成熟季节让游客到果园内参与果品的采摘。目前中国的大多数观光果园属于此类。

3.2 村野景观型

村野景观型观光果园是把观光果园和乡村景观相结合，通过精心的规划设计把观光果园设计成不同的景观，呈现自然朴野的宜人效果，让游客在游览过程中得到更高层次上的心理享受。如深圳的青青观光农场。由于这类果园专为城市居民服务，故又称市民果园。

3.3 主题公园型

主题公园的最大特色就是具有创意性，而主题公园型观光果园的最大创意在于依托观光果园内的产品设施开展一系列相关性的主题活动，做到产品的延伸开发。比如依托观光果园可以开发果汁加工、果酒酿造，以及开展果树科普教育等活动。规划中的南京江心洲就是一个依托葡萄观光园而延伸出葡萄酒酿造、品尝的以葡萄文化为主题的主题公园型观光果园。

3.4 生态休闲型

生态型观光果园是通过果树的自然群落式种植，创造一个良好的自然生态环境，类似于果树植物园，同时在果园内设置一系列供游人使用的休闲设施，让游人在良好生态环境里享受休闲生活。生态休闲型观光果园提供给游客的是一个良好的生态环境，而游客所得到的是这种环境下能享受到的休闲服务。

3.5 科技教育型

科技教育型观光果园也称实验观光果园，其主要功能是进行优良果树品种的培育和栽培，同时依托完善的科研设施和展示场所，向游客进行果树学的科技教育展示。

3.6 综合游憩型

完全从游客的角度设计营造或改造的游憩景点景区，有较大比重的果树种植面积和以果树为内容的游憩活动，可以看作旅游景区和观光果园的综合，设施齐全，功能完备，是理想的旅游休闲之地。

4 中国观光果园展望

随着收入和闲暇时间的增多，人们更加渴望多样化、个性化的休闲方式。观光果园在以其高质量的园内基础设施、规范性的管理方式和人性化的服务吸引大量游客的同时，也逐步走向规范化发展。观光果园是现代农业与旅游业相结合的典范，它集园林、旅游、果园于一体，在为旅游者提供观光、休闲、体验服务的同时还能够增加当地农民的收入，促进当地经济发展。相信随着观光果园规划、建设、管理的规范化，观光果园将成为中国旅游行业发展中的又一个亮点。

参考文献

[1] 周武忠.论园林中的果树.江苏林业科技，1988，15(3)：33－36.
[2] 张宇和.园林绿化的新概念和城市绿化.江苏园林，1984，(5)：3.
[3] 周武忠.梅树——园林提供经济副产品的佳品.中国园林，1987(4)：25－26.

扬州市文化旅游资源规划浅谈[①]

我今天跟大家探讨的题目是《扬州市文化旅游资源的规划与开发》。有一句话叫"外来的和尚好念经",但今天这个题目对我来讲还是非常难讲的,有三点理由:第一,我在扬州的这17年中非但没有对扬州的文化旅游资源做一个全面系统的了解(只是在给扬州做旅游规划的时候才有了全面系统了解的机会),反而我的一些思维方式被扬州同化了,再加上扬州历史文化资源太丰厚了,2 500年的历史也难以一窥到底。第二,做旅游规划的时候请教了好多扬州的专家,他们对扬州的历史文化研究得非常透,所以我在这里有班门弄斧之嫌。第三,一流的资源要创造一流的产品。扬州的文化旅游资源是国家级的、甚至是世界级的一流旅游资源,要通过规划把它规划、开发成一流的旅游产品,这也是非常难的。为什么还要来谈这个问题呢?扬州市和安徽的黄山市都是历史文化名城,而且是不同类型的历史文化名城,像扬州是历史文化园林型,而黄山是自然风景区,同时安徽的徽文化也是非常深厚的。我们在做这两个地方规划的时候,无论是在资源调查、中期论证,还是在出成果之前举行的各种座谈中,对于扬州、黄山这样的历史文化名城来讲,旅游资源的保护、规划和开发的矛盾都是无法回避的。实际上每次讨论会大家谈论最多的就是这个问题,我们进行规划编制的难点也在这里。对于历史文化名城来讲,旅游产品的亮点也是在历史文化资源上,所以今天尽管有好多困难,但是我还是要和大家来探讨一下。

我今天跟大家要交流的内容主要分四个方面:第一,认识一下扬州的旅游;第二,谈谈扬州历史文化旅游资源的保护性规划;第三,谈谈它的整合规划;第四,谈谈它的开发规划。

1 如何认识扬州

在我之前的各位专家已经从区域经济的角度、市场的角度进行了详细的论述,这

① 本文为作者在2003中国扬州烟花三月国际旅游节上发表的主题演讲稿。

里我主要想和大家从扬州旅游资源的角度来进行了解。因为在我们对扬州旅游资源进行调查、分类、评价的过程中发现,扬州的旅游资源主要是人文旅游资源,占总资源数的84%。而且它的特点一个是古、一个是水,刚才有专家也提到了扬州的水跟无锡、苏州的水相比更有文化,扬州的资源即使自然的资源也充满了文化色彩。第二,扬州最大的优势是历史文化旅游资源,劣势就是历史文化旅游资源缺乏有效的整合。第三,“非典”以后,崇尚自然、回归山水,游客对自然风景非常感兴趣,浙江、安徽一带旅游一度很热,当然现在也很热。但是现在随着游客对旅游产品选择的理性化、文化意识的加强,对文化旅游资源产品的开发、选择方面的要求应当说在逐渐提高。

我们在进行历史文化旅游资源规划和产品开发的过程中,碰到的突出问题就是保护与开发的矛盾。比如旅游部门与文物部门、建设部门三者间的矛盾。从种种因素来看,我们也有必要对扬州的历史文化旅游资源规划和产品进行一番探讨。当然在规划编制的过程中,大家也进行过多次交流,但是没今天这么大的场面;旅游总体规划尽管已经完成了,但还没有评审,所以在评审之后,通过这样的交流,我们还可以向大家讨教如何进一步深化产品开发的问题。有一点在这里我要跟大家申明,今天我的观点并不代表总规课题组提出来的观点。

我们要认识扬州的旅游,从资源、从市场,还有对扬州的定位来看,把它定位成“扬州——中国文化休闲天堂”,前面演讲的几位专家,特别是上午魏小安司长,从多个角度支持了我们这个观点,支持把扬州定位为“中国文化休闲天堂”,更加坚定了我们的信心。因为我们在对一个城市进行科学的、准确的定位方面讨论还是比较多的,做出一个科学的定位实际上是不容易的。可能大家也经常接触到,在20世纪90年代的时候,曾经有几十个城市希望把自己定位为国际型的大都市,对照国际型大都市的指标,我国也就上海、北京等少数城市符合国际型大都市的标准。21世纪以后国际大都市这种定位逐渐冷却,生态城市的定位又兴起了。生态城市不是城市定位范畴的内容,而是作为一个现代化城市建设过程中最基本的一项内容,也有城市问题研究的专家把生态型城市作为城市现代化的一个重要指标。我来之前跟一个社会学家做了一点讨论,他提出难道在古代就没有生态环境了吗?古代没有搞现代化建设,生态环境也是基本需要。生态环境质量的好坏,只是城市发展的要求和基础,并不是城市性质的范畴。我们的领导和专家有一个认识误区,城市里面绿色多了,就是生态型城市了。实际上并不完全是这么回事,一个城市园林化建设好、绿化搞得好,只是符合了生态城市的形态结构。一个城市真正要定位为生态型城市,除了城市形态结构,还有内在的物质、能量等等系统成分的交换、循环。

所以对一个城市，特别是从旅游规划的角度来对它进行科学定位的时候，一定要研究它的地脉，特别是像扬州这样的历史文化城市，它的文脉非常重要。通过分析，我们把它定位成“中国文化休闲天堂”，有了这个一级理念，有了这个旅游城市的明确的形象定位以后，我们在旅游的布局上、在旅游产品的开发上都进行了一系列配套的策划。比如要做足古和水的文化，建构完整的景区系列，还有要把城的文化、园林的文化结合起来。扬州是属于园林型的历史文化名城，所以城的文章、园的文章一定要把它做活。另外，扬州历来就有“十里栽花算种田”的传统，扬州假山石与扬州的园林建设、城市建设、石文化关系密切。把这些古的文化特色提炼出来，形成一系列的景区。我们在总规里提出“139”战略性旅游布局的模式，由于时间关系，我这里不展开讲，只讲讲其中的“1”。“1”指扬州城区，它是扬州旅游资源最为集中，特别是历史文化资源最为集中、也是最为精彩的地区，也是扬州行政区域旅游发展的最大依托中心、最大管理中心，而整个扬州城旅游资源的开发规划、产品设计就是以历史文化名城为主题。这点我也不展开来论述了，上午魏司长讲得非常透彻，扬州跟苏州相比，跟其他地方相比，它最大的资源优势、资源的基础、最个性化的是什么，就是新城与古城的分离。这种模式苏州最早这样做的，由于它靠近上海，经济发展太快了，把古的东西破坏得比较多，甚至于有些有保护价值的古典园林都被拆除了，还出现了一些败笔。扬州好就好在不仅保留了古城和新城完整的格局，而且古城区的格局、城市的形态风貌、城市的自然历史文化街区，还有大量的文化古迹，保存得相对完好。扬州旅游发展碰到的最难的问题，也是最需要解决的问题，也是最能产生亮点的问题，就是历史文化旅游资源。认识了扬州的旅游就知道扬州历史文化旅游资源规划的迫切性。

2　保护规划

上午魏司长讲的一条就是作为旅游工作者，特别是旅游建设工作者，对文物或者文化的关心程度，要比文物工作者还要有过之而无不及，原因就是文化是旅游的基础。对于扬州这样的历史文化名城来讲，要形成产品的个性和特色就必须从历史文脉中找源泉，而历史文脉中有形的文化古迹和无形的文化遗产一旦破坏了，赖以生存、赖以创造产品的基础没有了，要创造扬州旅游产品的个性和特色就无从谈起。从这个角度来讲，保护是第一位的。在扬州的古城走 100 遍也不为过，也不能完全地、深刻地了解它。昨天我去看了大草巷 15 号，一个张姓官僚的住宅，有十一进，从东关街一直排到大草巷，是一个非常大的清代住宅，曾经被烧毁过，但是烧毁的这样一个十一进的古建筑，到现在为止还是烧毁时的样子。虽然天灾是无法避免的，但这些文物的遭遇让我们思考古建筑在消防设施非常差的情况下，政府如何来进行安全保护的问题。而这些东西烧毁至今有五六年了，而且我听说被烧毁时间最长的盐商住宅到现在为止达22年了，仍然是烧毁时的样子。一方面我们的古建筑非常珍贵，还有一方面扬州古城区的土地是寸土寸金，实际上还不止是寸土寸金，可能是10倍、20倍的黄金价格，那为什么到现在为止这些住宅还荒废着？

第二，现在对文物破坏比较多的是人祸。人祸分两类，一类是有意识的破坏，一类是无意识的破坏。市农科所附近，有一个《浮生六记》作者妻子的墓葬，也是自然景观，因为扬州处于平原地区，没有山，所以就把蜀冈叫做山。这个墓就在将来的瘦西湖新区的范围里，自然地形非常好，应该是很好的进行旅游开发的地方，但居然一个月前去还好好的，过了一个月再去已经被夷为平地了。我问当地的老百姓为了干什么，他说就是为了取土烧砖，实际上他并不知道墓葬的存在。所以我认为他是无意识的，但是作为政府部门应该圈定，分级保护。更为严重的是在我们古城区里人为的建设性破坏。

所谓建设性破坏就是在城市建设的过程中，对文物古迹及其环境造成了破坏。扬州尽管在历史文化名城的保护上，相对来讲走在全国的前列，但是对文物古迹、对历史文化的建设性破坏也是触目惊心的。我之所以要讲得严重一点，目的就是要引起大家对文化遗产的关注。比如有的地方要造桥，这个地方实际上需要进行历史文化名城风貌的保护，风貌的保护一要保护古建筑，二要保护它的布局，三要保护它的原生态。这个地方应不应该造桥？应该造，为了交通的方便。我们做任何一件事都有利弊，要看利大还是弊大。如果说把扬州建设成为中国的文化休闲天堂，要把扬州的历史文化资源形成一流的、国际性的、有世界影响的旅游产品，那么我们就必须要对它进行严格的保护，保护文化的原生态。还有比如说修路，我记得我在1991年看何园的时候是非常有味道的。有味道在哪里？不光是园子本身，还有园子周边的环境。现在可能出于城市建设的需要，修了条大马路——徐凝门大街，马路修了以后不光对它的生态造成了很大的破坏，而且对它的文态也造成了很大的破坏。大家可能有过这样的体验，我是有的，以前我在南京读书的时候，早上去，中午要赶回扬州，去的时候就比较早，开车速度也比较快，经常会发现在宁通公路的便道上面，不是鸟被我的车玻璃撞死了，就是看到小动物被压死在路中间。这是什么原因呢？这是因为马路建设过宽以后对生态环境造成了破坏，人可能几步就跨过去了（但也有经常发生人被撞死的事故），对于小动物来讲，穿越这么宽的马路非常困难。现在沪宁高速的加宽有景观的方案论证和招标，高速公路建设是经济发展的需要，这是没办法的，必须要的，但在建设的时候我们要从生态的角度考虑，不光要种上树，还要留些小动物的通道。马路要宽、楼房要高、广场要大，这样的做法现在建设部门明令禁止了，除了对生态破坏以外，还对我们的文化生态造成了严重的破坏，因为古代的味道没有了。偶尔我会到扬州明清古城来走一走，考虑考虑问题，欣赏欣赏风景，但冷不丁会冲出一辆自行车来撞到我身上，这样一来，休闲的心态也就没有了。还有比如毓贤街曾经是非常蜿蜒的，以前我们经常去吃火锅，人气非常旺，但现在有些受保护的古建筑也被踩平了，建了些假古董在那地方，人气也不是很好，这些都属于建设性的破坏。还有一类就是对传统技艺的破坏。比如游客到扬州来，要品尝扬州的美食、体验沐浴文化，在扬州大家会去吃蟹黄包子，但是可能一些做包子的传统技艺面临着失传。以前到扬州吃蟹黄包子的地方很多，现在我的朋友都建议吃蟹黄包子要到西冶春去。为什么到西冶春去？因为他们做的是正宗的，我就亲眼看到现场压取蟹黄蟹肉的技艺和场景，就在入口处做。我在扬州生活了 17 年，我都不知道包子的蟹黄、蟹肉怎么加工出来的，这是一种传统技艺。

扬州还有许多无形的、在扬州历史上曾经出现过的，通过我们的整理发掘能够重现出来的，无形的历史文化资源，应加以系统地保护。如何进行保护，在此提出三条宏观性的建议：一要全力保护尚存的，二要努力发掘可以发现的，还有一个要多方面提示曾经有过的历史文化遗产。只有通过三种努力，才能保护和展现扬州的历史文化旅游资源。具体在操作的时候应该建立分类、分级的保护体系。现在开发的个园、汪氏小苑和旁边的丁氏、马氏住宅，若进行连片开发，效应就能放大，所以要进行整体的保护。还有些文化遗产，特别是非物质文化系列，从博物馆历史名人展示、文学作品展示、文物埋葬的展示、民俗工艺的展示等等，都要列入保护的范围。

在对历史文化名城、文化古迹、文化旅游资源进行保护的时候，我们不妨引用景观生态学上的一种模式，这种模式就是板块、廊道和本底模式（因为时间关系我不展开讲）。但是有一条，这是（幻灯展示）南京古城保护的一个例子，像这个黄色的就是文化板块，在板块里面它都有相同的古迹类群，把它连成块。还有本底，本底可以指整个城市，也可以指整个大地。但对扬州进行旅游规划的时候，我们可以把整个扬州市域做一个本底，然后把镶嵌在扬州大地上的一些古城，比如明清古城、高邮古城等等，看作是板块。还有就是一些廊道。廊道是什么呢，这是（幻灯展示）何园的楼廊，在景观生态学上，廊道实际上也就相当于我们讲的走廊。比如南京城的廊道，这是明城墙,那么明城墙就是以明城墙文化为主的一个文化廊道,比如长江路,长江路现在整理得非常好,好就好在不光城市的风貌非常优美,而且把以前隐藏在城市的民国建筑完整地展示出来了,实际上形成一条以民国文化为主题的文化廊道。我们可以通过板块、本底和廊道这三个景观生态学的元素来对我们的文化旅游资源进行分析,可以把景观生态学的原理、原则、方法运用到对历史文化旅游资源景观的整理、保护和开发过程中。在进行文化旅游资源整合、开发与规划过程中,可以以文化生态安全格局为原则。扬州城现在分布有那么多历史文化遗迹,但是并不是所有的历史文化遗迹都能转换成可开发的旅游资源或旅游产品。从旅游的角度来讲,没有资源分布的地方,说不定能在那里建立一些文化景观的板块,这主要是考虑到它的连通性、密度。本底中文化旅游板块的空隙度直接影响到游客游览时候的满意程度,所以我们在对历史文化名城、历史文化资源规划和开发的过程中,除了要依据一般的城市规划方法、城市设计原理、城市形态学理论,还要引入文化、生态、安全格局的系统的理论,这样可以把文化资源的保护、景观生态学的理论等系统学的理论结合起来研究,从比较高的角度全面、系统地把握、评价和开发文化历史旅游资源。

3 文化旅游资源的整合规划

刚才在历史分析的时候也提到了,扬州历史文化旅游资源非常丰厚,但是没有形成一流的产品,形成叫得响的产品。原因当然是多方面的,文化旅游资源比较分散、单体资源比较小、没有进行完整地整合等等,这也是很重要的一个方面。所以我们在进行扬州旅游总体规划的时候,旅游局向我们明确提出要有专章讲扬州历史旅游资源的整合问题。在整合的时候,我们提出了五条原则:一是主题统领原则,二是点线反馈结合的原则,三是资源归类原则,四是形象整合原则,五是产品化原则。我想在座的大部分朋友都有机会看到规划,而且评审通过以后,我们规划单位还有义务进行宣传。这里不展开讲。

在对扬州资源进行充分把握的前提下,依据产品设计原则和市场需要理论、市场分析,整合成四大文化旅游产品,分别是领略汉代扬州、激情盛唐文化、走进扬州人家和运河文化之旅。第一,“领略汉代扬州”主要是以汉墓、董仲舒、汉墓博物馆为主。应省文化厅之邀我到泗阳去做汉墓保护规划的时候,意外地发现了一个要重演扬州规划中碰到的汉墓题材问题。当时我印象很深,扬州建汉墓博物馆的时候我在扬州工作。去年我做高邮旅游规划的时候,高邮当地想把天山汉墓开发出来,我说现在开发没有多少意义。有一次在泗阳召开汉墓保护论证会的时候,我是唯一的非文博专家,也是唯一反对异地保护的。其余的文博专家,他们可能因为市政府既定的思路,都讲要异地保护。我是最后一个讲,我当时非常惊讶,异地保护应当是在不得已的情况下才做的,我反对异地保护,因为异地保护以后将来的开发会有很大的后遗症。除此之外,意外地发现如果把高邮的天山汉墓、仪征的庙山汉墓和徐州的汉墓连起来就形成了江苏的一个完整的汉墓保护廊道。江苏如果能把这个整体推出来的话,对旅游的影响可能不亚于西安的秦始皇兵马俑的效应。第二,"激情盛唐文化"主要是指唐城一带遗址。第三,"走进扬州人家"。如果我们把明清古城作为一级理念"中国文化休闲天堂"配套的拳头旅游产品来开发,可能我会提出来把它改成"住进扬州人家"。我也不要找地方去开发生态型的度假旅游产品,就把扬州文化旅游资源做足。现在文化旅游资源主要开发的是观光型旅游产品,如果在现有的古城基础上建一个扬州文化休闲度假区,这样的度假区其他任何地方都是无法比拟的。所以对于"走进扬州人家"的设想,我中午还特地请教了扬州的专家,现在住在老城5.09平方千米的居民究竟有多少,这涉及迁移的问题。平遥古城是发生过这样的问题的,最主要是经济实力的问题。第四就是"运河文化之旅"。运河实际上就是扬州旅游总体布局中间的一个文化廊道,用它既起到串联的作用,又起到隔离的作用。

4 开发规划

从开发的动力上来讲,有四个方面:第一,古城文化的吸引力。第二,老城人居环境的吸引力,现在我们住在现代化的大都市里,全是水泥盒子,如果有经济实力的话还真想在扬州老城里面买一个院子建设一下,这里的人居环境是非常僻静幽雅的。第三,老城功能转换的客观需要。在旅游资源调查的时候,每到一户人家,几乎都首先问我们是不是新闻部门的,问为什么要新闻部门的人来,他们说这些地方人居环境太差,新闻部门的人来一曝光以后,就会搞建设,我们就可以搬到新房子里面去。现在老城区居住环境和市政配套设施确实是非常差的,老城的居民迫切需要改善他们的环境。所以这也是一个可以对扬州老城区开发的很好的动力,就是民心工程,老百姓赞成。第四,场景化、通俗化、时代化、功能化。当然如何场景化、通俗化、时代化、功能化,前面几个专家在谈到产品开发原则的时候都举了非常生动而且具体的例子,我这里就不展开讲了。

最后,跟大家探讨一下产品创新的问题。创新的前提就是我们首先要认识扬州属于哪一类的旅游城市。根据旅游城市的分类规划,扬州是属于资源驱动型的旅游城市,既然是资源驱动型,在进行产品设计的时候就必须要把握好扬州历史文化资源,把握好它的文脉,然后再考虑到市场的需要。我不赞成旅游界现在流行的观点,说资源型的开发是老的过时的开发,市场型的才是新的。市场还是要跟资源结合起来,就是说既要历史文化,也要满足市场需要。目前最需要的是对扬州进行历史资源整合和创新,而且最迫切要做的第一件事情就是要把明清扬州古城搞成扬州文化休闲旅游的度假区,我认为这个工作要比瘦西湖新区的开发重要得多,因为瘦西湖新区有好多地下文物的资源还没搞清楚呢,怎么对它进行开发?

今天我就简单地跟大家汇报到这里,我主要是想表明两点:一是无论是文化资源的板块也好,廊道也好,还是本底也好,它在扬州旅游资源规划中的重要性是显而易见的。尽管扬州古城,包括明清古城和瘦西湖新区从文化景观、旅游景观的角度来讲,是一个文化敏感区,但是对我们旅游工作者来讲,最终的目的并不是要一味地限制旅游城市的发展,而是要让我们对文化旅游资源的开发利用有序化、合理化。二是我认为在地方文脉保护与旅游开发的关系方面是基本一致的,旅游可以保护、修复、整理地方文化,可以拉动餐饮、工艺、纪念品、交通等经济,使扬州成为21世纪最适合旅游的生态园林城市。

个性·人性·理性

——赴广东旅游项目考察调研报告

2004年7月8日至13日，我们瘦西湖新区建设指挥部会同项目规划设计单位东南大学和江苏东方景观设计研究院的旅游、规划、市场、景观、建筑、地热、园艺、环境等方面的专家一行共14人前往广东调研考察，针对瘦西湖新区规划设计过程中遇到的参与性项目和地热开发两大突出问题，调研组重点考察了深圳华侨城的主题公园群和珠海、恩平的温泉旅游区。不仅与当地的专业人员进行了交流，还拍摄了大量图片。他们的旅游开发理念、规划建设经验和经营管理模式，值得我们借鉴。

1 明确的定位，个性化的产品

华侨城集团旅游业是在没有任何旅游资源的情况下，从兴建中国第一个主题公园——锦绣中华微缩景区起步，相继成功开发建设了锦绣中华、中国民俗文化村、世界之窗、欢乐谷等四大主题公园以及深圳湾大酒店、海景酒店、威尼斯水景主题酒店、何香凝美术馆、暨大中旅学院、华夏艺术中心、欢乐干线高架单轨车、华侨城生态广场、华侨城高尔夫俱乐部、华侨城雕塑走廊、华侨城燕含山郊野公园等一批旅游文化设施，形成一个集旅游、文化、购物、娱乐、体育、休闲于一体的，面积近5平方千米的文化旅游度假区。截至目前，华侨城旅游度假区累计接待游客6 500万人次，其中境外游客超过1 000万人次，旅游总收入50亿元。1999年，华侨城旅游度假区被评为全国文明示范旅游景区。

华侨城四大主题公园的成功首先得益于其个性化的产品设计。其中：锦绣中华微缩景区是中国第一座主题公园，也是世界上规模最大的微缩景区，它选取中国84个最有代表性的山水名胜，古代建筑景点按1∶15比例建造，融华夏五千年历史文化于一园。

被誉为“中国第一村”的中国民俗文化村，是一个荟萃中国民俗文化、民间艺术、民居建筑的大型文化旅游景区，它共选取中国21个民族的24个村寨景点按1∶1比例建造，并有上千名来自各地区、各民族的艺人和员工进行表演，由民俗文化村推出的大型民族歌舞《绿宝石》、《蓝太阳》和大型广场表演《中华百艺盛会》等，被誉为中国民族舞蹈艺术、广场艺术的经典。

汇集世界奇观、古今名胜、自然风光和民俗风情于一园的世界之窗，是一个展示世界历史文化的大型旅游景点，是广东省最大的旅游企业，占地50余公顷，共建有118个旅游景点，其创作表演的大型音乐舞蹈史诗《创世纪》，将中国的广场表演艺术推至极致。

运用现代休闲理念和高科技成果兴建的欢乐谷，是华侨城的第四大主题公园，该公园在功能上突出了参与性、娱乐性，与原有三大主题公园形成互补，并运用了多项现代科技与旅游成果，其中欢乐谷四维动感影院是亚洲的第一座动感影院，欢乐谷的玛雅海滩水公园获1999年国际水公园"行业创新奖"。

随着中国加入WTO进程加快以及美国迪斯尼落户香港，华侨城旅游业进一步加快了发展步伐，以应对国际市场的竞争，包括继续加大对原有四大主题公园的更新改造步伐，相继推出了一批新的节目内容和景点项目，加快对新的旅游产品项目开发。2000年8月成功创办了中国的第一个旅游狂欢节，目前已连续主办了三届，在海内外产生了广泛的影响，华侨城将继续演绎着中国旅游业的辉煌。

华侨城旅游度假区的巨大成功与其明确的定位有关。无论是主题公园还是旅游度假区，市场定位至关重要。从其吸引力涉及范围看，是吸引全国游客，还是吸引本地游客？能否吸引回头客？从其吸引游客的年龄层次结构看，主要是吸引青年人市场、中小学生市场、中老年人市场，还是吸引别的特定旅游市场？如此等等，都应该进行充分的评价。因为只有了解自身的市场定位，掌握客源市场基本特征，才能把握市场脉搏，制定正确的经营战略。深圳锦绣中华、世界之窗、欢乐谷等项目的开发，都是经过了十分严密的论证，由海内外数百名专家参与论证，精心编制了总体发展战略规划，对客源市场进行了准确的预测和定位。

首先，深圳市虽然没有太多的名胜古迹，也无很深的历史文化积淀，但深圳作为经济特区和改革开放的窗口，对境内外人士都具有很强的吸引力。当时每年到深圳考察、取经、游览现代化城市、探亲访友的内地游客达百万。同时，深圳毗邻香港，直接面对600万人的港人市场和每年进出香港的700万外国人市场，因而可吸引大量的港澳及外国游客。此外，珠江三角洲可作为常年的恒定的客源市场。因此，从客源市场上看，如果能够建成高品位、高起点的主题公园，就能吸引游客。由于明确地认识并把握了当时的市场特征，市场定位准确，因此开发获得了巨大成功。反观其后各地纷纷仿效而开发投资的各类主题公园，虽然不乏成功之作，但更多的却是相互抄袭模仿，追求短期效益的产品。在其投资过程中，其投资决策大多来源于各地方或投资者的主观臆测，缺乏科学严密的论证和认真的市场分析和评价，缺乏创意，缺乏个性，甚至在相距不远的地区同时出现两个乃至多个内容相似的项目，分散客源，互相抵消。因此，主题公园建成后，吸引的游客不多，甚至冷冷清清。

对于瘦西湖这个具有深厚文化背景和良好自然资源条件的景区来讲，本身就对国内外游客具有很大吸引力。如何使瘦西湖在竞争激烈的旅游市场中占据重要地位，焕发新的活力，使游客在游园过程中以更好的方式体验扬州的美景和文化，需要做好市场定位工作，抓住游客心理。

2 绿色的生态，高品质的环境

所有的景区包括温泉旅游区留给我们的第一印象都是满目苍翠、环境优美。这除了南国特有的客观上的气候、植被条件外，与旅游区决策者和建设者强烈的环境和生态保护与修复理念有关。华侨城的城区建设与房地产开发一开始就选择了一条以对环境、资源、生态的充分保护利用和可持续发展为开发模式的发展路子。1985 年华侨城成立之初，引进的第一个项目不是办工厂、酒店，而是以年薪 11 万美元的代价聘请新加坡著名规划师孟大强先生担任规划顾问；华侨城建设的第一个战役不是大兴土木工程，而是制订城区建设规划的“规划战役”；华侨城成立的第一个国有企业是华侨城园林公司，华侨城开始的第一项建设是种花、种草、种树、营造环境，在最珍贵的城市中心花巨资营造生态广场。他们认为，经济建设中最大的失误莫过于规划上的短视和对生态环境等资源的破坏，他们的理念是要在“花园中建城市”，而不是“在城市中去建设花园”，并在全国开发区中率先倡导“规划就是财富”、“环境就是优势”等现代发展理念。为了保留几棵古榕树，华侨城的决策者宁肯让锦绣中华公司的办公大楼后退几米；为了保住中国民俗文化村一个小岛的自然风光，华侨城忍痛放弃了“栈桥连岛”的设计方案；为了保住燕含山上的一块天然峻峭的“鹰咀石”，华侨城三次修改了华侨城中学教学楼的设计方案。就在当年房地产市场极度火爆的时候，华侨城不为一时的高额利润所动，在寸土寸金的土地上拿出大片面积来种花种草、蓄水造湖。目前华侨城绿地覆盖率达 53%，达国际城市绿化率领先水平。从而使华侨城最终冲出国内开发区那种“一推平”、“排排坐”、“火柴盒”的传统模式，走出了一条“以文化营造环境，以环境创造效益”的可持续发展的新路子，为深圳乃至全国的城市规划建设提供了经验和示范。欢乐谷、海上田园、青青世界、帝都温泉等地也无不以优美环境取胜。

3 完善的景观，高水准的演艺

调研组共同的感受是华侨城主题公园和珠海御温泉、中药谷的景观建设非常精致和高档，留下很好印象。除此之外，具有丰富的文化内涵和震撼人心的场面的高水准的演艺节目，成为旅游区吸引游客、延长生命周期的重要法宝。欢乐谷和世界之窗在晚间仍然人流不息，具有吸引力，在于其举办高品质的晚会。而且这些晚会除了拥有高科技、高水准，还具备文化内涵，具有长久深入的生命力和吸引力。

世界之窗的《跨世纪》曾获得国际主题公园界最高大奖——IAAPA 最佳优胜奖，现在又将《创世纪》全新改版，以全新的场景、视听效果和舞台形象出现在观众面前。他们坚持让最美的艺术匹配最好的舞台：2001 年，世界之窗斥资上亿元，建成了中国首座全景式环球舞台。该舞台功能先进，为中外艺术家营造了广阔的创作空间，让世界主题公园界为之震动的《跨世纪》便在此上演。而据市场调查分析显示，已成功上演 1200 多场，被同行视为“中国表演艺术史上的奇迹”的《创世纪》依然魅力不减，具有极为强劲的市场吸引力。世界之窗力求将环球舞台的技术优势在这里发挥到极致，据专家们透露，整台晚会将充分利用舞台设计的 28 块移动舞台板块构建立体表演空间，让演出层次更丰富，表现力更强。

用最巧的创意表现最深的文化：作为一个文化主题公园，世界之窗始终坚持自己的文化品位，力求用艺术的真实魅力来打动人心，将环球舞台的表演与周围环境融为一体。《创世纪》和《跨世纪》都是对世界历史的全景式描述，《创世纪》是横向的拓展，从“战争与和平”的视角来勾勒各大文明古国的文化品格和发展脉络；《跨世纪》则是纵向的发掘，以“科技与文明”为主线来追溯人类文明的源流，彰显人类永不满足、不断超越自己的精神。《创世纪》继续表现战争与和平的宏大主题，全剧通过《古中国》、《古埃及》、《古巴比伦》、《古印度》、《古希腊》五幕，完美展示人类文明发展的壮阔历程。

以最精湛的演出满足最挑剔的眼睛：世界之窗的工作人员经常在环球舞台的晚会表演时进行市场调查，他们专门找那些中途离去的观众询问意见，赞美的话不听，专听批评。

新版《创世纪》就是要让那些最挑剔的眼睛都不会转移开视线。《创世纪》将在圣诞节期间正式上演，观众们能够欣赏到女娲补天、古乐编钟、巴比伦空中花园、雅典神庙等人类历史、远古神话中最为绚丽的奇景。五幕大剧堪称五幕奇观，最具想象力的舞台"魔术"一一呈现，令人目不暇接。

新版《创世纪》较之以前，舞美、道具更加讲究、漂亮，文化内涵更为丰富，特别在服装上有了很大的变化，更突出演员的线条美感，突出肢体语言的运用，充分发挥环球舞台的科技优势，充分运用多媒体的技术手段，并综合多种艺术形式，极大地突出节目的观赏性，增强晚会的震撼力，营造出了好莱坞大片式的视听效果。500 名中外演员的倾情演绎，带游客畅游历史长河，让人尽情感受"想不到的恢宏壮丽、看不尽的盛世繁华"！

因此，瘦西湖在增加夜间演艺节目时一定也要坚持以上几个原则，发掘最适合扬州文化的演艺素材，用最适合最绚丽的场景，引进最优秀的舞蹈艺术人才，创造出具有魅力的晚会，使瘦西湖在夜晚仍然具有极大的吸引力，游客在扬州的停留时间因瘦西湖而加长。另外，结合扬州的特色，如原有的木偶戏，若在布景和水平上再增加投入必将成为园内的一个亮点。

令人目不暇接的节庆活动和赛事也是一大亮点。欢乐谷和世界之窗常常热闹非凡，游客如潮，一进园就感觉是一个欢乐的海洋，其特色节庆活动和赛事将游园活动推向高潮。节庆活动如世界之窗年年举办的摇滚音乐狂欢节，邀请了黑豹、唐朝等著名摇滚乐队，吸引了一大批摇滚音乐爱好者。

国际啤酒节不仅汇集了来自世界各地的啤酒爱好者，也为普通游客带来多种啤酒的品尝和感受(啤酒节每天上午 9:00 开园一直到午夜 24:00,在长达 15 小时的时间里,精彩节目持续上演,令游客目不暇接。晚 19:40 入园狂欢,夜场门票只需30 元)。

欢乐谷的玛雅文化节更是一派异域文化的风情。文化节期间,每晚 19:00 以后,玛雅水公园和欢乐谷主公园将开设夜场。25 元可以嬉水狂欢;30 元可以获惊奇体验。也就是说,每晚 19 时至 22 时,游客只需花 25 元钱,就能进入玛雅水公园嬉水,参与狂欢节夜间所有节目,与成千上万的游客共同狂欢;每晚 19 时后,花 30 元钱,游客即可进入主公园,可在碧塔海上观看大型水上实景表演《欢乐水世界》晚会、观赏欢乐谷园区夜景。

欢乐谷的极限运动国际精英挑战赛、中外流行街舞挑战赛、时尚涂鸦创意挑战赛、COSPLAY——动漫人物模仿大赛四大重量级赛事在深圳欢乐谷隆重举行。

扬州的"烟花三月旅游节"和"二分明月文化节"已经具有一定的知名度,但是其内涵和吸引力已经不如从前,需要推陈出新,以深厚的文化底蕴和鲜明的时代气息深入人心。

4 便利的交通,人性化的设计

空中列车的建设首先给予游客贴心和便捷的交通,使游客在几个大型公园间的转换成为一种享受,而非麻烦。其次,列车把几个主题园串联起来,形成一个整体旅游形象,锦绣中华、民俗村、欢乐谷成为华侨城最抢眼的景观。再次,水印的应用非常人性化,游客可以反复乘坐或在规定的时间内重复入园,增加了游客对公园的兴趣和好感。另外,各个主题园内有多种交通工具提供,显示了一个主题游乐园的大型规模和实力,也为游客提供了多种选择,也是公园创收的一部分。

瘦西湖新区的建设必将使整个景区规模增大,线路的设计、小景点的游览路线安排需要和交通设施结合,最终使游客感受到便捷、放心。比如可以在一天内甚至两天内重复进园,两天内游客可以持票重复进入,不仅使游客对景区的好感增加,还可以增加游客在园内的消费,游客也可以尽情了解园内的风景和文化。游园内的电动车可以按站停靠,游客持门票即可多次乘坐。只有游客玩得顺心,景区经营才能长久立足。

5 有效的宣传,高水平的管理

将大型的晚会或电视节目录制放在主题园内,是一种非常有效的宣传方式。如2003年春节央视二套(CCTV-2)推出魔术训练营,从大年初一到初七每天都会跟踪播放在欢乐谷举行的魔术训练表演,欢乐谷在内地的知名度大大提高,观众通过节目对拍摄地——欢乐谷有了直观和感性的认知。尤其是孩童和青少年,本身拥有对魔术节目的兴趣,加上得知欢乐谷是这样一个新奇、刺激的游乐场所,更是增强了前去游玩的欲望。

2003年由深圳世界之窗有限公司、北京红顶艺联文化发展公司、广东电视台联合制作推出超大型体育娱乐竞技节目《挑战极限321》,在外景地深圳世界之窗拍摄。这一集娱乐性、知识性、对抗性、刺激性为一体的超大型体育娱乐竞技节目,筹备时间近两年,总投资达2 000万人民币,投资额居全国同类节目之冠!为了增加比赛的刺激性,比赛为顺利过关者设置了一定数额的奖金,每期参赛选手必须成功闯过3关并耗时最短者即可成为“挑战之王”,获得3万元现金大奖,闯过第1、第2关者也有不同额度的奖金。

扬州瘦西湖可以不断地策划新的节目,与电视台、电台联合,制作出能够展现扬州风貌的节目,使得大众对瘦西湖的认知加深和更新,增加重游的兴趣。比如除了原有的中秋赏月,还可以推出沐浴文化节,打造国内精品的沐浴旅游商品,成为国内游客争相游览的休闲胜地。

一个成功的主题公园,不仅需要巨大的资金投入和建设规模,同时还需要有先进的管理水平。主题公园是一种新型的智力密集型行业，有着丰富的文化内涵和高密度的知识投入，不仅需要由一批有知识、有文化、训练有素的人员管理各种游乐设施，而且对主题公园的经营活动更需要科学的管理。否则就难以取得经营的成功，更保证不了项目生命力的持久。作为主题公园的经营管理者，应自觉地运用先进的管理理论提高自己的管理水平，依照市场经济和现代企业制度的要求积极开展经营管理。应重视主题公园的规章制度建设，建立园区的规范管理机制，强化园区管理，为游客创造一个良好的旅游环境。同时应注意吸取和借鉴中外主题公园的先进经验，不断提高主题公园的经营水平。通过举办各种主题活动以吸引多种多样的游客，使这些活动成为主题公园游乐项目的有机组成部分，体现并深化主题公园独特的文化内涵和品位，提高并扩大企业的知名度与美誉度。不断提升主题公园品质，坚持个性，不断创新，在竞争激烈的旅游市场保持主题公园的竞争力并取得良好的经济效益、社会效益和环境效益。我国的许多主题公园由于缺乏现代先进的管理思想，管理水平低，管理人员素质普遍不高，而且经营方式不灵活，不能针对游客真正的需求举办生动活泼、多姿多彩的各种活动，造成经营水平低，效益不佳。

瘦西湖新区要成为一流的景区，使游客流连忘返的园林，需要以强有力的管理手段为依托，把各项游园活动的经营管理纳入有序的体系中。

6 文化的内涵，高科技的手段

当代主题公园的特点，就是把现代高科技手段与现代艺术表现力紧密结合，为游人创造出一种动人心魄、令人震撼的场景环境，使游人参与其中能够充分领略人类最新科技成果所带来的刺激和享受。如美国迪斯尼乐园就充分动用了现代科学技术，使游客在参与过程中领略梦幻、奇特、险象环生的世界，从而感到趣味无穷，每次游玩后都意犹未尽。所以，迪斯尼乐园不仅吸引了世界各地的游客，而且游客的回头率也高。深圳欢乐谷的大型水幕、强烈的灯光渲染等高科技的使用，使游客在不断的惊喜中感到震撼。因此，主题公园只有充分运用高科技的技术手段，高起点地建设一些参与性强、科技含量高的娱乐项目，才能激起人们的兴趣，受到游客的欢迎，给游客以全新的感受，满足其求新、求异、求险、求乐的旅游消费需求。也只有依靠高科技的支撑，才能吸引多层次的游客，吸引回头客，迅速占领和拓展市场，增强主题公园的竞争力，为主题公园带来真正的兴旺和发展。然而我国目前众多主题公园普遍存在科技含量较低，项目设计不够新颖，娱乐设施比较陈旧，水平较低的问题。这在一定程度上影响到对多层面游客的吸引力，也是一些主题公园缺乏持久生命力的重要原因之一。

旅游商品的发展是阶段性的，考察世界旅游业的发展过程，结合旅游业未来的发展趋势，可以得出旅游产品的发展要经历两个过程：观光型的初级产品；参与式的文化产品。瘦西湖原景区还处在观光旅游产品阶段，要成为游客参与的体验式的文化产品，加入高科技是不可避免的。在瘦西湖的夜景中，用高科技打造出与大环境相符合的灯光、水幕、烟火等等可以增强对游客的震撼力和感染力。

深圳的主题公园和珠海的温泉旅游区除了宏观的成功经验外，还有很多细节上的亮点值得学习和借鉴。在温泉项目上，如中药谷的药浴文化、帝都温泉的园林式环境、御温泉的现代化设施技术和严格有序的管理，加上扬州沐浴文化的“三绝”、笔架山特有的文化生态和扬州园林的造景手法，就非常可能创造出扬州特有的温泉旅游区。有些具体项目如欢乐谷的异度空间（斜屋）、金矿戏水，海上田园的水上竞技、水上高尔夫、船居别墅，青青世界的田园木屋、果汁屋、鸟园、亚马孙河鱼类展示等都可以在瘦西湖新区中直接引用。在 6 天的考察中，指挥部领导还不断地随时地与规划设计人员就具体的景点和项目进行探讨和交流，取得共识，形成意见。总之，这次南方之行虽然时间非常紧张，但收获很大，对提高规划建设水准、推进项目进程具有积极意义。

新街口：回归步行的游憩商业公共空间[①]

1 问题：缺失旅游与休闲功能

新街口是南京乃至华东地区的第一商贸圈，是以金融贸易、商务办公和百货服装、家电为主的大型综合商场为特色的现代商贸中心；规划在现状已经形成的新街口中心的基础上进一步扩展空间，形成以四环路核心区（50公顷左右）为硬核、包括周边发展地区在内的一级商贸中心区，用地约2平方千米。"新街口"是南京老城商贸中心"1＋3"基本格局的中心。外地人到南京旅游购物，必然要到新街口逛一逛、看一看，它早已成为古城南京对外交往的一张闪亮名片，有着很高的知名度。但从城市旅游与休闲的角度看，新街口却是一处缺失旅游与休闲功能、受侵蚀的城市空间。

1.1 旅游形象不鲜明

新街口作为南京的城市商业中心是最繁华的地区，却不能代表南京的旅游形象，以前人们来南京旅游看中的是"大、中、小"即"南京长江大桥、中山陵和夫子庙小吃"，2003年明孝陵申报世界文化遗产成功之后，游客大增，南京作为历史文化名城和六朝古都，文化底蕴深厚，可供游览的景点很多。在这样的环境氛围下，新街口没有吸引本地居民和外地游客的突出的旅游特色。作为外地游客要购物远有购物天堂香港，近有国际大都市上海，购小商品去义乌，就购物而言新街口很难吸引外地游客；本地居民周末出现购物小高潮，黄金周和节庆期间商家的促销使得节假日期间新街口人头攒动，但是相对于如中山陵、明孝陵这样的旅游景点，新街口的吸引力不强。

1.2 缺少易于感知的地标性城市景观

每个城市都有标志性的建筑，每个城市旅游区也应有标志性的景观。比如一提

① 本文为作者在2004年6月举办的中国南京新街口商圈高层论坛上所做发言的讲话稿。

起上海，能使游客马上联想到商业繁华的南京路、气势恢宏的东方明珠，虽然南京不一定要学上海那样的繁华和气势，但一定要具备个性鲜明的城市建筑特色。询问几位资深的旅游专家："新街口的地标性景观或建筑是什么？"他们感到茫然！原来在新街口中心广场有孙中山铜像，但是由于地铁施工的原因，将其移走，而地铁施工结束后广场又由原先的环型交叉口改造成了平面交叉口，使得铜像不能回归原位，该地区唯一的特色景观也随之消失了。在新街口商业区也没有这样的标志性建筑景观或建筑物。

1.3 要素配置不合理

随着南京加速推进一小时商贸圈，南京周边地区如马鞍山、镇江、句容等地区的居民纷纷利用节假日来南京特别是新街口地区购物。人员的大量涌入在带来旺盛商业气息的同时也突显出了新街口地区旅游功能要素配置的不合理，缺乏旅游配套设施成了制约该地区商业旅游功能的一个瓶颈。例如，新街口地区商场众多，但是配套的餐饮服务设施却极为贫乏，一到用餐时间为数不多的用餐地点人满为患，就餐环境不舒适。作为南京的商业核心区，新街口地区的导游导购系统严重缺乏，游客普遍感觉购物不是十分方便。随着经济的发展，私家车不断进入居民家庭，许多居民开车到新街口购物，而停车又成为一个严重的问题，商场、宾馆配建的停车场和社会公共停车场远远不能满足需要，而且收费也很高。此外新街口地区作为商业中心，只有正洪街广场是步行广场，而其周围却没有真正的步行街区。这种要素配置不合理制约了新街口商业区的进一步发展壮大。

省委省政府提出要把新街口地区建成华东第一商贸区、江苏城市旅游的第一品牌、南京的第一商务中心、南京老城现代化改造的第一示范区。如不解决上述问题，就无法使新街口成为"江苏城市旅游的第一品牌"；换句话说，怎样才能使新街口成为"江苏城市旅游的第一品牌"？一直是困扰我们的问题。

2 对策：按国家5A级的有关标准规划建设无机动交通或步行优先的新街口城市旅游景区，打造"中国最大的步行商业圈"

随着城市功能的不断完善，国内居民收入的提高和闲暇时间的日益增多，旅游需求的日趋多元化，客观的要求闲暇产业蓬勃发展，以提供更多更好的高品位的闲暇物品和劳务，组织更丰富的社会闲暇活动，采用更先进的闲暇技术手段和更完备的闲暇消费设施。新街口要打造成南京的现代旅游休闲娱乐中心，需要对区内的商贸、服务、娱乐等社会旅游资源进行重组和整合。

2.1 打造鲜明的旅游形象

新街口与长江路文化一条街是异质性旅游资源。长江路是主打历史文化品牌，而新街口则是现代商业品牌，它们之间的定位不同使得在旅游功能上可以实现互补。例如可以将新街口众多的人流分流到长江路上，既可以为新街口地区减少人流压力，又可以为长江路带来众多的游客，大大提升新街口商业区旅游的文化价值。同样，也可以通过长江路游人的增多带动更多的游客来新街口休闲旅游购物，实现两者旅游休闲发展的双赢。对新街口而言，CBD是本质，不管是城市建设还是旅游发展，最吸引人之处是购物。商业味愈浓，旅游吸引力就愈大。对于新街口商圈来说，最主要的文化是商业文化（可择址建设商业博物馆，强化商业文化）；旅游的主导产品类型是购物游。

然而，根据市统计局对新街口、夫子庙、湖南路、中央门四个旅游商贸区（街）的主要购物场所进行的"购物问卷抽样调查"数据分析，在四个被调查地区中，久负盛名的夫子庙秦淮风光带，是外地旅游者旅游购物的首选之地，外地游客所占比重最高，达34.2%；新街口地区作为南京第一商圈，也是外地游客购物的最佳去处，但外地消费者人数所占比重为26.5%，低于夫子庙；其他依次为中央门地区占18.7%，湖南路地区占12.6%。从人均消费情况看，四个被调查地区外地人人均消费均高于本地人，外地人与本地人人均消费最高的均为湖南路地区，其花费分别为1 188.9元和674.9元，其次是新街口地区，分别为917.3元和567.2元，位居第三的是中央门地区，分别为667.7元和266.5元，夫子庙地区最低，分别为199.8元和116.4元。

因此，下一步工作应营造和进一步加深新街口商业购物旅游的环境和氛围（软环境和硬环境），增加和引进国内国际知名品牌，提升购物档次。同时应抓紧实施新街口的品牌战略。

2.2 城市景观形态的充分特征化

作为"江苏城市旅游的第一品牌"，新街口旅游与休闲产业的整体推出除了以规划和城市设计作为旅游形象识别系统的运作基础，还应当把这一城市旅游地的理念可视化，这一方面要使区内的景观品质形态（现存历史文化建筑与地段保存及保护、景观空间特色、环境视觉效果）充分特征化，同时还要借标志及标徽、标准色、象征吉祥物、标准字体、宣传标语、口号、旗帜、标牌等进行视觉传达。眼下尤其要创造艺术喷泉、城市雕塑等地标性景观，营造易于为游客识别的城市旅游景观和易于感知的都市旅游形象。

2.3 回归公共空间，激活商业文化

要激活新街口的都市文化，首先要有人的活动；要吸引居民和游客在新街口从事不仅仅限于购物的旅游与休闲活动，就要为人们进行人性化的城市空间设计，营造充满活力的新的城市公共空间体系。国外的不少都市中心，曾经一到晚上就成为空城。一是有很严重的城市问题；二是因为死寂的文化，现在的大学校园的郊区化倾向就是与城市文化的建设背道而驰的，有些大都市已经意识到这一点并努力把学校召回市中心。

如何为游客营造充满活力的新的城市公共空间体系？主要是按旅游产业的六要素进行资源整合和要素配置。"购"：新的规划已明确了商业购物区、商务办公区；"住"有宾馆区。"食"：方便、快捷、卫生、价廉物美的旅游休闲餐饮店。"游"：可以购物游、欣赏街景和文化景观。"娱"：为了让晚上的空城变成不夜城，应当建立立体的休闲空间，布局复合型的文化休闲品种，以满足高、中、低不同层次的游客和外国人的需要。而在这里要强调的是彻底解决"行"，即交通问题。就是要把新街口 50 公顷的核心区建设成为无机动交通或基本无机动交通的步行区，加上周边的步行街区网络，构建"中国最大的步行商业圈"——这才是在全国甚至世界上喊得响的城市旅游与休闲的第一品牌。在这一点上，国内外均有成功的先例，如北京为了解决王府井的交通拥挤，把它改成步行街。丹麦首都哥本哈根也在市中心构建了无机动交通空间网络。

我们应抓住市区政府综合整治新街口中心区环境的机遇，努力扩大公共开敞空间，改善新街口的步行交通条件和各种交通工具的通达条件。加强步行系统的建设、特别是地下步行系统。出台公共空间政策、成立城市设计办公室，按国家 5A 级旅游区(点)的标准指导新街口商圈的旅游环境建设。抓住地铁 1 号线、2 号线建设的机会，加大整合新街口地下、地上空间的力度，使地下空间不仅成为地面空间资源的重要补充，还应成为各类空间和设施的有机联合体和步行天堂。把新街口 CBD 建设成浪漫、和谐与宜人的 RBD，使这一"无汽车空间"成为市民生活和休闲的乐园。

南京市建邺区休闲旅游景观发展建议[①]

建邺区是南京市主城区之一，东临外秦淮河，南邻秦淮新河，西濒长江，现有面积82平方千米，是南京2 500年建城史和1 800年六朝古都文化的源头，人文历史积淀深厚。尤其在2002年区划调整和河西新城区的建设启动以来，建邺区步入了南京城市建设的快车道，并成为未来南京现代化滨江特色风貌的集中展示区。

在2008年北京奥运会、2010年上海世博会不断临近以及河西新城区不断建设和完善的背景下，建邺区应该借机不断加强旅游建设的力度，以城市休闲为导向，提升城市建设的效果与品位，将建邺区建设成为南京城市休闲经济的重要组成部分。

1 打造特色城市休闲产品

1.1 做足"水"文章

建邺区是南京市唯一一个"三面环水一面城"的城区，尤其是拥有2.74千米长的滨江岸线和4.4千米长的城市景观河道，资源优势明显。因此，建邺区应该抓住资源特色打造城市亮点。

首先，应在滨江岸线按国家级旅游度假区的标准来打造城市滨江休闲旅游区。"长江"的品牌优势十分明显，无论是在国内还是国外，都具有很高的知名度。因此，对长江风光带的开发被每一个沿江城市所重视。建邺区已经连续两年举办"中国(南京)长江国际旅游节"，为打造国家级城市滨江休闲区起到了一定的铺垫作用。并且，以绿博园为首的滨江风光带的不断完善，江心洲生态农业景观的逐步成形，金陵滨江国际会议中心等一批高档宾馆会所的完成，从硬件上已经具备了深入打造城市休闲

① 本文为作者2008年1月参加南京市建邺区委区政府咨询会时的讲稿。

产品，建设国家级城市滨江休闲区所需要的基本条件，已经可以全面进入下一阶段工作，即全面打造国家级城市滨江休闲区。

其次，改造和加强外秦淮河和秦淮新河沿线的滨水休闲设施，打造南京最有感染力的现代滨水休闲带与水上游览线。秦淮河区内段河道宽约 100 米，随着近几年的迅速发展，河道两岸的现代化住宅与办公楼以及沿河的景观设施已经具备规模。再加上建邺区沿河高新技术产业带的不断建设，沿河滨水现代城市景观已经显现出来，并逐步成为南京市特色城市景观的重要组成部分。因此，可以借鉴成都府南河沿河城市休闲带的建设经验，打造具有南京特色的滨水休闲环线和水上游览线。

1.2 开发和提升节庆活动品位

建邺区的大型传统节庆较少，且现有节庆活动大多知名度不够，参与者数量较为有限，对于建邺区整体形象的提升推动力不足。因此，应依托现有资源打造不同范围和内容的节庆活动，促进城区形象的树立。

首先，应该优化"中国(南京)长江国际旅游节"。中国(南京)长江国际旅游节已经连续举办了两届，但在过去的两届长江旅游节中暴露出了较多问题。一是节庆的筹备与举办过程官办色彩太浓。旅游节的形式更多的是以政府形象交流为主，而节庆的内容也非常单一，难以让更多的人参与其中，因此品牌效应和节庆影响力传播也很微小，远远没有达到期望的收效。因此，必须让整个节庆的策划与组织向更为合理的形式与内容转型。应该加强节庆活动的可参与性，以提升公众的参与热情；通过市场化运作平衡成本与效益，甚至通过有效利用旅游的带动力促进整个区域的经济交流与发展；丰富节庆的形式与内容，为节庆的宣传提供更多的素材，推动旅游节品牌的迅速形成与强化。

其次，应该组织定期的体育节庆活动。奥体中心的建成和投入使用，使建邺区成为南京市未来的体育休闲运动中心。但目前大多数体育配套场馆呈现利用率不高的状态，对建邺区休闲产业的发展贡献不大，虽然从城市意象角度对建邺区的形象有重要效果，但却成为日常休闲活动的真空地带。这种利用率不高的现状实际上造成了土地和城市资源利用的很大浪费。因此，应该结合现有设施条件，开展小到南京城市年度体育活动，大到全国性年度体育活动的重要场所，对建邺区整体发展具有特殊意义。

再次，应设计和整合多种类型的节庆活动，丰富和活跃建邺区的节庆文化活动。

建邺区区内旅游资源丰富,但传统公园和景区发展缓慢,新建景区与休闲场所产品更新不够,难以带来持续增长的旅游吸引力。而且,新建设施的文化内涵不足,急需通过文化主题节庆来提升整体品位。因此,可以考虑针对不同人群打造不同形式和内容的文化主题节庆,从区内、市内、省内、国内、国际五个层面上设计节庆旅游产品,通过打造精品节庆扩大建邺区对外的整体影响力。

1.3 增强对特殊休闲产品的配套建设

网络经济已经成为全球经济的重要发展力量。网络以其能够在短期获得大众高度的注意力而成为今天开展商业活动的崭新方式。通过潜移默化改变受众的生活方式而引起社会生活的一系列变化的现象,已经被学界和业界高度重视。建邺区打造西祠街区,正是看到这种特殊休闲产品的未来发展潜力。这种将西祠胡同线上商业精华移至线下,融版聚、购物、餐饮、娱乐、休闲、住宿、观光、办公、创业于一体,打造西祠网络文化 BLOCK,使其成为西祠千万网民线下的家的策划将有很大发展空间。我们认为,应从建邺区整体发展的角度出发,力争更有效的利用这种优势资源带来的巨大商机来带动整个建邺区的休闲旅游,这才是更重要的事情。因此,在打造西祠街区的时候,应立足南湖社区及南湖广场景观的现有资源条件,向西延伸与江东门地区中心相联系,向南延伸与沿河高新技术产业带相联系,由区东北向西南逐渐辐射,并与河西新城区的中央商业区形成呼应之势,整体包装互相照应增强区域中心与副中心的活力的同时,带动商业、科技、城市景观的综合发展,从而有效的延伸区内的“商务办公轴线”、“商业休闲轴线”和“体育文化轴线”三条轴线在区内的整体布局,真正打造出南京城市特色文化名片。

2 完善城市游憩空间,加强休闲配套设施建设

河西新城的建设方案提出“一核三轴、东西两带、三个中心”的建设方案,最终完成整个河西新城区的功能布局。但从整体布局到有效使用,需要通过人气的聚集来带动整体的协调发展。因此,我们建议以城市休闲为导向完善城市建设,全面建设城市游憩系统。新城区的建设对于城市休闲的发展有利有弊。新城区往往文化资源较少,传统氛围较弱,只有通过新型现代景观元素的构建产生规模化效应来增强地区吸引力。但新城区不必考虑太多历史依存保护的问题,可以大刀阔斧地尝试现代化的城市景观和休闲体验。在硬件上,应加强不同空间之间的廊道建设,保留足够量的特

色步行空间,合理配置必要的配套设施。在内容上,应大胆尝试多元化的休闲体验产品,放开思路引进多种形式的资源。在景观上,应注意层次和空间的穿插渗透,建造一个富有韵味的现代化城区。

林海温泉，欢乐世界[①]

——南京老山现代文化旅游度假区总体规划纪事

1 总体规划编制的委托与评审

2010年年底，为整合资源，加快推进全区文化旅游资源一体化建设，经浦口区常委会研究，决定成立南京浦口老山现代文化旅游度假区建设领导小组，负责全区文化旅游资源一体化建设领导工作。浦口区委二届十次全体(扩大)会议，鲜明提出南京浦口老山现代文化旅游度假区作为全区第五大产业发展功能区，突出休闲度假文化旅游主题，以老山森林公园和珍珠泉度假区为“绿色背景”，整合山、水、泉、林、寺等生态文化资源，大力实施“大旅游”和一体化开发战略，打造一批高端、精品旅游产品，推动全区文化旅游产业和消费性服务业快速发展。

2011年1月10日、11日，南京浦口老山现代文化旅游度假区建设领导小组在汤泉召开老山现代文化旅游度假区规划及重点项目布局会议。会议邀请了区人大、区政协、“一山三泉”、相关镇街和有关部门的领导，以及旅游规划方面的专家，共同研讨座谈“十二五”期间老山现代文化旅游度假区旅游规划和重点项目布局。我有幸被邀出席，并做了即兴发言。我认为，老山现代文化旅游度假区的成立是件令人振奋的大事，不仅对于浦口区，对南京乃至整个江苏旅游来讲都是件大事。2008年，我主持编制《南京市休闲度假旅游发展规划》时，市领导就要求把南京打造成国际旅游目的地，作为国际旅游目的地，首先要有符合国际旅游发展趋势、具有国际影响力的项目。因此，我们在规划中就提出在南京范围内规划建设四处国家级旅游度假区，其中就包括老山。

那次会议是很务实的会议，整整两天时间，各单位和部门的领导都从不同的角度

① 原载《建筑与文化》2011年第10期。

提出了关于老山现代旅游度假区规划和发展的清晰思路。像浦口老山这样的资源禀赋对现代城市需求来说是一座“金矿”，我们不把它开发出来，若干年以后就可能成为历史的罪人。虽然这里近几年也在做规划、搞开发，但都是原始的自发建设的，这个地方的开发已经是越来越乱，品质越来越差，整个老山片区，感觉缺的东西很多，旅游景区应该有的旅游配套和商务配套几乎没有，甚至没有一条像样的旅游通道。大家一致认为要重新做一个高质量、可操作的规划。

问题是，究竟要做一个什么样的规划？因为在这以前，已经请国内的、国外的规划公司做了不同范围、不同层级的规划，有的甚至已经做了详细规划。所以，在这一问题上，各方意见有所分歧。针对这个问题，如果从真正想把老山打造成国家级旅游度假区这一目标出发，建议：

规划先行，从建设和项目落地的角度讲，首先一定要做一个法定的规划。但作为一个旅游度假区，就不能局限于仅仅做一个法定规划，而是要从旅游的角度做总体规划。旅游规划是软规划，城建规划是硬规划，若建设目标是国家级旅游度假区，则要编制“软硬兼备”的规划。南京有很多旅游规划失败的例子：如秦淮河的开发，治理后才想到旅游规划就已经迟了；江宁织造府，建设之初也没有好好进行旅游策划。所以凡是和旅游度假挂钩的，就要做旅游规划，这种规划应该包括前期策划、概念规划、总体规划和控制性详细规划，也包括招商引资、宣传、营销、运营、管理等方面的策划和建议。另外，目前有很多规划公司，良莠不齐，有些公司做的规划内容根本无法实施，所以我建议可以把规划与业绩挂钩，做规划可以采用预付定金的方式，通过这些措施把那些不负责任的规划单位剔除掉。同时，规划还要解决一个问题，规划不仅仅是为了建设，也是为了保护、控制，要通过规划硬性的把老山这 150 平方千米范围内的自然生态环境和不可再生资源保护起来，包括温泉资源、生态资源等。之后的开发就要严格按照规划目标步步为营的向前推进。

上述建议得到了领导小组的采纳，为了使得旅游规划设计的内容在空间规划上科学“落地”，成为法定规划，领导小组还在规划编制组织管理上做了创新，将规划委托江苏东方景观设计研究院和南京市规划设计院两家分别具有旅游规划设计甲级资质和城乡规划设计甲级资质的单位“强强联合”编制，于 3 月 29 日签订了三方委托合同。

为了保证规划的顺利推进和实施，5 月 24 日，南京浦口老山现代文化旅游度假区建设领导小组在浦口召开专题新闻发布会，向在宁的各大新闻媒体介绍该度假区建设启动的有关筹备情况。会上，领导小组副组长、浦口区委常委、宣传部长董伟向本人颁发聘书，聘请我担任南京浦口老山现代文化旅游度假区建设领导小组顾问。这一方面说明领导小组对规划工作的高度重视和对我的高度信任，另一方面也加强了我的责任感和使命感，在领导小组特别是老山旅游办的直接关心支持下，我带领编制组全体人员反复实地考察、开会研讨，多次征求意见，终于在不到半年的时间里完成了规划初稿。

2011年8月9日，中共浦口区委书记成玉祥主持召开区委常委会听取了规划组的汇报，在高度肯定规划成果的同时，提出了更高的要求和很好的指导意见。为了不辜负浦口区委区政府特别是浦口人民的殷切希望，我们又调增编制人员，数十人加班加点，苦战一个多月，终于在国庆前提交了比较满意的规划评审稿。

2011年9月28日，南京市旅游园林局在南京金陵江滨酒店主持召开了《南京老山现代文化旅游度假区总体规划(2011—2030)》评审会。专家评审委员会在听取规划组汇报、审阅规划文本和认真评议后，认为编制组在对规划区的资源和市场等因素进行系统分析的基础上，客观评价了旅游开发的适宜途径，明确提出了国内一流高品质旅游度假区的建设目标，符合规划区的实际情况和南京市旅游产业发展需要。通过对现有资源和可开发资源进行系统梳理、挖掘、整合、提升，科学规划，精心策划设计，形成了鲜活有力、创新性强的九大主题系列精品项目。对老山打造国家级旅游度假区具有重要的指导意义。规划成果规范，符合《旅游规划通则》和《旅游度假区等级划分》的要求，一致同意通过本规划。编制组认真、务实的工作作风也得到了业主方的好评。

2 总体规划应关注的8项工程

2.1 文化主题提炼工程

对于老山现代文化旅游度假区来讲，文化主题提炼尤其重要。文化是一个旅游区持续的生命力、持久力。我们目前度假区的名字就包含文化两个字，文化是一个旅游区的灵魂。资源是旅游的基础，但要考虑文化资源能不能变成旅游资源，有些文化资源很值得做，如宗教文化资源，要延续它的文脉、它的香火，通过宗教开发聚集人气，浦口区里就应该选择一座最具影响力的寺庙，由政府投入，做大做好。旅游开发有资源导向型和市场导向型等几种，所以度假区文化提炼不光是区内有什么文化遗产就做什么文化遗产，而是要把握文化消费导向的原则，要研究来浦口旅游的人群喜欢什么文化旅游产品。老山现代文化旅游度假区建成以后的目标人群包括哪些？如果只是针对南京市民，那就完全达不到国家旅游度假区的标准。作为国家旅游度假区的两个重要指标，其一游客要住三天，所以开发时就要明确游客在每个经营项目上的逗留时间；其二来旅游的人群中要有50%以上的外地人。所以老山现代文化旅游度假区要以文化消费导向为前提，要预先做好调研，明确老山现代文化旅游度假区的消费人群是哪些，细化消费人群与消费产品。可以说，文化是核心，要做好提炼。

2.2 生态环境建设工程

老山发展旅游的生态基础很好，空气质量很好，但关键是从更高的要求来看，还有不成熟、不尽如人意的地方，从旅游、从风景的角度讲还不够美。要在进行生态修复前提下做好风景园林的培育工程。不仅要用生态的标准来要求，更要从审美的角度来要求。目前绿化的导向，完全按照城市化的标准来做，但要考虑严格按照生态旅游区的标准来建设。我建议大家关注一下意大利的切尔维亚，这是一个不知名的小镇，只有3万多人口，但现在每年去那里度假的过夜游客能达到383万人次，它的开发很有新意，例如有个项目就是在森林里做植被景观改造，每年都进行花园设计与施工评比，比赛结束后会把好的作品保留下来，进行世界花园博览会展览，虽然那里的生态旅游区设施很简单，但生态环境已经达到了审美层次上的美。

2.3 基础设施建设工程

从各级领导到各个单位都非常重视基础设施的建设。但我再三呼吁，风景度假区里面的基础设施建设不能按照城市化的标准设计，要符合旅游度假区的特点，要考虑到游客走多长时间路后会累，来设计坐椅；游玩多久会口渴，来安置饮水机；指路标牌上面必须要包含哪些要素等等，要充分尊重科学规律，总之要完全按照人的生理需求来设计，重视人性化服务设施的建设。

2.4 旅游度假设施工程

现在，海南岛旅游度假特区成立了，马上崇明也提出了这个设想。建设旅游岛，未来我们150平方千米的老山现代文化旅游度假区也是很有可能成为国家级旅游区的示范区，那么要建设成跟国际接轨的这种度假区，就要有超前意识，要搞高端度假设施，要预留土地；另外，也要做面向不同层次的度假设施。我还是提意大利的切尔维亚，为什么一个只有3万人的小镇可以接待383万人次的过夜游客，就是靠建设度假酒店，并不是4星级、5星级的星级酒店，而是很小的、各式各样、建筑特色鲜明的度假酒店，所以我建议珍珠街的改造要与风格各异的度假酒店相结合，搞度假酒店一条街，绝不能搞旅游特色小商品街。

2.5 度假区形象塑造工程

形象工程是个系统，不是简单的一个徽标，一句口号。文化目标定位好以后，要做一系列的工作，如工作人员服装的统一，服务人员形象、气质的培训；所有的用品都要统一，小的东西，如纸、笔、本子等，要找专人设计；大的方面，包括酒店标志、建筑风格等都要统一，这是个形象一体化工程。上次我去济州岛学习，就注意到有一条山道的铺设材料就都是用的废旧轮胎。所以我们在进行环境综合整治时，也可以用统一的铺设材料。在形象工程的建设上，要选一个对游客吸引力最大的牌子确立起来，然后进行宣传，把它做大做强，当然不同阶段可以有不同的品牌。

2.6 经营服务规范工程

我认为这是整个度假区的软件工程。我在浦口目前没看到一家规范的服务单位。这里举个简单的例子，上次我在天目湖出差，有天晚上回去很迟，看到服务员留给我的一张字条：她发现我喜欢低的枕头，告诉我他们客房服务中心有各种各样的枕头，我可以去挑选。我觉得这就是一种服务，是一种服务质量，更是一种服务理念，可以说细节决定成败。我觉得经营服务既包括五星级酒店，也包括农家乐，大家都强调要提升乡村旅游品位，那么就要从服务开始做起。

2.7 项目引擎启动工程

这是个核心，这就是大家经常谈到的龙头项目、核心项目。现在不是像过去那样“一山三泉”分开开发，而是作为一个整体——老山现代文化旅游度假区，来打造龙头产品、核心项目。度假区的定位要清晰，然后就要有支撑形象的产品。提到“一山三泉”我自然会想到温泉，温泉是将来度假旅游的首选产品，但关键要看温泉怎样做出龙头产品，我们完全可以做温泉主题公园，温泉要与文化结合起来做，由政府牵头做出温泉文化品牌。

2.8 体制机制建设工程

对于浦口区特别是老山来讲，旅游资源并不散，空间分布上还是比较集中的，主要问题是分属不同的行政主体管辖，如果说真正要把旅游作为一个支柱产业来打造，真正要把“一山三泉”范围内的老山现代文化旅游度假区作为国家级旅游度假区，真正要作为南京市的龙头、突破性的、引领性的旅游平台打造的话，一定要把权力整合起来。要在老山成立实质性的机构，不仅要有规划建设的权利，还要有人事、财政、公安、执法等部门，这样才能推进老山现代文化旅游度假区的实质性建设。

3 总体规划旅游部分要点摘录

3.1 规划目的与期限

浦口区将通过老山现代文化旅游度假区的建设，撬动浦口现代服务业的跨越式发展，进一步提高浦口的知名度、美誉度和舒适度，为了实现将老山打造成浦口积聚人气、汇聚人才、吸引国际国内知名大企业大项目的国家级旅游度假区的要求，实现高起点、跨越式发展，充分发挥旅游在区域发展中的引擎作用，特制定本规划，将老山现代文化旅游休闲度假区打造成拥有显著地域特色的国家级旅游度假区。

本次规划的期限为2011—2030年。分为近期：2011—2015年，中期：2016—2020年，远期：2021—2030年。

3.2 规划范围

老山现代文化旅游度假区位于南京市浦口区中北部，范围东至京沪铁路—浦泗路，南至沿山大道，西至宁合高速，北至宁西铁路—宁连高速。规划总面积约142平方千米。规划范围总共涉及6个街镇和老山林场。现状总人口6.61万，其中：城镇人口2.99万人，主要分布于江浦、顶山、泰山和汤泉；农村人口3.62万人，分布于永宁、汤泉、星甸和老山林场。

3.3 旅游资源分析与评价

3.3.1 旅游资源概况

“一山三泉”地区拥有丰富的山、泉、林、寺等自然和人文旅游资源。其中，珍珠泉、琥珀泉和汤泉分别为低、中、高温泉；老山山峦起伏，景色错落有致，动植物种类丰富。山泉有机结合，具有较高的旅游资源开发价值。

3.3.2 旅游资源调查

根据《旅游资源分类、调查与评价》(GB/T 18972—2003)确定的旅游资源分类体系，对老山现代文化旅游度假区主要旅游资源进行分类。

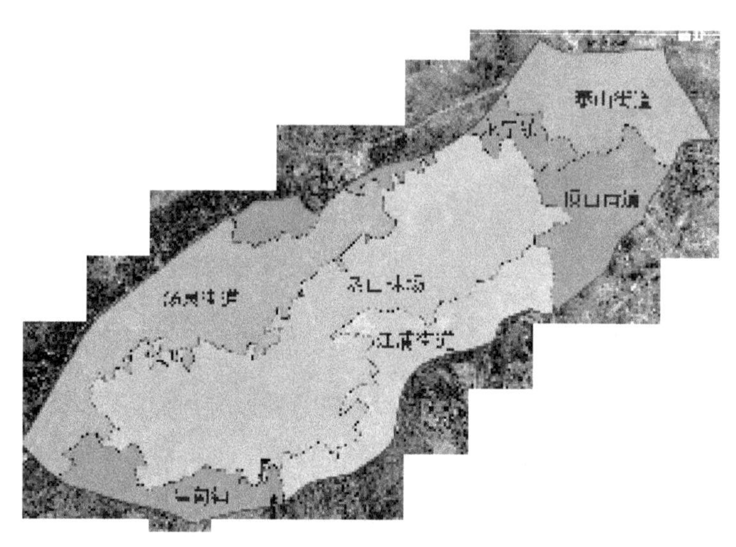

图 1　规划区行政区划图

3.3.3　旅游资源统计

"一山三泉"区域旅游资源共有 7 个主类，占国标中所列全国旅游资源 8 个主类的 87.5%，其中 20 个亚类占全国 31 个亚类的 64.5%，而 39 个基本类型占全国 155 个基本类型的 25.2%。可以说，同全国旅游资源类型相比较，"一山三泉"区域在资源主类与亚类的丰度上，具有较好的类型效应，但在基本类型上数量偏少，这也说明其资源特色较为明显和集中。

从"一山三泉"旅游资源的基本类型组合来看，地文景观类 6 个基本类型，占旅游资源基本类型总数的 15.4%；水域风光类 5 个基本类型，占 12.8%；生物景观类 8 个基本类型，占 20.5%；遗址遗迹类 2 个基本类型，占 5.1%；旅游商品类 2 个基本类型，占 5.1%；建筑与设施类 12 个基本类型，占 30.8%；人文活动类 4 个基本类型，占 10.3%。从资源性质来看，自然资源的基本类型占绝对优势。

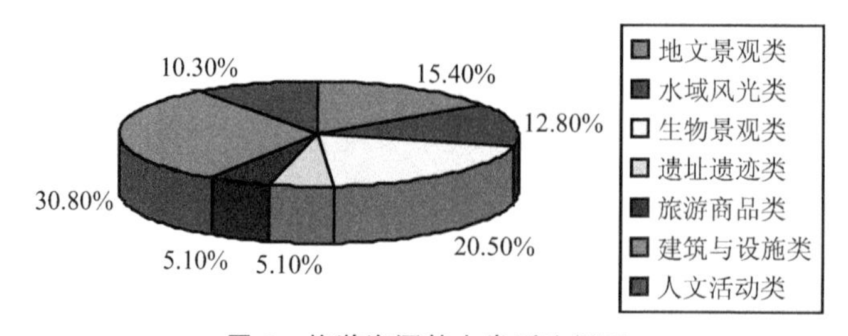

图 2　旅游资源基本类型比例图

3.4 旅游资源评价

老山现代文化旅游度假区有着悠久的历史，深厚的文化底蕴，丰富的生态景观及历史遗迹。根据统计，其旅游资源共涉及 7 个主类、19 个亚类和 38 个基本类型。其中五级旅游资源单体为 3 个，四级旅游单体 10 个，三级旅游单体 31 个。其主要的特点为：

(1) 旅游资源类型丰富，数量较多，资源组合良好

共有 7 个主类、19 个亚类、38 个基本类型，自然人文兼备，尤以山、林、泉等自然资源见长，生态环境优良。相关要素组合良好，能满足不同层次的旅游活动需求。

(2) 资源的开发潜力大，旅游后发优势明显

区内大部分旅游资源目前还处于待开发或初始开发阶段，开发成熟的景区不多，旅游资源的潜力未得到有效的发挥，未来开发潜力巨大。

(3) 高品位、唯一性的旅游资源不多

区内资源等级、知名度相对较低，在长三角范围内具有独占性和唯一性的资源稀缺，各项资源的开发都将面临其他地区同类产品的激烈竞争。

本规划共评出五级旅游资源 4 处，四级旅游资源 13 处，三级以下旅游资源若干。

3.5 核心旅游资源开发价值分析

结合对“一山三泉”地区旅游资源的评级，同时叠加具有特色的自然和人文资源，整合出山林、温泉、湖泊、茶园、花木、寺庙六项特色鲜明的核心资源要素，支撑老山现代文化旅游度假区的休闲度假旅游产品。

山林：老山景区植被处于亚热带常绿阔叶林向暖温带常绿与落叶混交林过渡地带，为植被多样性创造了良好的客观条件。老山有“百亩汤泉湖、十万亩国家森林公园”之称，丰茂的植被与良好的生态环境，是旅游度假区开发中最有价值的资源之一。

温泉：汤泉以泉多而得名，曾改称“香泉”，素有“十里温泉带”的美誉。汤泉温泉久负盛名，日出水量 9 644 吨，年出水量 352 万吨，富含 30 多种化学元素和矿物质，对人体皮肤及全身各系统器官疾病具有良好的治疗、理疗和保健作用。

寺庙：老山狮子岭片区建有兜率寺、隆兴寺、七佛寺、地藏庵等宗教庙宇，有着良好的宗教文化传统。汤泉片区有惠济寺，珍珠泉片区有定山寺遗址与其遥相呼应，尤其定山寺在佛教禅宗文化中具有极高的声誉和地位。

湖泊：老山景区湖泊水库较多，以佛手湖、镜山湖、白马湖、龙井湖、九龙湖为主，林间

的众多水库与山相连，各水库逶迤连绵，为开展水域度假旅游提供了有利的条件。

茶园：老山狮子岭南侧有千亩茶园，种有“云雾茶”、雨花茶等品种，颇负盛名，每年春季前来品茶购茶的人络绎不绝。

花木：景区气候温和湿润，雨量充沛，日照充足，土壤酸碱度适中，适宜发展苗木生产。汤泉是全国最大的雪松繁育基地，是全国闻名的“苗木之乡”、“江苏省花木之乡”，有“千年古银杏、万亩苗木花卉”的美誉。

3.6 旅游资源潜力分析

旅游资源是客观存在的，但是旅游资源等级却不是一成不变的，资源潜力大小对资源的开发取向起着很大的影响，因此有必要对现有旅游资源的开发潜力进行评价。

表1 规划区旅游资源潜力评价表

旅游资源开发潜力	资源单体名称
★★★★★	佛手湖、镜山湖、九龙湖
★★★★	定山寺、兜率寺
★★★	“南京老山杯”山地自行车赛

位于老山的佛手湖、镜山湖、九龙湖生态环境优良，因为未经开发且位置较隐秘，知名度偏低，如果能在有效保护的基础上，配合老山度假区的整体规划，沿湖开发品质高端、容积率低的度假产品，将具有很好的前景。

老山拥有较多寺庙且具有名气较大的定山寺、兜率寺，可以将众多寺庙联合提档升级，整体包装成宗教主题的特色旅游产品，利用规模优势和品质优势增强竞争力，提高老山宗教文化的知名度。

全国山地自行车冠军赛曾经在老山举办过，但是由于没有连续举办以及宣传不够，导致知名度较低，老山可利用举办这类赛事的经验，打造成为市级、省级山地自行车赛的固定比赛场所，每年定期组织赛事，并且配合全方位大力宣传，通过赛事旅游产品的打造结合度假产品的宣传提高老山的知名度。

4 游客容量测算与游客规模预测

4.1 游客容量测算

游客环境容量按照理想风景空间容量分析方法确定，即在保证游客理想的游览

"舒适性"的前提下，计算各景区及旅游设施的最大容量。本次规划游客环境容量计算采用面积测算法。计算得出，老山现代文化旅游度假区最大日旅游环境容量为17.04万人/日，一年的最大游客容量为4 089.6万人/年。

饱和状态下的日游客环境容量计算见表2。

表2 老山现代文化旅游度假区饱和状态下日游客环境容量表

项目	公式	公式中各字母含义	计算结果
日饱和游客环境容量	$\mathrm{Max}Q=2.5Q$	Q为日旅游环境容量(万人次/日)	42.6万人次
日超饱和游客环境容量	$Q(c)=2\mathrm{Max}Q$	$Q(c)$为日超饱和旅游环境容量(万人次/日)	85.2万人次

4.2 游客规模预测

根据旅游发展规律，一个旅游区的游客量发展常呈现初始阶段、发展阶段和平稳阶段三个时期。同时分析江苏的旅游客源市场构成，目前江苏省有80%以上的入境旅游者从东南沿海口岸而来，50%以上的游客来自江浙沪地区，随着交通可进入性的逐步提升，以生态和温泉为主要吸引物的老山现代文化旅游度假区的旅游产品具有较大的潜在客源市场。以上海、南京为例，最新的抽样调查显示，大城市的游客近两年来旅游出行的费用构成里用于休闲、度假的比例逐年快速递增，最高占到总费用的60%～70%之多；而就产品而言，更多的旅游者倾向或有意愿选择多日游的休闲度假产品作为未来旅游产品的首选。可见，老山旅游度假区的旅游产品符合了其针对性客源市场的需求，具有很大的增长空间。

2008年、2009年由于受国际金融危机影响，我国大多数地区旅游人数受到影响，增幅有所下降，2010年，经济复苏，旅游人数增幅也有所增加，但增幅小于2007年，由此可以看出，旅游业的整体增幅趋势，虽然一方面收到大环境的影响，出现短时期的波动，但整体是早期旅游业增幅较大，渐渐趋于平缓增长。

江苏省和南京市近年来的游客量平均增长率分别为15.4%和14.4%，考虑到老山现代文化旅游度假区目前处于新兴旅游区，处于发展初期，故近阶段游客增长率应略低于江苏省和南京市的平均增长率。在参考江苏省和南京市近几年旅游人数增长率的情况下，确定老山现代文化旅游度假区的初期增长率为14%；随着度假区的不断发展，知名度不断提高，配套设施不断完善，游客增长率必将提高，应略高于江苏省和南京市的平均增长率，故取值16%；度假区发展到一定阶段后，考虑到度假区生态环境容量以及景区达到顶峰后会渐渐趋于平稳的发展轨迹，参考浦口区旅游发展增长率呈下降的趋势，故预测老山现代文化旅游度假区达到顶峰后增长率会略下降并趋于平缓。

老山现代文化旅游度假区取浦口旅游景点年接待量的80%为"一山三泉"地区的年接待量，得出"一山三泉"地区2010年游客量约为266.94万人次。前五年初期以14%的增长速度，中期随着基础设施和度假区知名度提高，增长速度加快，以16%，进入平稳期后，增长速度略有下降，分别以10%和远期的6%增长，评价度假区所在区域的境外游客市场份额及度假区对境外游客的吸引力，是区分国家级度假区与省级度假区的客观性技术指标，对于拟申报国家级旅游度假区的单位，其境外游客比例宜达到2%。

公式：年接待人数中境外游客的比例＝年境外游客人数/年接待人数。

以江苏省和南京市近年来入境游客占总游客量的比例为参考依据，预测出老山现代文化旅游度假区入境游客量，考虑到老山现代文化旅游度假区档次较高，且是南京市第一个申报国家级度假区的旅游区，因此，对境外游客的吸引力将略高于南京市的境外游客比例，因此，预测老山现代文化旅游度假区前期境外游客所占比例为江苏省和南京市的平均水平，为2.2%，中期达到2.8%，后期随着度假区不断完善和成熟，境外游客吸引力将达到最大，然后趋于平稳增长，预测分别为3.5%和3.3%。

表3　老山现代文化旅游度假区游客规模预测表

年份	游客总人数/万人次	入境游客量/万人	年份	游客总人数/万人次	入境游客量/人
2011	304.31	6.70	2016	596.21	16.69
2012	346.91	7.63	2017	691.60	19.36
2013	395.48	8.70	2018	802.26	22.46
2014	450.85	9.92	2019	930.62	26.06
2015	513.97	11.31	2020	1079.51	30.23
增幅	**14%**	**2.2%**		**16%**	**2.8%**
2021	1 187.46	41.56	2026	1 842.88	60.82
2022	1 306.21	45.72	2027	1 953.45	64.46
2023	1 436.83	50.29	2028	2 070.65	68.33
2024	1 580.51	55.32	2029	2 194.89	72.43
2025	1 738.56	62.42	2030	2 326.58	76.78
增幅	**10%**	**3.5%**		**6%**	**3.3%**

5 总体定位与发展目标

5.1 总体定位

作为一个总面积达142平方千米的风景区,老山现代文化旅游度假区的开发必将涉及农业、村镇、房地产业、宾馆酒店业、文化、交通等多产业整合、多项目组合、多块区域联合的问题。因此,老山现代文化旅游区的开发,显然已经不是一个单一景区概念,而是一个以山体和温泉为纽带,包含生态观光、休闲度假、会展商务、风情体验、运动娱乐、养生保健等方面,涉及经济、社会、环境等各个层面的旅游综合体。

总体定位:以"一山三泉"旅游资源为依托,以"旅游综合体"为开发模式,以现代绿色科技为引领,以度假和娱乐设施的打造为重点,汇聚江北地域文化风情,融休闲度假、商务会展、文化体验、生态观光、宗教朝圣、科普教育等功能于一体的综合性旅游度假区。

5.2 发展目标

第一阶段(2011—2015):对"一山三泉"旅游资源实行整合,打造成江苏省旅游度假区中的精品,游客规模达到513.97万人次/年,旅游收入达到50亿元。

第二阶段(2016—2020):国家级旅游度假区,长三角精品旅游度假区,游客规模达到1 079.51万人次/年,旅游收入达到110亿元。

第三阶段(2021—2030):国内一流和国际知名的旅游度假胜地,游客规模达到2 326.58万人次/年,旅游收入达到240亿元。

6 发展战略

6.1 资源一体化开发战略

"一山三泉"就资源单体的价值而言,优势并不明显,只有围绕休闲度假文化旅游主题,通过对山、水、泉、林、寺等生态文化资源的整合与一体化开发,才能形成长三角旅游度假的精品。

6.2 主题公园集群战略

通过多种体验类型的主题公园形成集群效应，大幅提升老山现代文化旅游度假区的知名度和人气，通过完善的配套设施和优质的服务，打造全国著名的主题公园群。

6.3 绿色生态驱动战略

在保护温泉和动植物等特色生态旅游资源的前提下，充分挖掘生态资源的旅游市场价值，紧紧围绕“生态休闲”来开发旅游体验及度假产品系统，营造中国绿色度假的新典范。

7 空间结构

“泉林”主题空间结构：“林”、“泉”是本规划区的灵魂，是把脉规划项目的生命所在，因此在空间结构的提炼上规划本着凸显“林”、“泉”特色的原则，进行三个层次的划分。

一带：老山森林景观带；

四组团：温泉体验组团、医药养生组团、商务休闲组团、森林文化组团；

六区：动感娱乐区、观光休闲区、主题游赏区、山地运动区、禅修文化区、协调发展区。

8 功能分区

8.1 温泉风情体验区

（1）发展策略：片区北部保留居民生活功能，对惠济寺加以整修，镇区南部则以温泉、花木资源为依托，注入世界温泉文化，对现有设施提档升级，引入高端温泉度假和娱乐项目，构建集温泉养生、温泉文化体验、公共娱乐、度假疗养等功能于一体的国际性温泉文化主题公园。

（2）产品导向：以温泉养生、度假疗养、文化体验型产品为主。

（3）面向市场：主要针对中高端休闲、度假市场，兼顾低端观光市场。

8.2 欢乐动感娱乐区

(1) 发展策略：以高科技和互动体验为主要特色，采用国际一流的理念和技术精心打造，引入新颖刺激的游乐项目，形成具有国际水平的游乐休闲主题公园，充实规划区内的旅游产品结构，并且在度假区建设初期产生集聚人气的效果。

(2) 产品导向：以大众游乐体验产品为主。

(3) 面向市场：主要针对大众游乐市场。

8.3 沿山观光休闲区

(1) 发展策略：依托狮子岭区域内的响堂村和山体南侧的环山水库资源，通过"花花世界"主题公园和沿山休闲带的建造，为游客营造出景观优美、环境舒缓的集观光、体验和度假休闲于一体的生态观光休闲区；同时对兜率寺、地藏庵、隆兴寺等周边寺庙加以整修，丰富游客的观光体验。

(2) 产品导向：以休闲度假、自然观光为主。

(3) 面向市场：以中高端休闲度假市场为主，兼顾大众观光市场。

8.4 森林生态保育区

(1) 发展策略：该区域作为老山森林资源的主要保护区域，以生态资源保护培育功能为主，只安排必要的步行游赏道路和相关功能设施，允许开展适度的森林观光体验和科考活动。

(2) 产品导向：以森林观光、科学考察为主。

(3) 面向市场：以森林观光和科考市场为主。

8.5 动物主题游赏区

(1) 发展策略：依托老山良好的自然环境，兼顾珍珠泉动物园搬迁，以及未来可能的需要，整合老山原有的鹭鸟园和蛇园，兴建相关配套设施，打造集观赏、体验、科普等功能于一体的充满童话色彩的大型动物主题公园。

(2) 产品导向：以动物观赏、科普教育、野外体验为主。

(3) 面向市场：以中低端大众观光及青少年市场为主。

8.6 山地运动体验区

(1) 发展策略：依托老山的地形地貌和原来老山森林公园的相关设施，结合当今的山地运动和森林休闲时尚，引入新颖、刺激的山地运动娱乐项目，打造以山地运动为主题的功能区域。

（2）产品导向：以山地运动和森林休闲为主。

（3）面向市场：以中高端山地极限运动市场为主，兼顾大众休闲市场。

8.7 医药养生度假区

（1）发展策略：以世界医药文化为依托，将山林、医药和温泉资源紧密结合起来，推出特色突出的医药养生度假产品，打造出休闲度假市场的新亮点，构建融观光、休闲、科普、疗养等功能于一体的生态养生示范基地，传播健康生活风尚。

（2）产品导向：以医药养生、文化体验、度假疗养为主。

（3）面向市场：以中高端养生、度假市场为主。

8.8 商务休闲游憩区

（1）发展策略：充分利用珍珠泉、镜山湖、佛手湖等核心景观资源，优化景观环境，以商务休闲度假为主导，对高尔夫产品提档升级，将与主题功能不协调的大众游乐项目逐渐迁出，将有损自然景观及生态环境的长城、索道等项目逐步拆除，打造集会议、度假、康体、观光、娱乐功能为一体的，自然环境优美的高端商务休闲度假区。

（2）产品导向：以商务休闲为主，辅以观光、康体、娱乐产品。

（3）面向市场：以中高端商务会议旅游市场为主。

8.9 禅修文化品位区

（1）发展策略：以定山寺和达摩禅宗文化为依托，在充分保护历史遗迹的前提下，恢复定山寺昔日风貌，同时充分利用顶山山腰的部分废弃矿坑，建设佛教文化教育与佛教文化交流设施，弘扬佛学文化，打造国际的禅修文化交流中心。

（2）产品导向：以宗教文化体验、佛学交流、文化观光为主。

（3）面向市场：各类层次的宗教旅游、休学和观光市场。

8.10 森林文化感知区

（1）发展策略：依托老山优美的景观资源，利用岔路口地区优越的交通位置和良好的基础设施，重点开发森林旅游展示和森林文化体验产品，增设必要的交通、住宿、餐饮等配套设施和数字化旅游管理系统，结合地产开发，打造集生态观光、文化体验、科普教育等功能为一体的异域风情之地。

（2）产品导向：以森林旅游体验和森林文化展示为主。

（3）面向市场：各类层次的对森林旅游和森林文化感兴趣的群体。

8.11 协调发展控制区

发展策略：该区域目前主要分布了一些工业和市政用地。由于老山现代文化旅游度假区面积较大，考虑到度假区未来的发展需求以及有可能引入的新项目和设施，建议该区域近期在维持现状的基础上重点完善基础配套设施建设，加强环境景观风貌控制，为旅游度假区未来的发展预留空间。

9 旅游产品规划

9.1 总体思路

通过对规划区旅游资源的梳理分析，观光旅游产品、度假旅游产品、康体旅游产品、商务旅游产品、文化旅游产品是规划区可以重点开发的五大旅游产品。

通过宏观和区域市场分析，未来长三角地区的主要旅游产品将是休闲度假旅游产品、观光旅游产品、商务会展旅游产品，旅游项目则讲究休闲性、生态性、运动性、参与性和教育性。

通过对旅游专项市场的分析，规划区适合开发的温泉产品专项市场、森林休闲专项市场、商务会议专项市场、宗教旅游专项市场、养生保健专项市场都很有市场潜力。

考虑到节庆对项目区品牌的快速提升作用，本区也应策划相应的节庆型旅游产品。

对以上四层分析加以综合考虑，得出老山现代文化旅游度假区的旅游产品是以度假旅游产品、商务旅游产品、康体旅游产品为主，观光旅游产品、文化旅游产品和节庆旅游产品为辅的产品体系。

9.2 旅游产品体系

9.2.1 旅游产品体系

表 4 旅游产品体系表

序号	旅游产品类型		支撑项目
1	度假旅游产品	森林度假旅游产品	花花世界主题公园、沿山休闲带、森林文化主题公园、森林度假小屋
		温泉度假产品	温泉文化主题公园、温泉假日酒店
		湖滨度假产品	滨水人家、竹屋品茗、特色水底餐厅、湖滨度假山庄
		野营度假旅游产品	魔幻丛林探险、拓展训练基地
2	商务旅游产品	会议旅游产品	国际建筑艺术主题公园、企业家休闲会所、高尔夫主题区、温泉酒庄
		奖励旅游产品	各大主题公园
		大型商务型活动	湖滨度假山庄、温泉假日酒店
3	康体旅游产品	体育旅游产品	山地运动世界
		保健旅游产品	世界医药文化博览园、医药研发区、高档静养度假村
		生态旅游产品	生态苗木基地、观光植物园、花花世界主题公园、生态风情体验区
		游乐旅游产品	动感欢乐世界
4	观光旅游产品	自然观光产品	观光植物园、花花世界主题公园、生态风情体验区
		人文观光产品	世界医药文化博览园、国际建筑艺术主题公园
5	文化旅游产品	宗教旅游产品	国际禅修文化研究基地、兜率寺、惠济寺、地藏庵、隆兴寺
		科普旅游产品	世界医药文化博览园、动物主题公园、森林旅游体验中心
6	节庆旅游产品		详见 9.2.3

9.2.2 衍生旅游产品

为了延长未来游客在度假区的停留时间，满足国家级旅游度假区对游客停留时间的要求，也为了丰富游客的晚间旅游体验，并形成完整的旅游产业链，老山现代文化旅游度假区应着力打造夜间旅游产品。老山现代文化旅游度假区可开发的夜间旅游产品包括以下三种类型：(1) **表演型产品**。包括各主题公园区域晚间组织的花车巡游、歌舞表演、曲艺表演、民俗表演等，注重表演项目的主体情节设计，加强与游客的情感沟通。另外，表演型产品要充分体现当地的文化特色，如浦口区的非物质文化遗产手狮舞应充分容纳于表演型产品中。(2) **参与型产品**。让游客亲身参与体验，包括温泉风情体验区、森林文化感知区、商务休闲游憩区、沿山观光休闲区等功能区内的酒店、餐厅、酒吧、茶室的夜间服务，以及各主题公园晚间组织的供游客参与的各类狂欢活动、篝火晚会等，与游客形成积极互动。(3) **景观型产品**。对度假区内一些建筑风格独特、自然景观优美的地段进行重点亮化美化，比如国际建筑艺术主题公园、佛手湖区域、花花世界主题公园、环山水库区域，为度假区增添具有吸引力的夜间景观。

9.2.3 节庆旅游产品

本规划策划了国际温泉博览会、南京国际梅花节珍珠泉分会场、建筑艺术展、老山民俗文化旅游节、老山森林旅游节、山地自行车速降赛、激情夏日狂欢节、浦口生态旅游节、国际象棋大师赛、菩提达摩文化节、国际美食节、延寿养生文化旅游节等12个特色节庆旅游产品。

10 旅游集散中心规划

落实上位规划中林场枢纽、江浦枢纽、汤泉城际站的布局，并考虑到各景区间的联系需求，特规划客流集散中心5处，形成两主三辅的布局结构，各中心间通过公交、旅游专线和私人小汽车接驳。

主集散中心包括江浦集散中心和林场集散中心。

江浦集散中心主要承担来自京沪、宁合、沪汉蓉铁路的北京、合肥、上海、武汉沿线客流，并充当安徽方向客运大巴、客运专线的集散中心。

林场集散中心对外承担京沪、宁启铁路客流，以及淮安、连云港乃至山东的客运大巴、客运专线的集散中心；对内承担南京市内的地铁、常规公共交通客流的集散。

辅集散中心包括汤泉集散中心、珍珠泉集散中心和岔路口集散中心3处。

汤泉集散中心，承担其他城市与景区间的铁路客流，部分周边公路客流，以及南京市内的公共交通客流集散。

珍珠泉集散中心，依托地铁珍珠泉站建设，承担南京市内的公共交通客流的集散任务。

岔路口集散中心，承担苏、鲁、皖方向的旅游大巴，以及南京市内的公共交通客流的集散任务。

11 交通设施规划

11.1 公交首末站

结合客运集散中心及轨道交通站点位置，规划公交首末站5处，共占地约2.2公顷。其中规划新增四处，分别位于地铁四号线珍珠泉站、汤泉城际站以及汤泉片区内。

11.2 社会停车场

规划停车场主要服务于公共景区的旅游交通流，出于对景区内部道路交通容量及生态环境的保护，停车场采用“主出口截留、集中建设区补充”的思路进行规划。规划社会停车场25处，占地约9.1公顷。

12 生态环境容量概算

生态环境容量是指景区在一定时间内，以不破坏生态环境为前提，所能承受的旅游及其相关活动的强度，这是制定环境可持续发展的依据。伴随着老山现代文化旅游度假区的开发，对内部旅游容量问题则应引起足够的重视，避免由于游客数量过多导致旅游资源的破坏。

对于老山现代文化旅游度假区的环境容量测算，采用两种算法：(1) 温泉风情体验区采用出水量测算法，(2) 其他各功能分区采用面积测算法。

经计算，老山现代文化旅游度假区可承载的游客容量平均每日约14.5万人次，按每年可游天数取240天，则每年约3 480万人次。各功能区环境容量预测详见表5。

表5 分区环境容量测算表

分区名称	可游览面积/hm^2	周转率	人均游览面积/m^2	容量/(人次/日)
温泉风情体验区	2 315			7 876
动感欢乐娱乐区	207	1	200	10 350

续 表

分区名称	可游览面积/hm^2	周转率	人均游览面积/m^2	容量/(人次/日)
沿山观光休闲区	2 093	1.3	900	30 232
森林生态保育区	4 676	1	2 000	23 380
动物主题游赏区	870	1.2	600	17 400
山地运动体验区	238	1.5	400	8 925
医药养生度假区	304	0.4	400	3 040
商务休闲游憩区	1 241	1	900	13 789
禅修文化品位区	225	1	300	7 500
森林文化感知区	447	1	200	22 350
协调发展控制区	1 584			
总计	14 200			144 842

“郑和下西洋文化园”主题策划研究[①]

作为郑和下西洋文化园的主要规划师，作者在对南京的“郑和”资源、中国文化主题公园建设现状和目标市场进行详细分析的基础上，提出了该主题公园策划的指导思想和原则，在研究景区性质、发展目标和旅游环境容量的同时，对以郑和下西洋为主题的具体文化旅游项目和空间布局进行了具体的策划设计，为中国当代文化遗址总体景观、各层级文化生态的整合发展、规划、利用做出了有益的尝试，提供了宝贵的经验。

郑和是举世闻名的伟大航海家，郑和七下西洋的伟大壮举在人类文明史上写下了不朽的篇章。2005年7月11日是郑和下西洋600周年纪念日，为纪念这一伟大日子，中共中央专门成立了由交通部负责同志牵头，中宣部、中央外宣办、外交部、财政部、文化部、国家海洋局、国家文物局、中国科协、上海市、江苏省、福建省、中国航海学会、中国海洋学会、中国人民外交学会等有关单位组成的郑和下西洋600周年纪念活动筹备领导小组，同时决定以“热爱祖国、睦邻友好、科学航海”为主题，在全国开展六项重要纪念活动。而同时以整合利用郑和下西洋文化遗址生态景观为目标的主题策划由此展开。

南京是郑和下西洋的决策地、出发地、归宿地和远洋海船的制造地，其历史地位可见一斑。600年前世界上最大的造船厂——龙江宝船厂，其遗址就位于南京市鼓楼区中保村。为纪念郑和下西洋600周年，南京市委、市政府决定在郑和下西洋开船出关之地规划建设郑和下西洋文化园，主要出于以下六点考虑：第一，展现政府外交形象：明朝永乐年间的郑和下西洋，是以通商友好为宗旨的国际交流活动，郑和所经38

---

① 基金项目：本论文为国家教育部艺术学研究重点课题“当代中国景观设计艺术批评”（项目编号：6813094001）阶段性成果之一。感谢江苏东方景观设计研究院有限公司、北京格润沃德旅游环境设计有限公司提供有关资料。

本文发表于《艺术学家》2006年第1期，合作者为东南大学王金池，南京郑和宝船置业发展有限公司李鑫。

国，皆与明朝政府建立了亲密友好的友邦关系，此举证明中国政府外交政策的“五项基本原则”具有非常坚实的政治基础和历史渊源。宣传郑和下西洋，将更直观地展示中国政府“睦邻友好、和平共处”的国际形象。第二，传播东方先进文化：郑和下西洋所用宝船和全部船队，全是在永乐元年至三年（1403—1405）建成，首航西洋共有宝船等各类船只 208 艘，船员 27 800 多人。所经之处，皆与各国互换有无、交流通商，大力传播当时先进的东方文化，此举证明了中国对世界文明的历史功绩以及中华文化的源远流长和博大精深。第三，提升南京国际声誉：南京明朝宝船遗址，是全球仅存的未经发掘的 600 年前造船工业的文化遗产，郑和宝船遗址项目的建设将以对宝船厂遗址的发掘为起始，以展现郑和航海、造船技术、郑和下西洋经历国家的风情为核心进行沿江全面的开发，此举势必引起海内外的广泛关注，将显示中国各级政府对人类文化遗产保护的决心和信心，提升历史文化名城南京的国际声誉。第四，凝聚华侨“郑和情结”：在海外，郑和是华侨之神，东南亚各国多建有“三宝太公庙”以示崇敬，华侨对郑和的尊重之情，在中国大陆目前尚无表达之处。郑和宝船遗址项目的建成，将弥补华侨们的感情空缺，使南京成为凝聚华侨情感的风水宝地，成为海外华侨瞻仰郑和伟绩的必游之处。第五，落实“两个率先”战略：郑和宝船遗址项目规模大、社会影响力大、公益性强，因此也必将带来可观的经济收益，带动经济发展，能充分体现南京各级政府落实科学发展观，实施“两个率先”战略的决心与科学态度，对江苏的沿江开发战略、南京的河西综合开发利用起到积极的示范作用，对扩大就业、增加税源、创建文明社区都将起到积极的推动作用。第六，填补南京旅游空白：郑和宝船遗址项目将填补南京旅游景点结构性空白和夜文化旅游的空白，园内深度开发集异国风情表演、体验式娱乐、海洋文化、西洋餐饮和考古文物展示等，将增加南京旅游的国际性、娱乐性和知识性。大型的夜间表演将增添南京夜文化旅游的特别分量，成为带动滨江开发的新亮点。

可见，对当今世界上保存最完善的造船文化遗址——郑和宝船厂遗址的保护开发和宝船的复建，不仅是南京纪念郑和下西洋 600 周年活动的核心内容，而且，积极开发“郑和”资源，争相打造“郑和品牌”，对发展南京的经济、文化、旅游事业，都将具有十分重要的现实意义和深远的历史影响。

1. 项目概况

项目规划用地位于南京市鼓楼区郑和宝船厂遗址、沿江 1 840 米的江滩及江心洲;由中、东、西三片组成。

中片规划用地范围:为宝船厂遗址。滨江大道以东、漓江路以西,定淮门与草场门大街之间。现场占地面积约 200 亩,原有 7 个作塘,现只存三个,其中一个已被挖掘,出土文物 400 余件;除去面临长江的一侧,其余土地均已被房地产开发商建造高层住宅。规划建设郑和宝船遗址公园。

东片规划用地范围:漓江路以东、江东北路以西,现为金盛百货市场,四周均为住宅区,占地约 70 亩。规划建设遗址公园配套设施及郑和国际广场。

西片规划用地范围:西起滨江大道、东到对应的江心洲沿岸,南起南京北河口水厂、北到定淮门大街,西片是利用沿江长 1 840 米江滩及江心洲北部 180 公顷沿江地域。现有军用设施、工厂、码头等。西片建设郑和下西洋风光带风情区、郑和宝船体验区、郑和宝船厂以及江心洲开发等。

2. 指导思想

利用南京郑和这一具有世界影响的名人效应、郑和宝船厂遗址这个具有世界唯一性的文化旅游资源以及沿江风光带和江心洲独特的城市生态滨水旅游景观,以“热爱祖国、睦邻友好、科学航海”为主题,以追忆、升华、畅想为设计轴线,坚持尊重历史与面向未来结合,保护文物与现代旅游结合,专家赏评与大众游览结合,现实主义与浪漫主义结合的设计理念,集历史文化精华为一体,汇畅想创新思维于一园,创造在全国乃至世界具有震撼作用的郑和历史文化主题旅游精品。

3. 策划原则

1) 严格保护文化遗产和滨江自然景观,保护原有的景观特征和地方特色,维护生物多样性和良性生态循环,杜绝污染和其他公害,充实科教审美特征,加强生态环境保育,提高景区的文化景观品位与生态环境质量。

2) 突出优势资源,充分发挥景区的人文条件与区位优势,结合自然风光、历史文化、大江风情等人文景观特色,合理策划,积极引进水上游赏、参与性、娱乐性体验活动,打造“古代航海博览园”品牌形象,构建“航海文化,餐饮娱乐”的旅游王牌。

3) 加强生态绿化工作,深化文化主题建设,强化参与性活动和文化演出活动,把郑和下西洋文化园建设成为生态和谐、环境优美、景观独特、主题鲜明、气氛热烈的文化休闲娱乐乐园。

4）六朝古都、十朝都会的南京，在世界上、在中华民族历史上影响最大的事件是郑和七下西洋。因此，本项目的总体规划思想是紧紧抓住郑和下西洋这一主题，以此为灵魂，同时具有知识性、观赏性、参与性、娱乐性、艺术性等个性化特征，并将游玩猎奇和科普教育融为一体。本项目着重强调旅游景观空间的可塑性和多元文化的综合使用性，使该项目的运作避免被因社会经济形态的发展而不断变化的旅游和消费文化所淘汰的危险。同时把这一历史资源的开发与南京市开发旅游经济的方针政策相结合，在保障文化消费和发展旅游经济的同时，提高就业率。

4. 基础分析

4.1 相关资源分析

伟大的航海家、外交家郑和，在他 60 余年的生涯中，除了七下西洋之外，其余大部分时间是在南京度过的，南京称得上是郑和的第二故乡。南京又是郑和下西洋的决策地和出发地，并且是最早感受和认识到郑和下西洋成就的地方，南京的郑和遗迹保存最多，也较为完整，作为郑和下西洋的历史见证，具有巨大的历史文化价值。

郑和很早就因为下西洋之事而与南京发生了密切的关系。永乐三年(1405)郑和下西洋首航，由郑和率领以大、中型宝船为主的宝船船队从南京出发，到太仓与下西洋船队的其他海船会合，从而拉开了七下西洋的帷幕。

南京自始至终是国内与郑和关系最为密切的城市，因此南京的郑和遗迹很多，这些遗迹主要有：南京宝船厂遗址、马府[①]及马府街、御制弘仁普济天妃宫之碑和下关天妃宫、静海寺遗址、浡泥国王墓[②]、大报恩寺和琉璃宝塔遗址、净觉寺、郑和墓等。

与其他的历史文化遗迹相比，南京郑和遗迹具有以下显著的特色[③]：(1) 静海寺既是郑和西洋鼎盛时期海上太平的历史见证，又是中国近代帝国主义从海上入侵导致丧权辱国的历史见证，同一遗址，却见证了截然不同的两段历史，凝聚了中国由对

① 马府即郑和的府邸。郑和本姓马，因为在靖难之役中屡建奇功，在永乐元年被明成祖朱棣赐姓郑。

② 即浡泥国王麻那惹加那乃墓，在南京雨花台区铁心桥乡东向花村乌龟山南麓。浡泥国即今文莱苏丹国。永乐六年(1408)浡泥国王麻那惹加那乃来中国访问，八月乙未(二十日)抵达南京，受到明成祖朱棣的热烈欢迎，隆重地予以接待。同年九月，麻那惹加那乃忽然患病，经医治无效，不幸于十月逝世。明成祖遵照麻那惹加那乃的遗愿，以王礼将他葬于南京城南石子岗。

③ 本节内容引自郑一钧先生《论南京郑和遗迹的历史文化价值》一文，谨此致谢。

外开放到闭关自守，由强盛到衰弱的历史经验与教训，这是其他遗迹所不具备的。(2) 南京不是沿海城市，然而这些遗迹却集中体现了中国古代的海洋文化，是中国古代面向世界，在海洋上的发展达到顶峰的历史见证。(3) 这些遗迹中，像净觉寺、碧峰寺等反映了郑和特有的宗教信仰，既能说明郑和一生坎坷的遭遇和传奇般的经历，又能说明郑和的宗教信仰与下西洋事业的密切关系。(4) 这些遗迹中，宝船厂和大报恩寺琉璃宝塔分别反映了中国古代在海船制造和宝塔建筑上所能达到的最高水平，这也是其他遗迹所不能代替的。

南京郑和遗迹与其他遗迹的最大不同之处，在于它代表着中国历史上在海洋上最强大的时期，即便在那个年代，中国对海外也不实行侵略扩张政策。因此，对于现在和未来，这些遗迹不仅是对人们进行爱国主义教育的历史教材，而且也是激励世人发扬国际间友好合作与相互交流的历史传统的生动教材，即使中国强大了，这些遗迹也会向人们昭示，中国会一如既往，不搞霸权，在国际交往中反对恃强凌弱，而致力于同各国发展睦邻友好的合作关系，走向共同幸福和持久和平的光明未来。南京郑和遗迹比其他任何遗迹，更具有这方面的历史文化价值和现实说服力。

4.2 中国文化主题公园建设分析

随着文化旅游的升温，各地对文化主题公园建设倾注了无限热情。特别是最近几年，国内兴建了不少文化主题公园，但与船文化和海洋文化有关的主题公园仅见中国渔村主题公园和马尾船政文化主题公园两处(见表 1)。

表 1　我国文化主题公园一览表

序号	主题公园名称	地点	建立时间	特　色	备　注
1	中国渔村主题公园	浙江象山	2004 年 8 月	海洋文化	国内最大海洋文化主题公园
2	青铜文化主题公园	江西新干县	2003 年 6 月	青铜文化	国内首个“江南青铜王国”
3	龙潭寺庙文化主题公园	福州三县洲大桥	2003 年 12 月	寺庙文化	市级
4	马尾船政文化主题公园	福建福州	2004 年 10 月	船政文化	省级
5	珠海石博园	广东珠海市横琴岛	2003 年 12 月	石文化	世界首个

续 表

序号	主题公园名称	地点	建立时间	特 色	备 注
6	锦绣中华民俗文化村	广东深圳	1989 年 9 月	中国历史文化建筑艺术等	世界上最大的
7	欢乐谷	广东深圳	1998 年	结合高科技的休闲娱乐设施	最具影响力
8	世界之窗	广东深圳	1994 年	世界景观微缩与风情表演	最具影响力
9	中国女儿村	浙江省桐庐县开村	2002 年 4 月	女性文化艺术等	国内首个
10	天下玉苑	浙江宁波大隐	2001 年 8 月	玉文化,融合玉雕艺术与山水胜迹	国内最大
11	西部生态文化主题公园	陕西西安	2004 年 4 月	生态示范区,西部生态文化	首家
12	梁祝文化公园	浙江绍兴	未竣工	梁祝文化	全国首家
13	唐文化主题公园	陕西西安兴庆宫	2004 年 3 月	唐文化	市级
14	道文化主题公园	四川青羊宫	2005 年底	道教文化	国内顶级
15	宋文化主题公园	浙江杭州	1996 年	宋代文化	国内最大
16	鲁迅文化主题公园	浙江绍兴	2003 年 9 月	鲁迅文化,江南水乡绍兴风土人情	国内唯一
17	环球影城	上海	2006 年底	展示影视形象,“看醒着的梦”	第一家真正意义上的主题公园
18	月湖文化主题公园	武汉	2003 年	用主题建筑展现荆楚文化	市级
19	海洋嘉年华	沈阳	2011 年	模仿环球嘉年华,设计海上娱乐活动	市级
20	苏州乐园	苏州	1997 年	游乐与园林,动静结合	中国第三代主题公园点睛之作
21	世界公园	北京	1993 年	世界五大洲近百个名胜古迹的微缩景观和多彩的活动内容	市级

续 表

序号	主题公园名称	地点	建立时间	特 色	备 注
22	南山文化旅游区	海南三亚	2003年	佛教文化、南海风情文化、福寿文化	全国罕见的超大型文化和生态旅游园区
23	乐满地	广西桂林	2007年	人文景观和高科技游乐园	规模之宏大,规划之完善,堪称华南之最
24	松花江冰雪大世界	哈尔滨	1999年	冰雪文化和冰雪旅游	季节性
25	民俗文化主题公园	泉州	2004年	泉州25种民俗以浮雕、雕塑及园林等形式展现出来	市级
26	台湾历史文化主题	无锡	2002年	台湾风情、风景	市级
27	生育文化主题公园	杭州	2003年	生育文化历史和丰富的生育内涵	市级
28	台北市电影主题公园	台湾	2003年	露天放映,影视文化	市级
29	北京金港汽车公园	北京	2003年	集汽车运动与文化、汽车娱乐与科普、汽车贸易与服务于一体的大型主题园区	全国第一家经营成功的汽车主题公园

福州市马尾建设的中国首个船政文化主题公园以罗星塔和马限山两公园为基础,主要建设好“两园两馆一船坞”,即罗星塔公园、马限山公园、马江海战纪念馆、中国近代海军博物馆和一号船坞遗址等景点,以及船政创始人左宗棠、船政大臣沈葆桢的雕塑、造船浮雕,以及展现严复、詹天佑、邓世昌等船政群贤的石雕等。

2004年7月30日开园的浙江象山中国渔村是我国最大的海洋文化主题公园。作为综合性海洋文化胜地,中国渔村包括主题别墅、渔家排档、帐篷村、渔村风向标、渔家小船以及大型游乐广场、商业街、韩国街、贝壳馆、酒店客房、“海上花”餐厅等各种海上游艺项目,形成了渔村剧场、渔村文化演示区、渔文化展馆一条街和海洋博物馆等海洋文化景观,是一个集旅游、休闲、度假、人居为一体的海上新天地。“住一宿渔村,当一天渔民,感受一番海洋风情”,一些旅行社老总认为中国渔村推出的文化体验、观光休闲和旅居结合模式,有可能成为开发现代海洋经济,把海上美景变成绿色银行的新模式。

上述这种传统的展馆性的"主题公园"虽然不会对本项目形成冲击力，但多少会形成一定的竞争压力。尽管本案依据郑和下西洋的故事情节和宝船厂遗址作为主题的文脉和地脉，在所有的文化主题公园中显得别具一格、主题鲜明，能够与其他主题公园及周边地区的旅游景区展开错位竞争，因而具有很强的市场吸引力；但是，主题公园作为一种集娱乐、教育、活动参与于一体的旅游项目，有着较高的可替代性，在众多主题公园全力吸引区内游客、争夺公众眼球的环境条件下，郑和下西洋文化园要想异军突起，必须依靠高水平的策划、设计、促销造势，高投入、严格经营管理，才有可能达到预期的目标。

4.3 目标市场分析

宝船遗址是郑和下西洋的造船基地和始发地，在纪念郑和的伟大功绩方面有着非常重要的意义。无论是地理位置还是纪念价值，无论是保存现状还是开发前景，在南京几处与郑和下西洋有关的地方中，宝船遗址公园都处于最为重要的地位，其开发条件是最好的，理应成为南京纪念郑和下西洋的首选之地。

郑和下西洋文化园的客源市场定位：纪念郑和必到南京，到南京必到遗址公园。也就是说，所有对郑和下西洋这一伟大的历史壮举感兴趣，而且想要了解和体验这一历史壮举的人，都是郑和下西洋文化园可以争取的客源。

国内旅游客源市场分析：郑和下西洋文化园有条件打造成为南京市最具代表性的旅游景区之一，因此也有可能成为南京吸引国内各地游客的一个重要吸引物，并最终成为来宁旅游者必到的一个旅游景点。同时，鉴于郑和宝船公园地处完全城市化的长江岸边，地理位置极其优越，因此，应借鉴上海新天地的做法，着重开发南京本地在餐饮、娱乐休闲等方面的消费市场，把南京本地市场作为市场开发中的重中之重。

国际旅游客源市场分析：从入境旅游的国别(地区)划分方面看，郑和下西洋文化园应把下列国家和地区列为主要的客源国：日本、韩国、中国港澳台地区、东南亚、美国、西欧等国家和地区。尤其是东南亚市场，因为郑和下西洋这一历史事件在东南亚一带影响重大，南京郑和下西洋文化园作为郑和下西洋的出发地和宝船生产基地，对于东南亚国家的游客有着巨大的吸引力。郑和下西洋文化园的建成，必将吸引相当数量的东南亚华侨到南京来旅游。

郑和下西洋在欧美国家及地区也曾经产生过巨大影响。退伍英国皇家海军潜艇指挥官加文·孟席斯在2002年提出了郑和舰队不仅抵达非洲东岸，还绕过好望角、横渡大西洋、发现美洲新大陆的惊世之说，并出版《1421：中国发现世界的一年》一书。

该书在欧美热卖，华人媒体对此进行了大量的报道。如果宣传促销到位，有关郑和的历史遗迹必然会受到欧美游客的关注。

5 主题策划

5.1 景区性质

利用郑和这一具有世界影响的名人效应、郑和宝船厂遗址这个具有世界唯一性的文化旅游资源以及沿江风光带和江心洲独特的城市生态滨水旅游景观，以“热爱祖国、睦邻友好、科学航海”为主题，建设成为国内一流、国际知名的城市滨水生态型文化主题旅游景区。

5.2 发展目标

总体目标：争取在3～5年内，将其建设成为国家AAAA级城市旅游景区。

社会目标：本项目建成后，将成为南京乃至全国科普教育和娱乐相融合的爱国主义教育基地。并可为南京提供3 000～4 000个就业岗位。

文化目标：积极保护郑和宝船遗址，弘扬郑和爱国主义和国际主义精神。

经济目标：本项目全部建成后的最高日接待量定位在1.5万人次，实现效益最大化。

5.3 空间布局

在整体空间运用上，力争采用多时空、多角度、多层面、多主题之间的相互贯穿、互为借景，从而展开主题之间的内在文化张力和视觉张力，引发游人无穷的想象及好奇，形成具有鲜活生命力的国内一流的游乐空间，为游人献上一份优质精美的文化大餐与见景生情、随游随乐的文化快餐，由此保证该项目大量的客流和良好的收益。

根据基地现状特点，本项目在总体空间布局上很自然地可分为一带、三片、五大功能区，即“135旅游功能布局”。

一带：即沿夹江1 840米岸线、宽度不等的江滩地主题景观带，布置郑和下西洋沿途各国风情室内展示、郑和宝船复建、航海博览、综合休闲服务、宝船游览码头等功能。

三片：分别为中、东、西三片。中片为郑和宝船遗址公园，东片为郑和国际广场，西片为江心洲部分郑和下西洋主题农园。其中东片相对独立，西片与主题景观带、中片与主题景观带分别用船、桥相连。

五大功能区：即郑和国际广场、宝船遗址公园、金锚廊桥、宝船博览苑以及郑和下西洋主题农园。

5.4 项目设计

（1）宝船遗址公园

南京郑和宝船厂遗址作为郑和下西洋留给后人的宝贵遗产，无论在过去、现在还是将来，都具有极其重要的历史文化价值。宝船遗址是全球仅存的未经挖掘的600年前造船工业的文化遗产，介于滨江路和经四西路之间、宁工新寓以北，项目规划占地约200亩，现存明朝古船坞三条，属省级文物保护单位，也是世界上仅存的中世纪海船造船厂遗址。项目包括郑和宝船厂遗址现场和郑和当年建造宝船时的场景，以仿古的手法再现。

宝船遗址公园营建以“尊重历史，保护文物，修旧如旧”为指导思想。它是一座以宝船遗址为核心、以郑和文化为主题的体验式公园，公园内涵由人脉（郑和）、水脉（明代船坞河道、长江、海洋）、文脉（郑和航海文化、明文化）“三脉”而来，它将浓缩郑和文化，融会大明文化，成为与东南亚郑和文化交流的一个平台，也将成为南京对外交流的又一张名片。

公园所在地目前只有3条水沟，而这就是明永乐年间龙江船厂的造船船坞，沿岸即是郑和宝船队的下江出发点。历史资料记载，郑和在龙江船厂建造出了当时世界上最大的战舰六十二艘，每艘长四百四十尺，宽一百八十尺，迄今为止，其木造船只之大，仍然前无古人后无来者，没有一个国家能打破这个空前绝后的纪录。当年此地共有7条船坞，平时抽干水造船，船造好后放闸引水抬高船只，大船即可通过闸门进入长江。主题公园将努力再现当年的相关场景，浓缩当时具有代表性的作坊和管理机构，并为游人设置了航海体验台；公园的西部将建一座9米高的巨型铸铁锚雕，与当年郑和舰船所使用的锚一般大小；西北面设置的是中国古代使节墙；北面中央是郑和航海文化墙。

（2）郑和国际广场

规划占地约70亩，是宝船遗址的配套项目，拟建仿宝船形的大型广场，包括商贸服务区在内的2万平方米的郑和国际交流广场。建成后它将成为纪念郑和航海文化活动的大型场所，也是南京市民重要的活动场地。

广场空间形态分析：仿古宝船体验区作为该区域的重点景观，自然形成东西轴线空间变化上的终极之点、高潮之处。此轴线的序列起点为东片商业广场，通过广场和建筑主楼的空间铺垫，过渡到龙江宝船遗址公园，此平展的场域使空间节奏舒缓，映托仿古宝船体验区。“水上明珠”住宅与西片和东片遥衬成整个区域的三角之点。空间体量的平衡也将突出仿古宝船体验区的形象。

（3）金锚廊桥区

功能分区：由北至南依次为餐饮、宝船码头、主题广场、风情商业街。沿江依次展开，正对金锚廊桥布置主题广场与观景平台，结合室外走廊，多层次的观赏长江景色。南北两侧和基地中部各设有机动车出入口及停车场，合理地组织了游览路线。本区的重点是主题广场和宝船码头，主题广场提供绝佳的观景场所，可举行各种纪念活动，宝船码头可停泊复制的仿古宝船，装载游客，游览长江及前往江心洲生态农园。

流线组织：基地内以步行人流为主，宝船遗址公园方向的游客，经由横跨快速路的金锚廊桥，到达主题广场，在这里可以参加各种主题活动，通过前方两侧的室外楼梯可到达下一层观景平台，更可以通过前方的栈桥，前往伸入江心 60 米的亲水平台，更进一步观赏长江的景色。平台右侧的自动扶梯，将游客带往游船码头，乘坐宝船游览长江，餐饮设施可以为游客提供各种周到的服务。大平台上还有交通核心，又可通过这里下到建筑内部，参观郑和下西洋主体展览，并游览各国风情商业街。沿江堤的步道，游客可以自由欣赏江面的景色。

剖面设计：结合基地的地形特点，利用基地与周边地势的高差，将一层地面标高定为比周边地势低 5.5 米，二层楼面与防洪堤和快速路的标高相同，三层的建筑从江面与快路上只能看到两层，这样既满足了容积率的要求，视觉上也没有给环境带来巨大体量所具有的压力。建筑可以充分地融入环境。

平面设计：一层平面满铺基地，布置各种店铺，内部走廊扩大，方便进行各国风情的布置，局部扩大作为特色室内广场。二层平面，北侧布置为游客服务的餐饮娱乐设施，共有两层。宝船码头设有部分码头服务设施，三层的平台可以让游客在等候的同时休息，观赏景色。码头以南是底层风情商业街的延续。三层平面，金锚廊桥区布置为郑和下西洋主体展览，结合展览还有一些出售与之有关旅游商品的特色店铺。屋顶平面，为金锚廊桥主题广场，广场中心有一座雕塑，四周有六根具有中国特色的图腾柱，部分坐席可以为游客观赏主体活动时提供座位。深入江心的平台上，还有一些建筑小品，为游客提供服务。

立面造型：参考了概念性规划对立面造型的一些意象，我们截取了一些历史的片断，糅合了现代建筑手法，进行了立面的创作。整个立面造型取意自中国古船，里面融合进风帆、瞭望台、船舱等元素作为一种建筑符号，在建筑上予以再现，运用一些中国传统古建筑的坡屋顶形式，体现出浓厚的中国文化。建筑立面的重点——中心主题广场，运用古船船尾以及“锚”的抽象，反映出本案的核心特质——一种中国所具有的富有东方特色的航海文化，广场之上的主题雕塑以及六根图腾柱，鲜明地表达了我们的民族特点。

(4) 宝船博览苑

郑和宝船博览苑依次布置了航海博物馆，郑和宝船厂和妈祖苑景区。

妈祖作为航海文化的重要部分，流传于我国东南沿海，妈祖庙将这一具有民族特色的文化展现给游客，附属的服务设施使游客可以更深入的了解。

郑和宝船厂的厂房既要满足造船工艺要求，还要有游览的功能。建筑中部为18米高的组装建造车间，两侧是围绕三面的游览空间，周围是辅助用房。航海博物馆采用现代风格，简洁明快，主次展厅和餐饮休闲功能相结合。

建筑布局及风格采用一些明代建筑要素，结合现代手法，再现历史风貌。突出理性结构和山水情怀，引入和利用周边及用地内的自然景观及滨江人文景观于整个游览区，整体融入区域环境，形成天、地、人合一的环境，表达与基地所处自然地形、景观和道路的协调发展，追求前瞻性的建筑群体。创造线性骨架，弹性生长，分步实施，相对完整的操作模式。强调人文精神，追求领域的归属感和适宜的场所尺度。

(5) 郑和下西洋主题农园

江心洲的旅游农业发展起步较早，去江心洲摘葡萄、干农家活、吃农家饭等农家乐旅游，已成为江心洲旅游农业的特色。夹江西岸(江心洲)规划三期建设包括江心洲180公顷用地，将尊重江心洲发展生态农业旅游的定位，在生态农业的基础上发展特色旅游，拟建设郑和下西洋主题农园。主题农园将充分利用江心洲现有的农业和旅游基础条件，以“郑和下西洋”所经过国家的典型景象为景观意象，赋予适当的新的旅游功能。每个农庄代表郑和所经过的一个国家，展现该国最具特色的景观和风俗表演，使游人充分领略丰富多彩的异国风情。

规划建设以观览体验娱乐为主要功能的苏门答腊港情趣园、波斯湾民俗风情群落、鳄鱼潭、马来西亚丛林之旅、印尼民俗之旅、欢乐岛、盛世阁、郑和纪念馆、明城、汉城、古木桥、水军大营、古韵码头，以餐饮住宿为主要功能的中南半岛景观群落、南洋半岛景观群落、阿拉伯海风情群落、亚丁湾风情群落、印度半岛风情群落、好望角风情群落、爪哇岛风情群落、孟加拉湾风情群落、咖啡街、啤酒廊市、金陵街市，以商业购物为主要功能的民风街、明式水乡以及结合水上出入口建设别具一格的南洋码头、水栈道码头等景观游览设施。

为了呼应主题公园，江心洲北端除建活动广场外，还将矗立起高达77.7米的郑和雕像，这个高度寓意郑和的七下西洋。根据设想，这座雕像将成为南京的“东方明珠”，游人可以到雕像内部进一步了解郑和航海文化，还可以乘内部电梯直达2至3个观光层，甚至通过郑和的眼睛来“和郑和一起看世界”。另外，可能由此开发的水上运动旅游项目不仅可成为联系江心洲和主题公园的纽带，还可改变江心洲长期以来单一的旅游状况。

5.5 旅游环境容量

合理容量是衡量地区自然环境及其资源承载力的主要因素，既保证游人有较好的“快适性”以及旅游设施较高的利用率，同时又不超过资源保护的最大“忍耐度”。

郑和下西洋文化园的旅游环境容量分析，采用分功能区进行计算，结合景区的给水排污设施、相关设施建设用地规模，各区域环境质量和生态容量、使用性质及各功能区的划分相互协调，综合平衡，选用面积容量法进行计算，得出规划期限内景区的环境容量如表2所示。这要比客源市场预测的数据小得多。

表2　郑和下西洋文化园环境容量表

序号	功能分区	可游面积/m^2	人均面积指标/m^2	瞬时最大容量/人	日可游时间/h	平均停留时间/h	最大容量/人次
1	郑和国际广场	—	—	—	—	—	—
2	宝船遗址公园	78 000	100	780	8	1	6 240
3	金锚廊桥区	70 000	50	1 400	12	4	4 200
4	宝船博览苑	45 000	50	900	8	2	3 600
5	主题农园	1 600 000	400	4 000	10	6	6 667
	合 计	1 793 000	—	7 080	—	20 707	—

5.6 主要经济技术指标

表3　郑和下西洋文化园主要经济技术指标

序号	项目名称	用地面积/hm^2	建筑面积/万 m^2	容积率	绿地率
1	郑和国际广场	4.70	16.00	3.40	—
2	宝船遗址公园	13.20	0.40	0.03	0.80
3	金锚廊桥区	5.70	2.50	0.40	0.65

续 表

序号	项目名称	用地面积/hm^2	建筑面积/万 m^2	容积率	绿地率
4	宝船博览苑	6.00	3.45	0.57	0.72
5	主题农园	180.00	45.00	0.25	0.85
	合 计	209.90	67.35	0.32	0.81

6 文物保护规划

宝船厂遗址是郑和下西洋文化园建设的缘起，所以，总体方案中的文物保护规划具有举足轻重的地位和作用。近年来，在宝船厂遗址范围内陆续出土了一些古代船只构件、造船工具和材料等，以及现已挖掘出来的明代作塘（船坞），这些都是研究郑和下西洋这一伟大历史的珍贵实物资料。

郑和下西洋文化园的一切建设行为必须遵守文物保护法规的相关规定，不得对文物造成损害，以使文物保护工作得以继续、持续和发展；保护与旅游开发结合、经济与文化相互促进，合理利用、科学整治。

景区建设规划力求还原遗址本来面貌，既保持原有作塘的历史遗迹，又利用绿化等手段保护和美化遗址环境。绿化建设主要以植被根系较浅的灌木、地被、花卉等为主。景区建筑与游览服务设施，规划主要采用明代风格的木、竹结构等基础处理较浅的结构。景区内的交通性道路尽可能采用砂石路面或木板平铺，尽量减少对文物古迹造成破坏的可能性。

由于景区内文物的可视化较差，出土文物的规模和数量均略显不足，因此完备而人性化的解说系统是必不可少的。一方面要使用路标、指示牌、触摸屏、解说图等硬件向游人展示景区的历史文化内涵，另一方面要加强对导游和景区其他服务人员的培训教育，使他们能充分领略“郑和下西洋”主题的文化魅力。只有有效而又成功地整合了郑和下西洋文化景区内的文化遗迹、自然景观、人工景观以及各层级上的生态环境，主题策划方案才是成功的、科学的、可行的，也才能更好地向游客传达本景区内郑和下西洋、航海、造船等主题的文化精髓之所在。

南阳理工学院校园绿化景观改进建议书[①]

1　概况篇

南阳，物华天宝，人杰地灵，是中华文明发祥地之一。多少个世纪前，她向世界奉献了张衡、诸葛亮、张仲景、范蠡等历史文化名人；20世纪，她以千年积淀的深厚文化，滋养了南阳理工学院这所新兴的高校。

南阳理工学院坐落于南阳市风景秀丽的白河南岸，占地面积82.6公顷，建筑面积44万平方米，学院前身是1986年底为适应南阳科技进步和人才战略需要而创办的南阳大学。1992年底经全国高校设置评议委员会评审通过，由国家教委正式批准建校，定名为南阳理工学院。2004年5月，经国家教育部批准，南阳理工学院升格为本科学院，成为一所以工科为主，拥有工、管、文、理、法、医、经济、教育等多学科协调发展的普通本科高校。

目前南阳理工学院的校园规划已基本成形，总体也表现出较为合理和清晰的空间结构。校园内部的绿化景观建设在学院领导和全体师生的共同努力下，已取得了一定的成就，但相对于国内一些重点院校而言，还存在一定差距。在认真听取学院诸位领导意见，并对校园现场进行仔细踏勘之后，我们认为，南阳理工学院校园景观存在着视觉形态单调，对历史文脉思考不够深入，未能充分表现校园的文化个性和特色，绿化种植缺少应有的地带性特色和季相节律变化等问题。因此，本建议书将从地脉、文脉两个方面对南阳理工学院的自然及人文环境加以分析和梳理，主要围绕生态和文化两大主题，从宏观、中观、微观三个层面对校园景观的改进提出建议和构想。

---

① 本文为作者应南阳理工学院领导之邀，于2009年1月赴现场考察后提出的校园景观整改意见。参加工作的还有张健健和曾伟两位博士。

2 分析篇

2.1 地脉分析

南阳市位于河南省西南部豫陕鄂交界处，是一个三面环山、中间开阔、南部开口的盆地，总面积2.66万平方公里。城市的母亲河——白河横贯中心城区，与梅溪河、三里河、温凉河构成城市的水网系统，形成了"山环水绕"的城市景观格局。

南阳处于亚热带向暖温带的过渡地带，属典型的季风大陆半湿润气候，四季分明，阳光充足，雨量充沛。冬季主导风向为东北风，夏季主导风向为东南风；年平均气温14.4～15.7℃，年降雨量在300～1 100毫米之间，无霜期220～240天。古人曾以"春前有雨花开早，秋后无霜叶落迟"的诗句来赞扬南阳良好的气候条件。

南阳市林地面积96.7万公顷，森林覆盖率达34.3%，拥有植物资源1 500多种，森林野生动物50多种。南阳也是全国中药材的主产区之一，药用植物资源丰富，盛产中药材2 340种，其中地道名优药材30余种，山茱萸产量约占全国的80%，居全国之冠；辛夷花产量占全国总产量的70%以上；杜仲有2 000多万株。

南阳理工学院位于南阳市南郊，濒临风景秀丽的白河南岸，环境幽雅。目前，学院规划已基本成形，分为西北校区和东南校区两大部分，其中西北为老校区，东南为新校区。校园规划尊重了原有的地形地貌，也承袭了南阳城市特有的地域景观格局，虽然受用地形状及地形地貌等因素的限制，校园在空间组织上略有凌乱之感，但总体上仍然表现出较为合理和清晰的空间结构。校园内部的绿化景观建设在学院领导和全体师生的共同努力下，也已取得了一定的成就，但还存在一定的问题。如果能充分利用南阳良好的气候条件和丰富的植物资源，精心打造校园绿化景观，将会使学院景观更好地体现地域生态特色，形成优美的视觉感受。

2.2 文脉分析

南阳有着悠久的历史文化，是我国首批历史文化名城之一。早在四五十万年前，南阳境内的"南召猿人"就在这里生息繁衍，使得南阳成为中原人类的发祥地之一。

战国时期，南阳已是闻名全国的冶铁中心。西汉时，南阳"商遍天下，富冠海内"，为全国的六大都会之一。东汉时，光武帝刘秀发迹于此，南阳因此有"南都"、"帝乡"之称。另外，被称为"绣像的汉代史"——汉代画像石无论在收藏数量还是在研究成果上，南阳均处于国内领先地位。

在历史长河中，南阳人才辈出，群星璀璨：举世闻名的“商圣”范蠡、“医圣”张仲景、“科圣”张衡出生于南阳；被称为“智圣”的政治家、军事家诸葛亮曾躬耕于南阳；在现代，军事家彭雪枫、哲学家冯友兰、文学家姚雪垠、“五笔字型计算机汉字输入技术”发明家王永民、著名作家二月河等一大批杰出人物都从南阳走向全国，走向世界。

一所大学要在校园的环境景观上体现自己的文化个性和品位，就应当深入挖掘所在地的历史文脉，并结合自身学科特色，在校园景观中将其表现出来。南阳理工学院是一所以工科为主，拥有工、管、文、理、法、医、经济、教育等多学科协调发展的本科高等院校。学院在校园景观营建中，应当充分发掘和利用城市的历史文脉，为校园景观增添文化气息。比如说，张衡号称“科圣”，又出生于南阳，南阳理工学院应该将其作为校园景观的核心文化资源，而医学专业教学区和经济专业教学区则可采用“医圣”张仲景和“商圣”范蠡作为局部区域景观的重要文化资源。通过将历史文化赋予绿化景观，在校园内形成以绿化为载体，以文化为内涵的景观风貌，既可以体现出南阳理工学院鲜明的办学特色，又可以形成学院独有的文化个性和品位，从而比肩甚至超越国内许多重点高校。

3 理念篇

3.1 主题与目标

基于上述分析，本建议书将从“生态和文化”两个方面入手，对南阳理工学院校园景观的改进提出想法和建议，力争协助学院领导和全体师生营造出“生态为本、文化为魂、美而不奢、简约高雅”的校园景观环境。

3.2 原则

除遵循景观设计的“经济、适用、美观”的一般性原则外，强调：

3.2.1 协调性原则

校园景观是校园一个重要组成部分，景观的建设应以校园总体规划为基础和前提，并与之协调发展。

3.2.2 可持续性原则

景观建设应力求保持空间的延续性和时间的阶段性，每一阶段建设应尽可能利用已建设施，并有利于后期的进一步发展。

3.3 建议

3.3.1 宏观层面

一座校园在满足了规划所注重的功能分区、交通组织、空间结构等基本要求之后，其环境景观的设计和建造就成为校园建设的重要一环。

在进行校园绿化的时候，应从宏观角度出发，在充分考虑当地气候、水文、地质、植被等特征基础上，首先对在校园中以哪些植物为基调树种、哪些为特色树种、哪些区域作重点绿化、哪些区域作一般绿化，如何在校园中体现植物的季相和色彩变化等问题进行一次总体构思；然后对植被的选择和栽植进行统一规划，将节点绿化、道路绿化、林地绿化有机衔接，做到点、线、面相结合，在校园内形成完整的绿地生态系统，并与周边区域绿地系统相融合。

在进行绿化规划的同时，应当有意识地将当地和学校自身的历史文脉加以梳理、整合，有选择地将其融入校园景观之中。正如前面分析篇所述，南阳地区历史文化资源丰富，历史名人众多。结合南阳理工学院的办学特点和学科特色，可以选择“科圣”张衡、“医圣”张仲景、“商圣”范蠡作为学院文化景观的代表。而其中又以张衡与学院工科为主的办学特色最为贴近，因此可以用张衡作为校园景观的核心文化要素，同时以张仲景和范蠡作为相关专业教学区景观的重点文化要素，从而形成“一主二辅”的校园文化景观结构。

3.3.2 中观层面

在总体构思确定后，中观层面应该在总体思路的框架下，考虑行道树以及各主要功能区(教学区、行政区、体育活动区、宿舍区等)的植物选择与搭配。在选择与搭配植物时要注意形成各区域的特色，比如在入口处及中轴线上，应该栽植树形美观大方的植物，并配以草坪和模纹花坛，形成开放而又富有秩序的入口景观；又比如栽植行道树的时候，可以采用一路一树或两路一树的方法，即一条或两条路栽种一种行道树，从而使不同路段形成不同的景观特色；而在体育活动区则可以采用葱绿的树木和艳丽的花草，通过运动感、秩序性强的种植方式，呈现出活泼和动态的植物景观，从而使不同区域给人留下不同的记忆和印象。

同时，在进行各分区绿化的同时，要考虑如何将文化元素注入进去，与植物景观相融合。具体规划时，应该考虑文化景观具体的布置位置及表现手法，比如在校园的中轴线上布置张衡的浑天仪雕塑，而在校园的其他一些文化休闲区域，则以张衡的其他发明为题材建造景观小品加以点缀，从而体现张衡在校园文化景观中的核心地位。在医学专业教学区和经济专业教学区附近可以用张仲景和范蠡作为主题文化元素，与绿化景观相结合。文化景观的表现手法应该丰富而多样，除了单纯的人物雕像外，还可以采用景墙、浮雕、文化柱、亭架等多种形式的景观小品来加以表现。

3.3.3 微观层面

微观层面上，将就本次现场踏勘中重点讨论的六个校园节点提出改进的构想和建议（图 1）。

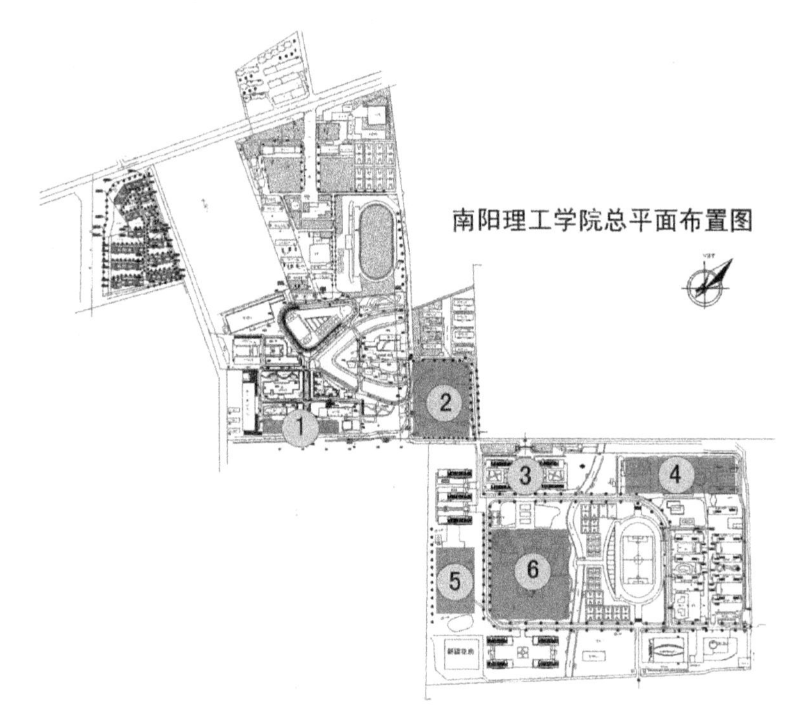

图 1 景观节点分布图

节点 1：西北校区金工实习车间东侧带状用地

建议将该用地作为南阳理工学院的纪念林。一所大学的历史和文化氛围是在长期发展中不断积累的，是由一代又一代的师生员工共同创造的，而纪念林就是校园历史和文化积累的理想见证。随着南阳理工学院今后的不断发展，其在国内外的影响力也将越来越强，每年都会有大批的校友或名人来到学校参观访问。在此处专门划出一块区域建造纪念林，请每一位到访的校友或名人亲手栽下一棵树，让他们在校园里留下自己美好的纪念和祝福，这对于创造校园历史文化氛围、培养学生对学校的感情、增强学校的凝聚力都是很有帮助的。用地南侧的围墙可以用紫藤或爬山虎等攀援植物加以修饰。

节点2：西北校区毓秀园

此处是校园中一处重要的自然休闲场所。建议在保持自然格局的前提下，首先尽可能增强草地的可进入性，使师生可以在草地内休憩、交谈和活动，为他们提供户外的休息交流场所；其次，可以将园中一些区域建造成专类植物观赏园，在其中选择一些当地长势良好、观赏性强的植物比如海棠、月季、丁香、杜鹃等，从而将此处营造成自然、美观、舒适的休闲活动场所。

节点3：东南校区张衡像

此处在将来北门打通后将成为东南校区的主要入口轴线，因此应该营造美观、大方、开放的景观效果。近期可以将张衡像两端的绿地草坪精心打理，在草坪内栽植模纹花坛，用色彩艳丽的草花形成色块，丰富该区域的植物景观层次和色彩，让人在一进校园的时候就感受到南阳理工学院蓬勃的生机与活力(图2)。同时，在草坪边缘可以适当布置一些休息坐椅，供师生课余休息。远期当图书馆建成，在中轴线上竖立起浑天仪雕塑之后，可以考虑将张衡像迁移到别处，入口区域专门开辟为草坪和模纹花坛，形成更为大气和开放的入口景观氛围。

图2　模纹花坛

节点 4：东南校区南宁园

该地段目前景观比较荒凉，而且将来三栋高层住宅楼建成之后，也将会留下大量的建筑垃圾。因此，建议将该地段与住宅楼共同建设，住宅楼建设过程中的建筑垃圾可以在南宁园区域就地掩埋，这样既处理了建筑垃圾，又可以在园中堆建微地形，形成起伏有致的地形变化。可以将建筑垃圾深埋入地下，并置换出好的土壤作为表层覆土，在其上进行绿化种植，铺筑游步道路，建造亭廊花架，形成自然式的生态小游园。

节点 5：东南校区药用植物园

该地段目前主要存在问题一是药用植物长势不够好，二是景观效果不佳。建议首先要从景观的角度来整体规划，塑造地形、种植一些地带性植被以形成总体的景观骨架，然后根据不同药用植物的习性（比如喜阳、喜阴、喜湿等），模仿其在自然界的生活环境，为其建造适宜的生长区域，再将其进行合理的分区栽植。其实，药用植物并非都只是低矮的草本植物，也有许多乔木和灌木类植物，比如杜仲、药用木瓜、金银花等，可以将它们按生活习性加以搭配栽植，既可以形成满足不同植物生活习性的自然群落环境，又可以形成良好的景观观赏效果（图 3）。

图 3　模仿自然植被群落的药用植物栽植

药用植物的栽培对环境条件要求严格。各种药用植物对光照、温度、水分、空气等气候因子及土壤条件的要求不同。具体来说，可以在现有场地参照当地的自然植被群落结构，将地被植物、花灌木、乔木搭配形成多层次光利用结构，创造出草地区、疏林区、密林区等不同程度的透光区域，利用道路、地形、水体、植被来划分组织成不同的景观空间，再将不同习性的药用植物栽植其中。喜光的可以种在阳光充足的草地区，耐半阴的可以种在疏林或花灌木区，喜阴的可种在密林或大树下，喜湿的可以种于水边等等。各空间单元可采用专类栽培或专题栽培方式，即相同习性的植物种在一起，或反映相同主题的植物种在一起。比如太极阴阳花坛中就可以将开白色花的药用植物和开深色花的药用植物并置其中，形成太极阴阳图案的主题。

对于藤蔓药用植物专类园，布局上应符合藤蔓植物生态习性，并结合园艺技法，体现自然朴野、清幽潇洒的风格。凡是疏林、树丛、孤立树、山石、亭架都可以成为藤蔓吸附攀援的支架，花开于叶下者可以设架引爬，花开于叶上者则可以作为地被用，增加自然野趣。通过树木的种植、山石的布置、亭架的建造，不仅可以创造藤蔓攀爬的环境，而且可以丰富园中景观的观赏效果（图 4）。

图 4　丰富多样的藤蔓攀援方式

在园中除了放置张仲景雕像外，还可以设计以张仲景采药制药、救死扶伤为题材的景观小品，为园中增添文化气息。

节点 6：东南校区南湖岛屿

该区域有着较好的自然生态环境，稍加改造将成为师生休息、活动的理想场所。目前水面岸线和岛屿的形状都较为呆板，综观园林中营造成功的水体，都有着曲折幽深的岸线、美丽的岸边种植以及亲水休闲空间，因此建议适当增加现有岸线的曲折度，加上岸边植物的栽植，使得水面空间时开时合，创造丰富变化的景观效果。岸边的处理方式可以多样化，比如栽植水生植物，并配以耐水湿的乔木，点缀河滩石，形成自然的水岸环境(图 5);也可以设置亲水平台或木栈道,形成亲水的景观环境等(图 6)。

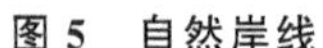

图 5　自然岸线

图 6　亲水平台

岛上可以点缀亭榭等建筑景观小品,既丰富了景观,又增添了休息活动的空间,植物配植要注意选用树冠分枝点高的大型乔木,这样不会遮挡岛上的亭榭等建筑景观小品,同时也能形成理想的构图和水面倒影效果(图 7)。岛的形状可以适当改造,使其更具岛屿的形态。岛屿边缘可以点缀山石,配以临水植物,尤其是像迎春一类的枝叶下垂型的植物,可以和水面形成优美的画面效果。岛屿和陆地之间可以架设木质曲桥,以方便交通联系。

图 7　颐和园中的岛屿

有形与无形旅游资源的整合[①]

——登月湖风景旅游区创意策划分析

仪征市登月湖风景旅游区是以月塘和捺山为核心，以三石(雨花石、石柱林、木骨化石)为特色的具有浓郁乡村风情的度假型风景区。本规划利用该区内在量上并不占主导地位的"三石"有形旅游资源，深度挖掘与之高度相关的无形的历史文化资源，加以整合、放大、创新，策划了"中国叠石博物园"，将其作为整个风景区的拳头产品，从而提升了登月湖风景旅游区旅游产品的竞争力，为整个景区的开发提供了强大的驱动力。

登月湖风景旅游区位于江苏省仪征市西北部，是以月塘水库为主体(含捺山)而规划建设的一个旅游度假区。本项目规划的主要范围是沿水库标高30米线向外延伸约2千米左右，区域内包括谢集、月塘、龙山、赵桥、补锅周、尹家山、梅庄、洪营、马家祠堂等89个村组。总面积约32平方千米，其中游览区面积8.9平方千米(含水面2.1平方千米)。

目前，该区域自然资源处于未开发状态，农业生产水平相对较低，受多级提水、农业基础设施较差等因素影响，农业经济效益不高，农民收入处于较低水平，同时，该区域岗坡丘陵地面积较大，不利于水稻等农产品的种植。属全市贫困地区，多年来，农民增收乏力。因此，必须花大力气调整优化农业生产结构，发展具有比较优势、效益高的茶叶、果品、桑蚕、花木、水产等产业，进一步增强农产品竞争力，提高农业综合经济效益。同时，发展生态农业观光旅游这一主旋律，以登月湖景区为中心，积极调整农业种植结构，大力发展观光农业，全面提升区域生态环境，创建区域特色，实现农业

① 《仪征市登月湖风景旅游区总体规划》已于2003年通过专家评审，并付诸实施。限于篇幅，本文删除了原规划文本中"客源市场分析、现状调查及分析、旅游服务设施规划、基础设施工程规划、旅游产品开发与规划、风景区容量与环境保护"等章节内容。规划过程中，得到仪征市委副书记刘本义先生以及各有关部门和乡镇的大力支持；江苏东方景观设计研究院郑文通、刘志祥、郭林兵，东南大学旅游学系王金池、黄羊山副教授等参加部分工作。谨在此一并表示感谢！

自然风光与人文环境和谐共融，使园区成为仪征区域内甚至省内生态环境良好、设施先进、管理科学、效益显著、系统协调的现代化农业旅游观光园。这也是响应水利部充分利用水库资源，发展旅游事业的号召的实际需要。

1 基础分析

1.1 区位分析

登月湖风景旅游区，距中国历史文化名城扬州约 25 千米，距仪征市区 15 千米。本区距沪宁杭经济的核心——上海只有 270 千米，有京沪高速公路贯通扬州，且是宁镇扬 1 小时大都市圈的核心。宁通高速公路经南京长江大桥或南京二桥直达扬州。润扬长江大桥、宁启铁路和沿江高速公路以及规划中的扬州机场，进一步拉近了登月湖风景旅游区与周边大城市的时空距离，凸现了仪征在宁镇扬 1 小时都市圈中的区位优势。

1.2 资源分析

登月湖风景旅游区，尽管是以月塘水库为主体，但与江苏省内六合的金牛湖、溧水的东屏湖和溧阳的天目湖相比，该水库并无资源优势。能体现区内资源个性特征的是被誉为“中华一绝”的雨花石。由于独特的古地质条件，仪征的雨花石蕴藏量占了全国总量的三分之二，销售量占全国的 90%。随着全国石文化的兴起，采石、赏石、购石、藏石之风渐渐风行，雨花石形神兼备，韵味无穷，千姿百态而又无所不包的意境、形态、色彩、纹理之美，正蕴含着巨大的旅游商机。此外，区内捺山独特的石柱林和木骨化石遗址，把极具偶然性的地质奇观合二为一，极大地增强了捺山作为地质科普教育基地的利用价值，而且捺山木化石遗址已发掘出的大量木化石由于其色泽古朴而典雅、形备而神具，具有很高的观赏和美学价值。这三石合为一体是该区最具特色的石文化旅游资源。

然而，单凭“三石”还成不了有影响力的产品，必须将其按一定方式加以整合。当我们分析仪征和扬州的历史文脉时，惊奇地发现：扬州不仅“以叠石胜”，而且，叠山造园名家计成的传世名著《园冶》正是在仪征寤园写成的[①]。将这一无形的人文旅游资

① ［明］计成原著；陈植注释.园冶注释.北京：中国建筑工业出版社，1988：46

源和有形的三石自然资源有机整合，策划“中国叠石博物园”，将是登月湖风景旅游区旅游资源开发的一个亮点。当然，作为一个旅游度假区，也应该利用登月湖的水体、农村环境，为旅游的“六要素”提供产品。

1.3 市场分析

仪征市政府于1999年起对登月湖水库进行旅游开发，目前已形成了水上乐园、岛上观光茶园和雨花石寻赏区三个旅游景点。拥有画舫、水上快艇、垂钓中心、沙滩浴场、仿古水车等一批特色旅游项目。自开业以来已取得较好的经济效益，逐步成为仪征市最有代表性的风景旅游区。2000年游客量达6万余人次，2001年增加到8万余人次。2002年“五一”黄金周期间，登月湖风景旅游区接待游客21 200人，上半年共接待游客7万余人次。显示出登月湖风景区对游客存在着较强的吸引力。

从目前国内度假旅游市场与区域旅游环境来看，城市近远郊地带的湖泊等水域风光带，是人们旅游度假的首选。处在南京与扬州两个城市之间的登月湖，其区位条件、资源条件及周边环境，均符合目前城市居民的度假消费心理要求。

登月湖风景旅游区处于宁镇扬1小时都市圈核心位置的区位优势和本身资源的特色优势及互补性，结合宁镇扬1小时都市圈范围的1 500万人口以及沪宁杭这一中国最大经济三角地区的数亿人口，都说明随着宁镇扬经济三角区的发展对仪征旅游经济的影响以及仪征逐步纳入宁镇扬大旅游圈的进程，以及沪宁杭经济区在整个中国经济地位的进一步提升，都将使登月湖风景旅游区的旅游价值进一步凸现出来，并且蕴含着巨大的旅游商机。如果开发措施得力，宣传促销到位，登月湖完全能够满足城市居民在度假休闲旅游方面的需求。

1.4 开发现状分析

尽管登月湖风景旅游区的旅游开发初见成效，但也存在下述问题：

(1) 产业不完备。除游船、沙滩浴场等可以接待游客，目前还没有宾馆等旅游设施。

(2) 交通不便。目前不仅没有到达风景区的交通车，道路上山石运输车也太多。

(3) 资源的开发与利用还不够。登月湖风景区拥有丰富的雨花石资源，这一资源可以说是举世无双，对许多人来说都有着很强的吸引力。还有诸如绿色茶叶等旅游资源，尚未得到充分的开发与利用。部分旅游资源遭受破坏；尤其是雨花石，大量的开采将会使资源枯竭。

(4) 竞争压力大。与六合的金牛湖风景区相比,旅游资源具有一定的相似性,因而具有相应的竞争压力。

(5) 知名度较低。由于登月湖尚处在开发的初期阶段,宣传促销等方面的工作尚没有完全展开,因此,除了周边地区的居民对登月湖风景旅游区有所了解外,周边大城市如南京等地,知道登月湖的人还比较少,与邻近的六合金牛湖相比,知名度相差较大。登月湖风景区,应该充分利用登月湖附近的雨花石矿区等资源,加大产品开发和宣传促销力度,吸引周边大城市的客源,以提高景区的经济效益。

(6) 缺少有影响力的大项目。在这方面,应加强有影响力的项目策划与建设。

2 登月湖风景区的性质、市场定位与发展目标

2.1 风景区性质

以登月湖和捺山为核心,以三石(雨花石、石柱林、木骨化石)为特色的具有浓郁乡村风情的度假型风景区。

2.2 项目定位

综合考虑登月湖现有的旅游资源,结合客源市场、旅游业发展目标和周边地区的协作与竞争关系,登月湖风景区应以度假型观光农业为主要发展方向,以三石文化为特色招徕客源。其项目定位应为:**寻找雨花石,采摘四季果,品尝农家菜,欢乐登月湖**。

2.3 发展目标

通过分阶段的开发与建设,逐步把登月湖景区建设成为集度假、观光、考察、生态旅游、乡村旅游等为一体的多功能、综合性的**省级风景旅游区**。在促进本地旅游经济发展的同时,为丰富人民文化生活作出自己的重要贡献。

3 分区规划

3.1 观光农业区

在开发登月湖环湖景区的同时,沿湖自然农业资源旅游的开发是风景区可持续

发展的重要环节，该区集农业生产、观光旅游、生态保护为一体，主要包括“世外桃园”生态农庄、农业蚕桑经济示范园、花木经济示范园等几个部分。

3.1.1 生态农庄

生态农庄包括登月鱼庄(竹楼)、四季观光果园区、生活服务区、农家旅馆、禽畜养殖区、有机农业生产区、游客植树区等几个部分。

鱼庄。位于滨湖地带，内建贮鱼池，客人可在贮鱼池垂钓或用网捕捞，钓到或捞到的鱼归自己，可委托园中饭店加工，也可带回家中自己烹制。另外还可建观鱼池，放养各种适合登月湖水质和气候条件的观赏鱼类。

观光果园。占地面积约为 2.24 平方千米，以苏园开发中心综合开发基地 508 亩的“丘陵山区经济林果科技示范园”为源点，向东延伸，综合开发谢集乡与月塘乡交界的后山区，将原有的各种果类园扩大生产规模，使四季都有相应的果实供游客采摘，使游人兴趣倍增。

生活服务区。安排承包农户的住所，也可在此设立农家旅馆，以及游客购物场所等。

禽畜养殖区。生态农庄可利用丘陵山地，从事山鸡等养殖活动，为游客提供质优、味正的土产禽畜。

有机农业种植区。完全按照生态标准生产出来的有机蔬菜深受城市居民的欢迎，生态农庄内应大力发展有机蔬菜的种植，以供游客到此食用和购买。

游客植树区。雁过留声，人过留名。在生态农庄范围内划出一定的区域，让游客植树作为纪念。

3.1.2 农业蚕桑经济示范园

占地面积约为 2.15 平方千米 ，根据现场了解，以及谢集乡所提供的部分材料，谢集乡西部至登月湖东侧有零星村庄种桑养蚕。这些村庄土地资源比较贫瘠，地势较高，水利落后，属于丘陵地势，适宜种桑养蚕。这样不仅能有效提高经济效益，还能起到丰富农家乐旅游活动的作用。

3.1.3 花木经济示范园

占地面积约为 5.09 平方千米，全国园林生态化退耕还林，是社会发展的要求。花木示范园的开发，不仅是退耕还林的有效途径，同时也有着广阔的市场前景。在景区内开发花木示范园，一方面能够丰富景区内的旅游资源，同时还能通过向游客出售花木等途径，促进花木产品的销售，降低园区管理成本。花木示范园以种类植物园的形态，丰富景区植物的整体内涵，使整个景区成为植物学实习基地。

3.2 滨湖休闲游览区

该区总面积为6.8平方千米，分为休闲区、餐饮健身区和娱乐游览区。

3.2.1 休闲区

梅园：位于风景区西北部，占地面积0.28平方千米。根据地形将地势加高，形成山坡，园区设有听松亭、梅香院、书院。内种龙游梅、垂枝梅、宫粉梅、江梅、绿萼梅、玉蝶梅、朱砂梅、大红梅、洒金梅、单粉梅、双粉梅、残雪照水梅、白碧照水梅、五宝照水梅、杏梅、素心蜡梅、罄口蜡梅、红心蜡梅、夏蜡梅等近500个品种。冬雪融融，梅香四溢，傲雪长存，更是人们游览的胜地，梅香院细品梅香，书院或抒情，或交友清谈，更是一番享受。

荷园：夏日炎炎，万物都被滚滚热浪所笼罩，然而面积约为0.1平方千米的荷园却青青荷叶，迎风摆动，荷香飘逸，沁人心脾，古人对荷花赞美之辞不绝于耳，"小荷才露尖尖角，早有蜻蜓立上头"的意境，"出淤泥而不染，濯清莲而不妖"的莲性写照。荷花在各个领域都有着不同寻常的地位，医学上认为荷叶泡茶常饮，可使人避暑清脑。佛学上更具渊源，荷花莲子是佛学的坐台，传说中哪吒三太子乃是莲子化身。在荷园中设有夕阳院，专为老年人提供避暑纳凉的地方，棋院更是人们休闲消暑的绝佳地。

茶园：现有面积约为0.52平方千米，本规划将在原有茶园基础上北扩、西扩，与半岛茶园连为一体，形成一个生产、观光茶园，身着地方特色服装的采茶姑娘唱着悦耳的歌声，边摘边唱，其乐融融，形成一幅优美的农村劳作画卷。而登月茶，曾多次获同类产品特等奖，人们在游览之余坐下来，细细品味登月茶，人们还可以参与小型手工作坊的摘茶、炒茶、制茶等过程，亲身体味其中乐趣。

休闲度假园：园区共分两大区：一为别墅休闲度假村，面积约为0.16平方千米，共68幢，现代豪华而理性化的设计，城里人可以直接购买或租住，呼吸农村新鲜空气。二是宾馆休闲度假区，为游客提供星级的生活服务，人们可以夜宿于登月湖畔，尽情欣赏美丽的乡村风景。

乡村林地(寤园)：位于登月宾馆东侧，占地面积约为0.27平方千米，与池杉林紧紧相连。该区作为小型高尔夫球场的预留地，近期以在起伏的地形上栽草植树，形成乡村林地景观。入口处建"寤园"，借以纪念一代造园宗师计成和《园冶》。园中用各种景石展示中国园林叠石风采，构成露天叠石园。

垂钓趣园：位于登月湖东侧，湖滨面积约为0.2平方千米，水岸线约160米，园区有垂钓台、鱼水情、渔具展馆、垂钓俱乐部。渔具展馆可让垂钓爱好者尽观古今中外渔具,俱乐部内垂钓沙龙,人们可以各抒己见,尽展心得;木质的垂钓台,伸延外挑,增强了垂钓的面积,既可让游人散钓,也可举行大规模的垂钓赛事。

3.2.2 餐饮健身区

吟月休闲健身广场:位于登月湖西岸湖滨,面积约为 0.43 平方千米。此广场采取现代的设计风格和理念,全场设计为树林广场,内设"月泉"、"月桥"、"树林健身广场"。"月泉"运用人工雾状喷泉,增强了广场的艺术化和神秘感,半弧形月桥,外延至湖滨,增强了广场的亲水效果。大面积的树林广场以常绿的香樟为主干树种,下设微型趵突泉,广场中间留有近 500 平方米的舞池,而所有的广场园林小道都用鹅卵石铺成健身道,与平面而精致的花岗岩铺装形成鲜明的对比。广场所有采光都运用园林地灯或脚灯,灯色分为统一的蓝色,清澈而晶莹;统一的绿色,神秘而联想;统一的红色,浪漫而热烈。整个广场充满着现代气息和艺术魅力,从而能有效地带动乡镇城建的发展,为乡镇居民和游客提供一个优良的休闲健身场所。

美食广场:位于月塘乡镇东侧,健身广场西侧,面积约为 0.26 平方千米。登月湖风景区最为重要的价值因素是无污染,这可作为饮食文化的重要资源进行开发,可提供以砂锅鱼头等为代表的无污染水产品、无污染蔬菜等一些农村土特产制作而成的月塘农家饭,如大仪风鹅、新城猪头肉、谢集臭干等,不仅能提高游客的回头率,同时能进一步带动三产发展。

3.2.3 娱乐游览区

雨花叠石园:位于梅园南侧,占地面积约为 0.39 千米。根据现场勘察以及有关的地形资料,此地呈东低西高,落差有大有小,地势复杂,最有利于造山叠石,大面积的大体量的黄石叠砌成形态各异,统一而丰富的假山,地下满铺雨花石,鹅卵石,人们可以亲自采拾天然雨花石,巧遇有缘人。在园区最高处,用叠石砌成的雨花石展馆,人们可以在此欣赏到千奇百怪的异石,同时设专家组,不定期举行各种收藏交流,游人可以将捡拾收藏的奇异雨花石来此交流鉴赏。同时,结合仪征园林的历史文脉,策划中国叠石博物馆。园中还设立让游客参与雨花石加工的场所,游客可在工作人员的帮助下,把雨花石加工成各种挂件、配件等,带动销售,同时还能提高游客的满意度。

竹园:位于谢月线南侧,烈士陵园东侧,占地面积约为 1.1 平方千米。竹文化在我国具有特殊的地位,文人墨客常将竹作为各种艺术的题材。该区不仅栽植孝顺竹、凤尾竹、慈竹、菲白竹、毛竹、桂竹、斑竹、刚竹、罗汉竹、紫竹、淡竹、箬竹、粉背竹、佛肚竹、早园竹、黄金间碧玉、碧玉镶黄金、刺竹、方竹等近 500 个竹种,使之成为一个竹类百科园，还将收集展示大多竹文化艺术品供人们欣赏，如竹制艺术品、竹制生活用品，竹楼、竹饭等。

沙滩水上乐园：面积 0.21 平方千米，为主入口第一园，是融吃、住、购、浴于一体的昼夜湖滨沙滩浴场。园内设有人工湖滨浴场、水上运动场、温泉游乐宫、水上客房、沙滩高尔夫、排球、足球等沙滩运动项目；同时具有中餐、快餐、风味小吃、冷饮的小吃街；沙滩上帐篷、太阳伞鳞次栉比，救生艇、豪华碰碰车、东方幸运车、高速快艇、健身理疗器具、多功能水滑梯等一系列的游乐设施。此园位于南入口，交通方便，位置适宜，设备齐全，水清沙细；或激情运动，或阳光浴，或沙滩浴，或水浴，无疑是盛夏休闲娱乐首选之地。

观月园：位于水上乐园北侧，占地面积为 0.17 平方千米，观月园因观月而得名。内有观月台和观月塔。观月塔塔形为六角塔，高 50 米，位于整个景区的中心，人们置身塔顶可尽览登月湖全貌。观月台则在园区西湖滨，人们可以在此观赏湖面的鳞波月影。

登月园：位于鸭嘴半岛，占地面积约为 0.21 平方千米，因登月茶而得名。园区以半岛、孤岛的形式来表现，共分三块，北区的茶园半岛为主体，与茶园形成统一游赏景点，是茶园品茶观茶道的主要场所，人们通过人工假山道到达中块孤岛，过曲桥可达南块孤岛，或用筏艇近之。如桃花源般的登月观光茶园，游客不仅可以品尝汤色鲜嫩、清香爽口的绿杨春系列的"登月茶"，更可以围上腰裙走入茶园，在蓝天之下，碧水之滨亲身感受采茶、制茶的乐趣。游客还可进行捕鱼、烧烤等集体游戏活动。可在岛上建造小型木屋 20～30 幢，供人们在此休闲度假，游客可在木屋里从事打牌、下棋、聊天等休闲活动。

景观植物园：位于沙滩水上乐园东侧，占地面积 0.73 平方千米，为花木生产区产品的展示区。分为景园树木区、庭荫树木区、花木观赏区、果木观赏区、藤本与地被植物区、盆栽植物区、观赏竹区。并有观月台、儿童乐园等景点设施。

名人岸：位于挑战极限北侧，沿湖滨而建，面积约为 0.21 平方千米，通过石碑、石刻、雕塑等多种表现形式，结合沿岸绿化景观，展现仪征古今名人历史事迹。

3.3 景区防护林区

位于生产区与旅游区之间，建立一道防护林区，主要有两处，一处是茶园北侧，占地面积 3.8 平方千米，另一处位于烈士陵园、竹园南侧，占地面积约为 4.25 平方千米。防护林主要以针叶树种和落叶阔叶树为主，一方面起到防保风景区的作用，一方面又能起到背景艺术的作用，更能够反映整个风景区的季相效果，有效改善风景区的空气质量。

3.4 捺山景区

捺山地处市区西北部的谢集乡境内，是仪征市第二高峰，海拔 146 米。山上有天池，水冬夏不绝。在捺山脚下几十米以下的沙层里，蕴藏着国内外罕见的木、骨化石群。此处化石，形备而神聚，色泽古朴而典雅，不仅量多，而且质优，是石中之珍品，被美称为“石中之王”。据查，木化石群在国外也有被发现，我国仅有 11 处，在各处中，数量最多、树种最多的要首推捺山木化石群。在景区内拟建设一座木、骨化石展览馆，将捺山的木化石通过整理、收藏、展示于世人面前，不但具有很强的观赏性也具有很高的经济价值。同时可利用此处废止的采矿场，建设攀岩活动场所。捺山现有采矿场已经停止采矿，可以通过对现存的矿石进行设计和整理，使之成为整齐有序而美观的石柱林，同时还可把木化石、雨花石、玉石等各种珍稀石种汇集于此，建设“中华奇石园”。

4 结语

与南京的金牛湖、东屏湖和常州的天目湖相比，登月湖风景旅游区基地的旅游资源较为贫乏。本规划利用该区内在量上并不占主导地位的“三石”资源，深度挖掘与之高度相关的历史文化资源，并加以整合、放大、创新，策划了“中国叠石博物园”，用寤园、雨花叠石园、叠石博物馆等加以体现，并将其作为整个风景区的拳头产品，从而使登月湖风景旅游区的旅游产品得以提升，这对整个景区的开发无疑将起到带动作用。

《说石构景》序

近日，收到中国农业出版社原编审林新华先生的巨著《说石构景》的书稿和他写于5月22日的长信，深深被他为了写好此书而“读万卷书，行万里路”，一丝不苟、实地调研的精神所感动。林先生在他退休后的7年中，花了整整4年的时间专门考察神州大地上的与石头有关的景观，从武夷山的双乳峰到张家界的李溪峪，从泰山新入口广场的龙柱到明清渭北地区的拴马桩，还有泉州的老君像、孔庙的须弥座……积累了4 000余张精美照片，整合、精编成《说石构景》一书，并确定在中国建材工业出版社出版。他的这种务真求实，在时下略显浮躁的学术氛围里，尤其难能可贵。

林先生在来信中说：“这二三十年，虽然石景在旅游环境营造方面不可缺，也有些好的设计，但创新视野还是很不够，或者说存在一些不足。综合景观的、城市景观的书有一些，针对石景配景的专著较少，这个想法可能片面……”事实就是如此，关于石景的专著，国内仅见我扬州的朋友方惠写过《叠石造山》(中国建筑工业出版社1994年版)一书；国外的有关专著，日本较多，源于其枯山水园林发达；还有就是美国西雅图的园林作家简·怀特纳(Jan Kowalczewski Whitner)先后送给我的两本专著——《石景：花园石作指南》(*Stonescaping: A Guide to Using Stone in Your Garden*)(1992)和《石头造园》(*Gardening with Stone: Using Stone Features to Add Mystery, Magic, and Meaning to Your Garden*)。但这几本书，或纯技术，或纯科普。说白了，缺少点文化，缺少点深度的理论分析。

《说石构景》全书分为石道因缘、石艺精魂和石景赏析三篇。“石道因缘”不仅从山石自然风景的构景奇观、大型天然观赏石人工造景的智慧、人与天然观赏石含情脉脉的对话三个方面描摹了大自然借石头给予人类的无偿恩赐，还向读者展示了石饰建筑与石雕艺术的无穷魅力。“石艺精魂”则自石元素对景观构成的影响、石作造型在景观设计中的作用和石构景观设计中的审美规律入手，阐释了石景在景观设计中的文化特性和艺术精神。“石景赏析”篇分大型纪念性石景、国家文化遗产中的经典石景、民间传统园林中的珍贵石景、现代城市广场艺术石景、主题石景新园、地域性标志石景、文化名人墓园石景 7 章,引导读者领略全国名胜园林石构景观风采。图文并茂,美不胜收。

拜读之余,真为能先睹这部关于中国石文化的经典之作而兴奋不已。作者希望我为书稿写篇序,真不知如何是好!好在信中言明"不求溢美之词,只盼将您对旅游石景建设的一些思考与建议,表达给同行人来有帮助,……"我也就在此谈一些对石景的认识。

中西方在对待山石的问题上有不同的民族心理。西方历史上对待石头的态度根源于古代中东和欧洲的文化传统。那里,自然的岩石,易使人联想到多石的、荒凉的地域,没有在园林里发生实质性的作用,但石块在很早的时期起就被用于建造亭子、水池和其他构成花园硬质景观的特征。考古学家在整个中东发掘出的花园遗址表明,使用石头的一致的设计特征形成了所有乐园的特色。石雕水渠、石质水盆(池)、带石屋顶的亭子、石制喷泉等对欧洲园林建筑设计有深远影响。大量的巨石和史前墓的遗迹(dolmens)[①]散布于欧洲的事实提示我们,这一地区的人民在很早的时期已与风景中的石头和岩石有精神联系。

但西方早期人与石的这种精神联系是对岩石的恐惧和敬畏。在欧洲的斯堪的纳维亚半岛(Scandinavia),霜精、巨人和侏儒(矮神)被认为常出没于山巅,在欧洲的其他地方的寓言中,山岳被确信是女巫、狼人和被打入地狱的鬼魂之家。同样道理,西方自中世纪早期直到 18 世纪的文学和绘画通常把天然石头的特点描述为异己的和恐怖的地域,几乎没有内在的美。迟至 17 世纪后半叶,一个到过阿尔卑斯山脉的英国旅行者托马斯·博内特(Thomas Burnet)写道:"(山脉)既无形式也没有美,没有形状,没有秩序。在自然界里,再没有什么比古老的岩石或一座山岳更无形状和拙劣的图案了。"因而在西方园林界,尽管园林艺术家们详尽地评价了植物和水在景观构成中的作用,却很少关注自然的石头。在 18 世纪之前的西方园林中,只使用切割的石块,作为墙体、台地、喷泉、路径和其他园林构件的组成和装饰。直到 18 世纪浪漫主义运动开展后,自然状态的石头才开始具有精神或文化意义,自然景观不规则的美和自然石头的构造美得到欣赏,并导致西方园林中自然石头和岩石假山的出现。

中国人对待石头的民族心理完全不同:千百年来,中国人一直坚持着完整的尊山传统,把山作为精神力量的中心。中国园林中的假山是与中国园林本身同步起源的。它的雏形是殷末周初帝王园囿中的"台"。秦、汉时的假山是远景式的土山和土、石结

---

① 又译石室冢墓。史前遗物。以数块巨石植于地上,边向外倾,上承石板以为顶,用作墓室,为新石器时代欧洲典型结构。主要为欧洲、不列颠诸岛及北非之产物。

合之山。魏晋南北朝时，假山叠石在中国古典园林中的主导地位逐渐得以确立，并开始转向近景式的写实风格。隋、唐时期，人工造山虽不多见，但已普遍认识到山石的审美价值，并将其“特置”于园林或清供于盆中借以珍赏。宋代，不仅以摹写自然为主的写实式假山至此达到最高水平与最佳状态，而且也开始使用天然石块为主堆叠假山（叠山或掇山），且已达到相当高的水平，还出现了专门叠山的匠师。明、清两代又在宋代的基础上把叠山技艺发展到“一拳代山，一勺代水”的写意阶段，而且名家辈出，这些假山宗师从实践和理论上使中国古典园林中的叠石造山艺术臻于完善。

很显然，人工造山理应包括土山、石山及土石结合之山的构筑。然而，唐、宋以降，中国的爱石、品石、写石之风颇为昌盛；与之相适应，置石（叠山之特例）与叠山在人工造山中愈来愈重要，乃至到明、清之际成为园林造景的主流，土山反而退居其次了。事实上，能够在世界造园史上独树一帜的假山，主要是指石山，它是中国古典园林的一个突出标志。为了反映假山的这一演变过程，突出石与叠石在中国古典园林中的特殊地位，常用“叠石造山”这一术语作为人工造山之别称。

经过历代匠师的艰苦创造和几千年的经验积累，假山叠石业已成为中国园林中最富表现力和最有特点的艺术形象。它的一脉相承，盛行不衰，甚至当今依旧出现“假山热”，表明它在中国有着深厚的文化根基，是癖爱山石这种审美情趣的生动写照。它对于中国园林，就像雕塑对于西方园林一样同等重要。“石令人古，水令人远。园林水石，最不可无”（《长物志》）。如果说“本于自然，高于自然”是中国古典园林一个最主要的特点的话，那么，造园艺术之所以能够体现“高于自然”这一方面，主要即得之于叠石这种高级的艺术创作。

由上可见，西方园林中石山的出现比中国晚了两三千年，但因为现代西方人愈加尊重自然景观本身，他们试图把完美的乐园转变成一座自然的伊甸园（natural Eden），认为未来景观设计师的职责是变“对称”为“和谐”，以产生一些新的景观式样。为了做到这一点，西方的景观专家正努力从东方园林，尤其是我们的叠石艺术中寻找灵感；无论是理论还是实践，在现代石景艺术上业已走到我国前面。我国古典园林的叠石造山艺术已达到鬼斧神工的境地，而现代景观设计中的石景艺术才刚刚起步！从这层意义上来说，林先生的《说石构景》无疑是雪中送炭，将为我国石景设计和石景文化研究起到基石作用。故乐为序。

2006 年 5 月 29 日于石城书屋

赴意大利考察报告

东南大学代表团于2009年6月8日至17日赴意大利博洛尼亚参加第2届国际景观和城市园艺大会,同时,对意大利罗马、佛罗伦萨、博洛尼亚、帕多瓦、威尼斯和切尔维亚等著名风景旅游城市的园林景观进行了专业考察。在回国途中,还顺访了柏林艺术大学设计历史与理论研究所。在东南大学艺术学院、人文学院、研究生院和国际合作处的大力支持下,代表团顺利并出色完成了出访任务。

1 出席第2届国际景观和都市园艺大会

国际景观和城市园艺大会(International Conference on Landscape and Urban Horticulture)由国际园艺学会(ISHS)主办,首届会议于2002年在瑞士召开。第2届国际景观和城市园艺大会于2009年6月9日至13日在被誉为欧洲"大学之母"的意大利博洛尼亚大学(又译波伦亚大学,被公认为世界上第一所大学)举行。会议主题聚焦于"人—植物—生活品质"之间的关系,广泛探讨从城市环境中的生态生理学和植被管理、园艺的心理和社会意义方面、植物使用和园林设计(包括景观学满足城市中园艺管理的横向观点),到都市农业等议题范围内的研究进展及最新的学术成果。本次会议不仅是为相关领域的研究者们提供一个论坛,而且充分共享了来自全世界范围内的与景观学、城市园艺学、建筑学、环境学相关的各个领域的专家学者的经验、观点和研究成果。

此次会议设置了7个分会场,分别是:城市中的食品及园艺产品生产,城市景观园艺、城市生态与植被管理,绿色建筑,园艺在城市环境中的社会及心理影响,垂直绿化,古典园林植物,景观园艺与建筑结合等。组委会邀请了英国Reading大学的Richard Bisgrove教授、荷兰Mecanoo建筑与景观事务所的EllenVan der Warl首席设计师、谢菲尔德大学景观系的Nigel Dunnett教授、美国Pennsylvania大学景观建筑学院的Paolo L. Burgi教授、意大利庞贝历史研究所的Annamaria Ciaralllo研究员等作为特邀代表参加了会议，上述学者分别就大会安排的7个报告主题在各个分会场向与会者做了精彩的特邀报告。与会代表分别就以上议题，结合个人研究情况进行了深入的交流。

来自40多个国家的230余名景观、园艺、环境、农业、建筑、艺术、生态等方面的专家学者出席了会议。其中中国代表共8名，除东南大学派出的6位，另外还有北京林业大学和云南农业大学的代表各一名；同时东南大学的周武忠教授还担任本届会议科学委员会的委员成员之一。中国代表们分别于6月11日、12日在城市景观园艺、古典园林植物两个主要会场上进行自己学术报告的口头宣讲，其演讲题目分别为中国古典园林中的叠石艺术历史研究（周武忠、陈筱燕）、观赏性地被在城市公园中的应用研究（翁有志、周武忠）、城市开放空间的种植设计（张健健、周武忠）、中国古典园林植物的文化内涵（董丽）、音乐在中西园林景观中的异化作用（郑德东）、苏州园林中的植物意蕴（曾伟、周武忠）、昆明世界博览园中的植物应用（郑丽）。会议所录用的口头宣讲论文将全文发表在*Acta Horticulture*（国际园艺学报）正刊上。东南大学代表团全程参与了第2届国际景观和城市园艺大会的所有会议安排，其中包括听取大会安排的主题演讲，参与小组讨论、欢迎晚会、招待酒会及技术考察等相关事宜。

会议期间，在组委会精心安排下，与会代表还前往意大利海滨花园城市"CERVIA"进行了大会技术之旅，考察了博洛尼亚大学的专供景观设计的玫瑰种质资源圃、滨海城市Cervia的街头花园展览、Cervia盐田生态湿地保护区及其别具特色的蝴蝶生态馆。本次会议为国内外从事园林景观、园艺科学、建筑、生态等相关领域的专家、学者提供了一个广泛、深入交流的平台，对未来景观、园艺、生态、建筑等多学科的跨越式发展起到了良好的推进作用。

本次会议的参会者均为景观与城市园艺相关领域的专家、研究人员和技术开发人员，会议内容为纯粹学术交流，不涉及政治问题。各位资深专家和与会代表对本次会议的组织、举办给予了高度评价，充分肯定了组委会为保证会议质量所采取的低录用比例这一措施，并建议将该国际学术会议以两年为周期长期举办下去。

特别需要指出的是，在6月11日举行的国际园艺学会景观与都市园艺委员会工作会议上，周武忠教授介绍了中国园林、南京园林、东南大学的情况，以及中国当下的景观热，并强烈要求把第3届国际景观和城市园艺大会放在南京召开。经委员会讨论表决，在12号举行的闭幕式上，会议主席宣布了第3届国际景观和城市园艺大会将于2011年在中国南京东南大学召开。而同时积极申办的澳大利亚代表则取得了第4届即2014年大会的承办权。

2 意大利景观园林考察

此次意大利园林考察主要对象为罗马的梵蒂冈花园及美迪奇庄园、佛罗伦萨的波波利花园、帕多瓦植物园、威尼斯的圣马可广场等，均为西方景观园林艺术之珍品。

梵蒂冈城本身就是一件伟大的文化瑰宝，城内的建筑如圣彼得大殿、西斯廷教堂等都是世界上重要的建筑作品，包含了波提切利、贝尔尼尼、拉斐尔和米开朗琪罗等人的作品。梵蒂冈也拥有一个馆藏丰富的图书馆，以及一个博物馆，专门收藏具有历史、科学与文化价值的艺术品，教皇官邸拉特兰宫，绿草如茵的后花园。其中的梵蒂冈花园是教皇在罗马唯一可以经常露天活动的地方，因此梵蒂冈花园不仅是规模较大的皇家园林，而且别具特色。大花园由许多小花园和别墅组成，到处古树参天、绿草如茵，造型奇特四季常青，泉流环绕鸟语花香，神龛雕塑遍及园林。此外，梵蒂冈花园的树木花草种类很多，有棕榈(palm)、黄杨(boxwood)、橡树(oak)、冬青树(ilex)、佛手柑(citron)以及橘子树和葡萄园、蔬菜园等等。

15 世纪佛罗伦萨附近的美第奇庄园(Medici)，兴建于文艺复兴时期的意大利，当时的社会环境相对稳定，宫殿和庄园取代了城堡，它们有着更广阔的场地和罗马传统式的风景。建筑师会充分考虑庭院景观的设计，而且他们还要确保建筑与园林环境两者之间和谐的关系。对称的、有着古典主义灵感的建筑布局就这样顺着地形被不断地重复下去。具体形式常常表现为中央布置一条轴线，周围是林荫路，步道，台地之间的台阶，深绿色的柏树屏障，修剪过的紫杉篱，几何形花坛，石栏杆，喷泉以及雕塑都严格按照总体规划来安排。完美的“台地园”是西方古典园林艺术的代表作之一。

帕多瓦植物园是西方世界最古老的植物园，建于 1545 年，至今仍在开放。它现在还在原址上，它的历史和文化的重要价值得到了世界的认可。它是应弗朗西斯科·博纳弗德的请求，作为药用植物教学的实习基地而建立的。由建筑师安德里亚·莫罗尼设计，彼得拉·诺亚勒建筑完成。原始的核心部分修建了 10 年，有一个圆形的围栏，内部由东西、南北方向交叉的两条道路将帕多瓦植物园分割成 4 个部分。1997 年，联合国教科文组织将帕多瓦植物园作为文化遗产，列入《世界遗产名录》。

圣马可广场位于大运河入圣马可湖河口的左岸，东西长 170 米，南北宽 57 米，它是由教堂、钟塔、总督府、图书馆、法官官邸和铸币厂等围合而成的一个楔形空间。东南侧另有一个面向大海的入口，称作小广场。建筑史学家认为，圣马可广场是威尼斯的象征，它既是水城的客厅，又是剧院和招待贵宾的荣誉庭院。罗马式、哥特式、拜占庭式和东方情调的建筑形式和语言，在圣马可大教堂身上汇合成一曲和谐而带有个性的建筑美协奏曲，而恰到好处的空间围合造就了圣马可“欧洲最美丽客厅”的美名。

3 访问柏林艺术大学

6 月 17 日，周武忠教授夫妇应大会主席、国际景观与都市园艺委员会主席、柏林艺术大学设计历史与理论研究所所长哥特教授（东南大学艺术学院联合培养博士项目外方导师）的邀请对柏林艺术大学进行了学术访问及考察，期间与哥特教授进行了“园林景观设计与其他艺术门类的关系”的学术讨论。同时，在东南大学艺术学院与该所联合培养的在读博士生郑德东的办公室，周武忠教授仔细了解了他博士论文的准备情况以及他收集的所有西方园林艺术相关资料，明确了今后几个月的工作重点；中外导师还与学生进一步讨论梳理了论文的思路和框架。

此次柏林艺术大学之旅时间虽然短暂却收获颇多。首先，与柏林艺术大学建立了良好的互动关系，并充分了解到国外艺术学科建设的办学方针，这些宝贵的经验可以为我国相关学科建设提供重要参考；其次，考察发现通过强强联合培养博士这一特别模式的互动，大大提升了东南大学艺术学院在国外同类专业领域的知名度和影响力。

4 体会总结

本次考察团的重点在于参加第 2 届国际景观和城市园艺大会，并顺便考察访问了几个意大利著名的园林艺术珍品，详细了解了意大利园林的发展状况、历史过程以及未来的建设和策略等。

首先，通过在大会上与世界各地的专家学者的交流和对意大利园林的实地考察，我们看到了现代景观发展在欧洲城市中的真实情况，尤其了解到他们的环保理念、可持续原则正在走向景观设计、景观维持等各个方面，这不仅可以为我国未来的景观建设提供有益的参考，也更坚定了我们在中国实现生态城乡景观的信心。同时我们建议中国的园林景观艺术界会在适当的时候组织国内有关行业人士和专家对景观生态化等相关问题展开详细的交流和探讨。

其次，通过交流和考察，我们了解了意大利对待历史园林艺术、文物遗迹等的许多政策，很值得我国政府参考和借鉴，比如他们的开放政策、遗迹保护政策等都充分体现了以人为本的理念。另外意大利政府管理机构和旅游地实施部门的分工和协调也值得我国政府主管部门学习和借鉴。

总之，无论是我国的景观建设事业，还是我国相关学科的建设，要得到长足健康的发展，就应该尝试走出国门去了解国际最先进的、最新的技术和知识，以便结合实际，提升自身的综合水平，储备足够的知识和意识是最根本的措施之一。此次参会及考察对我国未来的景观艺术学科的建设、对明确我国本领域学术研究的方向起着重要的作用。

《国民旅游休闲纲要》对旅游度假区的影响[①]

制定和实施《国民旅游休闲纲要(2013—2020年)》(以下简称《纲要》),改善国民游憩、休闲和文化娱乐的环境,提高国民生活质量和幸福感,进一步推动休闲产业发展,不仅能够有效改善民生、提高国民福利,也对提升国民素质、提高人力资本存量,对于拉动内需、促进国内消费、扩大就业容量具有阶段性的现实意义,同时也是真正落实"以人为本"的发展理念。

1 《纲要》的解读和意义

1.1 《纲要》概述

《纲要》由国务院办公厅2013年2月颁布实施,作为扩大旅游消费的新契机,将进一步推动带薪休假制度的落实,推动有条件的地方制定鼓励居民旅游休闲消费的政策措施,进而提升旅游消费水平。

《纲要》提出国民旅游休闲发展目标:到2020年,职工带薪休假制度基本得到落实,城乡居民旅游休闲消费水平大幅增长,国民休闲质量显著提高,与小康社会相适应的现代国民旅游休闲体系基本形成。纲要重点体现了**提倡绿色旅游休闲理念、保障国民旅游休闲时间、鼓励国民旅游休闲消费、丰富国民旅游休闲产品、提升国民旅游休闲品质**等五大亮点。

1.2 《纲要》的解读

1.2.1 带薪休假制度的落实

《纲要》中最重要的一点就是推动带薪休假制度的落实,让民众可自主支配自己

① 本文是作者于2014年3月29日为苏州太湖国家旅游度假区管委会全体工作人员所作报告的讲话稿。

的假期。这意味着公众每年可能会增加1至2个类似于黄金周的度假时段。根据以往数据,每个黄金周能带来约1亿人次的出游消费,实现旅游收入500亿元以上。依此类推,落实带薪休假所带动的消费量将相当可观。

1.2.2 国民生活质量持续升级的标志

《纲要》的颁布,是国民生活质量持续升级的标志,具有促进民生发展的里程碑意义。《纲要》的出台,意味着国民的生活即将进入一个新的高水准阶段。在未来的生活中,旅游休闲不仅是有钱有闲阶层的专享,更将成为国民大众生活的必需品。

1.2.3 使旅游休闲上升到全国公共政策管理的层次

《纲要》的颁布,使旅游休闲上升到全国公共政策管理的层次,具有社会管理进步的里程碑意义。旅游休闲既是产业,又是民生基础;作为民生,涉及政治、经济、社会、民族等各个方面的社会性和复杂性。旅游休闲作为经济行为,基本与每个行业都有交叉,是占用人的时间最长、社会消费量最大、涉及面最广的内容。《纲要》实际上是旅游休闲领域第一部纲领性的公共政策纲要,代表着国家对旅游休闲的社会系统性的重视正在朝着规范迈出最重要的一步,因此,具有划时代的意义。

1.2.4 促使旅游休闲事业的规范化

《纲要》的目标,明确提出是要建成与小康社会相适应的现代国民旅游休闲体系,提高国民生活质量。旅游休闲已经成为经济社会发展和共同富裕目标体系的重要因素之一,根据《纲要》要求,未来将纳入各级国民经济和社会发展规划中,对其规划将更加规范。此外,对旅游休闲的规范,更集中体现在对公民休闲权的保障落实上,加强针对带薪年休假落实的监督检查和法律援助,对公共文体事业设施的免费开放要求等,标志着旅游休闲这一民生事业的规范化更加深入。可以说,《纲要》初步构建了国民旅游休闲的概念、价值和体系,同时也对国民休闲的时间、环境、基础设施、活动组织、公共服务、质量控制上提出了规范标准。

1.2.5 使未来旅游设施和产品更加人性化

《纲要》是一个长时间的规划,对国民休闲做出了时间与内容上的安排。特别对承担国民旅游休闲载体的基础设施建设和休闲产品提出了规划上的要求。规划不仅涵盖贴近绝大多数公民日常生活的休闲公园、环城游憩带、休闲街区等城镇硬件建设,还包括教育、卫生、文化、体育等诸多民生领域。而这些方方面面的关联性民生设施和内容,将会使每个公民的旅游、休闲与生活边界越来越模糊。未来旅游设施与产品的规划,除了考虑外来旅游者需求之外,更要充分考虑本地居民的日常休闲需求。

1.2.6　对公共事业与管理提出了更大的挑战

通过推动带薪休假制度落实和赋予学校假期更多灵活安排,《纲要》将使更多家庭拥有旅游休闲时光。学校假期与职工年假叠合的若干个黄金周,可以产生长期性的黄金周现象,这就对公共事业与管理提出了更大的挑战。《纲要》除了规划更多更优的旅游休闲载体之外,对旅游休闲所涉及的交通运输与安全、信息服务、舆论监督、市场监管、行业规范等公共管理水平提出了更高要求。

1.3　《纲要》颁布的意义

《纲要》引导社会树立健康、文明、环保的休闲理念,更好地满足广大人民群众旅游休闲消费的需求。《纲要》在关注国民生活方式和生活质量改善的同时,对旅游及相关产业发展、扩大消费和经济转型都将带来积极的推动作用。

1.3.1　促使绿色环保旅游理念深入人心

《纲要》的推出将更加重视绿色环保的旅游休闲理念,"健康、文明、环保的旅游休闲理念成为全社会的共识",成为旅游休闲发展的重要目标和国民旅游休闲质量的重要内容。在主要任务和措施中,绿色旅游的理念贯穿始终,着力倡导更加环保的出行方式、更加亲近自然的旅游方式、更为文明健康的休闲生活。

1.3.2　推动旅游结构升级和多业态融合

《纲要》强调保障国民旅游休闲时间,推动带薪休假制度渐进落实。国民有序合理休假时代的到来,将是对旅游及相关产业的最大推动力。不仅能促使传统观光游创新升级,更能使旅游与演艺、影视、鉴赏、商住、展示、交流等多种业态融合发展,促进交通、酒店、餐饮、购物等上下游产业链进一步扩大。

1.3.3　提振旅游消费,开拓消费新空间

《纲要》平缓游客集中于公众假日出行,增加公民可自主支配的假期安排,可望为中国旅游产业带来新的消费提升空间。公众可能将会增加1~2个类似于黄金周的度假时段,这将极大地刺激旅游消费的增长,根据以往黄金周的消费数据,每个黄金周能带来约1亿人次的出游消费,约为全年出游人次的4%~5%,实现旅游收入500亿元以上,与之类比,落实带薪休假所带动的消费量将相当可观。《纲要》的推出将使我国旅游产品结构与国民度假时间安排更为合理,促使产品结构和产品体系满足大众度假休闲的需求,进一步促进旅游休闲消费,创造新的消费热点。

1.3.4　平抑季节波动,提升运营效率

在当前旅游、休闲资源远远供不应求的宏观背景下,针对不可存储的旅游供给,

在时间轴上合理分派旅游消费需求,无疑能够大幅度带来旅游业及交通的效率提升。带薪休假、错峰休假制度若能完全落实,将可缓解景区爆棚状况,也可在时间分布上有效地解决旅游的季节性紧张状况,起到削峰填谷的作用,显著提升景区、酒店和交通运输业的运营效率。

1.3.5 提升国内旅游业的游客承载量

《纲要》指出将推进国民旅游休闲基础设施建设,其核心目的在于缓解大众旅游时代民众旅游出行中相关配套设施不足的矛盾,适应大众旅游时代的客观要求。目前国民大众旅游消费已占整个市场的96%,因此旅游业态培育与各地旅游目的地的完善需要围绕国民大众的旅游消费进行布局。旅游基础及配套设施的完善,有助于提高居民出游便利性和服务质量,进而为提升国内旅游业的游客承载量和推动国内旅游行业的长期良性发展奠定坚实基础。

1.3.6 引导旅游产品开发,丰富产业链

《纲要》指出将加强旅游休闲产品开发与活动组织。通过开发适应大众旅游的休闲产品,可以有效丰富旅游相关产业链,提升居民出游热情。鼓励开发旅游演艺、康体健身、休闲购物等休闲产品也为相关子行业的龙头企业成长和扩张提供良好的发展空间。

1.3.7 加快旅游企业发展成长速度

《纲要》指出将加大政策和资金支持,落实国家关于中小企业、小微企业的扶持政策。财政增资必将推进旅游企业发展速度,有助于支持部分目前规模尚有限,但外延扩张成长前景良好的中小旅游企业的发展。未来各地地方政府在税制上的优惠更加有利于我国旅游类上市企业做大做强。

1.3.8 强化旅游业吸纳就业的功能

在各旅游大国,旅游休闲带动了民航、公路、高铁、信息、金融等服务业全面发展,创造了传统产业无法比拟的就业机会。我国旅游业更是吸纳就业的重要领域,特别在吸纳农村富余劳动力、解决弱势群体收入方面有着突出作用。目前全国旅游直接从业人数超过1 350万人,与旅游相关就业人数约8 000万人。随着旅游产业的发展壮大,特别是旅游休闲在乡村拓展,旅游业在吸纳就业方面的功能将会进一步增强。城乡之间、钱与闲之间将有更良性的互动发展。

2 我国及江苏省旅游度假区发展态势

2.1 我国旅游度假区发展态势

2.1.1 政策的一贯支持

从1992年国务院尝试批准设立首批国家旅游度假区至今已经有20年,20年来我国休闲度假业发展虽然经历了很多波折与反复,但是在摸索和徘徊中取得了令人瞩目的成绩,逐步构建起满足各类需求的休闲度假产品体系,这得益于适时出台的国家政策给予的大力支持和正确引导。

(1)《关于试办国家旅游度假区有关问题的通知》

1992年,参照我国各类开发区政策,国务院发布了《关于试办国家旅游度假区有关问题的通知》,首次对国家旅游度假区作了明确定义:"符合国际度假旅游要求、以接待海外旅游者为主的综合性旅游区。应有明确的地域界限,适于集中建设配套旅游设施,所在地区旅游度假资源丰富,客源基础较好,交通便捷,对外开放工作已有较好基础。"同时,还将度假区要素具体化为"三个一",就是一个中心酒店,一个高尔夫球场,一个别墅。当时我国休闲度假业的发展目标:着眼于面向国际市场,以吸引外资为主,同时借鉴海外经营管理模式[1]。

(2)《国务院关于加快发展旅游业的意见》

2009年12月1日,国务院以国发〔2009〕41号文件印发《关于加快发展旅游业的意见》。提出"积极发展休闲度假旅游,引导城市周边休闲度假带建设。有序推进国家旅游度假区发展"。

(3)《旅游度假区等级划分》(GB/T 26358—2010)

2011年1月14日国家旅游局发布了《旅游度假区等级划分》国家标准(GB/T26358—2010),并于2011年6月1日起实施。《旅游度假区等级划分》国家标准(以下简称标准)的发布和实施,对于推动我国旅游度假区进入科学发展阶段、增强市场竞争力具有重大意义。

2.1.2 政府的大力举措

国务院及国家旅游局在每次政策出台前后,均通过采取各种措施讨论、筹备、响应以及实施相应的政策,充分提升政策的认知度和可操作性,以保证各类政策对我国旅游度假业的推动作用和引导价值。

(1) 首批国家级旅游度假区获批

按照《关于试办国家旅游度假区有关问题的通知》的有关要求，国务院依次分别批复了第一批10个省(自治区、直辖市)的12个国家级旅游度假区，其中9个位于沿海地区。此后至今，没有新的国家旅游度假区获批。

表1　第一批国家级旅游度假区一览表

序号	省份	项目名称	位置	占地规模/平方千米	特　　色
1	海南	三亚亚龙湾旅游度假区	距三亚市25千米	18.6	海洋风光＋民族风情＋传统文化
2	云南	昆明滇池旅游度假区	距昆明市5千米	18.6	滨湖休闲＋民族风情＋高原体训
3	广西	北海银滩旅游度假区	距北海市8千米	38	滨海风光＋休闲运动＋湿地生态
4	广东	广州南湖旅游度假区	广州市郊	15	山水风光＋休闲运动＋休闲娱乐
5	福建	湄洲岛旅游度假区	独岛	14	海岛风光＋宗教朝圣＋休闲度假
6	福建	武夷山旅游度假区	距武夷山市11千米	12	山水风光＋休闲度假＋运动娱乐
7	上海	上海横沙岛旅游度假区	独岛	49	江海风光＋商务会议＋运动娱乐
8	浙江	杭州之江旅游度假区	杭州市内	9.9	山水风光＋商务会议＋休闲度假
9	江苏	太湖旅游度假区	无锡、苏州		滨湖风光＋传统文化＋运动休闲
10	辽宁	大连金石滩旅游度假区	距大连市50千米	62	滨海风光＋休闲运动＋主题娱乐
11	山东	青岛石老人旅游度假区	青岛市郊	10.8	滨海风光＋体育运动＋休闲度假
12	上海	上海佘山旅游度假区	距上海市30千米	64.1	自然山林＋休闲运动＋文化教育

(2) 全国旅游度假区发展座谈会连续召开

2010年2月至2011年5月，国家旅游局先后在杭州、苏州、深圳、厦门等地举办全国旅游度假区发展座谈会。

2010 年 2 月 25 日至 26 日，国家旅游局在杭州召开全国旅游度假区发展座谈会，国家旅游局副局长王志发强调，随着旅游业成为国家战略性支柱产业，发展休闲度假产品将成为提升旅游业整体质量的一个关键因素。下一步，国家旅游局将针对大家关注的旅游度假区的定位、管理体制和运行模式、体制机制的政策配套和规划等问题，进行逐一的专门研究，争取提出一个比较明确的建议和意见，为旅游度假区的建设发展创造良好的发展环境和发展空间[2]。

2011 年 4 月 23 日，国家旅游局在苏州召开全国旅游度假区发展座谈会，来自政、企、学、研的 20 家单位相关负责人分别介绍了本部门或领域旅游度假区的发展现状，并对今后推进旅游度假区发展及《旅游度假区等级划分标准》提出了意见和建议[3]。

2011 年 5 月 13 日和 16 日，国家旅游局规划财务司分别在深圳和厦门召开两次旅游度假区发展座谈会，为研究我国旅游度假区管理发展模式和《旅游度假区等级划分(国家标准)》实施问题，全面了解我国珠三角地区旅游度假产品发展情况，集中听取度假区建设各方的意见和建议[4]。

(3) 确定 4 家国家级旅游度假区试点单位

2011 年 11 月 30 日，国家旅游局召开全国旅游度假区标准实施座谈会，会议确定了浙江宁波东钱湖旅游度假区、广东珠海海泉湾旅游度假区、江苏溧阳天目湖旅游度假区、山东海阳旅游度假区 4 家度假区为国家级旅游度假区的试点单位。国家旅游局规划财务司司长吴文学表示，这 4 家试点单位是国家旅游局从全国数百家旅游度假区中精心挑选出来的，希望这 4 个度假区在新一轮国家级旅游度假区的评定工作中树立标杆和示范作用[5]。

2.1.3 问题及改进

我国旅游度假区在 20 年的发展过程中曾经遇到过各种问题，但是通过自己的摸索发展与相关政策措施的正确引导，这些问题已经或者即将得到解决或部分解决，顺应市场的需求。

(1) 审批与建设的先后问题

1992 年国务院批准建设 12 个国家级旅游度假区之时实行的是行政审批制度，即先确定国家级旅游度假区，再进行旅游度假区项目建设。这种度假区建设的行政审批制度，对于改善当时旅游度假产品落后的局面曾起到了一定的作用，但显然已无法适应当下的市场形势。2011 年《旅游度假区等级划分》标准的实施，将原来先确定国家级旅游度假区再进行度假区建设的程序，改为先建设度假区，再按国家标准进行等级评定，这样从制度上保障了我国度假区体系的建设，并且更有利于保证国家级旅游度假区的品质[6]。

(2) 市场定位的转变问题

国务院1992年下发的《关于试办国家旅游度假区有关问题的通知》中明确指出："国家旅游度假区是符合国际度假旅游要求，以接待海外旅游者为主的综合性旅游区。"早期的这种市场定位过于高远，造成市场与需求脱节。当时，国际主流度假客源——欧美市场的首选地集中在地中海、加勒比海沿岸，到我国来的游客，多数是奔着东方文化吸引力来的观光旅游，再加上当时国内居民参与休闲度假的各方面条件又不成熟，因此，当时国际、国内两个市场都不足以支撑休闲度假的全面发展[1]。

2011年《旅游度假区等级划分》标准则立足于日益壮大的国内市场，放眼国际市场，是国家级旅游度假区在市场定位上的一大转变。

(3) 产品供需脱节问题

经过20多年发展，我国休闲度假产品在总量上有很大发展。与此同时，国内居民的休闲度假需求则以更快的速度增长，由此造成我国休闲度假产品无论在数量、质量还是结构类型上，都与市场需求节拍不合，甚至出现了国内休闲需求在国际市场释放的格局。而国内第一批的国家级旅游度假区中，只有少数发展相对成熟，显现出度假旅游的规模，多数度假区出现发展方向偏差、运营管理不善等问题。

因此在《旅游度假区等级划分》出台之后，更多高品质、国家级的旅游度假区将会得到有力建设和跟进。

2.2 江苏省旅游度假区发展态势

进入"十二五"以来，围绕转型升级的发展主线，江苏省委省政府提出了将江苏发展为全国一流和世界知名的旅游目的地，建设旅游强省的宏伟目标，并确立了以休闲度假为主要方向的重大旅游发展战略。省政府近年来全力支持全省旅游度假区的发展，在深化旅游业改革、完善旅游管理体制、优化旅游环境等方面，加大了政策支持力度和扶持力度。

2.2.1 江苏旅游度假区的首次集体亮相

2012年11月13日，江苏省旅游局在上海主办了江苏旅游度假区招商推介会，是历史上首次江苏旅游度假区的集中展示和招商推介。此次江苏旅游度假区的集体招商推介，标志着我省旅游度假区的发展，从规模到内涵，都迈上了一个新的台阶[7]。

2.2.2 省政府加大扶持和管理力度

2013年1月6日，江苏省政府在南京召开了全省旅游度假区工作会议，会议中指出省政府将出台加快旅游度假区发展的意见、旅游度假区管理办法以及《江苏省旅游度假区评价考核评分细则》等政策措施，进一步加大对旅游度假区发展的扶持和管理力度。同时，成立全省旅游度假区协会，协调推进旅游度假区各项建设工作[8]。

2.2.3 迅速推进省级旅游度假区的申报与批准工作

江苏省内目前除了拥有国家级旅游度假区——太湖旅游度假区之外，还拥有31个省级旅游度假区，在地域上涵盖苏南、苏中、苏北，在类型上包括湖泊、岛洲、湿地、温泉、乡村等多种类型。其中2012年共批准了20家省级旅游度假区，2013年至今批准了7家省级旅游度假区。近年来，省内各市均积极申报省级、国家级旅游度假区，“十二五”期间一批拥有良好发展前景的旅游度假区将会得到大力培育。

表2 省内各地级市省级旅游度假区一览表

城　市	省级旅游度假区名称
南京	珍珠泉旅游度假区(1996)、汤山温泉旅游度假区、高淳国际慢城旅游度假区
苏州	昆山旅游度假区(1994)、常熟沙家浜旅游度假区、苏州工业园区阳澄湖半岛旅游度假区、吴江东太湖生态旅游度假区、太仓长江口旅游度假区、张家港双山岛旅游度假区、苏州相城阳澄湖生态休闲旅游度假区
镇江	世业洲旅游度假区、句容茅山湖旅游度假区、丹阳水晶山旅游度假区、金坛茅山旅游度假区
无锡	无锡山水城旅游度假区(2003)、无锡阳山生态休闲旅游度假区
常州	天目湖旅游度假区(1994)、武进太湖湾旅游度假区
扬州	仪征枣林湾旅游度假区
宿迁	骆马湖旅游度假区、泗洪洪泽湖生态旅游度假区
徐州	徐州沛县千岛湿地旅游度假区、徐州吕梁山旅游度假区
盐城	盐城沿海湿地旅游度假区、阜宁金沙湖旅游度假区、大丰麋鹿生态旅游度假区
南通	如东小洋口旅游度假区、南通开沙岛旅游度假区
泰州	姜堰溱湖旅游度假区
连云港	连云港温泉旅游度假区
淮安	盱眙天泉湖旅游度假区

2.3 旅游度假区发展趋势

无论是从全国首批的12个国家旅游度假区，还是各省新建的各大旅游度假区来看，其发展趋势逐渐明朗化、具体化，不但是与时俱进适应现代人们的旅游需求，也与社会发展、环境保护息息相关。现代旅游度假区的发展趋势可以概括为以下几个方面：主题性、文化性、生态性、景观性、休闲性。

2.3.1 主题性

主题，即是度假地发展的主要理念或核心内容。其主要目的是形成或强化度假区特色，增强度假区的竞争优势，满足度假区核心客源市场的休闲度假需求。度假区的主题是与其形象联系在一起的，如"海南博鳌"会议型度假地，作为以官方为鲜明特色的高层次论坛的会议型度假地，其"自由"、"合作"与"互信"的主题与政治形象非常鲜明。

2.3.2 文化性

文化是度假区的灵魂，是度假区能够存在与发展的源泉，是度假区形成特色的主要组成部分，因为文化既体现在度假区的特色之中，又成为度假区旅游吸引物的主要内容。如印尼巴厘岛的特色文化主要是巴厘传统习俗和社会习俗。因此，将本地文化融入旅游度假区建设中将收到良好效果。

2.3.3 生态性

对度假区生态环境建设的重视，一方面因度假区生态环境的退化，另一方面则是旅游者对良好生态环境的追求。将"环境、旅游设施、旅游服务"视为瘦西湖旅游度假区旅游产品整体框架的一部分，重视旅游产品的生态含量，实现旅游业的持续发展。

2.3.4 景观性

度假区的景观性一方面因为景观本身是度假环境的重要组成部分，另一方面，它是休闲度假的重要旅游内容。对度假区的景观设计，通常是通过度假区原有景观系统，结合度假区的绿化、园林化设计，山水景区景点划分与策划、人工景点与小品及建筑等的布局与设计，营造一种令人赏心悦目的景观，构筑度假区的观光游览系统，使度假区成为具有良好的人居环境和优美景观的场所。

2.3.5 休闲性

将休闲性充实为度假区的一大特征，是由于消磨闲暇时间已成为度假旅游的一项主要内容，而度假区所具有的良好的环境，丰富的旅游内容为游客休闲提供了一项特殊的经历与体验。因此，针对度假区旅游时间较长和较高的重游率，增加瘦西湖旅游度假区的休闲设施和内容，有利于丰富度假区内容，提升度假区档次。

3 《纲要》对国内旅游度假区的影响——以苏州太湖国家级旅游度假区为例

3.1 苏州太湖国家级旅游度假区概况

苏州太湖国家级旅游度假区于 1992 年获国务院首批批准，是全国首批加入 WTO 旅游业对外开放的先行区。

苏州太湖旅游度假区位于素有“人间天堂”美誉的苏州城西南，区域面积 173 平方千米，人口 11 万。经过 20 年的发展，其拥有 1 个国家 5A 级景区主要景点、1 个国家 4A 级景区、1 个国家 3A 级景区和 2 个太湖风景名胜区主要景区、1 个国家森林公园、1 个国家现代农业示范园区、1 个国家地质公园、2 个省级历史文化名镇、8 个省级文物保护单位、5 个专业俱乐部、35 个各类开放式景点，是苏州环太湖旅游经济产业带的龙头和中心区。

自 1992 年获批，经过 20 年的发展，度假区无论在地理区位、客源市场、度假区的发展成熟度、接待力、基础设施配备、政府政策等方面都有显著提升，苏州太湖国家旅游度假区可抓住《纲要》推行的契机，作为国民休闲旅游试行区，为《纲要》的推广、实施总结经验，以推动国民休闲度假旅游健康、快速的发展。

3.2 《纲要》对苏州太湖国家级旅游度假区的影响

随着《纲要》的出台和推行，政策支撑、需求刺激、客源激增等连环效应不断发酵，对太湖旅游度假区而言既是一个发展改革的机遇，同时也带来很大的市场竞争。

目前我国人均 GDP 已超过 5 000 美元，随着 2013 年《纲要》的发布，将会让国民“有闲”的生活变成现实，“有钱”和“有闲”两大基本旅游条件得以满足，休闲度假客源市场将会出现大幅度增长。带薪休假制度推行，公众可能将会增加 1～2 个类似于黄金周的度假时段。旅游度假区作为集“吃、住、行、游、购、娱”于一体的综合旅游区将成为国民休闲度假的首选之地。因此，在大旅游市场逐渐成熟的前提下，旅游度假区的客源市场也将会出现激增现象。

政府为满足全民休闲需求，必将鼓励休闲度假公共服务设施的建设，尤其是针对老年人、青少年、残疾人、农民等特殊人群的公共休闲设施的建设，政府会在资金和税费等政策上倾斜。

2012年,江苏省全面开展启动新一轮的省级旅游度假区的申报与审批工作,鼓励旅游度假区的开发建设,目前苏州已经拥有一个国家级旅游度假区,6个省级旅游度假区,数量和质量都居全省首位。随着《纲要》的推行,会出现越来越多的休闲设施和旅游度假区,势必会对太湖国家旅游度假区形成一定的行业压力,竞争加剧。

表3 苏州旅游度假区一览表

序号	级别	名 称	项目(建成或规划)
1	国家级	苏州太湖国家旅游度假区	海洋馆、太湖公园、蒯祥纪念园、凤凰台、海洋山生态休闲景区、太湖大桥、水星游艇俱乐部、夏威夷水上俱乐部、太湖新天地、古樟园、太湖牛仔风情度假村、包山寺、罗汉寺、天寿圣恩寺、铜观音寺、缥缈峰、林屋洞等
2	省级	苏州工业园区阳澄湖半岛旅游度假区	莲池湖公园、浦田有机生态农业园、重元寺、阳澄农庄、阳澄湖半岛环湖自行车道等
3	省级	吴江东太湖生态旅游度假区	诗地人闲、音乐风车、七彩湿地、水上森林、太湖绿洲、格林公园、汽车营地、音乐风车、花田喜事、五彩气球 、吴越风华、跃然水面、心跳加速、太湖浴场、田园爱情巴士、太湖渔港、田园花乡、疗养中心、太湖乐道、畅意挥拍、芳草水岸、温情一脉、温泉印象等
4	省级	常熟沙家浜旅游度假区	沙家浜国际温泉度假中心、琅轩酒文化博物馆、常熟总工会度假村、沙家浜风景区湿地公园等
5	省级	太仓长江口旅游度假区	滨江新城、渔人码头、浏河古镇、生态温泉等
6	省级	张家港双山岛旅游度假区	天然游泳池、射猎岛、游客餐饮区、动物观赏区、游客参与区、垂钓区、水上活动区、迷你高尔夫推杆区等
7	省级	昆山旅游度假区(淀山湖旅游度假中心、阳澄湖旅游度假中心)	水上风情园、水上训练中心、八卦水城、游乐园、东方国际游乐园、淀山湖旭宝高尔夫俱乐部、上海淀山湖度假村、淀山湖外国人私家别墅区、世界名人城和国际娱乐城、星海庄园等

苏州太湖国家级旅游度假区应针对《纲要》的出台,及时采取有效措施,提升度假区的整体品质和竞争力。

3.2.1 加大投入,增加休闲度假公共服务设施的建设

为应对未来旅游市场的迅速增长,必须对太湖国家旅游度假区现有公共及配套服务设施提档升级,扩大服务设施规模是首要任务。一方面,对于旅游休闲度假配套服务设施如酒店、饭店等尤其是经济型休闲住宿设施要加大资金投入,可积极争取政

府优惠政策和财政补贴，以具有吸引力的政策，加强招商引资，吸引优质企业投身于太湖国家旅游度假区的开发建设中；另一方面，在旅游度假区内部道路交通、市政建设等旅游公共设施方面，争取政府投资和扶持力度，完善旅游公共服务，提升太湖国家旅游度假区整体品质。

3.2.2 发展理念上，倡导绿色、环保、文明、以人为本

《纲要》提出要大力推广健康、文明、环保的旅游休闲理念，将"健康、文明、环保的旅游休闲理念成为全社会的共识"作为旅游休闲发展的重要目标和国民旅游休闲质量的重要内容。因此，在苏州太湖国家旅游度假区的开发中，要始终坚持以人为本，围绕"健康、文明、环保"开展旅游活动。

传播绿色、环保的旅游消费理念，积极倡导环保出行，将自行车、电瓶车等绿色交通方式贯穿整个度假区，在酒店、饭店等建设过程和旅游服务的每个细节中实现真正的节能减排。

通过广告宣传、广播系统、文字展板等途径，培养游客文明出行意识，遵守旅游度假区文明旅游管理规范，杜绝乱扔垃圾、破坏生态环境等一些不文明现象，积极引导文明出行的旅游方式。

以人为本，从游客的真实需求出发，开发能够满足游客个性化需求的旅游产品，开展人性化管理机制，能够及时迅速地解决突发紧急事件。

3.2.3 产品体系有待创新、丰富

（1）横向上，客源散客化、产品细分化加强，亟须创新、丰富度假产品类型

随着带薪休假的落实推广，客源散客化是一大特点，传统的团队观光游的比重将逐渐下降，而散客形式的深度游、休闲度假游的个性化旅游所占的比重将逐步提升，个性化的市场需要更加细分化的产品体系。

苏州太湖旅游度假区休闲产品老化单一，主要以观光为主，度假设施较少，仅有的互动性项目还停留在烧烤、棋牌、滑冰场、健身房、过山车等较老旧的活动类型。

为吸引细分化、个性化的客源市场，与《纲要》的幸福、健康、教育等性质定位相衔接，未来的发展中，应依托度假区内世外桃源式的湖岛渔村农耕和历史古镇、历史遗迹的资源特色，以现今客源市场的需求为导向，开发"激情太湖"和"慢享太湖"两大主题的多元化的休闲度假产品体系，增加夜间休闲度假产品和吃住等休闲度假配套，改变度假区当前以游为主而度假功能不足的现状。

"激情太湖"系列产品——释放压力之地：水上嘉年华、自行车和汽车越野场（赛）、各种球类运动、微电影拍摄、捕鱼、赛马射箭等。

“慢享太湖”系列产品——寻找心情宁静之地：休闲农庄、文化体验中心、汽车营地、禅修基地、轻音乐酒吧、江南曲艺杂坛、湿地科普中心、健康体检中心等。

(2) 纵向上，淡旺季模糊，需开发四季型产品

带薪休假的落实，游客可自由安排假期，错峰出游的比例将会提高。苏州太湖旅游度假区地处苏南，大多数旅游者对其认知为春夏秋为最美季节，度假区要抓住游客可自由安排带薪假期的契机，在不同的季节推出吸引力强的产品，如春踏青赏花、夏游湖泡吧、秋赏叶品艺、冬泡泉览古等，使四季皆有看头、有玩头。

(3) 争取政策优惠，完善针对特殊人群的度假产品

《纲要》的颁布意在推动全民休闲旅游，苏州太湖国家级旅游度假区也应顺势推出全民休闲度假产品。

从年龄上看，全民旅游应包括老人、中青年、少年儿童(学生)。苏州太湖旅游度假区现今的旅游度假产品以中青年为主，应重点加强针对老人的康体保健和青少年的修学教育等旅游度假产品的开发建设。

从收入水平上来看，全民旅游包括高收入人群、中收入人群、城镇居民、农民工与农民等相对低收入人群。苏州太湖旅游度假区现有的度假产品以中高收入人群为主要目标，如我国首个国际性文化交流平台——太湖文化论坛、香山国际大酒店、宝岛花园酒店、高尔夫球场、水星游艇俱乐部、水底世界等，缺少针对一般城镇居民和农民等低收入人群的度假产品，苏州市未来的旅游度假产品的开发应照顾到该部分人群的休闲度假需求，开发家庭旅馆、乡村采摘、度假农庄等经济型的度假产品。

针对特殊人群的相关产品如艺术中心、科普园地、红色旅游基地、爱国主义教育基地等社会文化福利设施类的旅游产品可争取政府的资金支持。

3.2.4 市场营销需加大力度

一方面增加营销投入，加大营销力度，把握住休闲度假游客激增的契机，树立“时尚太湖、激情太湖、绿色太湖、慢享太湖”品牌，改变人们对苏州太湖旅游度假区的传统认知。

另一方面，展开全年不间断的营销攻势，尤其是加强冬季产品的宣传力度，可在现有的太湖梅花节、开捕节、龙舟赛、宠物节以及国际性的山地车赛、轮滑锦标赛等节庆、赛事活动的基础上，重点策划冬季的万人游古镇、欢乐温泉季、太湖闹新春等活动，制造持续的营销热点。

3.2.5 管理运营需更高效、务实

(1) 网络预订将成为新主流，需增加网络预订模块

从旅游消费方式和市场主体看，网络预订和在线旅行社将成为国民旅游休闲度假的一大主流方式。苏州太湖旅游度假区的发展，应顺应这一趋势，可在苏州的旅游咨询网以及自身的门户网站增加网络预订模块，同时，积极与携程网、途牛网、去哪儿网等专业旅游网站合作，作为其网络预订模块的重点休闲度假产品。

（2）对管理效率提出更高要求，需加快构建成熟的智慧旅游系统

游客激增必然对管理的方方面面提出更高的要求，在前期的信息咨询和预订、旅游过程中的游客容量、旅游安全、卫生等突发事件的处理以及旅游投诉等环节，都需要高效、务实，因此，智慧旅游系统的建立迫在眉睫。苏州太湖旅游度假区需要在旅游信息化方面加强投入，尽快建设智慧旅游区系统，积极融入未来的苏州市智慧旅游城市体系中。

（3）丰富活动形式，助推全民休闲度假

第一，推出针对老年人、妇女、儿童、残疾人、农民等不同特殊人群的打折产品和休闲度假补贴。

第二，争取发展为“国民休闲旅游”定点试点单位，推出定时的打折优惠。

第三，可开辟多个公共开放空间，满足大众的休闲度假需求，在吸引人气的基础上，带动各业态的发展。

4 案例分析

案例一：美国黄石公园

【选取缘由】黄石公园是世界上第一个由政府主持并且开辟的国家公园，被美国人自豪地称为“地球上最独一无二的神奇乐园”。

【案例分析】黄石公园不以营利为目的，门票低廉，鼓励国民更多地体验，并加倍爱护和保护它，目前已有超过 6 000 万人到访观光。《美国国会法案》写着，黄石公园是“为了人民的利益，被批准成为公众的公园及娱乐场所”的，也是“为了使它所有的树木，矿石的沉淀物，自然的奇观和风景，以及其他景物都保持现有的自然状态而免于被破坏”。公园一直秉持着“保育”的理念，克林顿政府甚至在 1996 年以 6 500 万美元收购了计划采矿的私人土地，解除了金矿公司对黄石国家公园的威胁[9]。公园 99%的面积都尚未开发，但是园内交通却十分便利，环山公路、徒步道路将景点有机串联，向世人展现着最古老的、最纯净的自然魅力。

【经验借鉴】在管理上，度假区在注重自然资源本色魅力的凸显，营造生态自然，关注游人利益的同时，更强调自然资源的保护，尤其是对当地原生动物和植被品种的保护，实现风景区可持续发展；可以实行低票价，建设便利的交通基础设施，既加强风景区以及各景点的可达性，又不破坏风景区的视觉环境和生态环境。

案例二：Monterey 旅游度假区

【选取缘由】Monterey 旅游度假区拥有迷人的自然风情和丰富的文艺气息，是有闲阶级聚居的海滨胜地和观光游客驻足的胜地。

【案例分析】Monterey 有很多看点，在渔人码头可以近距离观看海獭和海狮，冬春两季这里有观鲸之旅可观察加州灰鲸，夏秋两季则可以一睹巨大蓝鲸的尊容，备受环保游客和动物爱好者的青睐；罐头厂街(Cannery Row)，每年 6 月举办布鲁斯音乐节，9 月还有爵士音乐节，加上极具当地特色的餐厅和精品店，高雅的画廊和艺术博物馆，成为众多富足的艺术爱好者的乐土。还有老城优雅舒适的商业中心(Downtown)，北边有全美第一的公众高尔夫球场——鹅卵石海滨高尔夫球场(Pebble Beach)，还有蝴蝶王国太平洋树林(Pacific Grove)，每年 10 月桉树林里有 25 000 多只迁徙的北美王蝶聚会狂欢。

【经验借鉴】在项目开发上，借助城镇发展起来的旅游度假区要依托度假区所在地的特色旅游资源、优美的自然景观、气息浓厚的地方文化，定期举办极具特色的节庆文化艺术活动，将当地的自然、历史、人文融会贯通，将各类休闲元素有机结合，建立一个开放式的充满活力、环境优美、文化艺术气息浓厚的旅游度假区。

案例三：四季佐治亚湾生态度假村

【选取缘由】四季佐治亚湾有着优美的生态环境，又借助“四季”的名牌效应，赢得了旅游者的青睐。

【案例分析】生态度假村坐落于佐治亚湾岸边离基拉尼省公园很近的地方。基拉尼省公园可以给四季佐治亚生态度假村的客人提供很多有创意的娱乐活动，包括野外步行、看电影、营火晚会、户外生存技能指导等活动，同时鼓励鸟类观察、野营、水上运动和游泳活动，公园不允许机动车辆行使，所以旅游者可以享受一个安静的环境[10]。游客除了可以享受生态园提供的豪华客房及富有特色的原木宾舍外，还可免费参加形式多样的休闲娱乐活动，及支付少量费用即可享有生态园为其“量身定做”的特色服务。四季佐治亚湾度假村凸显着环保概念，从建设到服务，甚至到教育，吸引了更多积极的环保主义人士。

【经验借鉴】在开发理念上，度假区不仅可以借助本身优美的自然景观，还能借助国际品牌效应来吸引游客。不仅要为旅游者提供全方位、个性化的服务，还应该注重对旅游者的教育功能，从建设到服务，从外在到内在，都要展现其核心理念，以此来吸引更多的旅游者。

案例四：地中海俱乐部

【选取缘由】地中海俱乐部是全球最负盛名的休闲旅游度假集团。

【案例分析】地中海俱乐部(Club Med)，力求以不同类别和等级的度假住宿设施来满足全球范围内更多的细分市场。该公司旗下的度假饭店分布在全球数十个国家和地区，在现实的经营过程中，以不同的主题活动串联起独特的村落生活方式，特别针对儿童设计的俱乐部活动以及友好的“文雅的组织者”(gentle organizer)共同构成了度假者度假期间的美好经历。通过采用会员制俱乐部的经营形式，形成了“城市商务俱乐部”、“高尔夫俱乐部”、“游艇俱乐部”、“健身俱乐部”等多种成熟俱乐部；并利用分时度假、全包度假的理念，向客户提供世界上最大、最多选择的度假设施出租服务和极品休闲，并在全球近百处度假区经营出租项目[11]，还在不同程度上直接参与或影响了饭店所在区域的度假地规划与建设。

【经验借鉴】在经营管理上，采用会员制的经营方式，可以通过建立客户信息资料，提高服务水平，从而提高客户的忠诚度，增加重游率；在不同程度上参与或是影响所在地的度假规划与建设，使得度假区与周边形成良好的区域互动式发展。

在开发设计上，注重以不同的等级设施来满足不同旅游细分市场的需求，适当开发分时度假、全包度假；注重将不同的主题活动进行串联，形成独特的村落生活方式。

案例五：上海国际旅游度假区

【选取缘由】以国际性游乐项目迪斯尼乐园为核心，联合三甲港海滨旅游度假区和临港滨海旅游度假区，打造的“上海国际旅游度假区”，是国内度假区向国际一体化发展的代表。

【案例分析】上海国际旅游度假区位于上海浦东中部地区，迪斯尼度假区位于上海国际旅游度假区核心区，包括迪斯尼主题乐园，主题化的酒店、零售、餐饮、娱乐、停车场等配套设施，以及中心湖、围场河和公共交通枢纽等公共设施，以及三甲港海滨旅游度假区和临港滨海旅游度假区等，重点培育和发展主题游乐、旅游度假、文化创意、商务会议、商业零售、体育休闲等产业，整合周边旅游资源联动发展，建成能级高、辐射强的国际化旅游度假区。度假区通过园区衍生品的投资模式来打造度假胜地，其中临港滨海旅游度假区主要依靠著名香港导演唐季礼的东方好莱坞项目。同时致力于营造环境宜人、低碳生态、适宜人居的可持续发展区域。

【经验借鉴】度假区可以依托国际品牌项目的引进，并随之产生的周边衍生品投资的增加，以及周边旅游资源的融合，并利用度假区所在地的各方面良好的硬件设施发展形成。在开发发展过程中要注重旅游会展、文化艺术、体育休闲等文化休闲产业的培育，注重不同文化的融合，提高度假区的文化内涵，同时要致力于优美环境的营造，注重生态文明建设，创造良好的旅游休闲环境。

案例六：长隆旅游度假区

【选取缘由】长隆旅游度假区是全国首批、广州唯一、国家级 5A 景区，是一站式旅游休闲度假区的代表。

【案例分析】广州长隆集团是一家集旅游景点、酒店餐饮、娱乐休闲于一体的大型企业集团，旗下拥有长隆欢乐世界、长隆国际大马戏、长隆香江野生动物世界、长隆水上乐园、广州鳄鱼公园、长隆酒店、香江酒店、长隆高尔夫练习中心和香江酒家等 9 家子公司[12]。度假区八大旅游版块联动，满足了游客"巅峰游乐、亲近动物、品味吃住、时尚运动、合家赏乐"的多元化旅游度假需求。目前正加紧筹建世界一流水平的新的旅游项目，建设长隆商贸区和长隆生态居住区，全力把长隆旅游度假区打造成一个集旅游、商业、居住于一体的世界级生态城，一个提供欢乐的世界级旅游王国。其成立至今，一直奉行多元化且深度的整合营销手法，通过系列的媒体宣传，制造一次又一次的社会话题，打造多角度、全方位、多联合的旅游产品，迅速树立了品牌效应。

【经验借鉴】在营销方面，度假区要注重多元化的营销整合，社会话题的制造、突破常规的营销方式等往往能够迅速扩大度假区的知名度。度假区要利用国际先进技术、顶级的设备项目，注重活动项目的创新更新，及时增添新的设施器具，打造旅游多板块的联动，提高度假区管理水平，来满足游客多方位需求。

5　结论与展望

《纲要》更加重视保障国民的旅游休闲时间，使国民的"休闲刚需"得到释放，是"生态文明，美丽中国"的助推器；《纲要》的颁布也使度假区事业迎来一个美好春天和发展的新契机，度假区应该审时度势，顺应政策的实施，积极完善自身，提升服务品质，更新换代旅游产品，承接更多的客源。

参考文献

[1] 窦群，高兆. 我国休闲度假发展的问题与建议[N].中国旅游报数字报，2013-02-04.

[2] 中国旅游局.全国旅游度假区发展建设座谈会在杭州举行[EB/OL]. http://news.china.com.cn/rollnews/2010-03/01/content_803910.htm，2010-03-01.

[3] 中国旅游局.全国旅游度假区发展座谈会 4 月 23 日在苏州召开[EB/OL]. http://www.gov.cn/gzdt/2011-04/23/content_1851193.htm，2011-04-23.

[4] 中国旅游局.王志发出席全国旅游度假区发展座谈会并讲话[EB/OL].http://news.cntv.cn/20110518/107537.shtml，2011-05-18.

[5] 程敏，韩丹，徐丰远. 一个国家级旅游度假区的崛起[N].大众日报，2011-12-05.

[6] 杨振之. 浅析《旅游度假区等级划分》标准[N].中国旅游报数字报，2012-05-30.

[7] 江苏旅游度假区招商推介会在上海成功举行[EB/OL].http://www.js.chinanews.com/news/2012/1115/48686.html，2012-11-15.

[8] 中国旅游局. 江苏省政府召开全省旅游度假区工作会议[EB/OL]. http://travel.people.com.cn/n/2013/0107/c41570-20121083.html，2013-01-07.

[9] 敖惠修，黄韶玲.美国首座国家公园——黄石国家公园[J].广东园林，2012(01):21-24.

[10] 范莉. 四季佐治亚湾生态度假村项目策划研究[D]. 长春:吉林大学商学院，2006.

[11] 周建明.旅游度假区发展历程与趋势[EB/OL]. http://blog.sina.com.cn/s/blog_92a4d04f0100w92l.html，2011-12-16.

[12] 长隆旅游度假区[EB/OL]. http://baike.baidu.com/view/4214220.html，2012-12-10.

青岛世园会为旅游业带来新契机[①]

由于世界园艺博览会(简称世园会)是一项影响力较大、历史较悠久的国际性展览活动,因而吸引了世界上许多城市申办。在2000年之前基本集中在欧美、日本等发达国家。自1999年昆明举办了我国第一次世界园艺博览会以来,分别又在沈阳(2006年)、台北(2010年)、西安(2011年)、锦州(2013年)成功举办了4届世界园艺博览会,而且目前已经明确2014年青岛、2016年唐山、2019年北京还将连续举办3届大型世界园艺博览会。

现今人们追求自然、亲近自然的需求空前强烈。十八大提出要提高国民的幸福指数,国家也刚推出《国民休闲纲要》。以"让生活走进自然"为主题的青岛世园会的举办,将为青岛带来一系列的正面效应:第一,由于提供了花卉、园艺、花文化的展览展示,增加了市民的休闲空间和休闲方式。这将大大提升青岛市民乃至全国人民的生活质量,提高人民的幸福感,从而提升青岛市的城市形象;第二,世界级的展览活动,将聚焦世界的目光。通过活动举办的契机,将青岛的美景、文化、发展潜力展示给世界,将在平衡青岛南北发展格局、优化经济结构等方面起积极作用。同时,将吸引世界资本流向青岛,助推青岛经济大发展,从而使得凝聚特色旅游资源开发资本变得相对容易;第三,世园会秉承"生态环保"的标准和"文化创意、科技创新、自然创造"的理念,其中梦幻科技馆就是将花卉、花文化与科技结合在一起,将高科技和低碳、环保、绿色等理念传达给青岛市民和游客,开启人们的低碳生活之路。

随着1999年昆明世园会、2006年沈阳世园会、2011年西安世园会相继落下帷幕,世园展馆的后续利用成为各城市政府的待解难题。昆明世园会作为第一个闭幕后整个世园场馆被整体保留的世园会,选择了将其变为主题公园的发展模式,由世博局改组为云南世博集团总公司独立经营管理,沈阳世园会也已转为公园。西安世园会则突破公园模式,主打产品为房地产。青岛世园会作为中国首次在临海城市举办

① 本文是作者应2014青岛世界园艺博览会专家委员会之邀而撰写,全文发表在《世园参考》第40期。

的山地型世园会，为青岛的众多“第一”增加了色彩，如何将特色型世园会效应最大化地发挥，以及世园会场馆采取何种后续利用方式是值得深入探讨的问题。

1 整合众多旅游资源，彰显青岛风采

青岛依山傍海、中西合璧，素以滨海山地风景、异国建筑风情取胜。早在20世纪初期就成为中国著名的旅游胜地，1998年被命名为中国首批优秀旅游城市。青岛现有栈桥、小青岛、海底世界、第一海水浴场、八大关风景区、五四广场、奥帆中心、银海游艇俱乐部、极地海洋世界、石老人海水浴场等系列传统成熟的旅游景点。同时，近几年新开发了老城区的德国总督府旧址、中山路劈柴院、青岛啤酒博物馆、红酒坊、德国风情街、天幕城、凤凰岛旅游度假区、唐岛湾海滨公园、野生动物世界、珠山国家森林公园等以休闲度假为主要功能的系列项目。青岛可以利用世园会媒体聚焦、游客聚集的良好时机，依托花卉展览、园艺展示、花文化体验等花卉旅游产品，对成熟景区(点)进行软性包装提升。同时，整合青岛市郊的琅琊台、艾山等自然生态景观、人文景观、名胜古迹，依托青岛啤酒、海尔集团等世界级的企业品牌，推出“多彩花园”、“滨海休闲”、“帆船体验”、“欧陆风情”、“商务会展”、“体育运动”、“工业旅游”、“品牌节庆”等系列产品，加快青岛旅游业从传统观光游览为主导向休闲度假、商务会展为主导的转变历程，在现有稳定的日韩客源基础上不断拓展，将青岛的旅游资源、世园会期间的客源转变为经济效益。

2 联合周边特色资源，放大世园效应

青岛是中国举办大型赛事和国际盛会最多的大都市之一，是全国14个进一步对外开放的沿海港口城市之一，是中国十大最具经济活力城市，同时，也是2011年国务院批准的山东半岛蓝色经济区的核心区域和龙头城市。世园会举办期间，保守估计，将有上千万人次的游客进入青岛，应将周边的旅游资源进行有效联合。如推出“齐鲁大地游(山东特色资源游：青岛—潍坊—济南—泰安—曲阜等；山东花城漫游：青岛—莱州—枣庄—菏泽—济南—青州等)”、“滨海多彩游(北线：青岛—威海—烟台—大连等；南线：青岛—日照—连云港—盐城—上海等)”，多地联合营销。同时，在传统媒体、大篷车推介等传统营销方式基础上，创新营销模式，采用微博、专业营销网站、微电影等新颖便捷的网络营销方式，掀起一股以青岛为核心的周边旅游热，发挥青岛在

旅游业方面的核心地位和龙头效应，从而，助力山东半岛蓝色经济区的建设发展。

3 深入挖掘园艺文化，设计旅游商品

旅游商品是指旅游者在旅游过程中所购买的商品，包括旅游者在旅游结束后作为纪念、欣赏、礼品或生活、工作上使用的商品。在旅游业收入中，旅游商品销售收入占相当比重。这个比重有很大的伸缩性，旅游商品有吸引力，比重就增大，旅游商品无吸引力，比重就下降。在吃、住、行、游、购五项中，前四项收入是基本固定的，是"有限"花费，而旅游商品的购买则是"无限的花费"，只要旅游商品为旅游者所喜爱，他就会花钱购买。从这一点上看，旅游商品在旅游业的各组成部分中，可挖掘的潜力最大，因此在客源数量既定的情况下，要提高旅游业的收入，发展旅游商品是关键。2014 青岛世园会在历届世园会中，首次提出园艺文化概念，其理念又首选文化创意，因此，应该在深入挖掘青岛、中国乃至全世界园艺文化的基础上，创想、设计特色系列以园艺文化为主题的旅游商品，如青岛市花系列、中国传统名花系列、世界国花系列等，把园艺文化产业链做长、做特、做优。在刚刚结束的中国花卉协会花文化专业委员会一届二次理事会上，讨论通过了全国花文化产业示范基地评选标准和评定办法，青岛世园会可以争取成为首个以园艺文化产品为特色的示范基地。

4 创新后续利用模式，打造示范品牌

青岛世园会的会期为 2014 年 4 月至 10 月，短短 6 个月带来的效益毕竟是有限的，如何利用会展场馆，进行二次创新，最大化的发挥"后世园效应"是应重点考虑的问题之一。随着现在人们需求多元化、个性化，场址的多元化、多功能化、多产业化利用应是其发展的唯一途径，会后场址在基础花卉景观、园艺景观、花文化展示的基础功能上，可融合花文化创意、花卉休闲娱乐、花卉主题休闲地产、花卉和园艺教育培训等多种形式的产品。在现有的世园执委会基础上，通过"政府引导、企业参与、市场运作"的运营理念，采取泛旅游的发展思路，采用以花卉、园艺为核心，与花卉主题的餐饮、住宿、游览、购物、会议会展、风情演出、教育培训、休闲度假等相结合的多业态发展模式，创造综合产业链。

青岛作为中国十大最具经济活力城市之一、全国 14 个进一步对外开放的沿海港口城市之一，又有举办 2008 年北京奥运会、残奥会和 2009 年济南全运会分赛场等经

验，加上各级政府的大力支持，青岛世园会定会成功举办并开启场址后续利用新模式，持续吸引世人目光，成为节事活动会馆后续利用的标杆和经典。

5 对照景区评定标准 创建5A级景区

如何让青岛世博园成为节事活动会馆后续利用的标杆和经典？创建5A级旅游景区（从而为其成为国际著名的花卉旅游景点打基础）是重要途径之一。截至2013年1月16日，全国目前已经有153家5A级旅游景区，青岛世博园邻近的青岛崂山景区就是山东目前已有的7家之一。综观全世界，以花卉为主题的世界著名旅游景点很多，如荷兰库肯霍夫、加拿大宝翠花园等，我国也有以植物为主题的5A级旅游景区，如西双版纳植物园、沈阳植物园，但其他不少园艺博览园并未达到预期的旅游效应。青岛世博园应该从规划设计开始，建设特品级旅游景点。青岛世博园选址百果山森林公园，背山向阳，可以形成很好的气候条件，利于各种植物花卉的生长，如果能够保护好这里的地形、自然植被和生物多样性，那就具备了创建的前提和基础；加上精心规划和建设的“十二园”（主题区的中华园、花艺园、草纲园、童梦园、科学园、绿业园、国际园七个片区加上体验区的茶香园、农艺园、花卉园、百花园、山地园五个片区），特别是通过以往世园会没有的重要建筑物之一的园艺文化中心建设，进一步提升了青岛世园会的文化内涵和品位、品质。如果一开始就按照国家5A级景区的标准打造兼具世界元素、中国时尚和青岛特色的青岛世园会，那么就一定能够成为以园艺观赏和文化体验为特色的欢乐世界，以彰显自然环境和资源保护为前提的生态旅游胜地。

2013年7月7日于上海朴园小墅

关于提升南京城市旅游竞争力的思考[①]

1 城市旅游竞争力的概念

关于城市旅游竞争力的研究目前尚处于初级阶段，国内已有多位学者从不同的角度进行了研究。综合各位学者的结论可以得出：城市旅游竞争力不属于企业、产业、区域和国家竞争力层级中的任何一种，它既有产业竞争力的属性，也有城市竞争力的属性，是产业竞争力和城市竞争力相互交叉融合后的一种竞争能力。

从内涵上讲，城市旅游竞争力是指在城市经济、政治、文化、社会等城市综合环境作用下的城市旅游业，通过销售其旅游产品而表现出来的旅游竞争能力以及可持续发展的能力。一般来讲，城市旅游产品是城市旅游竞争力的最终表现，而城市接待的旅游人数和获得的旅游收入直接反映城市旅游竞争力的实际结果。

2 城市旅游竞争力评价的理论基础

2.1 竞争优势理论

竞争优势理论是美国哈佛大学教授迈克尔·波特于1990年在资源优势理论基础上提出的。旅游竞争优势的来源是全方位、全要素的，竞争力的增强主要体现在：(1) 旅游企业自身竞争力的提高；(2) 人力、信息、知识等推进性要素的提升；(3) 旅游相关及辅助产业的发展。因此，竞争优势理论体现的是一种集约化的旅游经济发展方式，同时是一种高层次的以人力、信息、知识等高级生产要素参与市场竞争的理念。

① 本文是作者应南京市政府之邀，在2008年全市旅游工作座谈会上所做的主题报告，其中引用了不少专家有关城市旅游竞争力的研究成果，谨此致谢！

将竞争优势理论运用于旅游发展中的自身开发和市场营销这两个环节，可以得出以下几点认识：

1）旅游开发是以旅游产品的价值创造为核心的，由单纯的资源优势观而形成的就资源开发资源的做法，只能走入开发误区；

2）旅游市场的营销不是单纯地根据市场需求进行产品开发和销售，而是表现为一种运用各种手段，为提升旅游产品价值、保持和增强旅游目的地竞争力创造有利条件的过程；

3）人力资源、信息、知识等高级生产要素是形成旅游竞争力的关键因素。

2.2 产业组织理论

产业组织理论是于20世纪30年代诞生，40年代逐步发展起来的一种新兴的应用经济理论。依据这一理论，培育和增强城市旅游产业竞争力的决定性条件，一是形成有效化的旅游产业组织，二是形成竞争性的旅游市场结构。它解释了在旅游活动类型和旅游客源市场类似的城市之间，旅游产业所表现出来的竞争差异。但是对于地域相邻而客源市场迥异的城市，这种旅游竞争力差别的解释就缺乏说服力。究其原因在于，产业组织理论假设市场空间是无差异的，而现实中的旅游市场有很大差异，并呈现出多元市场空间态势。

2.3 比较优势理论

比较优势理论是英国经济学家李嘉图于1817年提出的。经过赫克歇尔、俄林、弗农等人的发展，人们逐渐认识到决定比较优势的不仅仅是劳动、资本和资源等传统要素，知识、人才、技术和管理等新要素正发挥着越来越重要的作用。

作为旅游目的地特定区域的旅游竞争比较优势包括宏观、微观两个层面。宏观比较优势是指社会、环境等背景因素，包括气候与区位、文化遗产的独特性与数量、旅游服务的配套程度与水平、安全与医疗保健水平、信息的通达性、旅游业开发基础设施、休闲娱乐产业的兴旺程度等。而微观的比较优势是指直接参与竞争的旅游企业的管理水平与服务水平，如旅游饭店在硬件设施上与国际接轨的程度、旅游产品的独特性与创新性等等。

2.4 旅游区位理论

旅游区位理论是传统区位论在旅游学科中的应用，是旅游地学的重要方法论之一，但旅游区位理论与传统的农业区位论和工业区位论在一些概念及对象上存在如下一些较大差别：

1）旅游业的资源是分散的，大多数情况下是不可移动的，这决定了旅游活动只可能在具有旅游资源的地方进行，在传统区位中，工业资源与工业产品是可以自由运输的，且运输费用的变化直接影响到工业区位；

2）传统的市场区位中，假定发生市场竞争的两个企业是同质的，而旅游资源具有不同的质性；

3）市场区位理论假定在追求最大利润的条件下，不同的产业分别处于使自己获得最大经济利润的位置，从而产生空间上不同的产业带，而旅游产品具有综合性，不能分割为单位产品，旅游景点在大多数情况下是不可移动的，在旅游产品价格构成中，直接用于参观、游览和娱乐的支出在整个旅游产品中所占的比重一般不高，食宿费、交通费往往占有很大比重，它们与作为狭义的旅游产品的吸引物没有直接联系。

旅游区位论从旅游市场的供求平衡关系出发，通过对实际的旅游区位因素的分析评价，选择合理的布局类型，实施有效的布局措施，实现旅游市场的供给与需求的平衡，进而使旅游业取得最佳的经济、社会和环境三大综合效益。利用区位概念进行旅游布局分析，是许多地理学家习惯使用的观察角度。区位论在区域旅游研究中主要应用于：确定旅游空间组织层次；制定旅游发展战略；寻求区位优势；设计旅游线路等。

3 城市旅游竞争力的影响因素

3.1 旅游产品结构

资源导向型旅游开发理念基于区域旅游资源禀赋，缺乏对市场需求的有效考量。中国旅游产业现处于系统升级阶段，正逐步由观光游览型向观光度假型过渡。以节庆、会展、修学、奖励、休闲度假等为主体的各类旅游产品正成为争取市场的主打产品，显示出巨大的市场竞争力，成为影响旅游竞争力的重要因素。一味地坚持传统旅游资源开发理论，只会故步自封，丧失发展先机。

3.2 地理区位条件

城市处于不同的地理位置，旅游资源不同，导致旅游吸引力不同。具有良好区位条件的城市,可发挥区位优势,迅速发展经济,为城市旅游竞争力的提升提供大量资金。优越的旅游区位,可通过周边旅游发达城市发挥辐射带动作用,形成区域联合效应,促进本市旅游业的发展。

3.3 旅游人力资源

在知识经济时代,旅游业的竞争是知识、技术、信息的竞争,其中人才的竞争是根本。这里的人才指包括旅游人才在内的各行业各领域人才。旅游业是一项关联度非常高的产业,需要多方面的人才为之服务。城市中人才数量的多少、质量的高低,对该市旅游业的竞争能力有根本性的影响。

3.4 经济发展水平

城市经济发展水平对其旅游竞争力的影响最为直接。首先,城市经济发展水平影响城市的基础设施;其次,经济发展水平影响旅游投资能力、开发规模和方向、旅游接待能力和水平等。发达的经济能有效弥补城市在旅游资源上的先天不足,如深圳通过大规模投资建设“锦绣中华”、“世界之窗”、“欢乐谷”、“中华民俗村”等打造出了优秀的旅游品牌。

3.5 科技进步水平

科技进步状况在一定程度上决定着旅游产业结构的比重、效率提高的程度、旅游竞争优势的大小。城市旅游业的可持续发展必须依靠高新技术。现代旅游业的迅猛发展正是借助于现代化交通工具、新型材料、计算机、通信技术等现代高新技术的广泛应用。高新技术已成为旅游产业优胜劣汰的关键,成为提高市场竞争力的重要手段之一。

3.6 旅游市场需求

20 世纪 90 年代以来,强调旅游需求成为旅游竞争力研究的主旋律。深圳、香港、新加坡旅游发展的成功,证明了在旅游需求强劲而资源禀赋相对缺乏的城市同样存在着谋求旅游竞争强势的可能性。一些学者依据波特的竞争优势理论中对“需求因素”的解释,认为挑剔的旅游者,是影响地方旅游能否获得竞争优势的关键因素。在有着旅游传统的城市里,指向该地的挑剔性旅游市场一旦形成,就会促进地方旅游创新,从而有利于旅游经济活动在该地的发展。

3.7 信息推广幅度

对旅游者决策过程的研究表明，旅游者对于目的地的选择更多情况是在诸多不确定条件下所进行的抉择，其特征具有明显的非理性和随机性。大量的研究结果证明了旅游者对城市目的地的选择，依赖于对该城市的认知水平。旅游者对作为旅游目的地城市的认知水平，取决于城市旅游发展的信息化水平。特别是在高度竞争环境中，旅游者对目的地城市和旅游产品的选择，往往受其所掌握的旅游信息所影响。因此，城市对外联系的信息网络功能、信息质量、信息结构、传播速度以及信息的可信度，成为影响城市旅游竞争力的重要因素。

3.8 旅游企业状况

城市旅游企业的集团化发展包括两种模式，即纵向一体化模式和横向一体化模式。旅游企业的纵向一体化是指将旅游交易链条上有前后关系的旅游业务环节整合在一个企业集团内，进行整体经营和管理的一种集团成长方式；横向一体化则是指旅游企业在旅游交易链条上食、住、行、游、购、娱的某一业务环节上进行集团扩张。旅游企业是旅游供给和旅游需求的媒介，它直接参与旅游竞争，是旅游竞争的操作者，旅游企业规模的大小直接决定了一个城市在与其他城市争夺客源市场时面临的竞争局面。优秀旅游城市的旅游企业居于主导地位，它们通过控制客源地的旅行社，同中、小城市的旅游企业展开竞争并取得优势。

3.9 政府城市管理

政府城市管理的绩效，直接制约城市经济和社会发展的速度和质量，直接展示当地市容市貌和形象，直接影响外地游客对城市的满意度和重游率，意义深远，影响重大。旅游活动的食、住、行、游、购、娱六大要素都与政府的城市管理密不可分，休戚相关。可以说，城市的管理水平就是最好的旅游名片，做好城市管理，就是政府对旅游的最直接支持。

4 城市旅游竞争力的评价指标体系

4.1 评价指标体系的应用价值

城市旅游竞争力评价首先通过设计一套科学性、可操作性强的评价指标体系和评估模型，在此基础上依据待评价城市各评价指标因素的具体实际，对城市的旅游竞争力状况进行综合评价，从而得出该城市旅游竞争力的高低。综合而言，城市旅游竞争力评价指标体系的应用价值主要表现在以下两个方面：

4.1.1　动态监测功能

随着城市的不断发展，影响城市旅游竞争力的交通条件、人力资源、经济发展水平、科技水平、市场需求、城市信息化水平、政府城市管理水平等因素不断发生变化。因此，城市旅游竞争力状况始终处于一个动态变化的过程。而竞争力评价指标体系能够对城市旅游竞争力进行动态监测，判断城市旅游竞争力的变化方向，即可以判断城市旅游竞争力是朝着良性的前进方向发展，还是呈负面的下降趋势发展，使城市管理者能从宏观上把握城市旅游竞争力的综合状况。

此外，各评价指标均从不同侧面反映了影响城市旅游竞争力的现实发展状况，能够有效揭示各影响因素现实发展中的优势和不足之处。评价指标体系的这种系统反馈功能，有助于城市管理者及时发现影响城市旅游竞争力的负面因素，进而采取有效的应对措施，克服问题，扫清提升城市旅游竞争力的障碍。

4.1.2　横向比较功能

城市旅游竞争力评价指标体系带有普适性的特征。基于对同类城市旅游竞争力的评价分析，可以对同类城市的旅游竞争力进行横向比较，从而明确各城市旅游竞争力的相对高低和位置排序，有助于城市管理者发现自身的优点和不足，并吸收其他城市旅游发展中的先进经验，克服自身问题，做到扬长避短。

4.2　现有评价指标体系的问题

对一个城市的旅游竞争力进行评价，最关键的是构建一套科学合理、切实可行的评价指标体系，这直接关系到评价结论的客观性、准确性、可靠性，关系到能否为决策者提供既客观公正又具较强可操作性的理论依据。

目前国内学者的研究大多从城市旅游竞争力的各项影响因素出发，构建竞争力评价模型，再依据既有资料和数据进行综合分析，从而得出评价结论。

关于城市旅游竞争力最新最系统的研究指标体系包括旅游资源、旅游企业、旅游业绩、经济支持、基础设施、人力资源和自然环境 7 个指标，内含 25 个分项指标，分别是：国家重点风景名胜区数(D1)、国家级自然保护区数(D2)、世界遗产数(D3)、星级宾馆数(D4)、旅行社数(D5)、星级饭店营业收入(D6)、旅游总收入占城市 GDP(D7)、入境旅游人数(D8)、旅游外汇收入(D9)、国内旅游收入(D10)、城市 GDP 总值

(D11)、居民可支配收入(D12)、城镇居民国内旅游人均花费(D13)、城镇居民国内出游率(D14)、年客运总量(D15)、每万人拥有公共交通车辆数(D16)、影剧院数(D17)、人均邮电业务总量(D18)、人均拥有道路面积(D19)、第三产业从业人数(D20)、普通高校在校学生数(D21)、空气质量达到及好于二级的天数(D22)、区域环境噪声均值(D23)、城市建成区绿化覆盖率(D24)、人均绿地面积(D25)。这些指标如下表所示:

表1　城市旅游竞争力指标体系

旅游资源 (Ⅰ)	旅游企业 (Ⅱ)	旅游业绩 (Ⅲ)	经济支持 (Ⅳ)	基础设施 (Ⅴ)	人力资源 (Ⅵ)	自然环境 (Ⅶ)
D1	D4	D7	D11	D15	D20	D22
D2	D5	D8	D12	D16	D21	D23
D3	D6	D9	D13	D17		D24
		D10	D14	D18		D25
				D19		

表2　城市旅游竞争力综合排名

排名	1	2	3	4	5	6	7	8	9	10	11	12	13	14
城市	北京	杭州	南京	天津	成都	重庆	西安	武汉	昆明	郑州	沈阳	乌鲁木齐	西宁	兰州

这个指标体系虽然是目前国内最新最系统的研究成果,但指标体系设计仍然存在一些较大的缺陷。比如:

(1) 样本城市选择欠合理。在选取的14个样本城市中,作为世界著名旅游城市的上海竟然没有纳入其中,这直接影响了研究结论的适用性和说服力。

(2) 评价指标不够完备。在决定城市旅游竞争力的7个一级指标当中,没有涉及政府城市旅游管理水平、城市旅游诚信建设等重要影响因子。而在政府主导旅游和旅游市场诚信建设日益迫切的现实背景下,如果摒弃了对政府城市旅游管理和城市旅游诚信建设等重要影响因子的考量,那么这样的竞争力评价指标体系无论如何都是不完备、不健全、不科学的。建议在原有指标的基础上,新增一些相关度较高的指标,比如城市旅游管理方面的指标,包括旅游管理者文化素质、旅游管理体制机制建设、民众的参与程度等;比如旅游市场秩序方面的指标,包括旅游企业诚信度,游客满意度,游客投诉率等等。

(3) 现有指标选取欠合理。如旅游资源指标,研究将国家重点风景名胜区、国家级自然保护区、世界遗产数作为衡量城市旅游资源竞争力的三个评价因子,反映了典型的传统资源导向型的旅游开发观。而上海、迪拜等国内外发达旅游城市的经验告诉我们，在休闲度假旅游成为世界旅游主流发展趋势的背景下，节庆、会展、购物、度假酒店、高科技旅游等新型休闲度假旅游资源的重要性正与日俱增，传统旅游资源论已经跟不上时代发展的步伐。相应地，城市旅游资源竞争力评价指标就不能仅关注与风景名胜区、自然保护区、世界遗产等传统旅游资源，一些新型休闲度假旅游资源应纳入到指标体系中，增强指标体系的科学性。

4.3 评价指标体系的完善建议

本着评价指标体系设计的综合性、可操作性、定量与定性相结合等原则，进一步做好城市旅游竞争力评价指标体系和评价模型的科学设计工作，为城市旅游竞争力评价提供可供借鉴的科学依据。具体如下：在构建评价指标体系之前，首先综合分析城市旅游竞争力的各类影响因素，尽可能全面地罗列出各项备选指标，然后通过问卷调查、专家访谈等途径，征求旅游行政管理部门、旅游业界、旅游学界以及旅游者等的意见和建议，删除次要指标，酌情增添专家、领导建议指标，从而不断完善指标体系，使之更加科学化并具备较强的可操作性。

5 南京旅游竞争力的欠缺之处

表 3　南京旅游发展 SWOT 分析

优势	区位优越 客源充足	劣势	旅游主体地位不突出 旅游产品结构不合理
机遇	政府高度重视 区域加强合作	挑战	管理体制不顺 市场竞争激烈

5.1 旅游主体地位不明

旅游业是极具成长潜力、极具带动效应的朝阳产业，旅游业在国民经济中的地位必将不断得到提升，这既是政府正确战略决策的必然之举，也是社会进步发展的大势所趋。

目前，南京经济发展从结构上看，还处于第二产业为主导的阶段，第三产业在国民经济中所占比重与发达地区相比还有明显的差距，离产业结构的高级化还有一定的距离。而且，在第三产业内部，以商贸、交通运输、邮电通讯为代表的传统第三产业发展迅速，而以金融、保险、房地产、旅游和信息为代表的新兴产业发展缓慢，所占比重偏低。

5.2 旅游企业实力不强

旅游企业是旅游市场的晴雨表，直接决定着旅游行业的规模、结构、质量、效益，对旅游业的发展有着生死攸关的意义。

南京旅游企业虽然数量众多，但缺乏品牌意识和诚信意识，真正能被消费者认可的品牌不多。旅游企业普遍规模小、效益差、经营管理落后、诚信观念不强；缺少精通旅游业务、擅长市场营销、熟悉法律法规的旅游企业家队伍；企业内部机制不活，利益分配格局不合理，竞争手段长期依靠价格战，缺乏在诚信服务、特色产品方面的竞争；景区、旅行社、饭店、交通、购物等相关行业间联系松散，产业关联拉动效应无法显现，难以发挥聚合效应。

5.3 旅游配套水平不高

旅游业是与其他行业关联十分密切的行业，旅游的发展离不开相关行业的支持与配合。旅游开发不仅本身需要大量资金投入，同时也对相关部门和领域，如旅游交通、旅游信息等有着更多更高的要求。

南京在旅游相关要素配套方面存在一定欠缺。国内有学者选取 14 个重要城市（北京、上海、深圳、广州、南京、厦门、杭州、天津、西安、大连、青岛、成都、重庆、昆明），进行了城市旅游产业发展水平的排名，南京排第 5 名；还有学者进行了城市旅游环境水平的排名，包括自然环境、交通环境、社会环境、城市管理环境，实际上这四个方面包括了旅游业发展的所有关联要素，结果南京排到了第 8 名。这两个排名的对比充分说明南京在旅游配套方面存在明显的薄弱之处，制约了城市旅游竞争力的提升。

5.4 旅游产品结构不佳

目前国内旅游市场正逐步从传统观光阶段向休闲度假阶段过渡，城市旅游产品的开发要适应行业发展的大趋势，更加注重休闲、动态、度假类产品的打造。

南京旅游资源开发还不够成熟，思路比较陈旧，偏重对传统观光型旅游产品的开发，而忽视针对不同市场需求设计专项的旅游产品。尤其是有深厚底蕴的人文旅游资源、休闲度假旅游资源未得到深度开发，缺乏具有深刻内涵的文化考察、购物娱乐、乡村休闲度假等专项产品，造成产品结构比较单一，客源市场份额不够理想，阻碍了南京旅游产业规模、速度和效益的提升。

6 提升南京旅游竞争力的建议措施

6.1 明确旅游主体地位，着力打造主导产业（着眼点）

南京具备卓越的旅游资源。"山、水、城、林"有机融合，赋予了南京悠久的历史文化和绝佳的山水旅游资源，从而为南京发展旅游业提供了丰厚的资源基础。南京具有充足的市场需求。南京地处长三角地区，是国内外著名的大都市，市场知名度高，客源市场广阔。2007 年，南京旅游总收入 614.9 亿元，比上年增长 25.2%；国际旅游创汇 8.08 亿美元，同比增长 19.3%；全年接待入境旅游者 116.1 万人次，增长 15.1%；接待国内游客 4 489 万人次，增长 18.1%。丰富的旅游资源、充足的客源市场需求、旅游产业的关联带动作用，使得南京完全有条件、完全有必要进一步提高旅游产业的地位，不断提升其在国民经济中所占比重。

政府应通过法律规范或公共政策的形式，将其升格为国民经济的战略性支柱产业，并逐步培育成国民经济的主导产业，进而实现产业结构的全面协调、优化升级和高级化目标，有力推动南京由"旅游大市"向"旅游强市"的转变。这是提升南京旅游竞争力的着眼点，为竞争力的提升奠定思想基础。

6.2 科学理解旅游产业，组建南京旅游股份（助力器）

国际经验表明，旅游产品开发的主体是企业，南京应当努力培育一批具有较强抗风险能力的大型旅游企业，引领旅游产业的健康发展。

一方面，要鼓励发展民营和境外投资的旅游企业，形成多种所有制经济参与旅游开发经营，多种经济成分的旅游企业公平竞争、互补互促的格局。

另一方面，要大力推进国有旅游企业实施战略性重组，引导国有资本向优势企业集中，促进国有资本由低回报领域向高回报领域转移。此外，政府应充分发挥旅游投资的政策导向功能，克服中小企业对市场把握不准的弊端，集中资金投资于优势重点旅游项目，有利于形成较强的示范带动作用。

以骨干企业为龙头，以资产为纽带，组建跨行业、跨所有制、跨地域的南京旅游股份大型企业集团，下辖各大旅行社、景区、饭店，集中从事旅游产品的开发和市场的开拓，并争取时机整体上市、集聚资金，从而提高整体实力，带动南京旅游产业实现跨越式发展。这是提升南京旅游竞争力的助力器，为竞争力的提升构建市场平台。

6.3 强化城市游憩功能，城市建设旅游化（导向阀）

城市休闲度假旅游发展水平是衡量一个城市产业发达程度与社会经济发展水平的重要指标，是城市国际化、现代化的重要标志。南京要建设国际旅游城市，须进一步加大城市休闲设施和游憩设施建设，提高城市休闲游憩功能。

6.3.1 注重主城区山水资源和城市休闲游憩区功能建设

针对南京主城区"长江、秦淮河、玄武湖、钟山"等重点山水资源，充分发挥其休闲游憩功能，为南京城市建设旅游化增添亮点。长江应在严格保护水体质量和沿江风景资源的基础上，建设包括沿江风景道和水上游憩线在内的水陆双游憩线，开发各种滨水、江上休闲旅游产品，形成沿江滨水休闲区；秦淮河注重整合内外秦淮河沿线的休闲旅游资源，加大旅游购物、休闲游憩设施建设，打造秦淮河文化休闲旅游带；玄武湖应进一步做好滨湖公共休闲娱乐设施的建设，整顿周边环境，形成以湖为中心的城市滨湖公共休闲区；钟山要加强休闲游憩类旅游产品的开发工作，逐步增添山地运动休闲、商务休闲、文化休闲类产品，改变目前单一的产品结构，发挥钟山在南京城市休闲游憩体系中的重要作用。

注重对主城区都市休闲旅游重点区域的发展引导，进一步强化新街口商圈、湖南路商业街、龙江新城市广场、1912休闲街区等城市游憩商业区、休闲购物区的建设，以点代面，推动南京都市商务、会展、购物等休闲产业的发展。

6.3.2 加大旅游特区、优先发展区以及旅游镇(村)的建设力度

综合评选优先发展重点旅游区，考虑成立旅游特区，实施旅游精品战略，加快南京城市建设旅游化进程。各有关部门应根据职能分工，形成合力，从资金、政策、项目安排等方面对旅游特区及优先发展区给予支持，发挥其示范带动作用。

强力推进旅游村镇建设，引导南京特色村镇旅游的科学有序发展。启动全市旅游村镇的申报、评定与公布工作，做好旅游村镇的规划编制工作，市旅游局可考虑给予一定补助，以此推动特色城镇建设的旅游化，促进旅游产业发展。

6.3.3 推进城市旅游配套服务设施建设

针对南京城市旅游发展中旅游配套服务设施的不足，今后应着重做好酒店、餐饮、旅游购物、旅游交通、旅游诚信建设、旅游信息化建设、旅游人才培养等旅游配套设施的建设工作，为旅游者提供一个市场秩序良好、交通便捷，住宿、购物、餐饮服务氛围优良以及旅游信息服务便捷的城市休闲旅游环境。

游憩功能作为城市的四大功能(居住、工作、游憩、交通)之一,南京应在城市建设的旅游化上加大工作力度,通过城市建设的旅游化,促进城市游憩功能的充分发挥,从而带动城市整体功能的提高。这是提升南京旅游竞争力的导向阀,为竞争力的提升提供方向指引。

6.4 重塑城市旅游形象,建设中国温泉古都(突破口)

南京的城市旅游形象相对较陈旧,有必要加以更新,从而为对外宣传和市场开发注入新的活力。南京有包括汤泉和汤山在内的全国一流的温泉资源,有条件通过打造“中国温泉古都”这一特色品牌,重塑城市旅游形象,提升城市整体品质。具体应做好以下三方面的工作:

6.4.1 温泉旅游资源的开发

国际旅游科学家协会(AIEST)在匈牙利布达佩斯召开的第39届年会,专门讨论了温泉地的再开发问题,认为传统的温泉疗养地开发正在向新型的保健旅游转变。综合分析西欧、中欧、东欧和东亚各国的温泉开发历程,将愈来愈多的休闲和娱乐因素加入到温泉开发中将成为温泉旅游开发的趋势。因此,有学者提出“大型主题休闲游乐温泉”将成为未来温泉旅游开发的新型模式。

“大型”是针对温泉开发须达到的规模优势提出的,“主题”是针对提供差异性服务要求提出的,“休闲游乐”是针对国外温泉开发模式演变的经验和需要开发温泉附加产品提出的。这种温泉旅游开发模式以度假功能为主,观光功能为辅,以大型或超大型温泉主题休闲区为开发形式,将温泉资源与周边资源充分结合,以主题休闲游乐设计为核心,融观光、度假、休闲、娱乐、保健于一体。

有鉴于此,南京温泉旅游开发应紧跟“大型主题休闲游乐温泉”的开发趋势,以市场需求为导向,外借英国、德国、匈牙利、日本等国,内借广州、珠海等城市的温泉旅游开发的先进经验,依托江宁、浦口两区的温泉资源,做好以下三方面的工作:(1) 择地兴建以温泉为主题的大型休闲主题公园;(2) 在汤山、汤泉地区建设国家级温泉主题公园;(3) 支持高等级温泉旅游度假区(村)建设工作。以规模化的温泉主题旅游度假区、主题公园引领南京温泉旅游产业发展。

6.4.2 温泉旅游品牌的宣传

“酒香也要吆喝”,针对南京温泉旅游品牌特色不鲜明,市场知名度不高的现状,南京须针对主要客源市场适时适地做好市场宣传工作,具体做到:

(1) 以文化为抓手,发挥人文生态优势,做好特色宣传文章。文化是旅游的灵魂，南京具有"山、水、城、林"合而为一，自然、人文资源特色明显。南京温泉旅游宣传应结合其他自然、人文资源，通过举办"南京温泉旅游节"等旅游节庆活动，以温泉为主线，有效整合相关旅游资源，打好名泉文化、时尚文化品牌，体现南京作为"温泉古都"所具有的传统包容性和现代时尚性。

(2) 以舆论为先导，采取多管齐下方式，做好对外宣传文章。借助现代传媒，采取多管齐下的方式，加大南京温泉旅游品牌的宣传塑造工作。形成立体化宣传，做到"报刊有文字、电视有画面、电台有声音、网络有消息"，形成强大的宣传促销攻势，争取短期内有效提升南京温泉旅游品牌形象。

(3) 以旅游为重点，着力营造良好环境，做好整体宣传文章。良好旅游环境的营造是南京温泉旅游开发的制胜关键。一方面，南京应进一步优化温泉旅游发展环境，对重点地区、重点项目采取必要的政策倾斜和资金支持，吸引资金投入到重点项目的开发中；另一方面，政府应做好温泉旅游开发的基础配套设施的建设工作，整顿温泉旅游市场秩序，为南京温泉旅游发展创造良好的外部环境。

6.4.3 温泉旅游资源的保护

保护好南京现有温泉资源是利用好温泉资源，实现温泉旅游开发可持续发展的前提和基础。因此，须严格按照《南京市水资源保护条例》的规定，编制温泉资源的专项保护利用规划，科学指导江宁区汤山地区、浦口区汤泉地区的温泉开发工作。具体做到四点：(1) 严防过量开采和无序开采；(2) 加强动态监测，适时对开采量进行相应调整；(3) 严格划定地热温泉开采水源保护区，保护区内严格控制污水和已利用地热废水的排放；(4) 综合运用经济、法制和行政手段，加大环保宣传力度，保护生态环境，促进南京温泉资源的可持续利用。

"中国温泉古都"为南京旅游形象的塑造开辟了新的视角，有利于南京整合相关休闲度假旅游资源，开拓全新而稳定的客源市场。这是提升南京旅游竞争力的突破口，为竞争力的提升打开工作思路。

7 展望

综上所述，南京拥有优越的自然人文资源、完善的软件硬件环境、广阔的国内外市场，具备充足的实力和潜力成为全国一流的旅游目的地。

政府应高度重视，进一步加大对旅游行业的政策扶持力度，进一步清理旅游文化业的限制性法律法规，进一步打破行政区域和行政部门的条块分割。

民众应广泛参与，主动配合实施政府的各项方针政策，积极参与各类各项旅游活动，自觉培养文明健康和谐的旅游意识和旅游习惯。

产学应密切合作，推动先进理念和技术在业界的充分应用，推动实践课题在学界的深入研究，推动产业运作和学术交流的良性互动。

只要政府高度重视，只要民众广泛参与，只要产学密切合作，南京就一定能在“中国优秀旅游城市”、“国家历史文化名城”、“国家卫生城市”、“国家园林城市”、“联合国人居奖特别荣誉奖”的基础上，成为全国旅游竞争力最强的城市之一，跻身一流旅游目的地行列！

参考文献

[1] 徐君兰.城市旅游竞争力分析与评价研究[D].成都：四川大学，2007.

[2] 陈秀琼.旅游产业集群形成与竞争力评价研究[D].厦门：厦门大学，2007.

[3] 连蕾.西安城市旅游竞争力研究[D].西安：西北大学，2008.

[4] 高舜礼.中国旅游产业政策报告[M].北京：中国旅游出版社，2006.

[5] 张广海，李雪.国内外旅游竞争力研究综论[J].中国海洋大学学报，2006(5).

[6] 丁蕾，吴小根，丁洁.城市旅游竞争力指标体系的构建及应用[J].经济地理，2006(5).

[7] 江苏东方景观设计研究院.《南京市休闲度假旅游发展规划》(2008—2020).

[8] 黄向，徐文雄.我国温泉开发模式的过去、现在与未来[J].规划师，2005(4).

规划·建筑·园艺的调和与共生[①]

——感悟上海世博会的设计

各位同学，大家晚上好！首先，我要感谢学校，特别是艺术学院的研究生会为我提供这样一个就上海世博会和大家交流的机会。

大家清楚，世博会4月20日开始试运行，我和在座的大部分同学一样，还没有去现场看过。我本来只想和大家谈一下我所熟悉的上海世博会的景观设计，因为几年前，我在艺术中心带过一个2004级的研究生，他做的毕业论文就是关于世博会的景观设计，但是这次我的讲稿里基本上都没用这篇论文的资料，原因是前天我到学校来的时候，看见你们出的海报，给我定的题目是《规划·建筑·园艺的调和与共生——感悟上海世博会的设计》，我只好回去重新准备，按照研究生会给我的命题，谈一下上海世博会的规划、建筑和园艺。实际上是三个-ing：Planning，Building，Gardening，我准备幻灯片的时候非常振奋，所以加上Exciting。

从旅游专业的角度来考虑，世博会实际上是一个大型的主题公园，或者是经济、文化、科技的嘉年华。如果从内容上看，涉及规划设计建设；从经营管理招商来看，整个世博会的内容是一个大的百科全书，要把世博会的主题讲透是非常难的，何况还没去看过，只能根据我收集到的资料和图片，给大家谈谈我对世博会的看法。

先谈一下规划。世博会，是世界博览会的简称，注册的世博会是从2000年开始的，是经济、科技、文化界的“奥林匹克”盛会。在这个世界上第一次出现世博会之前，各个国家根据自己的规则和需要也在举办一些大型的活动，真正被称为世界性的博览会的活动是1851年在英国的伦敦，第一次世博会的出现是在国际展览局成立前大概七八十年。从伦敦第一届世博会以后，在很多国家非常著名的世界性的城市都举办过多次世博会，其中举办最多的城市是巴黎，举办了6届，分别是1855年、1867年、1878年、1889年、1890年和1937年，最后国际展览局(BIE)的成立也是在巴黎。第

① 本文是2010年上海世博会开幕前，作者应东南大学研究生会之邀所作讲座的录音整理稿。

一届世博会举行是有一定经济、科技、社会的背景的，如果一个国家的国力，一个城市的经济实力达不到很发达的程度，就没有实力也没有需求来举行这种大型的展览会。我想最早的展览会可能就是起源于市场，一个城市的基本的功能就是市场、交通、商店和居住，这四大要素慢慢演变，城市的物质财富、文化财富，发展到一定水平才会有举办博览会的需求，也是出于推销产品、交流信息的需要。第一次世界博览会在英国开的时候，英国举全国的力量，获得了很大的成功。有资料表明首次确定主题的是1933年的芝加哥博览会，主题是“一个世界的进步”，负责协调和管理世界博览会的组织就是国际展览局，我国在1993年加入这个组织，成为第46个成员国，只有成员国才有资格申办世界博览会。截至2009年年底，BIE成员国达到154个，来上海参展的国家和地区有242个，所有国家都可以参展，因为这是世界人民的盛会。在国际交往中需要注意，国际上的很多组织都是民间的，学术团体也好，经济的也好，信息的也好，都是民间的，我们国家是否要加入世界性的组织有两个条件，一是有没有这个必要，另外一个就是这个组织是否承认只有一个中国，也就是说中国台湾和中国内地不能同时成为成员国。我最近在组织第三届国际景观大会，明年在艺术学院召开，教育部给我的批文中用了几页纸的篇幅特别强调了台湾问题，因为台湾是以官方身份加入我们的组织。世博会有两种，一种是注册类的，展览期通常是6个月；第二种是认可类，展期一般是3个月。中国自1993年加入BIE以来，已经成功举办了两次认可类的世博会，分别是昆明世界园艺博览会和沈阳世界园艺博览会。上海的世博会是BIE中最高级别的，在我们国家是第一次办，但是最近有消息说广州也想申办，我们国家第三次认可类的博览会将在西安举行，都是园艺博览会。西安的杨陵是农业和园艺的产业园，在专业性世博会中，园艺博览会在世界上的知名度是最高的，因为一届博览会就会留下大量非常漂亮的景观、植物和各个国家个性化的具有历史传统的园艺作品，成为最著名的旅游景点，与此相比，其他专业性的博览会往往做不到这一点，所以我们可以了解到，五年一次的大型的世博会，竞争非常激烈，花费的财力也很大，而园艺博览会相对而言就比较容易，前面提到我国加入BIE后就举办了两次，而且又申请成功一次。南京的青奥会就更容易些。大型的世博会对条件的要求比较多，如果要了解详细的资料，比如历届一些世博会举办城市和主题等，可以查BIE的官方网站，我一直主张我的学生要经常浏览一些国际网站，因为上面有最新的资料，集中了全球的信息。明年在东南大学艺术学院召开的第三届国际城市景观与园艺大会，我给它定的主题是“绿色和艺术，增进城市品质”，开始定的是“Green and Arts”，后来考虑到园艺景观，因为是艺术学院，就强调了艺术，但是要得到政府在资金上的支持，需要与城市结合起来，定为："绿色与艺术，可以增进城市品质。"所以定主题也带点功利性，大家可以看一下历届世博会提出来的主题都有一定的功利性，这次上海提出的主题"Better city，Better life"，实际上也带有功利性，等下会提到它的作用。第一次世博会，中国广东的商人就去了。广东的会展也是非常发达的，资料显示，会展人才需要的岗位和毕业生人数，北京现在是 8∶1，上海是 10∶1，广州是 12∶1，所以可以看出广州最缺会展人才，广州的会展经济是最发达的，广交会可能是国内影响最大的会展。新中国成立以后，我国先后 10 次参加了世界博览会，而国内组织的一些会展，很多情况下都需要审批。我们艺术学院的研究生出路在哪里，会展是一个很好的结合点，会产生比较大的经济效应。2010 年上海世界博览会预计吸引世界各地游客 7 000 万人次，和旅游行业、会展关系密切。教育部的招生目录里面有个会展艺术与技术专业，我初步了解全国开设这个专业的高校有十几所，有三所是在旅游院系开设的，其他的都是在艺术院系，特别是设计艺术系。会展是个非常系统的综合性工程，从市场研究开始到展示设计，再到招商、营销、施工、布展，"以展促经"，国内外会展行业都呈现稳健上升的发展趋势。

上海世博会总投资达到 450 亿人民币，超过北京奥运会。实际上根据上海市政府估计，这次世博会加上间接的投入达到了 3 000 亿人民币，是世界博览会史上最大的规模。国外的公共景观建设，只要涉及纳税人的钱是非常谨慎的，珍珠港事件之后，珍珠港成立了一个旅游区，整个旅游区的建设就没有动用一分海军军费。这次世博会参展的国家中，最困难的就是美国，因为参展的钱不知从哪里出，所以建的展馆应该也是最差的，跟上次日本的爱知县一样的，美国馆看都不用看，在建筑外头 USA 三个字旁边留个影就行了，里头估计不会有什么东西，因为美国法律不允许随便拿钱来搞世博会，如果商人要来推销他的产品，展示他的技术或是成果，谁展示谁出钱，不可能由政府来出钱。公司可以参加市场竞争，但像中山植物园这样的事业单位就坚决不能参与，不能进入这个市场，严格来说，东南大学也不能进入这个市场，否则就是扰乱市场的行为，会使得很多处于市场环境中的设计公司没有饭碗，是不公平竞争。在国外，市场准入制度非常严格，只要拿到政府或是其他组织赞助的机构就不能进入市场，参与企业行为的竞争。

我们可以看到，上海世博会，4 月 30 日晚上开幕庆典，10 月 31 号晚上是闭幕庆典，4 月 20 号是试运行，总时间是 184 天，6 个月，面积 5.28 平方千米，上海确定申办世博会的时候经历了四次变化，包括选址、面积，最后选的位置在南浦大桥和卢浦大桥的滨江地区，5.28 平方千米，成为世界博览会历史上面积最大的世博园区，它的主题“城市，让生活更美好”，这个核心思想贯穿的主线是人、城市、自然。现在我们的城市离自然是最远的，在这个主题和核心思想下涉及了很多副主题，比如城市多元文化的融合，还有城市经济的繁荣，我们举国上下、世界各地把钱用到这个地方来建设，我们讲它是拼科技、拼实力的“奥林匹克”，各个国家除了一些保密或是军事用途的技术以外，都会想方设法来展示最新的科技成就，例如江苏馆的外墙全是用发光二极管(LED)包装起来的，还使用了物联网技术。可以把世博会的现场通过物联网和无锡的第一个物联网园区结合起来。全球现在已经用因特网把整个信息系统串联起来了，将来通过物联网将物理空间所有的物体也能够连成一个整体，相当于重建一个地球。简单来说，有了物联网这个技术，比如说我到电器店买了空调，装好了，说不定过了两天，有维修工来敲门，很可能在我们都不知道自己家的空调有问题的情况下，监控系统已经报警。这样很多假冒伪劣的产品包括卖死猪肉的就不会出现了，当然这个成本很高，工程很大，到底哪天能实现还不清楚。借着世博会馆的建设进行社区重塑，整个南浦大桥、卢浦大桥和整个内环滨江南路、浦东南路，都被整治一新，就算将来撤馆以后也是另一番天地，现在是上海工厂的集中区，将来是一个上海旅游的新天地。城市和乡村的互动，这个怎么理解，中央的提法是城乡统筹，这里是城市与乡村的互动，浦东本来是一个很偏的地方，以前房价很便宜，相当于2006年以前的南京九龙湖，后来1992年搞浦东开发，也仅限于陆家嘴地区。现在沿黄浦江往南移，这些地方除了一些工厂以外就是一些郊区，这些郊区将来就变成了城市中心，所以有一些副主题都是根据上海市政府的需要。这次上海世博会，根据有关资料显示，有11个世界之最，第一是参加的国家和组织最多，有242个国家和组织，不包括国内的省份，不知道你们有没有看今天最早的新闻，奥巴马要干涉华尔街，他已经讨厌了资本主义，要学中国，社会主义国家更易于集中力量办大事。第二，首次在发展中国家举行，韩国也在申请。第三，志愿者人数最多，有20万志愿者，我有一个研究生也是志愿者，在英国馆工作，他上次来找我担心我不让他去，我说这样的机会猴年马月才能找到，而且待遇也比较优厚，据说还有很多人辞了工作去应聘志愿者。第四是自建馆数量最多。第五首次同步推出网上世博会，所以你们要了解世博会是很方便的。第六个是世界最大单体面积太阳能屋面，这个主题馆外面都是太阳能电板。上海世博会的亮点是科技、生态，很多建筑的景观材料都充分考虑到了环保，也就是倡导了一种低碳经济。第七有世界最大面积的生态绿墙，这也是考虑低碳经济。第八是世界上单体量最大的公共厕所。去年这个时候我住在北京，周末到香山去，每个点的厕所特别是女厕所排队人数多到至少要等一个小时，这样排队身体都会出毛病。有数据显示，在爱知世博会上，女厕所门口排队的人数超过150人，如果上厕所时间一分钟一个人的话，150人就要150分钟，当然可能有几个厕位。厕所问题怎么解决，世博园区需要多少个厕所，每个厕所需要多少个厕位，都要在设计前做出统计，世博园这方面做得很好，就是派志愿者到上海的各个旅馆、公共场所的厕所门口统计，男女进厕所分别需要多长时间，统计出经验数据，再倒推上海世博会7 000万人次，除以184天，每天40万人次，可能要8 000个厕所位置。搞旅游的就很擅长做这些工作，因为旅游区开发的时候要设置多少个餐位，多少住宿床位，要经过科学测算才能设计的。所以这比设计一个茶杯要难得多。上海世博会在设计的时候，减少排队就是它的一个亮点，有两个地方是需要排队的，一是入园。在爱知世博会的时候，有一个展馆的前面，最长的等待时间要5小时，上海世博会在这方面做了一个很好的工作就是把世博园的入口外延，本来到入口才能检票进去的，但是可以把检票提前在浦东机场进行，通过机场大巴直接进入世博园，但在上海以外的地方不太现实，因为安全是一个大问题，世博会期间所有进入上海的车辆都要提前三天拿到通行证。把入口延伸到码头或地铁站出口，叫入口外延，这是很大的亮点。为了减少排队还使用了一个很好的技术，就是刷卡预约。做一个像世博会这样大型的区域配套服务设施是很困难的，我们就谈九龙湖校区，新生入学的时候，整个校园停满了车，这是高峰期，车位如何组织是个问题，还有吃饭问题，碰到下雨怎么办，这些因素都需要考虑。

还有几个第一，不一一说了。但是在上海世博园区有一个特点不得不提，就是园区保留的老建筑比较多，最多的就是它的厂房，好像有一个数据，整个上海世博会的总建筑面积是80万平方米左右，其中老厂房改造的就有20万平方米，包括江南造船厂，这个大家清楚，江南造船厂将来在世博会结束后就是一个大型的工业博物馆，实际上整个世博园区将来最大的旅游的亮点之一就是工业博物馆。工业博物馆特别多，当然还有其他的主题馆，实际上是为世博园区的建设节省了成本和时间，但是根本意义上，从景观形态的角度，从城市景观、城市设计的角度来看，这个地方将来就是一个功能的改变，从厂房变成了博物馆建筑，从原来的二产变成了三产的建筑，相应的它的业态，从原来的工业变成了服务业，有很多用途，叫做工业再生。这是一个涉及厂房和其他建筑的更新，上海从新天地开始，现在有上百家的创业产业园区，都是由废弃厂房改造来的，比如商品设计的创业园区，因为上海解放以后一直是一个工业城市，所以有很多厂房，上海下决心选择浦东、浦西的滨水地带，就是考虑到像造船厂这种大型的工厂企业将来的更新问题，社区更新实际上是一个大型的城市更新问题。

上海世博会的吉祥物叫海宝，它的会徽也设计得很好。

在规划这个部分，因为规划要宏观性地看它，所以我现在想和你们讨论一下上海世博会的深远意义，这很重要。上海为什么要搞世博会，实际上上海世博会最后下大决心申办，是有国家的战略意义的，体现在如何对上海市进行整体转型，一般讲转型都是讲经济的转型，上海作为一个东方的国际型大都会，新中国成立后已经成功经历过两次转型，第一次实际上由东方最大的工贸城市之一转向工业城市，这个要了解下新中国的历史，上海在新中国成立以前是一个非常繁华的、灯红酒绿的国际型大都市、国际金融中心，现在重新开放的外滩就是当时的代表，叫外国建筑博览会，可以理解为国际性质、金融中心、贸易中心。当然也有大量的工厂，新中国成立后，西方发达国家对中国实行封锁，当时国内的环境要搞国际贸易、金融中心是不允许的。从另外一个角度讲，刚刚建国，百业待兴，很多工业产品特别是日用品奇缺，所以在这种情况下下决心把它转变成了工业城市，经过 1949 年到 1978 年这么多年的改造，上海的三产比例一下子下降了 24 个百分点，由解放初的 42.6%降到了 18.6%，第三产业是衡量一个城市性质很重要的指标，我们现在长江三角洲城市的产业结构失衡现象非常严重，这也是上海下决心实行城市转型的重要因素。改革开放以后，上海进行了新一轮的振兴转型，主要是增加服务业，使上海由工业城市变成工商业城市，通过一系列努力，到了 2010 年，上海合作组织成立，标志着上海已成为中国最大的多功能的中心城市，这时第三产业的比重已占到 42%，这是新中成立以来上海的两次转型。进入 21 世纪，上海继续向国际化迈进，把一产、二产转移到外地，这里要变成服务业为主的国际大都会，通过种种努力，三产比例达到了 50.2%以后，此后年年徘徊在 50%，要想再突破非常困难，而且高层意见不统一，表明转型还是面临种种阻力。直到 2009 年，中央明确作出决定，我国经济非转型不可，如果城市都以工业为主，以出口贸易为主，以金融为主，这样业态比较单一的话，2008 年的全球金融风暴，很快就会让城市垮下去。同理，一个园区不能种单一的植物和树种，如果种单一的树种，一旦有病虫害蔓延的时候就会全军覆没，这样的例子很多，上海崇明岛有个农场就发生过，全部栽种榆树，一场皮虫灾害把农场里的榆树叶子全啃光了。这是一样的道理，如果业态太单一，一旦金融危机的时候，抵抗力会很差，上海作为我国最大的工贸城市受世界金融危机的影响是比较大的，但是相对于其他国家来讲又是比较轻的，如果完全市场化要抵御金融危机将很困难，所以在这种情况下上海必须率先转型，中央提出上海要做到四个率先，其中一个率先就是率先改变经济结构，在这种情况下，世博会给上海经济率先转型提供了最大的契机，所以要从上海全局、国家全局来考虑世博会。

上海酝酿世博会实际上是有四个阶段，分别是 1985 年的报告，1988 年的设想，

1993 年的构想，2001 年正式递交申办报告，这四个阶段都是从上海代表中国最大的城市经济体的需要出发。在当时的情况下提出的，一个是国家的发展大局，一个是上海发展的总体战略，而不是区域的小利益。每一个阶段提出的报告也好，设想也好，构想也好，有不同时期的特点，但是始终是推动第三产业，提高国际影响力，提高在全国、在国际上的领先地位，最后也会从根本上提高上海在国际上的影响力和知名度。世界上的很多著名城市都是因为奥运会或世博会这样的大事件而闻名的，要么就是自然灾害，一些大型的恐怖事件，一定要有事件才会知名，我们不希望从不利的角度使城市变得知名，最好是通过世博会这样的事件，这也是为什么大家都要申办世博会的原因。从世博会规划的选址角度来考虑也经历了 4 次变化，1985 年提出了浦东，考虑到浦东是为了要建金融、贸易、娱乐、商业的中心，其实这个中心加快发展是在邓小平南巡以后，1992 年以后实际上上海就加快了浦东发展的步伐，加快了上海经济的第二次转型，如果不是这次世博会上海最有发展潜力的，是闵行而不是浦东。闵行这个地方如何来启动它，有两种可能，要么有像世博会这样的大事件，要么就建大学城，就像江宁大学城，为什么各个区都争建大学城，我们知道江宁这个地方的常住人口和流动人口有一百大几十万，其中大学生人数贡献很大。1988 年设想就选择浦东，因为浦东开发已经提到国家议程，举办博览会可以加快浦东的开发，1988 年就选在浦东的一个花木乡。1993 年构想时的选址还在花木地区，特别强调了全市的公共基础设施的配套，包括浦东机场、京沪高铁，京沪高铁在那时就提出来了，也是为世博会提出来的。到 2001 年提交申办报告的时候才选了现在这个地方，我认为选这个地方是有积极意义的，国际型旅游城市的经验之一就是重视滨水区的开发，景观很好，而且看文献可以看出这几年的热点是工业遗产地的更新。这两个因素是导致下大决心选择现址的原因，花木乡有滨江资源，滨水景观很好，还有很多工厂在这里，因为这点最后选择这个地方是对的，在这个大区域里有 5.28 平方千米，在这之前有大量的拆迁，根据预测，直接间接投资有 3 000 个亿，所以没有坚实的经济基础是不能申办世博会的，按照以往世博会的投入产出比 1∶1.5，预计对 GDP 的贡献是 4 500 个亿，但是我们对世博会所期望的不止这些，要的是主题效应，世博会让城市生活更美好，除了城市整体转型以外，关键的就是对生活在城市中的人的思想观念的彻底更新和转变，我觉得这是世博会更主要的影响，让思想产生新的活力。如果按照大的主题公园来计算的话，我们中国旅游投入产出比的经典数据是 1∶7，若艺术设计者们再搞个创意产业，像迪斯尼一样，乘数效应将不得了，包括就业岗位、人员的培训等等。审视上海世博会一定要跳出经济的范畴，世博会让整个上海在社会、经济、文化、环境的发展上了一个新台阶，进入这种新境界以后不光让上海真正进入了世界先进城市的行列，而且上海的决策者企业家和普通市民必须以新的方式来审视上海如何进行整体的转型，所以这种效应的发挥会影响很多年，汪道涵讲过一句话“一届世博会可以管50年”。当然，上海世博会不是今年的效应，而是为未来构筑了新基础，对周边城市的影响，大家会感受得非常深刻。现在很多工作与上海世博接轨，让上海进入了郊区时代，上海实际上没有城乡之分，整个都通高速(但是高速公路路面质量很差，颠簸得很厉害)，让长三角进入同城时代，京沪高铁、城际轻轨，因为世博会加速了一体化和同城时代的到来。不光是长三角，齐鲁大地也在对接世博(山东四个城市来南京推销的时候就提出自驾游)。这次世博会，现在问责中国的就是全球气候变暖，我们中国是一个大国，是全世界第二大的碳排放大国，上海是中国的最大的经济体，责无旁贷，上海把很多有污染的企业转到周边长三角城市去，这也是一个大问题，我一直关注这个事情。世博会在低碳经济上做得很好，你们可以简单了解下什么叫低碳经济。这次世博会除了用太阳能以外，整个建成后的道路上看不到一个窨井盖，都是用废弃的轮胎、沥青什么的铺的，彻底封死，雨到了道路上就激掉了，不像江宁一下雨就成了汪洋。去年暑假我到济州岛，在汉拿山国家公园考察，发现那里从山麓到火山口的道路全用废弃的汽车轮胎铺成，防滑又透气，废物利用，很有特色。

这里为什么规划要重点谈，因为有些宏观的背景大家可能网上查不到。世博园建筑中的东方之冠——鼎盛中华，是中国主题馆最具标志性的东西，是地标性的建筑，这个建筑世博会结束之后会永久保存，任何一届世博会都会有建筑保留下来，埃菲尔铁塔就是这样来的，我记得1998年到布鲁塞尔去，那里的原子球公园，实际上是世博会留下来的建筑。但是东方之冠这个建筑，我不喜欢，感觉太压抑，有沉重感，我觉得这是和金字塔倒过来的一种文明，我觉得不是很好。希望以后设计建筑时可以让学设计艺术的先行创意设计；现在很多规划项目都要求请旅游规划设计的专业人员先做前期策划，搞建筑设计的时候，也可以先做艺术设计，然后再进行建筑设计和施工设计。这样每个作品才有创意、有个性、有特色。我觉得艺术学院的学生前途无量。若干年前建筑从艺术中独立出来，若干年后应回到艺术系。意大利国家馆把意大利国家元素和中国上海的石库门相结合，比如到布鲁塞尔馆设计的时候会想到尿童，应该与当地最著名的元素相结合。很多外国人认为到中国去了一趟就是以后接项目的资本。我在意大利的一个城市遇见过一个设计师，他说他的神秘旅行是在中国，回来以后就接到一个大型的海滨项目。这样的人很多。多伦多有一个学者送了我一本书，叫《灵芝》，看他的简历，他就在中国待了一年，回去后就搞了中医培训中心，可能就是和这个和尚合个影，与那个道士交谈一下，在中医院实习一下，他搞的这个诊所性质的培训中心，利润很高。在北美赚钱很难，利润空间是很小的，每天都有银行破产，所以在这种情况下他来中国镀金，回去就很厉害了。前两年有个德国人来找我，要我介绍个庙，说他要出家，实际上是来体验，比如说研究东方宗教的，来实践的，就像我们搞酒店的去宾馆实践一样。后来我给扬州大明寺的和尚打电话，他说他这是密宗，修禅要到别的寺院去，我后来就没管这事了。我估计这种人也是想有这种经历以后回去可以忽悠别人。吸取新的元素是很容易被人理解的，何况大部分外国人对中国是不了解的。2007 年的时候我邀请美国园艺学会的主席来开会，他说来之前都不知道有南京这个城市。意大利馆做得很好，意大利设计方案的灵感来源于游戏棒。20 个功能模块代表意大利的 20 个大区，吸收了石库门的造景要素。还有法国馆的绿色理念等，网上都能看到。我看了国外的设计馆以后，觉得我们国家设计师还是创意不够，就像江苏馆参加世博会时是这个样子，参加全国的园林绿化博览会的时候还是这个样子，不是苏州园林就是扬州园林，跳不出园的概念，现在大家都搞新景观，创意很多的，法国的园林也很有名，法国的凡尔赛不比你苏州的园林有名么？但是法国的设计就很新，不光反映了历史的元素，也反映了新的科技、新的思想，用了新的材料，而我们还是跟以前一样。国内的建筑要不就是完全的继承，要不就是所谓的创新，有点牵强，就一个马头墙就是徽派的灵魂了么？不是这个概念。德国馆的室内展示得比较多，动力资源的展厅，能让你感觉到磁场，磁场是看不见的，我们做景观的就要让他可视化。当时我看了你们给我的命题之后，规划、建筑、园艺，我在想怎么开讲。这都不能完全展示世博，规划也好，建筑也好，园艺业也好，都离不开空间，其实世博会最精华的部分就是最新科技成就的展示，就是把各个国家的人文历史通过景观最充分地进行表达，用新的材料、技术、展示方式进行表达。瑞士国家馆在形式上进行了创新，临时性的建筑用这种材料很容易做到。澳洲馆我看了之后感觉确实是用了澳洲的元素，颜色选得很好。加拿大馆比较抽象。至于美国国家馆，下次你们去在那儿留个影就可以了。尼泊尔国家馆，民族建筑的形式很典型。西班牙国家馆主要用藤条来做的建筑的外立面的造型，室内也是这样的，由 8 524 个藤条板构成，这样建筑的好处就是展示完可以拆走，所谓后世博时代一般是研究博览会世博园的原址如何利用，很多国家建馆的时候就考虑到了，在洛杉矶的迪斯尼可以看到，童话世界的景点相当于一个企业展馆，结束后就移回去了，我相信上海世博会结束以后很多国家馆都会移走，这样也好，不会留下物质污染和精神污染。卢森堡国家馆很袖珍，有城堡的概念，很形象的森林和堡垒。丹麦馆除了两个轨道以外，还有丹麦海港的小美人鱼，哥本哈根的小美人鱼由海军运来，连海水也是运来的，一进入丹麦馆就有真情实感，就算看不到大海的波涛，也被他们这种精神感动了。我认为丹麦是最认真的，中国对哥本哈根会议也是很支持的，这是相互的。英国馆的周围很多发光体，材料创新，馆名就叫创意之馆。爱尔兰国家馆，都是几何体拼接起来的。4 月 20 日试运行时很多车子都是太阳能的交通车。沙特馆的建筑是月亮船。韩国馆的室内像是积木塔起来的。中国船舶馆展示了新的科技——漂移农场船，将来若要在海上生活，需要多大的船的体量，能量如何循环，吃喝拉撒如何处理，保证营养等，是一个很有意思的课题，将来还要考虑设计一个太空农场。芬兰的冰壶，采用了芬兰的自然风貌。奥地利馆，我认为建筑流线很好。世博园内的建筑实在太多了，242 个国家，除了固定的展示，还有不少于 17 000 场的民族歌舞表演，类似于地方戏之类的，是最有当地民族特色的。

第三讲讲园艺，园艺我是最擅长的，但最不知道怎么讲，刚刚建成的园艺景观环境肯定是不行的，肯定需要过段时间养成后才行。只有一些硬质景观，建成就有效果了。这就是为什么很多人建景观、建园林的时候喜欢搞亭台楼阁，建好效果就出来了，不像植物栽下去以后还要等若干年才能长成，土壤不行还要重来。世博园里每个国家的场馆都想展示最佳的园艺水平，就像荷兰，早早地就把郁金香移过来了，但是因为没控制好，一不小心开花开得太早了，所有的花在 4 月 20 号以前就盛开了，所以到开馆的时候就看不到了，这就是园艺失败的地方，我们可以想象任何一个大型的主题公园、事件、活动，园艺工人多辛苦，他要计算，还不可控，少量的可以在温室或是恒温室控制，大面积种郁金香的时候就没办法了。像迪斯尼，圣诞节一定是放大量的圣诞花，其他季节也用假花，但宾馆要是用假花的话，档次就显得低了。我们国家为世博培育的中国红是凤梨类中的一种，一年四季都很红，正好和东方之冠映衬。园艺环境里面，场景做得比较好的有成都的活水园，反映了对污染治理的情况，很简单的建筑，但是体现了人类净化环境、节省水资源的巧思，这个景观环境做得就比较到位；另外一个比较到位的是滕头村，是个非常典型的社会主义新农村，从景观的角度看，比江阴的华西村还好，真正的华西已经变成社会主义新工厂了，不重视环境。滕头村的社会主义新农村结合了现在的乡村旅游及观光农业。真正的园艺就是和植物打交道，老外跟我讲：没有植物的东西不能叫园艺，叫景观。如果讲世博会的园艺，它的园艺的景观要好起来还要一段时间。从试运行的当天来讲，上海世博会还是很成功的，最后预祝上海世博会取得圆满成功。

【问】您认为中国的城市景观和国外城市景观的主要差距在哪里？

【答】我觉得我们中国目前的城市景观建设，我主要讲绿化园艺景观，不谈建筑，关于建筑景观这块，大家可以看我的文章《城市，失落的家园》。关于绿化景观，我认为和国外最大的差距就是不科学，我们现在强调要科学发展，从色彩方面看，没有注意一个城市的主色调，对城市的色彩没有进行系统的研究，色彩是审美的第一要素，这方面我们没有做好。我觉得现在城市的建筑可谓光怪陆离，那么城市的配套的景观建设要对它形成补充和反差，需要大量的绿化景观，现在绿化景观首先是严重的缺乏，有绿化的地方也搞不科学的做法，比如在绿化树种和花木的选择方面，南京就有冬天给景观植物套塑料袋防冻的。大家认为只要种树就可以改善城市环境和生态，其实不然。清华大学有个教授2001年的时候说过，我们错误地认为景观设计就是建筑师画完建筑图后，留个空挡种树，实际上这种情况是没法真正改善城市景观的。即使是南京中山路的改造，去掉隔离带，给人感觉有很多绿化，我认为这种做法不仅影响交通，而且对改善环境毫无用处，还占用空间。南京好多高架桥上面有很多垂吊的植物，既长不好，又影响交通，植物要浇水，植物的容器下面要留出滴水孔，水一浇，都落到车子上面，这些都是不科学的做法。现在的景观设计最不科学的做法就是没有考虑到功能需求，这种功能是多方面的，举个例子，避震的功能，像我住的成贤街的那个地方，即使我知道今天地震要来，我也没法跑。不仅是绿化设计，城市很多共享空间的设计都要考虑到城市居民和外地游客，而城市居民希望的公园系统，每个小区应设社区公园，我们做过问卷调查，城市居民最佳的休闲方式就是选择到公园去，但是他们即使能在共享空间休闲，那些空间的设施配置等也很成问题，比如，喝杯饮料就要丢饮料瓶之类的，吃香蕉也要扔香蕉皮，但在那里很难找到垃圾桶。中国人还有一个吐痰的陋习，这是和我们的体质、我们的环境不无关系。我看了很多地方，我们在公共空间的地方会设置坐椅，旁边政府领导一般会叫你放雕塑，但实际上在这种共享空间，我最不希望看到的就是雕塑，最希望能有一个垃圾桶。比如在韩国，这次我看的江南区，我认为是很成功的新区，它的很多共享空间，四周是坐椅，中间不是雕塑，是个垃圾桶，这就是人性化的做法。对于一个城市的景观来讲，道路景观是非常重要的，国内许多城市为了美观都种雪松或香樟，或是其他常绿树，这实际上是违背科学的，这些树作为行道树，最大的功能就是夏天的时候可以遮阴，冬天则能透阳光，所以夏天的时候要枝繁叶茂，到了冬天希望叶子全落得光光的，这样太阳才照得进来，冬天即使是你们青年学生也没有哪个喜欢在雪松下散步的，都喜欢到有太阳的地方去，一句话，中国的景观和国外的景观比落后在什么地方，就是太不科学了，这种科学包括自然科学，也包括艺术方面的设计科学。

【问】周老师，您现在正做九龙湖的景观设计，我想就这个问题提一两个建议，一个是树种问题，据我观察栽种的北美鹅掌楸存活率非常低，大概为 20%，我觉得树种的选择上是不是要考虑它的存活率，还有一个就是校园休息的地方太少。

【答】这个问题提得很好，讲后面一个，学校主要以学生为主，一个是停车的问题，一个是休闲场所、书吧之类的问题，我和易校长到焦廷标馆等很多本科生聚集的地方都看过了，这些地方应该要有一个根本性的改变，从现状来看，不符合大学生的生活。再一个考虑的就是教师，想在这边搞一个比较高档的休闲会馆，王院长还和我讨论过是不是把我们艺术学院楼上的四个角改成喝茶的地方，我说不行，这是瞭望岗。我们还设想，校园里除了一些文化的复活、绿色景观梳理外，对一些景观建筑，校领导也很重视，我们校园的建筑色彩太灰了，本来我们青年是朝气蓬勃的，一到这个地方，像监狱一样，要通过景观建筑，让色彩跳跃起来，生动起来。建筑设计可能会跟学生的创意设计结合起来，建筑系、艺术学院或其他土木专业等学生都可以来做这些作品，如果你的作品确实优秀，我们可以向校领导建议在学校设个点把它放进去。休闲设施设置，包括图书馆门口的大草坪以及各条路的树种等，我们都会形成一个体系，还有一些花园，我们都会统一考虑。关于树种的问题，最近下雨比较多，我会经常在校园里转，发现一个最大的问题，同学们可能没有考虑过，九龙湖这个地方，从风水上来讲不太好，这个地方是整个江宁开发区里地势最低洼的地方，我有一次在散步时发现，教学楼前面的绿地中很多树都浸在水里，我们原来这个地方是个涝堤，所谓根深叶茂，上面的树要长得好，下面的根要扎得深，我们的树都长到水里去了，有些树种是比较耐水的，有些树种到水里两三天就没气。在这种情况下我提出的建议就是，第一个要对地形进行改造，我在规划里就建议在图书馆的后面堆一座山，得到了大部分领导的赞赏，我给它取了个名叫“凤鸣山”，因为我们老校区的发源地叫鸡鸣山，从老校区 400 亩到现在接近 4 000 亩了，鸡变成凤凰了，所以叫“凤鸣山”，旁边有个九龙湖，龙凤呈祥，我觉得是很吉祥的，当时讨论方案的时候我越讲越激动，最后这个方案就通过了。而且我们这个中轴线，从大门到草坪到图书馆，一直到后面没有靠山，有靠山底气才足，所以我要堆座山，为什么？你看一下紫禁城的轴线，后面堆了个景山，景山不是很高。我们可以科学地计算出凤鸣山的高度，从中央大道的旗杆区，就是现在升国旗的地方，站在那个地方能看到图书馆后面的山，后面的山必须要达到这个高度，而且这个山的高度我认为完全可以做到，江宁开发区有个五星级宾馆在建设，建设过程中必须大量的挖土，这些土没地方堆，我们给他提供个场地，就往东南大学堆，堆一方土他要给我们多少钱，我们不需要花钱，还可以收钱。第二个，我认为东南大学是一个工科为主的学校,有很多危险品仓库,还有很多需要保密的实验室,就放到山里面,可以先把建筑建好,假如要堆40米高的山,我可以先建20米或15米高的楼,建好后用土把它盖起来,这样既可以节省空间,还可以有防空功能。我觉得我们东南大学从三江师范学堂开始一直到现在九龙湖时期的东南大学,我们沿着内环路给它命名一圈路名,每个交叉路口一个点,除了建体育馆的地方外。另外,现在的梅园,要把它变成一个展示东南大学校园文化的地方。最后我建议东南大学一定要建个访客中心,因为我注意研究了不少大学,例如台湾大学,外面的人过来参观,不需要非得找到校长办公室或哪个系的系主任才能参观,游客直接可以到访客中心,假如一个礼拜里每天下午是开放的,你只要来登记一下就行了,登记以后,不仅能看校园景观,还可以根据你的专业给你安排参观东南大学最先进的实验室,观摹最佳的教学名师的上课,看了以后中午是不是可以请你到梅园食堂吃个饭。国外有很多国宝级的案例可以借鉴,我1994年去日本看它老的皇宫,我不知道怎么走,到总台问了下,服务很到位。这种大型的校园,不像东大四牌楼校区,我看着地图就能走遍,但九龙湖校区不行,太大了,3 700多亩地如果没有一个接待中心怎么看得过来?将来的话我觉得九龙湖一定是个风景如画的兼顾旅游的学术中心。

【问】我们的感受是中国做的东西很沉重,老是往后走,而国外的东西不管设计什么的都是往前走,对于这种官方的设计包括设计理念您对此有什么看法?

【答】中国包括江苏,在迎接任何一次博览会的时候,最大的问题在于官僚主义,而不是我们中国人的创意和设计不行。设计者不是先研究展示什么样的内容,然后用什么样的形式,再用什么样的材料。他没有抓住设计的本质,我认为设计的本质是确定它的主题和要表现的内容。就像我经常批评的江宁织造府一样,建设的时候让我们去,我说你在设计之前根本不知道将来设计出来是用来做什么的。本来要搞个红学中心或曹雪芹博物馆的,现在却只能搞餐饮。我将来要展示,我不能老是停留在中国的传统里面。我举个简单的例子,像物联网,我们中科院的研究在世界上是居于前列的,可能我们要展示的就是物联网最新的科技成果,这种展示就不能用传统的材料、传统的设计思维。在确定表现内容的前提下,我们还有一个设计上的三原则:经济、适用、美观,这三原则我认为是永远不会过时的。美观讲究设计表现的问题,适用讲究功能,最后还要归结到经济上面,用什么样最适用的材料就能表现出来。在建临时馆的时候,不用考虑它的抗震性,用新型材料甚至轻型材料,也不需要隔音的,就能够最经济的表现出来。经济、适用、美观,这三个要素考虑好了就非常好了,而且一定要有个主题,这个主题问题创意的时候,基本是领导定,没有公开征集,公开征集的时候人为的影响很厉害。假如说，我这个地方展示设计的时候，如果这个钱的用途必须要社会公示的话，一定会按照设计的程序来做。展示设计可以当做是产品的设计过程，产品创意过程有五个阶段，从开始策划到最后成形推向市场，这是最基本的，假定不存在交通运输问题。如果我们要出国去展示，有很多博览会在世界范围内开展，到国外去展示中国形象的时候更要考虑，除了充分表现我的意图以外，还要考虑拼装。讲一个最简单的例子，我们在设计徽标的时候，你设计得很漂亮，但还要考虑整个部件工艺制作者能不能方便的拆卸。讲到国内与国外设计的差别，我想到一个案例，我曾经用 Garden-making 作为"造园"一词的英译，结果人家看不懂，1992 年到美国两个月后我才知道，国外的造园用的是 Garden-installation，他们所有的造园材料、部件都能够在建筑超市买到，买到后到现场只要安装就行了，所以和我们完全不一样，我们还是"造"的概念，没有突破传统。搞一个展馆，主题定好以后，表现什么内容，然后再用最佳的表现方式和表现材料。我们是倒过来的，或是说没有摸准展示设计的路径。

【问】在上海建筑一个地标性的建筑物，您的看法如何？

【答】我是赞成的。留一点东西，我更多的受旅游的影响，很多旅游的新景点背后没有故事，世博会这么大的活动，如果仅仅是为了世博而世博，世博结束以后全拆光，我觉得太可惜了。抓住这个机遇，我建议要留一个地标性的建筑或景观，但问题是这个地标性的建筑是不是就是东方之冠，我认为值得好好思考。

就景观艺术研究与弟子们的对话[①]

……

周老师：景观在公众视野中，它涉及每个人的切身利益，它不像小说之类的文学艺术作品，你不喜欢你不要读就可以了，但公园之类的景观不一样，你不喜欢，你却天天生活在这里，你天天都要接触它，它受社会关注的程度比较大。在这种情况下，景观是艺术，但它非常直接的受到社会的、经济的、法律的等各方面因素的制约，正是因为这种制约非常直接，而有些就直接关乎法律的限制，比如建一个景观时需花费纳税人的钱，此时就受到法律的制约。所以景观艺术的流变不那么容易，它受社会各方面制度的左右比较多。景观不像纯艺术那样可以自由发挥、自由创造，所以需要从这个角度来写。

张健健：就是说景观艺术有其自身的特殊性，使得它的流变有其自身特征。

周老师：对，就是强调它的特殊性，然后，还可以看看李泽厚的《美的历程》。我在一篇文章中也写过关于马克思艺术生产理论、园林艺术生产理论的文章，就是说，艺术生产与社会经济的发展、社会的变化存在着一种不平衡性，特别是在纯艺术方面，如诗歌、文学、绘画等在宋朝国力不强时却很繁荣。但是，景观作为一种艺术，它则同社会经济发展保持着较高的一致性，这种不平衡性就不明显。这就是规律，需要总结出这类规律性的东西来。为什么呢？只有社会繁荣富强昌盛了，有钱了，有经济基础了，景观艺术与其他艺术相比，它更多地依赖经济基础，不同的艺术类型均要从本质上进行研究。开题报告就这样，题目就不要变了。你们两个大题目去掉，你那个题目就改成“20 世纪西方景观艺术研究”。

张健健：20 世纪西方景观艺术流变？

① 本文是 2010 年 12 月，作者带的 2009 级博士研究生翁有志、张健健、曾伟、郇杰参加完开题报告答辩会后来到作者的办公室座谈的录音，由郇杰负责整理。他在发给作者的邮件中写道：周老师，您好！由于是在中途录音，所以您前半部分的讲话没有录下来，因此，以下文字资料是您后半部分的讲话。甚感可惜，因为您前半部分的讲话也非常精彩，点评相当到位！弟子郇杰（2010 年）12 月 2 日晚于九龙湖橘园。

周老师:“20世纪西方景观艺术研究”有没有人专门研究过呢?

张健健:有专门研究过的,也有人写过这方面的书。

周老师:那什么叫“流变”呢?

张健健:“流变”就是把它们发展的脉络理清楚,就是各个时期呈现出什么样的特征,然后一些代表性的案例与思想。

周老师:我是这样想的,就是因为我们考虑到景观艺术发展的艺术性,它的艺术性与景观设计的工程、本身与社会事业之间的属性,所以我们还要看一下艺术对景观艺术发展的影响,特别是景观艺术与艺术之间的关系。曾伟的文章也存在这样的问题,什么立体主义之类的。景观艺术有着自己独立的、常态的发展规律,或称为“常态的景观艺术”,大部分的景观艺术确实是这样的,我们就是按照美的规律,就是“经济、适用、美观”,一般的景观艺术都是这样的。构成主义可以在景观上有所反映,这种反映就是艺术在上面的反映,就相当于在基底上的一个斑块而已。如果说我们把整个大地、整个景观艺术作为一张纸的话,实际上就是说,这些立体主义之类的景观艺术仅仅就像这张纸上的一些花朵。我们是否可以这样来理解,大部分景观艺术是遵循它自己的创作原则的。但是,当构成主义、后现代主义等出现以后,会对景观艺术产生一些影响。你们可以在《中国名城》上看到我将发表的一篇文章,是关于“钱学森园林艺术观”的文章,在《东南大学报》上也删减刊登了,但在《中国名城》上我的摘要写得比较好,就是“景观,为人的精神而创造的一种艺术”。景观更多的是为人享用,是为人的常规需要而创造的一种生活空间,它实际上是一种生活空间,但它主要是弥补人心灵上的缺失,是为精神创造的空间艺术,是为人的心灵而创造的“第二自然”艺术。因此,景观不是一种纯艺术的创作,所以当一些怪异的艺术出现时,就不一定会影响到景观艺术,再比如现代社会,有些人的审美心理自然就发生变化了。有个博士写的“艺术现代性的生活维度研究”中“日常生活”的概念,我们可以应用的。我们好多谈的对景观的需要时,不会谈构成主义、立体主义的,比如有人就是对苏州古典园林的亭子感兴趣了,我就在我家里面造个古典的亭子,你不能说它不是景观艺术,但你说这种景观艺术究竟是什么主义呢,说不上来。所以陶老师的观点你们可以考虑一下,看究竟采用什么样的表述法。

曾伟:当代景观艺术的实践中的立体主义。我觉得徐老师说的“切入主题”说的蛮好的,他说我和翁有志的文章首先要切入主题,要着重谈艺术视野中当代景观艺术的必要性。

周老师:对。你上来就谈我们目前景观艺术研究的必要性。我们现在的城市景观建设很受重视,但没有品位,这就是因为缺少艺术指导,所以我们要将景观放入艺术视野中进行研究,单刀直入即可,要开宗明义地将其必要性讲透,但有关的综述还是要的。

就传统园林与现代景观创意问题与莲溪的交谈[①]

莲溪　20:47:55

周老师，论文深入后进展得不怎么顺利，我在一个问题上卡壳了，正在思考。首先我觉得古典园林的很多造园方法是不适宜城市景观建设的，在这一点上现代景观艺术更有针对性。古典园林能给"园林扬州"的更多的应该是精神方面的，比如意境的营造，"园林扬州"应该向古典园林学习，可是如何将古典园林营造意境的方法运用在现代城市景观建设上呢？我有一点头绪，还没完全想好……

止戈　20:56:44

不完全像你说的那样，古典园林的很多造园手法是值得现代城市景观借鉴的，注意是借鉴而非照搬，如小中见大，对景、借景等。现代景观设计有些浮躁，不注意经典手法的运用，更别说意境了。你缺少实践，先要深入理解古典园林，可以与园林人士多多交流，告诉他们自己本来不是学这个的，虚心认真地请教，会有收获的。

止戈　20:59:38

就像学绘画一样，现代不少景观设计人员没有功底，上来就谈什么创新，有些急功近利。

止戈　21:01:16

你这篇文章的立意就是要用传统园林的精华来武装现代景观设计。

莲溪　21:02:42

我看了一些书和资料，觉得评价古典园林最后都落在一个意境上，而现代景观的书籍主要就是讲怎么去做这个景观，所以就生出了借鉴古典园林注重意境，现代景观注重功用的想法。

莲溪　21:04:51

① 本文为2009年8月30日作者(笔名:止戈)与弟子朱鑫宇(莲溪)的QQ聊天记录。

我把传统园林的造园手法归结为主要是对意境的创造了,不知道这样理解是不是正确?

莲溪　21:06:08

所以我也写了传统园林的造园手法,只不过把它们放在意境的创造里面了。

止戈　21:09:47

任何艺术,真正的艺术,都是讲究意境的,都是形式与功能的完美的结合体。不能说古代的注重意境,现代景观注重功用。现代景观建设有此现象,就是没有认真来进行真正的艺术创作。我们要以古典园林,当然是优秀的古典园林为镜,促使我们现代景观设计做到真正的艺术创作。

止戈　21:12:41

“把传统园林的造园手法归结为主要是对意境的创造”,这样理解不完全正确。要从材料、手法、形式美(美景)和意境等方面来全面理解。是艺境而不仅仅是意境。

止戈　21:14:11

有些传统园林可能也主要的是只讲究功能的,要看全面。

莲溪　21:17:50

对,要艺境,我最近只盯着意境了,看了很多写意境的文章,就园林写园林的多,延展到城市景观的少,我应该全面考虑“园林扬州”艺境的落实。

止戈　21:19:04

如果写得很累的话,就先到园林散散心!

莲溪　21:21:01

我原来是这么考虑的:“园林扬州”将走上以现代景观艺术塑形,借中国古典园林艺术凝神的构建途径,如此设想理由有三:其一,园林是景观的一个分支,中国古典园林艺术善于意境的营造,用客观物质作精神层面的表达,使园林艺术形神兼具,这是其具有中国文化特色的闪光优点,需要予以传承,并且将这一优点运用到城市景观构建中是创造“有意味的形式”的重要途径。景观是一个更为全面的概念,现代景观艺术因其本身的针对性,能够更为便利的提供相关城市景观建设的技术理论和实践,并且其中不乏古典园林的技艺,因此用作城市景观塑形更为全面。其二,中国古典园林是满足个人或者少数人的艺术,现代景观艺术是满足大众的艺术,这符合园林扬州“请园景走出院墙”以服务大众的精神;其三,中国古典园林的私有性使其欲于掩藏,特别是坐落在城市的园林多要做足“隔世”的功夫,而现代景观艺术是开放性的艺术,这个基调更适于园林扬州的景观塑形。当然,并不是一概忽视中国古典园林的技艺部分，和现代景观艺术的精神因素，只不过是以获取前者的精神因素后者的技艺因素为主要的导向，中国古典园林的技艺境界往往最终体现为园林意境的营造，在这一点上和现代景观艺术的偏向是不同的。

莲溪　21:22:01

嗯，瘦西湖门票涨到 90(一张)了，还好办了年卡。

莲溪　21:26:03

开始写得还挺顺手，后来觉得思路越来越狭隘，写不下去了……

止戈　21:26:51

你要与园林的人接触，联系他们，不买票入园，不是为了省钱，而是为了交流。

莲溪　21:28:20

还牵涉到一个创新点的问题，“用传统园林的精华来武装现代景观设计”这一点钱学森的山水城市思想有重点涉及，我才往以现代景观艺术塑形，借中国古典园林艺术凝神方面考虑了。

止戈　21:28:59

你还在扬州吗？要有与不同背景的师兄师姐师弟师妹们交流的机会，他们也会给你启发。不要闷在家里。

莲溪　21:31:37

嗯，之前是为了方便上档案馆找资料的，想写扬州，逛园子逛街景也方便，才留在家里的，这几天就回南京去。

莲溪　21:34:15

周老师，我的创新点要怎么突破呢，我现在觉得我的“园林扬州”和山水城市有重复的嫌疑了，只不过山水城市是宏观的，没有一个具体的方案，我的就像山水城市的一个具体的方案一样。

止戈　21:34:36

好的。要计划好，多长时间考察，多长时间查资料，多长时间思考和写作……还要注意劳逸结合啊！

止戈　21:39:07

没有重复，山水城市包含自然的基础，“园林扬州”是如何在现有的城市骨架或说基础上，充分发挥设计人的创意和从扬州园林以及其他地方和风格的园林(甚至外国园林)中汲取营养，来建设好扬州城。

止戈　21:41:12

就是在山水城市的基底上，艺术化地设计扬州城。

莲溪　21:44:50

可不可以理解为“园林扬州”是山水城市的一个特色个案呢？山水城市也有涉及人工、科学……我完整地看了一遍钱学森关于山水城市和其他人的书信往来，觉得他提出的山水城市能包含的都包含了。

莲溪　21:51:07

看完之后有一个不解，他有说过类似中国的园林才是园林这样的话，但也鼓励接受国外的东西，但总体上倾向于前者。这也是我想到在论文里给现代景观艺术多留一点空间，以示区别的原因之一。

止戈　21:54:38

钱学森是著名的科学家，但不是园林或城市专家，注意辨别内容；自己要独立思考！

止戈　21:56:29

山水城市和园林城市是有区别的。有机会再讨论吧。

附录 A：千叶宫桃满院香

——记我的博士生导师周武忠教授

郑德东[①]
（东南大学艺术学院，江苏南京　210096）

“先有千叶之博采，后有桃李之万代，是以书院虽深而能随风自香。其香悠远，行者闻道踟蹰而足痴，论者闻道醍醐而忘言，餐者闻道三思而忘食。”

这就是恩师给我最深刻的感受。

作为周教授的第一名博士生，自入师门以来，除了学业上的谆谆教诲、耳提面授之外，在许多方面都所获甚丰，更是在学业、事业上都树立了清晰的方向，为未来的研究与实践奠定奋斗方向。现在已经学有所成，毕业辞校之际，虽然知道千言万语也难表其一，仍愿冒大不韪妄而评师。惟愿此文能将我所知道的导师呈现给大家，让关注他的人全面地了解他多维的一面，以报师恩之万一。

“人、自然、灵魂的思索”与“荒漠的开拓”

大多数人眼中的周教授，在旅游规划、景观设计、园林艺术与美学、花文化研究上颇有造诣，是一位学者，博士生导师，是东南大学旅游与景观研究所所长、江苏东方景观设计研究院院长。花卉专家则认为，他是中国花卉协会常务理事兼花文化研究会会长、中国盆景艺术家协会常务理事；园林专家认为，他是中国公园协会理事，是国际园艺学会会员，更多的人认为，他是一位旅游景观学者、旅游景观规划专家、社会活动家……但是其实这一切光环的背后，有着那鲜为人知的故事——他，还曾经在青山绿水间韬光养晦，数十年慎终如始，长时间地做着深深的思考。当我得知这些故事的时

① 郑德东(1981—　)男，四川合江人，东南大学艺术学院2007级博士研究生，与德国柏林艺术大学(Universität der Künste Berlin)联合培养，研究方向：景观与园林艺术研究。中方导师：周武忠教授，德方导师：哥特·格鲁宁(Gert Groening)教授。

候，不仅想到了盲诗人荷马口中《伊利昂记》的牧人：

“从前有一位牧人

他持续地思想着

犹如他放牧的高山

吸引着羊群在上面时时吃草……”[5]

他曾以林间花草为友，以天地为凉棚，在南京农学院里，持续不断地与自然对话。那时的他还是果树专业的一名大学生，但是从那一刻起，倔强的他就已经懵懂却执著地在这片土地里种下了他的理想。那段日子不仅仅是一种学习，更是一种修炼，记得导师在不经意间告诉我，他甚至曾经和他的师兄在酷暑的艳阳下为了计算精确的采光，一片一片去数果树的叶子。之后他疲惫地倒在树荫下，背靠大树，朦胧间望着从树叶的缝隙间洒下的缕缕金色阳光，那幅画面美得几乎没有任何诗篇可以形容——他就是这样不断地感知着，思索着，不经意间灵魂已然和自然的曼妙与生命的灵性融为一体……

“要把自然的美丽带入人们的生活，在人们的心田中植入那片清新和爽朗！”——当理想变成信仰的时候，导师毅然离开了繁华的六朝古都南京，来到了中国园林艺术的江南聚集地——扬州，在扬州大学里作为主要创始人之一创办了园林专业。时为1987年，当时他还是一个年仅二十出头的小伙子。而此时，我国的园林和花卉科研才刚刚重新起步(因为在“文革”期间，花卉园林曾被说成是“封”、“资”、“修”，不被人们所重视)，况且花卉、园林本身就是一门新专业，其美学、艺术、文化理论似乎与大田作物和畜牧果蔬无关。可想而知导师当初转向研究花卉文化和园林美学，就如同站在风口浪尖上，在农学院的环境里会招致多少非议。

记得一次和导师去扬州主持万花会景观筹备工作时，他曾饶有兴味地讲起这段经历：“有时候啊，压力一不小心就成为了动力，而动力就恰恰源于对你所从事工作的珍爱。多看、多听、多做，就会促进你完成更好更优秀的研究。那时的我啊，一方面完成农学院安排的任务，每天都与泥土打交道，另一方面在那种环境下进行着园林美学研究。结果呢，反而出版了我国比较早的学术专著，并得到学术界的认可，现在成为全国农林院校的统编教材。”谈论这些的时候，我在他眼睛里看不到一丝的忧郁，反而是盈满的骄傲和自豪，在笑谈中全然抛却了一切的苦痛。我理解，那是因为喜欢，因为信仰，为了多年苦苦思索的印证与实践，一切的努力和付出都是值得的。因为在这片荒漠的土地上，他和第一批开拓者一起，洒下了第一把珍贵的种子……

“古今之华实”与“中西之萃葩”

在扬大的那段日子里，导师先后为扬州大学园艺专业、园林绿化与环境工程专业及建筑装饰专业的本科生系统讲授了《园林美学》、《园林绿化概论》、《观赏树木学》、《观赏树木分类学》、《木本花卉栽培学》、《城市园艺学》、《插花艺术》等 7 门专业基础课和专业课。他在完成教学工作的同时，潜心学习，徜徉在园林美学和花文化学两个研究领域里，常常夜以继日地阅读、写作，并经常利用节假日外出考察的机会收集资料。

在他的《嫩叶集》里，中国社会科学院文学研究所研究员、著名美学家涂途曾在 1989 年版的序言中赞赏道：“翻阅周武忠同志的新作《花园艺术论》，我经常受到理性的指引和情感的驱动便不知不觉进入到一个自然美、社会美、艺术美交融互通的境界……周武忠同志还花费了不少精力和时间，细心探索了许多与花卉相关的学科和知识，向我们展示了一个极为有趣和有益的科学沙洲。”[1] 事实上，每次与导师出外考察，这样如数家珍的评谈叙说，对我来讲已经是司空见惯。他对园林艺术的认识和了解根本就不局限于美学方面，草木植物及其背后所蕴含的意味全部了然于胸，而对于雕塑出身、植物方面没有太多基础的我来说，则常常觉得拙于应付，惭愧不已。虽然我也曾经刻苦补习，但是谁都知道，数十年的刻苦积累与经验浓缩岂是旦夕间可以明了的。

23 年前，导师就开始主持《琼花研究》课题，1989 年在国家级出版社出版第一部研究专著。这本专著在全国同行中产生了较大的反响，周武忠也因此被称为琼花专家，成了名副其实的在人与花之间传递美的使节。在花文化研究上，他率先将其作为一门学科进行研究，构建了基本的理论框架，所撰写的论著《中国花卉文化》(1992 年出版)，被我国园林学科创始人、中国工程院院士汪菊渊教授认定是我国该项研究领域的第一本专著。中国工程院资深院士陈俊愉教授主编的《中国农业百科全书·观赏园艺卷》将此书列入《中国 20 世纪初期至 90 年代观赏园艺纪事》。随后，又主编了一百多万字的我国第一本《中国花文化辞典》，该辞典被安徽省出版总社列为重点图书出版。导师在花文化研究领域所做的工作是有目共睹的，也因此得到了国际园艺学会的关注，“花卉与文化”被列为第 24 届国际园艺学大会的主题，他本人也得到国际园艺学会的全额资助，赴日本京都出席这次大会并作主题报告，作为到会 88 个国家的千余名代表的 7 位贵宾之一，被特邀到大阪国际展览中心出席 1994 年国际花卉研讨会开幕式，还被邀请做了关于“花卉在人类生活中的人文历史因素”的特别演讲。回国后，在中国花卉协会成立十周年暨海峡两岸花卉发展研讨会上，他以全体代表的名义向全国发出了成立中国花文化研究会的倡议书，得到了全国各地的响应，并很快得到农业部、民政部的批准，由他担任会长。

凡此种种，面对植物知识如山一般高大的恩师，想到自己对于花卉植物方面的短足实在有负师诲，总也难免汗颜。导师也看出来了我的这种情绪，记得在与他的一次深谈中他告诉我：“尺有所短，寸有所长。要发挥自己的优势，集中力量研究最熟悉的领域。对于景观园林艺术而言，既可研究草木之情怀，也可研究雕塑之精神；既可采古今之华实，也可博中西之萃葩。”是啊，多么诚恳的教诲，而他自己不也正是按着这样积极探索“古今之华实”与“中西之萃葩”的道路，步步为营，坚定地走下去的。记得在我作为东南大学与柏林艺术大学联合培养博士飞往欧洲的前夕，导师打电话来谆谆告诫，要我多读书，读好书。在说到托运行李的情况时，还欣然谈起了他当年在美国做访问学者的往事：

那还是 1992 至 1993 年间，导师作为中国改革开放以来较早的访问学者，就已经在美国进修。读书期间，虽然清贫拮据，但是他把省下的美元全部购买了昂贵的原版书刊。回国时由于所有行囊都装满了资料和书籍，所以行李自然就超重了。照常理，航空公司要对他进行罚款或者以一定比例补交多出的行李费用。当机场检验人员打开包裹，发现里面除了仅有的几件单衣外，清一色的全是书籍时，愕然了。在导师反复解释和恳求下，居然没按超重处理。后来，1994 年他到日本参加国际会议和讲学时，也用剩下的日元购买了资料。

堆积如山的第一手外文资料给导师的研究工作带来了种种便利，也能够直接地接触西方新的理论和知识，创造了贯穿中西的理论环境。他也把这种积极搜集西方理论资料进行贯穿性研究的学习习惯灌输给学生，并多次带领前往欧洲等地研究考察，很多业内的教授、专家都评论他为“具有国际视野和国际背景的学者”。事实上，这个评价背后还包含着一个更深层次的原因，那就是国际国内会议的举办。作为国内高校教授，像他这样从参加国际会议到在国内发起、举办完全国际化的国际会议的人是极其罕见的，而早在 1991 年导师就已经开始注意到这个问题，并着手积极开拓了，这也是许多人认为他还是一个学者型的社会活动家的原因。导师就是这样一个人，只要他一旦有想法，就会用尽力量去呼吁并组织全国的力量来做这件事，相比起一个人狭隘地来研究，他更愿意通过会议建立团队一起研究课题。

导师研究西方，但是并不盲目追随西方。“立足本国”是导师一再强调的观点，他自己对于本土文化的研究也是孜孜不倦、从不怠慢的。他常常讲:“中国园林是以自然写意山水园的风格著称于世的。这种世界上最古老的持续的园林设计风格,是中国的经济状况、国力水平、朝代更迭、政治变化、艺术思潮等在造园艺术上的体现。”[2]

在园林美学上,他在全国率先为观赏园艺专业系统开设了“园林美学”课,得到中国风景园林学会、知名美学家和园林学家的肯定。1991 年,经他提议,建设部和中国风景园林学会在扬州召开了“中国首届风景园林美学研讨会”。导师的第一本有关园林艺术和美学的专著《中国园林艺术》也于当年被香港中华书局列入《文明的探索》“名人名家丛书”出版,并在几个月内即为台湾中华书局购买了输入台湾地区的出版权。他编著的讲义《园林美学》通过中国风景园林学会、中国社会科学院、清华大学、北京大学、同济大学等单位知名教授的联审,作为中国农业出版社 1995 年的重点书目出版。不到三十岁便出版了多本学术专著,导师因此获得同行及领导的关注,并获破格晋升,而立之年成为扬州大学农学院最年轻的副教授。而他那时所提园林美学的理念,也就是发展到当代的景观美学理念的前身。

正是:学以致用,用而知不足。面对丰硕的成果,导师并没有裹足不前。1998 年他以优异的成绩考取了南京艺术学院国家计划内的博士研究生,师从著名美术史论家奚传绩教授。他非常珍惜这次学习机会,沉浸在园林艺术的海洋里,用眼睛和头脑发现蕴含于中国古今艺术中的大欢大美。同时,得益于长期的中外古今的粹化,他的博士学位论文《理想家园——中西古典园林艺术比较研究》,用以历史比较和平行比较为主的综合比较研究法,对中国和西方古典园林进行了比较研究,不仅从地理环境、审美理想、文化背景、设计思想等方面分析了中西古典园林艺术的差异,还从人类共同的“本原观念”出发,揭示了造园艺术的本质。论文答辩时得到评委们的一致好评,并被评为江苏省优秀博士学位论文。该论文以《寻求伊甸园——中西古典园林艺术比较》为书名,很快由东南大学出版社出版,作为我国有关中外园林艺术比较研究的第一本专著,著名艺术学家张道一教授在该书序言中称:“(该书)为艺术研究的拓展开创了一个新局面。”

时至如今,“古今之华实”与“中西之萃葩”已成为他的每一个追随者的共鸣,在这条艰辛而富有意义的道路上与导师一同探索追求……

“以大地为画卷”的创意之星

“学术不能是死板的,学而能用善莫大焉”。导师从来都是鼓励我们积极应用所学的理论知识，因为艺术对于现代人来说，已经不再是“百姓莫近”的“贵族专利”，反而作为人人都可以参与的内容，具备了实实在在的广谱性。而作为景观园林艺术，更是一门应用的学科。所以，鼓励实践是他一再的作风。导师百分之九十的硕士研究生都在他所开办的东方景观研究机构内，参与过切实的项目实践；而博士生则几乎无一例外地参与各类省、部、国家级课题的研究实践当中。导师的研究所并不是一蹴而就，而是经历了长期的苦心经营和独自摸索而探寻出的一系列切实有效的运行模式，而这一切也都是他自己在无数实践中一步一步总结出来的。

早在1995年，导师就创办了扬州大学风景园林规划设计研究所，并兼任扬州市建设委员会副主任，直接参与扬州的城市规划、建设和管理；1996—1997年，又先后当选为民革扬州市委员会副主委、江苏省政协委员、扬州市郊区政协副主席。在从政期间，这些职务和特殊环境使导师可以把理论、个人实践及产业化背景结合起来，同时培养了极强的宏观把握的能力，从而使他在再次进入学术界时能够驾轻就熟地对宏观进行把握，同时奠定了在学术界的组织能力与领军能力。2001年，导师带着满满的实践收获辞去了所有职务，回到了自己魂牵梦绕的学术圣地。在这里组建了以实践为主的江苏东方景观设计研究院，以及之后的东南大学旅游与景观研究所。先后主持过江苏省沿江旅游发展总体规划、当代中国景观设计艺术批评、长江大桥文化与景观旅游发展研究、扬州市旅游发展总体规划、常熟城市入口景观工程可行性研究、江阴长江公路大桥景观设计、江苏石油城景观设计、浙江安吉龙王山自然生态风景区修建性详规、黄山市城市旅游区规划、湖州东方好园规划等20余项研究课题和大型规划设计项目。

在这些项目的设计实施过程中，每次的小组会议都令他激动非常，伴着轻扬的思绪，绝妙的创意层出不穷，我们也常常被现场的气氛所感染，变得灵动起来。即使在进行项目汇报时，也总是令甲方耳目一新，评点更会常常激发导师的神来之笔。大到旅游景区规划，小到雕塑小品设计，甚至一草一石的安设都是导师挥洒的舞台。但是，他又不为项目本身而左右，最重视的是项目结束后回归到理论的总结和探讨，并在这种理论和学术探讨里，激发出由浮夸的当代社会回归到对现实问题的思考。此外，设计素养也是导师严格要求的内容，记得在策划郑和下西洋文化园时，他曾在策划研究文案中一再强调：“郑和下西洋文化园的一切建设行为必须遵守文物保护法规的相关规定，不得对文物造成损害，以使文物保护工作得以继续、持续和发展；保护与旅游开发结合、经济与文化相互促进，合理利用、科学整治。”[3] 从一洼洼荒地到一处处胜景，从不合理的规划到顺文脉、承生态的新天地，全都是他心血的结晶。那大地，对于导师而言，不正是画家笔下的宣纸，他在这里尽情地挥洒着自己特有的艺术才华，带给人们安居乐游的艺术享受。

正是如此，导师亲手创建的这些实践单位处处与真刀真枪的实战项目挂钩，载着他的梦想在他和诸位弟子的一齐努力下，一步一步飞向千家万户，将那关于“美”和“自然”的不渝信仰，扩散开来。

“人本主义呐喊”与“新乡村主义”

说到人本主义的呐喊，还要先从导师2001年进入东南大学人文学院旅游系时讲起。九年前的导师获得了南京艺术学院的博士学位就被引进到旅游系，几乎同一时间也成功地作为东南大学的博士后进站开展旅游景观规划的理论和实践研究项目。怀有满腹的才学和实践经验的他，时隔不久就当选为旅游系的系主任，当被问起这段一鸣惊人的崛起，他总是谦逊地摇摇头，笑着说：“那只是时事的偶然罢了。”事实上，熟悉他的人都知道，那即使真的算是偶然也应是偶然中的必然。

其实，早在大学时导师就已经对旅游抱有浓厚的兴趣，并且也进行了深刻的思考和钻研，这一点从他早先在学报上发表的文章就可以看出来。而后1996年又创办了江苏省第一个民营旅游公司并成为其董事长，可以说也是较早的旅游实践了。记得他常常自嘲说自己是“3A人”，也就是：Agriculture（农学）、Art（艺术学）、Architecture（建筑学）——导师从农学学士，到艺术学博士，再到建筑学的博士后，一路走来，积累了丰富的理论和实践知识，每个阶段都有各个领域的建树。后来把他的这一经历概括为“3A理论”——扎根在自然生态的土壤中，以艺术学的眼光来审美，用建筑学的方法来创作。这一切奠定了他在旅游领域必然会有一番不凡的建树。

担任旅游系主任以来，短短数年时间，导师编纂了《旅游学概论》并主持编写了《旅游与景观科学丛书》，为中国原本不成体系的旅游教育进行了一次全面有益的梳理。此外，在他引导下每年坚持召开的旅游学年会也成为江苏旅游的一支学术之花。导师将多年研究的园林美学，巧妙地应用到旅游上，从旅游景观艺术着手，将旅游、景观园林、人们的审美趣味以及生活情趣紧紧地联系到了一起。从理论应用到实践，又从实践中发现问题抽回到理论上来探讨研究，邀请各位专家一同开拓思路、解决问题。“新乡村主义”就是在这样的情况下诞生的。

1992年的时候，适逢导师在江阴市的乡村景观改造和自然生态修复实验，即对除城市以外的整个农村进行环境改造，变成环境优美的新农村。当时的他再也控制不住多年来积压在内心对于农村生活环境现状的感受，提出了在界于城市和乡村之间体现区域经济发展和基础设施城市化、环境景观乡村化的规划理念，希望从城市和乡村两方面的角度来谋划新农村建设、生态农业和乡村旅游业的发展，“通过构建现代农业体系和打造现代乡村旅游产品来实现农村生态效益、经济效益和社会效益的和谐统一”[4]。

现在看来，这一倡导的的确确是有着极为重要的现实意义的。我记得导师曾不止一次严厉地批评某些设计师的浮躁，尤其是把好多城市住宅现成的图纸套用在新农村建设中，当看到风景秀丽、山色如画的农村被一片不土不洋、根本不符合文脉的建筑所簇拥时，导师甚至流露出少有的黯然神伤，口中反复喃喃：“这实在是太糟糕了，真是太糟糕了，很糟糕……”

“新乡村主义论”，这是恩师时至今日做农村的项目时仍不辍努力的内容。因为当越来越多的人哄抢这些项目时，相似的问题便会逐渐浮出水面，也就是全部按照城市化的标准建设农村。所以在这个时候他认为更需要提“新乡村主义”，在景观形态上一定要保持原汁原味的乡村风格。可以说，这是一次不折不扣的人本主义呐喊。

这样的呐喊如此清晰有力，每每想起都不禁精神为之一振。记得导师在结束江苏省沿江旅游开发综合考察并接受《新华日报》记者采访时，不无忧虑地对记者说过这样一番话：“沿江开发应当尊重自然、尊重文化、尊重人，遵循这一规律，江苏省沿江开发就可以在打造具有国际影响力的沿江经济走廊的同时，把五百里长江岸线建设成一个充满魅力的生态旅游带；违反这一规律，我们将很有可能酿成无法弥补的历史性遗憾，那将愧对后人，愧对沿江五百里山水。”他还说，在沿江开发过程中，他最担心的是对自然生态和文化遗产的破坏。江苏省沿江有密集的历史文化名城，在其他省份是不多见的。而在自然资源中，长江是造物主给予我们的弥足珍贵的自然资源。国际上很多著名的黄金水道如莱茵河、苏伊士运河等，都既是经济走廊，又是著名的风景旅游带。江苏沿江依托历史文化名城众多的优势，大力发展生态旅游和度假型旅游，完全有望建成国际著名的旅游目的地。”

后来，导师又在此基础上提出了“浪漫乡村”，并在此方面发表了论文，得到了国际社会的认可。“尊重自然、尊重文化、尊重人”的思想几乎成为了一条主线贯穿始终，无论是反对沿江开发中有些领导为了政绩破坏自然生态，对江苏造成环境污染，对人的健康造成危害，还是新兴的旅游导向的城市景观建设案例（如在玄武区旅游规划时提出街区旅游产品），都是针对现实问题提出来的，此外他在旅游系统论中提到的旅游管理系统化、旅游地产不动产主题、自驾游主题等也都贯穿着人本主义光芒。

近几年来，导师无论是在江苏、安徽、浙江，还是在四川、山东、河北等地，都踏踏实实地实践着他的“尊重自然、尊重文化、尊重人”的旅游和景观设计理念。他总是说：“让自然、文化、人协调一起，是人类追求的永恒理想，达到这样一种境界的景观设计也永远不会过时。”

这让我想起了马维尔在《花园》里写到的句子：“把已经创造的和优于这些的一切，都化为虚空，变成绿林荫中一个绿色的思想。”

当代的“雅典学园”

雅典，古希腊一个学者和哲人辈出的城邦。在这里，苏格拉底的学生、亚里士多德的老师——柏拉图，创造了一个美丽的花园学校。奇怪的是，这个花园学校的教室常常空无一人，不是因为学生懒惰，而是柏拉图从不在教室里上课。不论是逻辑学、修辞学，还是哲学，柏拉图的学生总是与恩师在迤逦花境的轻缓步履中，得到知识的神力和智慧的启迪；而柏拉图也在这样的漫步中，为后世创造了辉煌的哲学理论。

或许导师并不是存心效仿雅典学园的教学模式，但是于我而言，他给予我的知识、经验与教诲，除了课程之外，更多地来自于我随他外出考察与项目汇报过程中。而我也很自然地必定随身备有一个写生本子，一是路途中可以写生作画，二是可以随时记下导师妙手偶得的灵感和金子般闪光的知识之泉。记得那是 2008 年的初春，天气尚寒，导师带我和郭尧师妹，以及研究所的设计师一行考察瘦西湖。刚进园子，他就显得激动异常，迈着轻快的步子一路领先。前行三五步之后，就脱去了外衣，两臂不时挥动指东点西：从水云胜概、五亭桥、白塔晴云到石壁流淙、春流画舫、万松叠翠……全都一一点评，何处好、好在哪里，何处欠妥、如何锦上添花，无不了然心中。我则狼狈地时而顾盼、时而记录，忙得应接不暇，偶然也冲上去问一两个心中的疑窦，却又往往引出导师更深的谈兴。一行下来，写生本上又写又画，细细算来居然有数十页之多。每每翻起数年来跟随导师零零碎碎的写生笔记、会议记录、谈话提要……一札一札，充盈在内心的都是珍贵的回忆。导师是繁忙的，但是每次相聚都足令我回味。不知从什么时候起，渐渐觉得自己身边的这位学者是另一位耳熟能详的人，而我则是有幸身处这“雅典学园”的学子之一。

2009 年 6 月前往意大利参加第二届国际景观与城市园艺学术研讨会的日子，更令这种感触疯狂地滋长。会议前后，我和另外三位师弟师妹追随导师先后沿途考察了博洛尼亚、罗马、佛罗伦萨、帕多瓦、威尼斯直至德国的首府柏林。我们循着先贤的足迹和历史的遗址，遍览罗马黄金时代的艺术成就，园林、现代景观、博物馆、美术馆都成为我们驻足的理由，在与导师笑谈巧论中一起分享着彼此的观点和认识。无论是赞许还是更正，不管是启发还是教诲，都显得那么自然，那么顺畅——这些丝丝缕缕的感怀，或停泊于切尔维亚城市景观的音乐花园中，或停顿在佛罗伦萨米开朗琪罗的雕塑前，或停留在帕多瓦神佑的古城广场间……这些地方，都与我学到的许许多多的艺术理论一一对照，理论不再是空泛的文字，配着导师的不时点拨，已经深刻地印入我的脑海之中。据说，柏拉图还乐于在晚餐的时候与学生交流思想，而对于我来讲，那时中餐馆的蛋炒饭也好，会后红酒配合意大利餐的庆祝也罢，甚至是最后分别的红烧肉，都在平淡中透露着脉脉真挚，在不经意间擦亮我未来的学术研究思路和为将来美好生活不懈奋斗的信心。

我在离开欧洲时，一位德国朋友问我："再告诉我一遍你是在中国哪里读书，也许我以后会去找你。"

"我吗？呵呵，东南大学里，有片中国的'雅典学园'。真实、永远的'雅典学园'……"

结语

文章写到这里，应该算是尾声了，可是我竟无论如何也停不住笔，也许是我自己太多情太敏感，也许是导师留给我的实在太多太多。他究竟是一位深具国际化视野，创新意识很强的艺术界学者，还是一位旅游景观、园林景观规划专家，抑或是一位社会活动家？似乎都是，又都不能完全概括。也许还是我心中的那句话：

"先有千叶之博采，后有桃李之万代，是以书院虽深而能随风自香。其香悠远，行者闻道踟蹰而足痴，论者闻道醍醐而忘言，餐者闻道三思而忘食。"

参考资料

[1] 周武忠.嫩叶集：花园艺术论[M].南京：东南大学出版社，2010.

[2] 周武忠.中国古典园林艺术风格的形成[J].艺术百家，2005(5).

[3] 周武忠，王金池，李鑫."郑和下西洋文化园"主题策划研究[J].艺术百家，2006(1).

[4] 周武忠.新乡村主义论[J].南京社会科学，2008(7).

[5] Herny David Thoreau, Walden. American Literature, gen. ed. George McMichael, vol. I, p.1540.

附录B:景观世界的耕耘者[1]

——访东南大学旅游与景观研究所所长周武忠教授

采访/赵倩瑜(实习)

A+C(《建筑与文化》,下同):1984年,您正值盛年,而当时选择从六朝古都南京转战扬州,能谈一谈您作出这个决定的初衷吗?

周(周武忠,下同):其实我自始至终都有一个想法,那就是要尽自己绵薄之力,利用自己有限之所学,"把自然的美丽带入人们的生活,在人们的心田中植入那片清新与爽朗!"这也是我常挂在嘴边的一句话。我当时正好从事园艺和园林艺术方面的研究,而扬州恰恰又是中国园林艺术的聚集之地,更有利于我的专业研究,所以我选择去扬州大学(当时为江苏农学院)执教,主要为扬州大学园艺专业、园林绿化与环境工程专业及建筑装饰专业的本科生系统讲授《园林美学》、《园林绿化概论》、《观赏树木学》、《观赏树木分类学》、《木本花卉栽培学》、《城市园艺学》、《插花艺术》等七门专业基础课和专业课。

A+C:您在扬州大学作为主要创始人之一创办了园林专业,能讲讲那段期间有没有什么难忘的经历吗?

周:1987年左右,我国的园林和花卉科研才刚刚开始起步。这主要是受之前"文革"的影响,花卉园林曾被说成是"封"、"资"、"修",不被人们所重视。而花卉园林本身就是一门新专业,其美学、艺术、文化理论似乎与大田作物和畜牧果蔬无关,这可想而知当初转向研究花卉文化和园林美学,我们这一批人就如同站在风口浪尖上,在家学院的大环境里不免会遭致诸多非议。但有时候压力一不小心就变成了动力,而动力就恰恰源于对你所从事工作的珍爱。多看、多听、多做,就会促进你完成更好更优秀的研究。那时候的我啊,一方面完成农学院安排的任务,每天都与泥土打交道;另一方面在那种环境下进行着园林美学研究。结果呢,反而出版了我国比较早的学术

[1] 原载《建筑与文化》2011年第10期。

专著，并得到学术界的认可，现在成为全国农林院校的统编教材。回顾这段时期，我之所以能够坚持下来，还是因为自己的喜欢，自己所一贯持有的信仰在支撑着自己，现在想来，当时一切的努力和付出也都是值得的。

A+C：早在改革开放初期，您已经率先作为美国访问学者了，那时候出国留学有什么特别的感觉吗？

周：自然是感觉机会非常的难得了，所以我格外珍惜，尽自己所能多读书、读好书，扩充自己的知识面。那时候生活还是比较清贫拮据的，但是我仍然要求自己将省下的美元全部用来购买昂贵的原版书刊。之所以愿意花这么多钱买原版书，是因为接触外国第一手资料能够直接地接触西方新的理论与知识，创造了贯穿中西的理论环境，这一点对研究工作相当有利。

A+C：从现如今看来，当年的这些原版资料确实对您提供了不少帮助呢！

周：呵呵，说到这些资料，我想起了当时还发生了的一个小插曲。从美国回国时，由于所有行囊都装满了我从美国带回来的资料和书籍，所以行李就超重了。按规定，航空公司要进行罚款或者按一定比例补交多出的行李费。当安检人员打开我的包裹，发现里面除了仅有的几件单衣外，清一色的全是书籍时，觉得很诧异。随后我就和他们进行协商，最后居然也没按超重处理，现在想来还是觉得挺庆幸的。

A+C：想必当时的安检人员一定被您这份好学执著肯吃苦的求学劲头所感动了呢。

周：可能吧，其实当时也没多想，只是觉得自己一定不能辜负这次出国留美的机会。还记得1994年我前往日本参加国际会议时，还是一样，把剩下的日元给买了原版资料，怎么说呢，这应该是我个人的一个工作习惯吧。

A+C：您从2001年开始，辞去了所有的职务，组建了江苏东方景观设计研究院，以及之后的东南大学旅游与景观研究所，一门心思从事研究。那么您在做了这么多的项目研究之后最大的心得体会是什么呢？

周：我喜欢搞研究、做项目，在这个过程中，人容易受现场气氛的感染，变得灵动起来，这时候你的大脑便会层出不穷地迸发出各种绝妙的创意。不过，这么多年的项目研究做下来，我个人感觉最重要的还是项目结束后回归到理论的总结和探讨上，并在这种理论和学术探讨里，激发出由浮夸的当代社会回归到对现实问题的思考。

A+C：听说您经常自称自己是"3A"人，您能给我们解说一下么？

周：呵呵，所谓的"3A"其实是指Agriculture（农学）、Art（艺术学）、Architecture（建筑学）。之所以自称"3A"人，主要还是源于我曾经在不同阶段研读过这三个门类的学科，在此基础上提出了景观设计的“3A”哲学观。3A 哲学的第一个 A 就是农学，这里面包含着景观生态、景观园艺、景观植物等一系列内容。

A+C：您的“3A”哲学观是在什么样的背景下提出来的呢？

周：我国的景观事业在经历了近代的战乱动荡之后，直到新中国建立才重新复苏。当时的园林专业主要设置在一些农业院校的园艺系和一些工科院校的建筑系中，前者主要教授观赏植物的栽培、应用和一些造园理论，后者则主要从空间布局、建筑艺术的角度教授园林和相关的工程知识。这种学科设置也从一个侧面反映了景观和农学、建筑学的紧密联系。在当时，由于国家经济还比较落后，人民群众仍然致力于解决温饱问题，景观建设主要停留在植树造林和城市绿化阶段。如今，随着我国经济的不断发展，人民生活水平的不断提高，简单的绿化已经远远不能满足大众对于环境的需要，人们除了要在园林绿地中休憩活动，还要满足精神上的审美需求。这要求景观的设计者和建设者具有更高的艺术品位和美学修养，不仅要懂得如何建造景观，还要懂得如何将景观建造得更有美学品质，这就需要艺术学的介入，形成农学、建筑学和艺术学三位一体的景观学科构架。

A+C：“3A”哲学观的核心研究点是什么？

周：此观点本质上是以“复杂性”为核心而建构的系统化整体观的景观哲学。3A 哲学的第一个 A 就是农学，这里面包含着景观生态、景观园艺、景观植物等一系列内容。它与第二个 A——艺术的结合意义在于结束中国长期以来缺失从艺术审美角度来考虑景观，以至于农学几乎和艺术“老死不相往来”的非常态局面。3A 的第三个 A——建筑，是广义的建筑，它包含了建筑、土木工程以及建筑材料等等，我把它归结为与景观有关的工程技术，在此层面上的建筑更多考虑的是建筑与景观环境、人文环境、精神环境的关系问题。总体来说，在“3A 哲学”考虑下的建筑，作为人造空间是人与自然的中介——自然、美、技术是紧密联系、不可分割的。

A+C：在您看来，“3A”哲学观提出对现代景观学领域具有哪些实践和指导意义呢？

周：“3A”哲学观对景观设计、建设、维护以及景观学教育等多个景观学领域均有积极的指导作用。就以景观设计为例，景观设计行为在本质上就应当是一个团队的行为、集体的行为，在新景观营建之前、之间、之后均需要有一个设计团队的综合运作，“3A 哲学观”指导下的景观设计是系统化的总体景观设计方法论。“3A 哲学观”指导下的景观设计模式就是多背景、多工种的协作型、团队化设计操作形态，一般而言必须要包括以下三个方面的人才构成，即有广义农学背景的人才（包括精通植物材料、景观生态原理的设计师等)、广义建筑学背景的人才(如具有建筑学与城市规划背景的设计师等)、广义艺术学背景的人才(具有优秀形象审美与创作能力的艺术家,如画家、雕塑家等)来共同指导景观设计实践。

A+C:根据我国景观学高等教育的历史与现状而言,您对"3A 哲学观"导向下景观学教育体系的具体构想是怎样的呢?

周:景观艺术家(或园林设计师、园林工程师)的培养不仅可以在美术院校培养,而且可以在任何类型院校来培养,其关键在于要以"3A 的哲学观"来指引景观学人才的培养,也要从学科观念、支撑专业、人才培养、实践主体等方面进行完整科学的专业教育体系的细致研究。景观学人才可以在任何类型院校中培养的前提就是景观学的硬件办学条件、软性师资条件均必须符合 3A 的教育理论的要求,即教师队伍中必须要有农学、建筑学、艺术学这三方面的人才作为景观学的教学主干。

A+C:听说您先后在 2005 年、2006 年连续两次荣登第一届和第二届中华当代环保名流口碑金榜,能说说为什么吗?

周:我一贯倡导"尊重自然、尊重文化、尊重人"的规划设计主张。我们江苏省沿江有密集的历史文化名城,在其他省份是不多见的。而在自然资源中,长江是造物主给予我们的弥足珍贵的自然资源。在沿江开发过程中,我最担心的还是对自然生态和文化遗产的破坏,如果没有正确的观点进行科学的指导,我们将很有可能酿成无法弥补的历史性错误,那将愧对后人,愧对沿江五百里山水。因此,在江苏沿江旅游发展规划,以及我主持的南京市休闲度假旅游发展规划、南京钟山风景名胜区博爱园与天地科学园旅游策划、扬州蜀冈—瘦西湖风景名胜区建设规划、黄山新徽天地旅游度假区规划设计,以及南京老山现代文化旅游度假区总体规划中,都坚持这一主张,在规划实践中保护环境、倡导生态,所以亚太环境保护协会(APEPA)等单位才连续两次让我登上中华环保口碑金榜。

A+C:您的"新乡村主义论"众所周知,类似的观点我们也曾经听过,您又是出于何种考虑在诸多声音中脱颖而出的呢?

周:新乡村主义(Neo-Ruralism),是我在 1994 年江阴市的乡村景观改造和自然生态修复实验中提出的景观设计观,即在介于城市和乡村之间体现区域经济发展和基础设施城市化、环境景观乡村化的规划理念。在这里,新乡村主义是一个关于乡村建设和解决"三农"问题的系统的概念,就是从城市和乡村两方面的角度来谋划新农村建设、生态农业和乡村旅游业的发展,通过构建现代农业体系和打造现代乡村旅游产品来实现农村生态效益、经济效益和社会效益的和谐统一。

A+C:能谈一谈"新乡村主义"的核心理念吗?

周:新乡村主义的核心是"乡村性",即无论是农业生产、农村生活还是乡村旅游,都应该尽量保持适合乡村实际的、原汁原味的风貌。乡村就是农民进行农业生产和生活的地方,乡村就应该有"乡村"的样子,而不是追求统一的欧式建筑、工业化的生活方式或者其他的完全脱离农村实际的所谓的"现代化"风格。乡村中日落而息、日出而作的生产生活方式是多少城市人所梦寐以求的。从生命的原真开始到生态的原真、生活的原真,天然去雕饰,世世代代,祖祖辈辈,这是人类初始的状态也是人类未来发展的必然状态。总的来说,新乡村主义就是一种通过建设"三生和谐"的社会主义新农村来实现构建社会主义和谐社会的新理念,即在生产、生活、生态相和谐的基础上和尽量保持农村"乡村性"的前提下,通过"三生"和谐的发展模式来推进社会主义新农村建设,建设真正意义上的社会主义新农村,实现构建社会主义和谐社会的目标。

A+C:"乡村性"对于乡村而言具有怎样的实践意义呢?

周:这就不得不提到乡村旅游了,乡村旅游区别于其他旅游形式的最重要的特点就是其浓厚的乡土气息和泥巴文化,这也是现有乡村旅游业主题选择的基本出发点,也是乡村旅游发展的核心主题所在。乡村旅游根植于乡村,发源于农业,因此保持乡村性具有重要的意义。想要保持乡村性,关键在于乡村需要小规模经营、本地人所有、社区参与、文化与环境可持续。在其核心主题的引导下,乡村旅游的核心内容包括四个部分:风土,风物,风俗和风景。

A+C:在新乡村主义观念指导下,农村的新兴发展模式应该是怎样的呢?

周:"三生"和谐的发展模式,即生产、生态和生活三者的共同和谐模式。具体而言,为了实现一个生产的和谐,应该大力倡导现代的高效农业,高效不但表现在农业产品稳定丰产,还表现在农业生产方式多元化且互为促进、互为补充。例如被称为"第六产业"的"观光农业"、"休闲农业",就是利用现有资源发展复合农业产品,即在农业生产正常进行的同时,带入新型产品形态,增加农业收入。而要实现生态和谐,生态节能应该是新农村建设的突出特点之一。内部的能量循环的生态主要指的是生态节能的循环农业模式。所谓循环农业,就是把循环经济理念应用于农业生产,提高农业可持续发展能力,实现生态保护与农业发展良性循环的经济模式。长期以来,由于我国农业生产方式比较粗放,未能有效利用土地、化肥、农药和水等生产要素,造成了严重的资源浪费和生态破坏。应树立生态、清洁和可循环的理念,大力推进农业生产的清洁化、资源化和循环化。因此,应大力宣传发展循环农业的意义、途径,教育和引导农民节地、节水、节能、节肥。对于生活和谐，实则是体现社会主义和谐社会在人的和谐方面的要求。人的和谐是“三生”和谐的核心，也是“三生”和谐的最终目标，它反映在农村物质文明与精神文明的和谐，以及产业发展与社会发展的和谐。建设社会主义新农村的最终要求是从根本上提高农民的生活质量。新乡村主义认为，要真正缩小城乡差距，就必须对衡量和评价农村发展现状、农民生活水平的评价指标体系与城市居民生活环境的评价指标体系一视同仁，这是使农民的生活环境得到真正改善的重要前提。

A+C：您对于景观艺术设计是怎样定义的呢？

周：景观设计艺术的存在意在帮助人类获得更好的生活，使人、社会、城市以及自然和谐相处，它关注人与环境之间和谐关系的人文主义价值指向。对现代景观设计艺术最通俗的解读即是“美化环境”，这个美化的过程需要在一定的经济条件下得以实现，必须满足相当的社会功能，并符合自然生态的规律，同时它还隶属于艺术的范畴。今日之中国，现代景观建设如火如荼，各地纷纷投巨资于其中。然而这个新兴的学科领域，天然存在着东西方多元文化的交融与碰撞、传统与现代不同属性的蜕变及冲突等诸多问题，若不善加处理必然导致中国现代景观设计艺术行业、景观环境建设中虚假的繁荣。

A+C：您能具体谈一谈中国当前在景观艺术设计方面存在有哪些问题吗？

周：主要有文化失忆、生态错位、经济浪费、功能残缺、审美缺失这五大问题。就文化失忆这一问题而言，在当前全球化和快速城市化背景下，文化的多样性也和生物的多样性一样受到严重威胁。在中国，现代景观设计艺术亦面临着地域民族文化消逝、历史文脉断裂的景观价值取向问题，这些问题表现在诸多方面，比如各地对“高、大、洋”的城市风貌盲目模仿，普遍实行“纽约化”和“曼哈顿化”的城市美化运动；某些地方为了标榜所谓的“传统文化”，在破坏真文化遗产的同时又兴建大量的“假古董”；不同历史条件下形成的系列文化景观被现代化建设切割成支离破碎的景观片段。说到底，这种西方城镇的彻底移植，打破了城市景观的基质和秩序，破坏了原有的均衡和协调，如同一颗突变的果实，强加于城市固有肌理之上，与历史文脉格格不入。

A+C：您觉得中国未来的景观设计应该朝哪个方向发展呢？

周：未来的景观建设应以城市文脉的延续为出发点，以历史文化的整体性、统一性特征为根本，在吸收全球化带来的技术文明的同时，时刻防止同质性、侵蚀性较强的“欧化”景观对中国本土地域文化景观的侵入，力图通过传承地域历史文脉，发展出自我色彩鲜明且更有文化内涵的景观形式和表现方式，其具体改善途径可从景观设计艺术的思想及技艺等两方面进行探寻。在思想方面，我们首先需要重构传统设计和树立文化信心，确立民族文化自信与自觉意识，设计者在不断提高自己的专业素养和知识的同时，批判性地借鉴和吸收国外的现今文化。在技艺方面，我们应该倡导中国传统哲学思想精髓在现代景观设计艺术中的内涵体现，这可以通过优秀传统建筑、园林意境与当代科技、工艺、审美、功能的完美结合、创新，设计创造出契合本民族生活习惯、审美情感、价值观念、精神需求，以及具有时代特征的人性化诗意空间环境，实现多元文化复合中城市记忆与文化 DNA 在当代建筑与景观中的标志性识别延展。

因此，改变现代景观设计艺术中的审美缺失现象迫在眉睫。其一便是现代的景观设计师有意识地使景观艺术作品朝着更具审美价值、更为艺术化的方向拓展；其二便是对现代艺术的借鉴与吸收也应成为现代景观设计师的一种自觉的意识；其三是景观作品对人的精神愉悦的诉求日益成为景观价值的核心。总而言之，景观设计艺术不仅仅要设计生态系统，也要符合它原本的特点——它是一种文化产品，具有极高的审美价值。

A+C:对于现代景观设计艺术审美价值的缺失这个问题，您是如何看待的？

周:景观是形象思维的升华与结晶，景观是“景”与“观”的统一体，“景”是客观存在并能被人感知的事物。“观”是对景观事物进行主观感受的结果，景观的缘起即是观察者对被观察对象的体验，当人与景观之间产生审美关系后，美感就得以形成，景观艺术的审美价值就此产生。然而时至今日，现代景观设计艺术中出现了唯功能主义和理性科学主义的倾向，造成现代社会对景观设计艺术理解的彻底客观化，特别是在地理学和生物学对现代景观设计艺术领域的渗透的情况下，人性在“景观”的内涵中被消解，艺术性的感性特色被忽视。

A+C:最后，我们想知道，您从事研究那么多年，最大的心得体会能和我们说说吗？

周:知识的获取是永无止境的，每个人总有自己熟悉的领域和不熟悉的领域。俗话说:尺有所短，寸有所长。在做研究的时候，人要发挥自己的优势，集中力量研究最熟悉的领域。对于景观园林艺术而言，既可研究草木之情怀，也可研究雕塑之精神；既可采古今之华实，也可博中西之萃葩。平日里，我也一直这样教导我的学生们。

后记

就在本书付梓之际，我的家乡殷家湾转眼间变成了“御龙湾”，好事者说这里将来要出皇帝了。这个不算大的小山村祖祖辈辈居住着几百号人家，虽未出过皇帝，却也有过“状元”。如今这些原住民均被赶到集中区住进了高楼里，我不知道从今以后这些不接地气的新市民的后代能否有做皇帝的福分，但就现在造好的西式洋房看，它的业主也未必因为改了个名字就会沾上王气。建筑不尊重地格，便是毁了环境、断了文脉的景观。

在目前的旅游景观建设中，各地均投入了大量的人力、财力、物力，在城乡用地极其紧张的情况下，划出寸土寸金的城市空间、赖以生存的肥沃良田、生态良好的自然林地、遗存丰富的文化宝地，但由于规划设计的失误，导致一些景观项目出现了文化失忆、生态错位、经济浪费、功能残缺、审美缺失等问题，当然，产生这些问题的原因是多方面的，但无疑与之前的创意策划不到位有关。

景观创意与旅游产品开发的所谓“无中生有”不同，设计师要详察周遭环境，细究历史文脉，遵循规范标准，按照“经济、适用、美观”的原则，进行专业化的创新性设计。对于大型景观和风景旅游区而言，创意并非易事，它不是简单的灵感和创想，而是在大量基础工作和标准法规限制前提下的具有创造性的思想、理念、艺术和技术的集合；同时，还须符合消费者心理，顺应旅游市场需求。

本书收录了本人在近10年中撰写的有关景观、园林、盆景艺术和国家公园、郊野公园、旅游景区的理论文章，以及主持的旅游与景观规划设计实践项目的少量文案。前者在形式上虽然包括了论文、讲稿、谈话、课题成果和咨询考察报告，但均是围绕这些现代景观类型的学术创新所做的探讨；后者则研究旅游和景观项目在策划、规划、设计过程中规划理念和设计哲学形成的文化资源背景、自然地脉基础及其设计灵感创意，并试图探索设计哲学和景观创意的表达方法。这些文章和案例所体现的旅游与景观、设计与哲学交叉形成的创意思想，若能为相关专业人员提供些许启示，则幸甚矣。

周武忠

2014 年 8 月 18 日

于江阴朝阳山庄